王中江著作系列

第6卷

近代中国思维方式的演变

王中江 著

商务印书馆
The Commercial Press

图书在版编目（CIP）数据

近代中国思维方式的演变 / 王中江著. -- 北京：商务印书馆，2024（2025.10 重印）. --（王中江著作系列）. -- ISBN 978-7-100-24147-2

I. B804

中国国家版本馆 CIP 数据核字第 2024C9F503 号

权利保留，侵权必究。

王中江著作系列（第6卷）

近代中国思维方式的演变

王中江　著

商　务　印　书　馆　出　版
（北京王府井大街36号　邮政编码100710）
商　务　印　书　馆　发　行
北京虎彩文化传播有限公司印刷
ISBN 978-7-100-24147-2

| 2024年9月第1版 | 开本 710×1000　1/16 |
| 2025年10月北京第3次印刷 | 印张 27 3/4 |

定价：190.00元

总　序

想在这个世界上留下一点什么的人们，会将他们所认定的事情作为重要之事来对待。以学术为志业的人们，想在不同领域中成为一位真正的学者，同样也会将自己所从事的学术之业视为重要之事，这也意味着他喜欢这种事务，乐在其中。这没有设定他应该和必须达到何种程度。不管我们的愿望和期望是高是低，我们获得的结果都是一个自然的过程，时间和积累是这一个过程的主要见证者。瞬间超越很动听，但只有在一个临界点的意义上这句话才是一个真理。怀特海说的"瞬间没有超越"，关注的是过程，这很符合他过程哲学的特性。中国哲人在这方面的智慧是"大器晚成"和"美成在久"，晚和久的时间性都是自我实现的关键要素。

世界上确实有一些天才，在同样的环境和同样的心力之下，他们也许容易早成。历史上中国魏晋时代的王弼早逝，但此时他已成为两部伟大经典——《周易》和《老子》——著名的注释家，由此他也成就了自己的哲学家身份。世界上可能没有比他更早成的哲学家了。晚清带着圣人情结的康有为，属于天才式人物，他对自己的学问、学说有一种唯我独尊的自负，称"吾学三十岁已成，此后不复有进，亦不必求进"。他的弟子梁启超以对比的方式说他的老师太有成见，他自己则是太无成见。他不断变化，总是"不惜以今日之我，难昔日之我"。他所说的"难"，如果不是否定式的今是昨非，而是不断扩大自己的学术天地和升华自己的学术境界，那么每个人的学术就只有延长线，没有终止符，这正合乎俗语学无止境一词的意义。

没有人会否定世界广大无限，学问广大无限，新知广大无限；没有人会不赞成庄子说的"计人之所知，不若其所不知"。这也是为什么苏格拉底将追求智慧看成是"认识自己的无知"，为什么老子说"知不知，尚矣"，为什么学问家们、思想家们和科学家们，总是对知识、学问和思想保持着开放性，为什么波普尔为自己的自传加了一个"无尽的探索"（*Unended Quest: An Intellectual Autobiography*）的主标题，为什么一般情况下越有学问的人越谦虚，越有自信的人越会不自伐、不自是和不自彰。学术和科学的精神就是人类要在一切事物面前保持谦卑。大器早成或晚成没有固定的时间点，甚至就像庄子说的成与不成都不好确定。只是在一个十分相对的意义上，我们才可以说，有的人早成，有的人晚成。大多数人不太早，也不太晚。我的偏见是，人学到什么时候，他就老到什么时候。相比于学问的无限性，我们在知识和学问世界中的所得十分有限。人的自信也就来源于这十分有限的东西。

对于做任何值得自己做的事的人来说，他躲进的不是什么象牙塔，他坐的也不是什么冷板凳。动辄指责别人不到什么地方去的人肯定会批评老子说的"不出户，知天下；不窥牖，见天道。其出弥远，其知弥少"，但《老子》第四十一章就同时也对这种人做了回应："下士闻道，大笑之。不笑不足以为道。"在学术探索过程中，人们何时留出点时间，想想自己都做了什么、留下了什么，若不是一个严肃的安排，往往带有随机性。有的人很年轻时，就开始为自己写自述。如流亡日本时的康有为四十岁就为自己写了《我史》，后来的胡适也有《四十自述》。如果有人能计算出准确时间，为自己写"我的前半生"，他写得越晚，就越需要拉长他生命的长度。说到这里，我想谈一点有关自己的小故事。虽已年过数十载，我仍不想用什么篇幅为自己写一个自述。为这一著作系列的出版写一个总序，也不是一个合适的地方。直到出版社催促我时，我才意识到总要说点什么，但说什么令我犹豫。

我们这一代人很可能就像殷海光说的那样先天不良、后天不足。我和20世纪50年代来到这个世上的人们一样，出生于"跃进"时期，生活在大锅饭、人不容易活下来的灾害严重的时期，成长在动乱无法在学校安静学习的时期。幸运的是，因改革开放新时期的到来，我们这一代人也终于有了通过考试进入大学之门的机会，这是改变我们这一代人生不逢时命运的最大契机，我也有机会从村里到了城里。我曾自号汝州山人、山顶洞人，准确说是山下洞人。经历了高中毕业担任公办代课老师后，我于1979年考上了郑州大学。入学时我进入的是政治系，一年后哲学系成立，又到了哲学系。学士学位论文写的是有关王阳明哲学的评价问题，指导老师是冯憬远先生。我于1983年入北大哲学系读中国哲学的硕士研究生，导师是楼宇烈先生，硕士论文的主题是考察金岳霖知识论中的"意念论"（ideational theory）。1986年，我开始在北大哲学系攻读博士学位，也算是当时较早的博士研究生，导师为张岱年先生。中间有幸到东京大学游学一年多，指导老师是户川芳郎先生。在日本的这一经历，也为我留下了师生之谊和同窗之谊，每当想起沟口雄三、池田知久、土田健次郎、菅野博史、坂元弘子、小岛毅、村田雄二郎、马渊昌也、中条道昭、久保田、高柳信夫、李良、陈力卫等先生和同仁时，总会在脑海里浮现一些难忘的故事。特别是和马渊昌也同仁同甘共苦，忧乐共鸣。

从1989年在北大博士毕业到现在，我从事中国哲学这一领域的研究工作已有三十多年了。三十多年对我们有限的生命来说算是很长了，但面对学术的无限性来说又太短，我所做的工作还太少。我也有了不知老之将至的感觉，不时说现在的自己是忘年忘月忘日。晚年的孔子对他的一生有一个在世界上可称得上是最小的自传："十有五志于学，三十而立，四十而不惑，五十而知天命，六十而耳顺，七十而从心所欲，不逾矩。"从孔子的自传来看，他对自己的人生很满足啊。他没有为他仕途上的挫折而郁郁寡欢。如果他看到了司马迁对他的赞美，他也会深感欣慰吧！（"天下君王至于贤人众矣，当时则荣，没则已焉。孔子布衣，传十余世，学者宗之。自天子王侯，中国言'六艺'者折中于夫子，可谓至圣矣！"）

现在不时有人评论说，孔子很不幸，他是一位失败者。我很不赞成这种评论。如若孔子在仕途上很得志，那么我们今天面对的孔子就有可能完全是另一番景象了。同样，当时庄子如果接受楚国的盛情去楚国担任令尹，那他能不能留下《庄子》这部不朽的伟大著作就会成为一个疑问。老子的一个智慧之言说："物或损之而益，或益之而损。"失之东隅、收之桑榆的形象化说法，可以抽象表达为"得到的是失去的补偿"。什么都想要的人，是要把整个世界都变成他自己的，这是权力垄断者的绝对特权。这种人不喜欢开放和价值多元的社会。但具有包容心的人，都希望生活在一个开放和价值多元化的社会中。在这种社会中，人能够自由、自主地去选择某种东西，去做自己想要做的事情，他也乐意接受他选择的结果。套用孔子的人生自传，我调侃自己说，截止到目前，我的人生历程是：十五未志于学，三十未立，四十而惑，五十不知天命，六十耳不顺。由此类推，七十很可能是从心所欲就逾矩，但我乐意接受一个这样的自己。把我没有进入仕途视为最大遗憾，决非仅是家乡人才有的看法，但我从来不这样想，也从来没有这种奢侈的愿望。我没有问过父母的想法，我只知道，他们从来没有给我说我应该走另外的路。我的爱人苑淑娅一直默肯我的选择，一直帮助我，这是我人生快慰的主要来源之一。

对于中国哲学这一领域的探索，我主要在两个方向上展开。一个是早期中国哲学，更具体说是作为中国哲学源头的东周子学，这又多集中于儒家、道家和出土文献的哲学思想上；一个是作为中国哲学新近流变的近代哲学。在这两条战线上，我主要围绕很远的中国过去和很近的中国近代展开讨论，尝试追问和探寻近代中国的困境所在和突围之道，尝试解释和揭示早期中国哲学的突破、内在精神和气质。不管这种求解和给出的答案是否或多大程度上接近于我的期望。

历史有重要转变的时刻。在这种时刻，社会有巨大的变迁，伴随着混乱和失序，新的各种可能性和新颖性不断展开。人们常说殷周之变和唐宋之变。但两周（从西周到东周）之变、成周秦汉之变（从东周到秦汉）、清季民国之变（从清末到民国）等，也都是中国历史上的特殊时刻。清季民国之变是从旧文明帝国向新文明民族国家转变的时期，是引入世界新文明和建立充满活力的新秩序的时期。但在最实质的转变上，这一过程困难重重。

近代中国哲学同近代中国社会政治革新有着强烈的互动关系。新的学术体制建立，按照学术自身的要求而走向思想的学院化、体系化，在一些人物上表现出来，就有了清末知识人和行动者严复、康有为、章太炎、孙中山等，有了新文化运动知识人胡适、陈独秀、梁漱溟、李大钊等，后来又有了学院派哲学家张东荪、熊十力、冯友兰、金岳霖、唐君毅和张岱年等。对严复、金岳霖两位哲学家的专门考察，我先后著有《严复与福泽谕吉——中日启蒙思想比较》（河南大学出版社1991年修订版，中国人民大学出版社2020年版）、《理性与浪漫》（河南人民出版社1993年版）、《金岳霖学术思想评传》（合著。北京图书馆出版社1998年版）、《严复》（东大图书股份有限公司1997年版）等。此外，我还专门考察了自称为"五四之子"的殷海光，著有《万山不许一溪奔——殷海光评传》（水牛图书出版事业有限公司1997年版；大陆版题名为《炼狱——殷海光评传》，群言出版社2003年版），收入这一著作系列中的有《世界巨变：严复的角色》（题名略改）、《严复与福泽谕吉启蒙思想比较》（题名略改）和《理性与浪漫——金岳霖的生活和哲学》。另收入的还有《从古典到现代：观念和人物》，这是过去和新近一些论题和人物思想的讨论。

近代中国巨变在一些观念上表现出来，就是古典的人文和文化普遍主义思维方式在很大程度上被引向了力量上的自强主义思维方式。

新的进化主义世界观扮演了既解释中国近代危机又提供变革动力和方向的双重角色。在学院派和体系化的思想中，中国主要是从英美的经验主义、新实在论和逻辑分析主义，还有英美法的生命主义中发展出近代中国思想，而不像日本那样主要是摄取德国哲学并发展出近代日本哲学，这形成了一种对照；中国近代之后难以建立新的政治权威而产生许多混乱，日本近代重建了政治权威而又走向绝对主义，这又适成一种对照。近代中国思想中对民主、自由、平等、公理等观念的热衷，同近代中国政治权威的建立难以融合。30年代民主与独裁的争论，就反映了这种冲突。

近代中国思想整体上是在固有思想和西方思想及日本媒介等关系中展开的，它把处理过去与现在关系的古今模式转变为中西模式、新旧模式或传统与现代模式，把处理内部自我与外部他者关系的夷夏模式转变为中国与世界模式，或者通过展现自身固有思想和智慧的独特性，或者通过使西方思想和智慧融会到自身之中，以使自己获得思想上的新生。由此来看，所谓现代中国意识危机、所谓西化主义对文化保守主义、所谓启蒙与救亡的双重变奏等概括，所看到的不过是近代中国思想中的表象而不是实质。对近代中国转变的研究，我以主题和专题先后展开著有《进化主义在中国》（首都师范大学出版社2002年版；增订版题为《进化主义在中国的兴起——一个新的全能式世界观》，中国人民大学出版社2010年版）、《近代中国思维方式演变的趋势》（四川人民出版社2008年版；中国人民大学出版社2018年增订版）、《自然和人：近代中国两个观念的谱系探微》（商务印书馆2018年版）等。在这几部著作中，我致力于探讨近代中国建立的新的进化主义世界观、新的自强主义思维方式，致力于揭示近代中国思想如何既内在于古代思想而又有超越古代思想的一些新的特性。

殷周之变是政治反抗和文武革命的结果。两周之变虽非易朝换代，虽因周名，但其实则为日新。这是西周天子体系动摇和瓦解的过程，是诸侯列国力政兴起和强大的过程；是西周封建制、采邑制、世袭制、身份等级制衰落的过程，是郡县制、官僚制和身份平等制萌生和强化的过程；是井田制、公田制萎缩的过程，是授田制和私田制扩大的过程；是士者失官、官学式微、礼崩乐坏的过程，是士人大流动、私学子学隆盛和文化繁荣的过程。东周子学革命，是"三代"文明、文化和思想长期积累的结果。东周是中国历史上最有创造性的时代，它造就了各种哲学，造就了中国哲学之后的源头活水。真正认识东周哲学和思想的内在性，比我们想象的要困难得多，这也是产生不准确判断和误读的原因之一。

澄清早期中国哲学文本、准确揭示其内在性意蕴的渴求，因新出土简帛的大量发现和新方法、新视角的引入而被增强。在东周子学的探索方向上，我对贯通性的论题有所考察，重点是道家、黄老学及其相关的出土文献研究，是儒家及其相关的出土文献的研究。有关这方面的著作有《道家形而上学》（上海文艺出版社2001年版）、《简帛文明与古代思想世界》（北京大学出版社2011年版）。2015年中华书局出版的《出土文献与道家新知》和2020年孔学堂书局出版的《出土文献与早期儒家的美德伦理学》则是其分编本）、《儒家的精神之道和社会角色》（中华书局2015年版）、《道家学说的观念史研究》（中华书局2015年版；其中收入《道家形而上学》列为"上编"）、《根源、制度和秩序》（中国人民大学出版社2018年版）、《宇宙、天下和自我：早期中国的世界观》（中国人民大学出版社2023年版）等。收入这一著作系列的有《简帛时代与早期中国思想世界》（分上下两卷；题名略变）、《根源、制度和秩序：从老子到黄老学》、《道家形而上学及其展开》（题名略变）和《儒家的精神之道和社会角色》。

单就出土简帛而言，我展开了四个方面的研究，一是根据郭店楚简《太一生水》、上博简《恒先》和《凡物流形》等文献，认识和把握周秦宇宙生成模式的丰富性以及所构想的宇宙生成各层次的内涵；二是从上博简《鲁邦大旱》《鬼神之明》和《三德》等资料出发,揭示随着周秦时代人文意识、人事作用的扩大,此前的宗教信仰和祭祀礼仪如何在被弱化的同时又以不同面貌表现出来的复杂情形;三是从马王堆帛书《黄帝四经》、睡虎地秦简《为吏之道》、郭店楚简《唐虞之道》、上博简《从政》等文献出发,探讨在周秦时代和社会历史条件下思想家提出的治理国家和天下的公共理性、规范的多种形态;四是从郭店简《性自命出》《五行》《穷达以时》等资料出发,考察周秦时代的思想家通过"内外""身心""天人"等关系建立德性伦理的过程和方式。在这四个方面的研究中,我主要运用把新出土资料与传世文献结合起来的方法,以确定这些文献在周秦思想史中的恰当位置并克服以往根据通行本进行研究存在的局限,努力究明出土资料为中国古代思想世界带来的变化,关注这些新的思想资源对当代中国和世界的意义。

战国竹简文献除了像《周易》《老子》等有传世本外,大多数是千古未知的佚文。像《黄帝四经》《五行》,即使有相应的记载,但它们的真面目过去一直是个谜。它们的重见天日,完全称得上是奇迹。子学传世文献与佚文之间的关系,也许可用早期中国哲学、思想的干流和支流关系来解释。流传下来的一般来说是重要的,没有被流传下来的也许不都那么重要。《论语》《墨子》《孟子》《老子》《庄子》《荀子》等代表的是早期中国哲学和思想的主流,而战国简多为佚文,不管多么重要,相对来说它代表的或许是早期中国哲学和思想的支流。从战国简帛中,我发现中国思想在源头上就与西洋思想形成了鲜明的对比。如战国简进一步证明中国形而上学和宇宙观既是存在论又是生成论,而不同于西洋的构成论和本质主义。战国出土资料中没有明显的逻辑方面的思想史资料,与此也是一致的。中国的生育式宇宙观,能够促使东方建立一种新的生态形而上学。把战国出土资料中的身心、性情、天人、禅让、穷达等一系列论题同古希腊思想关注的数、灵魂、理念、第一因等论题相比，都能看出两者的差异，这就要求研究者更加注意中国思想与西洋思想之间的差异性。

对于截止到目前我所做的工作，如果问自己是否满意，那很难简单用是或否来回答。坦率地说，自己也不是评定自己的合适人选。如果允许我说一句，那可以这样说：既满意，又不满意。在学术上，我还算专心和专一；所做的一些研究，可能也有学术上的贡献和意义；但我的生活习惯有些从心所欲，工作时间也不好用严格的时段来计算，这可能是所做工作没有达到我所期望的程度的主要原因。现在的时间被分割得更厉害，不时繁忙得真可以说是无所事事。历史上确实有一些全身心投入、专注于哲学志业的人。康德的生活和工作方式大家知道。现代中国的一些哲学家们，都有自己比较严格的生活方式和工作方式，比如冯友兰先生、金岳霖先生和张岱年先生。他们能够排除外部的干扰，又能够严格约束自己。想想自己还期望对中国哲学做出某种整体性的刻画，还期望在哲学上提出自己的某种见解，而目前所做的工作还不到一半，真是任重而道远，虽然这只是对自己设定的目标。为此，特别需要凝神做减法，但在目前的情况下，做减法越来越难，这竟成了考验我们的意志是否坚定的试金石。

在学术追求和探讨的历程中，我要特别感谢张岱年先生，在我开始从事哲学事务的工作之后，他也一直关心和帮助我。我要特别感谢陈鼓应先生，在我的学术之路上，他一直厚爱我。一些师长如冯友兰、朱伯崑、汤一介、许抗生、杜维明、安乐哲、许全兴、余敦康、蒙培元、李学勤、卢中锋、耿云志、姜广辉、孙长江、刘鄂培等先生，也使我多受教益。从事学术活动，我从不感到孤独和寂寞。回想一件事，在没有来北京工作之前，我不时从郑州到北京参加学术活动，多承友人王博同仁的盛情款待，我们一起讨论学术，有时是同陈鼓应先生一起。至今还记得很清楚，有一天下午，我和同仁王博坐在北大图书馆南门外的长椅上。当时那里是绿茵茵的草地，夕阳之下，我们谈论哲学，谈论我在《道家文化研究》上刊出的《存在自然论》，他给予鼓励并说我适合谈谈哲学。这是我引以为珍贵的一个鼓励。遗憾的是，在这个路线上，我步履缓慢，也因此让厚爱我的余敦康先生不满。最近几年，围绕"关系""关联"和"普遍相关性"等关键词我开始了建立"关系世界观"的尝试，陆续发表了部分论文，也受到同仁王博、郑开的关心。但进展依然有些缓慢。原因之一是在中国，立一家之言意义上的"做哲学"只是一个业余，我的哲学专门和方向是"中国"哲学，是中国固有用语中的诸子学、玄学、义理学，现在完全可以叫作道术学、明道学或明哲学。不管有没有翻译和借用源于西方的"哲学"一词对研究中国诸子学无关紧要，因为多少世纪以来中国古典学术中一直有这方面的"实有"和"实在"（人物、文本、经典和学说）。

列入这一著作系列之中的著作，此前曾在不同出版社出版，大都有后记。这些后记记载了这些著作的一些相关事项。现在将这些著作汇合起来作为系列出版，我不再为每部著作新写后记，而是保留原版的后记并略作改动。

我希望这一著作系列的出版，能够成为中国学术从革命年代的荒芜到新时期恢复和重建的一个小小的印证。破坏一个世界非常容易，建设一个世界十分艰难，如果是对人类文明的真正建设。四十年来中国学术的重建来之不易，中国学术的自立、独立和创发来之不易。我们必须珍惜和捍卫学术这项志业的纯朴性、纯洁性和纯真性。

人们从事的各项事务伴随着人与人之间情感的音符，也因这种情感而变得愉悦和美妙。这一著作系列的出版，留下了一些重要的记忆和情谊，令人感怀和感铭。我要感谢商务印书馆执行董事顾青和总编辑陈小文，感谢他们将这一著作系列列入出版计划，我要感谢友人黄藤先生、朱陈松先生和荀君厉先生的帮助，感谢李婷婷、冷雪涵、董学美、李南男、赵星宇和于娜等各位同仁为这一著作系列的编辑和出版付出的辛劳，感谢叶树勋、吕存凯、常达、李秋红、高源、冯莉、张翊轩、孙雨东、汪柔竹、张可佳、马克和程鹏源等后学助力这一著作系列的校对。

最后，庄子的智慧"来世不可待，往世不可追"，令人闲适有所损，孔子的智慧"往者不可谏，来者犹可追"，令人精进有所益。

目 录

引 言 对问题的某种一般性说明 …………………………… 1

第一章 中国"世界秩序图像"与"欧风西力"的初期相遇
　　　——16 至 19 世纪前期帝国"认识"和"规范"
　　　异质世界的方式 …………………………………… 10
　　一 识别自我与他者的模式及世界共同体意识 ……… 15
　　二 "互市"和"贸易"观及其东西的视差 …………… 36
　　三 认知和处理与外部世界法律关系的方式 ………… 54

第二章 世界秩序观中的法律规范与行为
　　　——晚清帝国对"条约"制度和"万国公法"的
　　　认知方式 …………………………………………… 74
　　一 晚清帝国的内外关系与"条约"制度 …………… 75
　　二 国际交往和世界秩序:"万国公法"的有效性 …… 96
　　三 "万国公法"与"文明论""列国体制"和
　　　"天下大同" ………………………………………… 110
　　四 "万国公法"的普适性及其根据 ………………… 125
　　五 "万国公法"与古代"春秋公法"的类比 ……… 137
　　六 "万国公法"与"德力论"和"强弱论" ……… 148

第三章　清末民初中国认知和理解世界秩序的方式
　　——以"强权"与"公理"的两极性思维为中心……159
　　一　基于"人道"和"正义"的"公理主义"论式……169
　　二　"唯力论"和"强权主义"论式……204

第四章　"新知识阶层"的诞生及角色
　　一　从传统"士大夫"到"新知识阶层"……241
　　二　"学"与"政"……246
　　三　"学"与"用"……250

第五章　化解"义利"的紧张
　　——经济伦理观的一个案例……258
　　一　"富强"：国与民……258
　　二　经济行为的动机……263
　　三　经济与伦理的关系……266

第六章　科学合理主义……273
　　一　"格致学"："古已有之"和"西学中源"……274
　　二　富强、器用与格致学和科学……277
　　三　转向"大地之书"：从"人事"到"自然"……280
　　四　科学：真理、真实、事实之学……284
　　五　科学和科学方法……287
　　六　科学与人生和伦理……291

第七章　"公理"普遍主义的诉求及其泛化效应……295
　　一　公理图像素描……295
　　二　作为普遍原理的公理……301
　　三　作为普遍规范和价值的公理……306
　　四　历史效应……311

第八章 "新旧"观念的衍化及其文化选择方式
——从清末到新文化运动..................................315
一 清末"新旧"观念的产生及其形态..................315
二 五四的"新旧"之争及其态势......................324
三 "新旧之辨":历史所与性及文化选择................333

第九章 "多元宗教观"
——新文化运动"多元性"的一个论域..................338
一 对宗教的本性、功能和角色的各种判断..............339
二 宗教与科学、知识和进化论........................346
三 宗教的替代论和存废论——它的现在及趋势..........352
四 宗教与东西方传统——孔教、基督教................356
五 宗教论辩与西方各种宗教观........................360

总结语 近代中国思维方式演变趋势总论..................364
一 "世界秩序观"的变化与"万国公法"和
"中国意识"......................................366
二 "古今""新旧""中西"关系的移位及文化取向......375
三 知识和规范的"合理化":从"格致之学"到
"公理"和"科学"普遍主义........................385
四 构建社会政治"新秩序"的方式....................403
五 转变的极限:近代中国的"自强意结"..............409

主要参考文献..418

引 言
对问题的某种一般性说明

只要我们行动，我们就有如何行动的行为方式；只要我们思维，我们就有如何思维的思维方式。我们不必预设决定论意义上行为方式与思维方式之间孰先孰后的关系，从一般意义上说，思维方式与行为方式彼此互为条件。① 思维方式是在历史时空中经过反复运用、选择、凝聚和抽象的结果，并反过来成为引导人们行动的原则、规范和世界观。有关"思维方式"的理解和使用，一般都比较宽泛，我也愿意在广义上来使用它。作为以不同方式解释宇宙和世界的世界观、作为认识事物方式的认知方法、作为建立社会政治秩序方式的秩序观和使之正当化的合理观、作为为事物赋予意义的价值观等，如果常常以类型化、普遍化和一般化（群体或集体性意识）的形态来表现，都可以说是思维方式。

思维作为一种心灵活动是在个体中进行的，但这并不假定互不关联的"个人"在进行思维是真实的。我们思考问题和处理实际问题的方式，不是离开实际境况和集体表象的纯粹"抽象"原则，也不是个别哲学家的爱好。思维方式的抽象性与具象性，必须与行动着和思考

---

① 从发生认识论的立场来说，思维方式起源于行为，行为先于思维方式。但一般而论，我们如何思维，我们也就如何行动，行动的效果反过来又不断地稳固我们的思维方式。

着的群体结合起来考察。曼海姆（Karl Mannheim）论述说："一般来说不是思维的人，或甚至进行思维的孤立的个人，而是处于某些群体中发扬了特殊的思想风格的人，这些思想是对标志着他们共同地位的某些典型环境所做的无穷系列的反应。严格地说，说单个的人进行思维是不正确的。更确切地说，应认为他参与进一步思考其他人在他之前已经思考过的东西，这才是更为正确的。他在继承下来的环境中利用适合这种环境的思想模式发现自我并试图进一步详细阐述这种继承来的反应模式，或用其他的模式取代它们以便更充分地对付在他所处的环境变化中出现的新挑战。因此，每个个人都在双重意义上为社会中正在成长的事实所预先限定：一方面他发现了一个现存的环境，另一方面他发现了在那个环境中已形成的思想模式和行为模式。"①

思维方式不仅是集体性的，而且也是常态性的。与个别的过于个人化的思维相比，它作为一种"集体意识"或"集体无意识"，往往是持续的和稳定的。曼海姆继续说："在社会的稳定性支撑和保证一种世界观的内在统一性时，思维方式的多样性不可能成为问题。只要一些词的同样含义，思想推演的同样方法从童年时代起就反复灌输给群体中的每一个成员，有分歧的思想过程就不可能在那个社会中存在。甚至思维方式的逐渐改变（在它偶然出现的地方），都不可能让生活在稳定情境中的群体的成员得以理解，只要该思维方式对于新问题的适应速度慢到超出几代人，在这种情况下，一个人及其同代人在其生命期限内就很难意识到正在发生的变化。"② 思维方式能够促进社会的稳定，同时又以社会的稳定为前提，思维的一些类型往往也相应于"稳定的

---

① 〔德〕卡尔·曼海姆：《意识形态与乌托邦》，黎鸣、李书崇译，商务印书馆2000年版，第3页。〔意〕维柯的《新科学》上册亦称："共同意识（或常识）是一整个阶级、一整个人民集体、一整个民族乃至整个人类所共有的不假思索的判断。"（朱光潜译，商务印书馆1989年版，第87页）

② 〔德〕卡尔·曼海姆：《意识形态与乌托邦》，第6～7页。

生活共同体形式"。对此,马克斯·舍勒(Max Scheler)做了具体的说明:"存在于在各种历史群体中间处于支配地位的、稳定的生活共同体之中的思维类型,必然会具有以下的种类:一、它既**保存**、又证明了大量的传统知识和真理。它并不涉及研究和发现。它那至关重要的逻辑和'思维形式'将是一种'ars demonstrandi'(**证明的技术**),而不是一种'ars inveniende'(**发现的技术**),也不是 construendi(**构想的技术**)。二、它的方法必定主要是本体论方面和信条方面的方法,而不是认识论的方法和批判的方法。三、它的'思维形式'从概念角度来看必定是**唯实论的**——而不是像在一个社会中所出现的情况那样是唯名论的;但是,它的思维形式同时也不再像原始部落中的人们所做的那样,把**语词**本身当作事物的**属性**和力量来解释——按照列维-布留尔的正确说法,在原始部落中,所有获得知识的过程,都依赖于人们与通过各种自然现象表现和泄漏自身的灵魂和魔鬼所进行的'对话'。四、它的范畴体系必定主要是**器官学方面的**,也就是说,这种体系先取向有机体,然后针对其他任何一种事物而得到一般化。这个世界对于它来说必定是一种'活生生的存在',而不是像它对于一个社会来说那样是一种机制。"①

承认思维方式的稳定性,也不假定思维方式是一成不变的。在社会结构和状况发生变迁特别是剧烈变化的情况下,思维方式也将缓慢乃至迅速地发生变化。一般称为"现代化"的、从古代传统社会到现代社会的巨大历史转变,被认为是一个相互关联的整体变化。亨廷顿(Samuel P. Huntington)肯定并借用别人的说法揭示说:"现代化是一个多层面的进程,它涉及人类思想和行为所有领域里的变革。它就像丹尼尔·勒纳(Daniel Lerner)所说的,'是一个具有其自身某些明显特

---

① 〔德〕马克斯·舍勒:《知识社会学问题》,艾彦译,华夏出版社 2000 年版,第 23 页。

质的进程,这种明显的特质足以解释,为什么身处现代社会中的人们确能感受到社会的现代性是一个有机的整体'。……从历史角度来看,'它们是如此地密切相联,以致人们不得不怀疑,它们是否算得上彼此独立的因素,换言之,它们所以携手并进且如此有规律,就是因为它们不能单独实现'。从心理层面讲,现代化涉及价值观念、态度和期望方面的根本性转变。持传统观念的人期待自然和社会的连续性,他们不相信人有改变和控制两者的能力。相反,持现代观念的人则承认变化的可能性,并且相信变化的可取性。……从智能的层面讲,现代化涉及人类对自身环境所具有的知识的巨大扩展,并通过日益增长的文化水准、大众媒介及教育等手段将这种知识在全社会广泛传播。"①把传统社会与现代社会区分开来的说法和理论很多。孔德(Auguste Comte)把人类知识和思想的发展划分为三种形态,即神学阶段、形而上学阶段和科学阶段。前两个阶段基本上一致,因此也可以看成是两大阶段,这两大阶段也就是古代知识和现代知识的不同。韦伯(Max Weber)把西方近代社会的历史变迁看成是一个"祛魅"的合理化、理性化过程,即理性科学、工具理性增长的世俗化过程。梅因(Henry Sumner Maine)在《古代法》中,把西方社会运动和发展,视为从"身份社会"到"契约社会"的转变,并由这种转变产生了其他相关的转变。滕尼斯(Ferdinand Tönnies)根据人类群体的不同结合方式,把人类群体分成"共同体"与"社会"两种类型,认为人类历史从传统到现代的转变,是一个从"共同体"(血缘、地缘、宗教)到"社会"的变化过程,与此相应,人类的意志也从"本质意志"发展为"选择意志"。由于人们自觉或不自觉地受到了历史进化论或进步论的影响,一般所说的从传统社会到现代社会的转变,同时也意味着社会的成长和

---

① 〔美〕亨廷顿:《变化社会中的政治秩序》,王冠华等译,生活·读书·新知三联书店1989年版,第30页。

进步的过程。

不管如何，人们所指认出的传统社会与现代社会不同的那些东西（虽然有过于夸大两者之界限的倾向），其中就有深层性的思维方式的变化。亨廷顿认为现代社会与传统社会人们在思维方式上"最重要的区别在于二者对人和环境之间的关系看法不同。在传统社会中，人们将其所处的自然与社会环境看作是给定的，认为环境是奉神的旨意缔造的，改变永恒不变的自然和社会秩序，不仅是渎神的而且是徒劳的。传统社会很少变化，或有变化也不能被感知，因为人们不能想象到变化的存在。当人们意识到他们自己的能力，当他们开始认为自己能够理解并按自己的意志控制自然和社会之时，现代性才开始。现代化首先在于坚信人有能力通过理性行为去改变自然和社会环境。这意味着摒弃外界对人的制约，意味着普罗米修斯将人类从上帝、命运和天意的控制之中解放出来"①。

从社会转变来说，近代中国文化转型自然应该理解为中国传统文化在中国近代的转型，或者是发生在中国近代的、从传统文化到近代文化的转型。"转型"不同于一般所说的"变化"和"变迁"，因为它不只是"变化"和"变迁"，它还是一种"类型"的转变和转化。由此来说，我们不把剪辫子、放脚看成是文化转型，而把妇女解放和男女平等看成是文化转型。"类型"与"形态"可能有某种接近的地方，但也有差别。"转型"不同于一般所说的"变化"和"变迁"，还因为它暗含了"进步""进化"、合理化的价值上的意义。承认中国近代文化转型，同时也意味着承认"文化"有"不同的类型"。现代中国人物梁漱溟、冯友兰等都肯定文化有不同的类型，并相信文化能够转型也应该转型。冯友兰对文化不同的认识，前后有一个过程，他先把东西文化的不同看成是东西地域上的不同，然后看成是古今时间上的不同，

---

① 〔美〕亨廷顿：《变化社会中的政治秩序》，第92页。

最后从哲学上的共殊出发，把二者的不同看成是"类型上的不同"，即以家为本位和以社会为本位的不同，工业化与农业化的不同，近代化与传统的不同。他通俗化地比喻为城市与乡村的不同。"近代化"是日本人使用较多的一个术语，我们更多的是使用"现代化"一词，但其意义则类似于"近代化"。① 以中国的"现代化"为主题的著作，在时间跨度上包括了近代以来中国的整个历史过程。但至少是在近代，中国的历史是否能够用"现代化"（或"近代化"）来概括，就有很多疑问，因为中国近代以来的历史转变，具有十分复杂的情调，它与西欧社会的转变非常不同，很难用西欧的"现代化"类型来衡量。近代中国思维方式的演变这一问题是在近代中国文化转型这一总问题之下来思考的。从比较的立场来看，近代中国思维方式的演变，同样也很难用西欧的标准来判断。亨廷顿基于西方社会经验所说的思维方式的转变，对于理解晚清之后的中国来说最多只有部分的适用性。

由于近代中国遭遇到了一个高度的"异质文明"而处在一个剧烈变化的时代中，那个时代的人们常常把它描绘成从未遭遇过的"大变局"。外来的新事物需要接触了解，传统的旧事物需要重新审视，现实的危机必须摆脱，国家必须富强，等等，这一切都构成了近代中国思维方式的"对象"。"对象"的变化伴随着思维所运用的范式、方法和立场的变化，也伴随着思考和认识结果的变化，伴随着为事物赋予合理性方式的变化。就不少方面来看，经过演变而产生的近代中国思维方式，比之于传统的思维方式确实有了很大的不同。譬如，具有悠久

---

① 刘小枫指出，近代（neuzeit）、现代（moderne）是两个不同的概念，但国内经常混用。他根据德国社会学家特洛尔奇（E.P.W.Troeltsch）的观点，说明这两个概念为什么是不同的。近代的欧洲 16 世纪、17 世纪是从中古到现代的桥梁，通过新教运动、启蒙运动，从中古的统一宗教世界观走向分化的世界观，为现代的转变奠定了基础。（刘小枫：《现代性社会理论绪论——现化性与现代中国》，上海三联书店 1998 年版，第 66～73 页）照此说法，把"近代化"与"现代化"作为同义语使用就有问题。

传统的不同族群和国家，往往都要面临和解决两个问题：一个是族群内部自身纵向变迁过程中的过去和现在的关系问题，一个是不同族群之间横向的内部世界和外部世界的关系问题。中国作为一个具有悠久传统的大陆文明国家和族群，它对所遇到的这两个问题的思维和运用都形成了一个比较稳定的思维方式和行为方式。传统中国思考和处理这两个问题所使用的概念是"古今"和"华夷"，围绕"古今"而形成的以"信古"和"好古"为中心的"古今之辨"，围绕"华夷"而形成的以华夏文明为中心的"华夷之辨"，就是传统中国面临这两个问题时的一般思维方式。这两种思维方式，在晚清都遇到了激烈的挑战并开始发生转变。传统"古今之辨"经过"中学"与"西学"的关系设立进而演变为"新旧之争"，再进而演变为我们现在一般所说的"传统与现代之争"。在这彼此相连的演变中，以"信古"和"好古"为主要特征的传统的"古今"思维方式，整体上就转变为"喜新厌旧""好今"和"现代本位"（也就是反旧、反传统）的思维方式，或者说这成为一个新的群体的主导性的思维方式。这一转变与晚清引入的进化和进步的历史观和世界观相联系。按照新的进化历史观，历史是不可逆的、直线进步的，"现代性"和未来性成了社会和历史的根本目标，世界是一个不断成长甚至是飞速成长的过程。据此，代表着"现代性"和未来性的"新事物"（新）相对于过去的"旧事物"（旧）来说，先天地就具有了优越性，这与传统常常要求的复归过去的"黄金时代"和圣王时代的思维，确实是迥然有别的。同样，传统的"华夷之辨"思维方式在晚清也发生了巨大的转变。这种转变过程，既是华夷秩序和体系的解体过程，也是新型国家间关系和意识的形成过程。以文明对野蛮的华夷秩序，逐渐转变为以文明对文明的中国与西方的关系：中国不再是天下的中心，也不再是文明的唯一代表；"中国"成为众多国家中的一个国家，成为万国之中的一员，是如同康有为所说的"大地八十万，中国有其一；列国五十余，中国居其一"的中国，或者是如同梁启超所期望的进入"与西方竞争"的"世界之中国"（异于中国即世界的中国）。但是，历史的逻辑似乎也有一种惯性，在极大的挫折感之下，华夏中心主义最终滑到了西方中心主义的泥潭，国家和民族主体意识的重建遇到了障碍，文明的华夏反而成了落后和蒙昧的渊薮。

严格而论，近代中国思维方式的演变绝不是整齐划一的，只能大体上说它是朝着一种趋势展开的运动和发生的变化，它不意味着直线式的进步，也不意味着对传统思维方式的简单取代。承受着传统思维方式的主体，对时代的变化和时代课题的认识方式并不一样，一部分人恰恰力求抵制新的趋势和方式，他们成为传统思维方式的袒护者和守护者；人们即使是追求新的事物，其方式有时也不免受制于传统思维方式的影响，如相信通过破除一个旧世界就可以立即建设一个新世界的思维方式，就与往往表现为颠覆旧王朝的"革命"和"起义"思维方式有某种相似性。人们过于简化社会和政治变化的程序，立足于渐进的进化论而主张变法的逻辑，一转就成为进化即革命的革命逻辑；通过积累和天演而形成自发秩序的思考，一转就成为突飞猛进的"人工秩序创造"意识。

作为后发型近代中国文明的变迁，显然有别于先发型近代西方文明的转型。近代中国思维方式的成长有属于中国自身的明显特征，如贯穿在众多问题和思考之中的一个主导性观念是"自强"，可称之为"自强式思维"或"自强意结"，它不仅与中国传统的"王道论式"相对立，而且也不同于西方的"启蒙论式"，它是中国面临外部世界的巨大挑战而持续关注的主题，是谋求自我保护和期望的产物，其他的应对方式往往都从属于它或围绕它而扩展。如果说西方近代思维是坚信人对于自然和社会的权力，那么中国近代思维则是追求在世界体系中的自立和自主，使自己重新强大起来。其他思维方式如何围绕它而展开，或者它又如何制约了其他思维方式的展开，都使近代中国思维方式的演变具有了明显的特质。

广义的思维方式涉及的东西非常多,如果都进行探讨,那将非常繁难。本书的讨论虽然是其中的一部分,但在很大程度上使我们能够把握到近代中国思维方式演变的一些重要的东西。

第一章

中国"世界秩序图像"与"欧风西力"的初期相遇

——16至19世纪前期帝国"认识"和"规范"异质世界的方式

人类不同群体和社会一般都要面对和处理两个方面的关系,一个是自身历史传统的前后纵向关系,即传统与现今的关系;一个则是内部世界与外部世界的同时横向关系,即国家间的关系或一般所说的国际关系。在中国与外部世界的国际交往历史中,16至19世纪前期这三百多年之间,它与一个新的外部世界——西方(主要是欧洲)不期而遇并进行了一定的交往,对于帝国与外部世界的交往历史来说,这是前所未有的。有关这一早期从海上飘来的"欧风"与帝国相遇的过程、事件和特性,人们从许多方面所展开的探讨,除了为我们提供某种有益的视点之外,还因所形成的某些固定化成见而限制了我们。譬如,以15世纪以来欧洲的变化为参照系观察中国,后者"停滞的帝国"的形象被凝固了下来[①],帝国对待外部世界的方式也常常被笼罩在"自我中心主义""朝贡体制"和"闭关锁国"及"排外主义"等符号之中。这些符号在帮助我们理解16世纪以来中国与外部交往的

---

① 参见〔法〕佩雷菲特:《停滞的帝国——两个世界的撞击》,王国卿等译,生活·读书·新知三联书店1993年版。

某种特性的同时，反过来也使我们忽视了中国世界秩序观及其行为方式的多层面性和复杂构造，且不说从帝国自身体系来看它所具有的某种正当性。我们不能再简单地局限于常见的定性模式，而应该寻找一种新的历史意识。何伟亚（James L. Hevia）对18世纪末马嘎尔尼使团觐见帝国皇帝这一事件以及交往礼仪所进行的解读，就属于要求解构被"凝固化"的认知帝国模式的一种愿望，我相信他的视点至少激发了我们重新观察这一问题的兴趣和想象力。① 当然，他的纠偏立场相应地也产生了一种非历史性的解读倾向，如对历史史料随意"运用"的倾向。② 我们希望站在一种多维的视角上来观察和思考几个世纪中帝国理解和规范一个新的世界的方式，并尽量立体地看一看这种方式对于帝国自身和对于它所面对的外部世界都有哪些复杂的意味和情调。

凭着人类丰富的想象力，不同地域的人们都曾设想出一些"孤立"存在和生活的个人、社会、国家，乌托邦想象和期望就不乏这方面的例子。即使历史上确实存在过"完全"不进行交往的孤立和封闭的族群，这也只能说是个别性的例外。就通常情况来说，每一个群体和国家都会遇到与其他社群和国家进行交往并处理相互之间关系的问题，虽然它们都有自己的"边界"（首先是地理上的）和统治的范围。人类不同族群和国家间一直存在着不同程度的交往活动，这就使它们在如何交往的思考和行动中，产生出了相对应于国际交往的思维方式和行为方式。罗尔斯（John Rawls）也做了如下类似的说明："每一社会都会有一观念——即关于如何与其它社会发生关系，如何向其它社会展示它自己；它与它们共存于同一世界，除开某些与其它社会隔绝孤立的

---

① 参见〔美〕何伟亚：《怀柔远人：马嘎尔尼使华的中英礼仪冲突》，邓常春译，社会科学文献出版社2002年版。

② 这也是他的解读引起争议的原因之一。参见《二十一世纪》1997年12月号，1998年2月、4月和10月号。

情况（以前曾长期如此）之外，它必须阐述某些理想和原则来指导它的对外政策。"[1]如何进行国家间交往的思维方式、行为方式和世界秩序观一旦形成，它就会获得某种抽象性并往往作为原理、惯例和规范发挥作用。但是，国家间交往的思维方式、行为方式和世界秩序观，不仅对不同的族群、社会和国家来说具有很大的差异性，而且即使是同一族群和国家的不同历史时代，也有因交往对象的不同而发生变化的情况。在我们全球化时代的国际交往中被认为是理所当然的事，在其他时代可能是不可想象的。国际交往的思维方式和行为方式以及世界秩序观，是不同族群、社会和国家之间的交往经验、冲突（最激烈的方式是战争）和妥协的产物，也是经过思考并加以理论化的产物，它的稳定性同它的"合理性"特别是"有效性"相关，并往往依赖于支撑它的"权力"和"势力"。现在各国交往中被认为是"文明的"国际法、惯例和基本原则，恰恰也是在西方近代国家形成过程中伴随着残酷的战争和帝国主义扩张及其对抗演变而来的，所说的主权"平等"，实际上是在大国互相接受彼此的权力并共同主宰国际格局这种状态之下的平等。

当比较不同的世界秩序观和国际交往理性时，我们如果忽略了它的"历史性""过程性"和"现实性"，那么就容易丧失其多重性的内涵，容易采取强行化约的理解方式和两极性评价。如"朝贡体制"并不是传统帝国对待外部世界的唯一体制，把它作为古代帝国与外部世界交往关系的单一框架并不合适，它只是帝国国际交往过程中的一个基本方式和体制罢了。在"朝贡"方式之外，以"缔约"方式来维持双边关系的做法也反复实践过。在19世纪40年代帝国开始被纳入列强的"不平等"条约之前，在汉代它与匈奴签订过以"和亲"为主要

---

[1] 〔美〕约翰·罗尔斯：《万民法》，舒炜译，见汪晖、陈燕谷主编：《文化与公共性》，生活·读书·新知三联书店1998年版，第377～378页。

特征的、付出了很多代价的和平条约[①];在宋代它与金签订过极其不平等的条约[②];在清代(17世纪末和18世纪初),它与俄国签订过几次相对平等的条约。早在春秋和战国时代,中国就有"五霸"通过诸侯国之间的势力平衡来维持国际秩序的经历,也有"七雄"通过扩张和强权争夺来主宰国际局势的经历,哲学家们围绕国际交往的原理、秩序和规范则进行了许多思考,如围绕王道和霸道展开的讨论。

中国与欧洲的国际交往从16世纪算起到19世纪40年代前后经历了三百多年并得以维持,恰恰也是以葡萄牙、西班牙、荷兰、法国、美国特别是英国"整体上"接受至少是容忍中国的世界秩序观、惯例和规范为前提的。当中国想继续坚持和维持它的这一世界秩序观、惯例和规范并相信它有能力做到这一点时,当英国却相反地决心改变这一秩序并相信它也能做到这一点时,"巨大的冲突"不是正在"此时"才真正变得完全不可避免的吗?帝国决心禁止鸦片可以说只是促使了中英或中国同西方巨大冲突的到来。以后的冲突则是中国与列强在"条约"制度之下的冲突。当我们说中国传统的朝贡观念和秩序"不平等"时,谁又能说靠力量强加给中国的新秩序就是平等的呢?中国在与作为"新事例"的西方进行交往时,整体上没有改变它的世界秩序观、惯例和规范,是因为这一秩序整体上仍然是"有效的"并被坚信是"合理的"。乾隆所做出的禁止传教士传教这一反应,恰恰是罗马教廷的不明智决策引起的。三百多年间中国同一个新的西方世界在以贸易和传教为主、各自基本独立进行的交往过程中,展示出了一系列交往的原理、惯例和规范。正如它不是一时形成的那样,它也不是一时就可以完全中止的;正如它在变化着那样,它也在固执地抵制着变化。晚清帝国一直拒绝西方在北京派驻使节的要求,在签订了许多不平等

---

① 参见崔瑞德、鲁惟一编:《剑桥中国秦汉史》,中国社会科学出版社1994年版,第415~418页。

② 参见钱穆:《国史大纲(修订本)》下册,商务印书馆1997年版,第610~614页。

条约之后还仍在坚持。帝国像要求自己的臣民那样向西方使者要求的"三跪九叩"的"体制",实际上不过是清代才形成的"礼制"。帝国在对待外国使节的方式上也并非没有"弹性";它同外国所进行的贸易,也不是除了广东之外就没有在别的地方出现过,有一个时期与俄罗斯的贸易就在帝国的心脏地带北京进行,后来才从北京移出。在没有枪炮的环境下,帝国"自己"就皈依了藏传佛教,它与儒、道的冲突往往是自身内部的冲突,如果让中国人自己选择,基督教也并非不可能因中国人自己而变成中国的一部分,不需要通过传教士征服来达到。中国与基督教的冲突,在19世纪40年代被纳入不平等条约之下后,所引发的一系列"教案"以及由此导致的帝国与西方列强的更大的冲突,结果最终都由列强在战争中的胜利来决定,这不可能使中国人与基督教之间达成理解。

中国在悠久的历史中逐渐演变并形成的思考和处理与外部世界关系的思维方式和行为方式,是由与宇宙天道秩序相连的原理、惯例和规范等构成的体系("朝贡体制"是它的一个表现或一部分)。卡尔·多伊奇(Karl W. Deutsch)指出:"只有世界上幅员最辽阔和实力最强大的国家,才有可能形成通过其努力所塑造出的某种至少似乎有理的世界形象,才有可能改变这一世界形象,或者全部地或在很大程度上根据它们自己的愿望维持这一世界形象。"① 当我们简单地用"闭关自守"("闭关锁国")、"自我中心"等思维定式看待那几个世纪中帝国与外部世界的关系时,我们就往往既不会考虑帝国为什么这样做,也不会考虑帝国究竟在多大程度上是这样做的。黄启臣根据清代前期中国与欧洲的贸易情况,认为用"闭关锁国"来概括那个时代帝国的对外特性是有问题的。② 即使对帝国所做的闭关自守的常见批评是有道

---

① 〔美〕卡尔·多伊奇:《国际关系分析》,周启朋等译,世界知识出版社1992年版,第126页。

② 参见黄启臣:《清代前期海外贸易的发展》,《历史研究》1986年第4期。

理的，那么反过来也需要问一下根据什么来设想当时的中国应该像是一个开放性的世界。这里的讨论是想从几个方面入手，看看在几个世纪中帝国的"世界秩序图像"或者说天朝的原理和体制是如何与"欧风西力"相遇的。这几个方面就是：帝国是如何划分内外界限及构想世界共同体的，它是如何认识和处理与外部世界的贸易秩序的，它是如何认识和处理与外部世界的法律秩序。这些问题为我们提供了观察和思考早期帝国对待外部世界的思维方式和行为方式的切入点。国际交往的思维方式和行为方式对一个国家来说往往具有决定性的影响。如果不同的国家都执着于自己的思维方式和行为方式，拒绝倾听对方的方式也不愿做出妥协，国际关系除了破裂还会有什么呢？当国家间不具有对话和相互理解的共同基础，而它们又必须进行交往，它们通过何种方式才能建立一种彼此都能接受的秩序呢？也就是说，所谓合理的或"文明"的国际秩序是基于什么的呢？这些问题常常也需要从历史的角度来理解。

一 识别自我与他者的模式及世界共同体意识

谁要是只停留在一个平面上或横断面上，谁就不能真正认识和理解世界秩序与国际关系。入江昭恰当地指出："国际关系，说到底，就是国与国之间的关系，而各个国家又都有自己独特的传统、社会与思想倾向以及政治结构。……一言以蔽之，国家是一个'文化体系'，国际关系则是各文化体系间的相互作用。"[①] 中国与欧洲的早期交往实际上也是不同文化体系在空间上的接触和碰撞。

我们从晚清的觐见礼仪谈起。同治十二年（1873年），被允许派

---

① 入江昭：《文化与权力：作为国际文化关系的国际关系》，《世界史研究动态》1986年第12期。

驻北京的外国公使为了觐见皇帝，同中国官员再次展开谈判。促使这件事情发生的契机是两宫太后停止"垂帘听政"，穆宗开始亲政，此前总署以"皇上冲龄，两宫太后垂帘听政"有所不便为由，拒绝公使觐见。现在这个理由已经不存在了，但作为觐见礼节的"跪拜"问题仍未解决，虽然此前曾国藩等答应同治亲政后礼仪可以变通。觐见一旦提上日程，"跪拜"礼仪问题自然被再次提出。总理衙门官员仍是希望一如既往地在皇帝面前行跪拜礼。李鸿章声称，根据所查阅的朝廷有关马嘎尔尼访问的记载，马嘎尔尼确实按照中国的宾礼对皇帝行了跪拜之礼。但是，由于外国公使的坚持，中国官员最终答应免去觐见时的跪拜之礼。① 这次以平等仪式进行的觐见，因被安排在曾是外藩君长朝贺和赐宴场所的紫光阁而引起了公使们的不满。但是，帝国顽强坚持的天朝体制一旦被突破了，相应地它就又开了一个新的先例。至于这一先例在人们的意识和观念中得到多大程度的认同，仍是一个疑问。光绪十一年（1885 年）出版的《郎潜纪闻》中，陈康祺回忆起 1793 年马嘎尔尼访问中国的那次礼仪冲突时还特意指出，声称不习惯跪拜之礼的马嘎尔尼，一入殿堂就不自觉地双膝下跪。陈康祺还引用管世铭《韫山堂诗》中的"一到殿廷齐膝地，天威能使万心降"来强调天朝的威严，并对穆宗之后通商大臣们曲意迎合外国使臣所谓不习惯中国跪拜礼、使用西方折腰三次的礼节觐见皇帝的做法耿耿于

---

① 《清史稿》有如下记述："十二年，穆宗亲政，泰西使臣环请瞻觐，呈国书，先自言用西礼，折腰者三，廷臣力言其不便。直隶总督李鸿章建议，略言：'先朝召见西使时，各国未立和约，各使未驻京师，国势虽强，不逮今日，犹得律以升殿受表常仪。然嘉庆中，英使来朝，已不行三跪九叩礼。厥后成约，俨然均敌，未便以属礼相绳。拒而不见，似于情未洽。纠以跪拜，又似所见不广。第取其敬有余，当恕其礼不足。惟宜议立规条，俾相遵守。各使之来，许一见，毋再见，许一时同见，毋单班求见，当可杜其觊觎。且礼与时变通，我朝待属国有定制，待与国无定礼。近今商约，实数千年变局，国家无此礼例，往圣亦未豫定礼经，是在酌时势权宜以树之准。'时总理各国事务恭亲王以拜跪仪节往复申辨，而各使坚执如初，势难终拂其意，乃为奏请，明谕允行。"（《志》六十六《礼》十《宾礼》）

怀，认为他们应该以马嘎尔尼为例驳斥这些外国使臣的不正当要求。①实际上，围绕觐见的一些礼仪问题，帝国官员与外国使节仍在争执不休。

从1793年马嘎尔尼使团访问引起的礼仪冲突，到近百年中国与外部世界之间许多更大的冲突，觐见的礼仪始终困扰着中国与外部世界的交往和行为。这就引出了一个问题，礼仪问题为什么会在中国与外部世界之间引起如此大的冲突呢？为什么它们都会如此固执地坚持各自立场并宣称其正当性呢？外宾礼仪是帝国与外部世界交往中的制度和规范之一。清帝国把跪拜之礼施之于外部世界并要求来到中国的外国使节遵守，整体上这是被置于中国（宗主）同外国（藩属）这一世界秩序之下来思考并做出的制度安排。②正如我们上面已提到的那样，"三跪九叩"的"跪拜"之礼是从清帝国开始确立起来的大臣朝见皇帝的大礼，它并不是中国历史中的一贯礼仪，当然也不是与外部世界交往中的一贯性规范，但它不容置疑地被运用到与外部世界的交往关系中，这清楚地表明了清帝国沿承着仿佛是同心圆的传统的"王者无外""无远弗届"的"世界统一体"或"世界共同体"这一思维方式和行为方式。这是问题的一个方面。与此看似矛盾的另一个方面是，清

---

① 陈康祺所说的马嘎尔尼上殿堂后双膝下跪，增加了礼节过程记载的纷纭性。《清史稿》载：乾隆"五十八年，英吉利入贡，使臣玛嘎尔等觐见，自陈不习拜跪，及至御前，而踧伏自若"。"踧伏"即双膝着地伏下。1816年，嘉庆致英国国王的"敕谕"中对马嘎尔尼尽礼也加以肯定，说："维时尔国使臣恪恭成礼，不愆于仪。"但英使的记载则是以英国之礼"单膝"至地。参见〔美〕马士：《中华帝国对外关系史》第一卷，张汇文等译，上海书店出版社2000年版，第59～61页；何伟亚：《怀柔远人：马嘎尔尼使华的中英礼仪冲突》，第102～107、230～231页。另，秦国经坚持认为，马嘎尔尼确实履行了跪拜大礼。参见《从清宫档案看英使马嘎尔尼访华历史事实》，见《中英通使二百周年学术讨论会论文集》，中国社会科学出版社1996年版，第210～216页。

这里不是详细讨论这一问题的地方，我们关心的是中国早期与外部世界接触时对礼仪所持的固执性立场。

② 据《钦定大清会典事例》卷五〇五《礼部·朝贡·朝仪》，贡使觐见时行"三跪九叩"礼。

帝国还沿承着传统的以宗主对藩属、以华夏对夷狄的这种内外（差序、尊卑）有别的思维方式和行为方式。这样，帝国同外部世界的交往过程中所要求的"跪拜"礼仪，同时就包含了帝国世界秩序的统一性和差异性的双重逻辑，它是与帝国内部的政治统一体及君臣尊卑的等级性整体序列具有同构性的秩序。下面我们就从稍微广泛的层面上看看在帝国与欧洲几个世纪的交往中所具体展示出的这种二重性思维结构和行为模式。

万历十一年（1583年）艰难进入中国的利玛窦，为了满足肇庆当地中国官员的好奇，赢得他们的好感，首次展示了他带到中国的世界地图，并于第二年刻了第一幅中文世界地图《山海舆地全图》（后称《坤舆万国全图》）。万历二十九年（1601年）利玛窦到了北京，在他献给万历皇帝的礼品单中，有记载世界许多国家情况的《万国图志》一册。①这一西文图志，后经庞迪我、熊三拔等传教士的奏请，译成中文，呈皇帝御览。②"万国"的称谓应该使人认识到世界上众多国家的存在。利玛窦担心《坤舆万国全图》会引起皇帝的不满而没有直接进献，因为在这一由五大洲（即亚细亚、欧罗巴、利未亚、亚墨利加和墨瓦腊泥加等）构成的"世界"地图上，中国既不是人们意识中的世界的中心，也不像人们所想象的那样广大无际。出乎利玛窦意料的是，不知是哪一位宦官，当他把神父馈赠给他的李之藻复制的全图加上绘画装饰敬献给皇帝时，皇帝对那幅能够影响中国人世界观的地图却格外喜欢（也许可用皇帝喜爱并收藏珍奇异物来解释），并还想把全图赏

---

① 参见〔法〕裴化行：《利玛窦评传》上册，管震湖译，商务印书馆1993年版，第330页。

② 庞迪我等阐述他们的动机说："臣伏蒙圣恩，豢养有年，略通经书大义，如蒙钦命发下原书，容臣等悉译以中国文字上呈圣览，即四方万国地形之广袤，国俗之善恶，政治之得失，人类之强弱，物产之怪异，一览无遗。非独可以广见闻，抑可以裨圣治矣。"（〔意〕艾儒略：《职方外纪校释·奏疏》，谢方校释，中华书局1996年版，第17页）

赐给其他人。他在地图上看到了利玛窦的名字,就传令利玛窦神父复制一些。利玛窦看到皇帝对全图如此热情,还把他复制的地图悬挂在宫院中,十分感动,他相信这有利于改变许多人小看这幅地图而且不相信的态度。① 利玛窦曾经把一幅用欧洲文字标注的全图挂在教堂接待室的墙上,中国人称羡这幅他们第一次看到的世界全图,这与他们拥有的世界图像的差别之大是可想而知的。在帝国的地图上,它是一个巨大的中心,其他的地区还没有帝国的一个小省大。② 与带给中国世界全图和《万国图志》的动机类似,为帮助中国人了解外部世界知识,天启三年(1623年)艾儒略所著《职方外纪》刻印,这是西方人用中文写成的向中国人介绍世界地理知识的第一部书,这部书分别描述了《坤舆万国全图》所画出的五大洲,外加一个四海总说。艾儒略对中国的介绍是饶有趣味的,他最大限度地肯定了帝国当时的地位。习惯了固有世界地理观念的中国人,对于传教士为帝国带来的新的世界地理知识是如何做出反应的呢?对徐光启、杨廷筠、李之藻、瞿式耜和叶向高等当时的中国文人来说,传教士为他们介绍的新的地理知识是可信的,这些知识使他们改变了对人类整个世界的传统看法和思维,使他们从"地方"的观念转到了"地圆"的观念③,帝国也从世界的中心变成了世界的有限的一部分。瞿式耜甚至通过世界地理观的转变进而要求改变华夷世界秩序观了:"尝试按图而论,中国居亚细亚十之一,亚细亚又居天下五之一,则自赤县神州而外,如赤县神州者且十其九,

---

① 参见〔法〕裴化行:《利玛窦评传》上册,第557页。
② 参见〔意〕利玛窦、〔比〕金尼阁:《利玛窦中国札记》上册,何高济等译,中华书局1983年版,第179页。
③ 刘献廷坦率地承认,只是从利玛窦东来之后中国人才知道"地圆"的说法(参见钟叔河:《走向世界:近代知识分子考察西方的历史》,中华书局1985年版,第25页);李之藻从全图中"乃悟唐人画方分里,其术尚浅",并相信艾儒略对他所说的"地如此其大也,而其在天中一粟耳。吾州吾县又一粟中之毫末,吾更藐焉中处"(〔明〕李之藻:《刻职方外纪序》,见〔意〕艾儒略:《职方外纪校释》,第6~7页)。

而戋戋持此一方,胥天下而尽斥为蛮貊,得无纷井蛙之诮乎!曷征之儒先,曰东海西海,心同理同。谁谓心理同而精神之结撰不各自抒一精彩,顾断断然此是彼非,亦大踬矣。且夷夏亦何常之有?其人而忠信焉,明哲焉,元元本本焉,虽远在殊方,诸夏也。若夫汶汶焉,泪泪焉,寡廉鲜耻焉,虽近于比肩,戎狄也。其可以地律人以华夏律地而轻为訾诋哉!"① 这种对华夷采取流动性立场的惊人看法,不仅容易使人联想到儒家圣人所谓的"天子失官,学在四夷"和"礼失求诸野"的古训,而且也使我们联想到后来的郭嵩焘的看法。但是,从整体上说,中国人的"世界观"不可能因此而被改变,士阶层也不可能仅从传教士的介绍中就接受一个新世界的说法而放弃正统的立场。问题比一般称他们是顽固或保守更为复杂。② 以魏濬所写的《利说荒唐惑世》为例来看,他批评利玛窦说:"利玛窦以其邪说惑众,士大夫翕然信之。……所著《舆地全图》,及洸洋窅渺,直欺人以其目之所不能见,足之所不能至,无可按验耳,真所谓画工之画鬼魅也。毋论其他……中国当居正中,而图置稍西,全属无谓。……焉得谓中国如此蕞尔,而居于图之近北,其肆谈无忌若此。"③ 按照魏濬的逻辑,没有得到经验求证的东西,就不能认为是确实的。但是,在得到经验求证之前,也不能说它就是荒唐的。当魏濬说利玛窦以邪说惑众、全属无谓时,他并没有得到经验的证实。他凭什么说利氏之说是邪说呢?况且,我们所接受的知识有多少是经过"自己的"经验来证实的呢?然而,中国

---

① [明]瞿式穀:《职方外纪小言》,见〔意〕艾儒略:《职方外纪校释》,第9~10页。
② 谢和耐在这方面的看法通情达理,他肯定了中国人接受西方科学成果的积极性,同时他也认为中国人有理由不接受他们不愿接受的东西:"中国从未为了采用基督教文献中的形象而认为宇宙是按一匠人一劳永逸地制造一件物品的方式形成的。"(〔法〕安田朴、〔法〕谢和耐等:《明清间入华耶稣会士和中西文化交流》,耿昇译,巴蜀书社1993年版,第73页)
③ [明]徐昌治辑:《圣朝破邪集》卷三,夏瑰琦校本,香港建道神学院1996年版,第185页。

士人往往从怀疑的立场不相信传教士所传播的新的世界地理知识。① 显然，他们的怀疑主要是出于先入为主的习惯性认识和思维，这就限制了对外部世界的视野和新知。这是一方面。另一方面，在他们的怀疑中不也有值得注意的地方吗？怀疑作为一种方法，不是比不加质疑地接受一种东西更有合理性吗？如果他们同时接受了传教士所奉行的"地球不动说"和用天主去解释世界的方式，我们又应该如何看待呢？而且，在他们的怀疑中，我们也看到他们有所承认的东西。如《清朝文献通考·四裔考》在整体上以质疑的立场拒绝刊行《职方外纪》的同时，也肯定"似或有之"："其所自述彼国风土物情政教，反有非中华所及者，虽荒远犷獠，水土奇异，人性质朴，似或有之；而即彼所称五洲之说，语涉诞诳，则诸如此类，亦疑为剿说卮言，故其说之太过者，今俱刊而不纪云。"《四库全书总目·史部·地理类四》在评价此书时也有肯定的倾向："所述多奇异不可究诘，似不免多所夸饰。然天地之大，何所不有，录而存之，亦足以广异闻也。"② 在一些方面，利玛窦的批评当然是正确的。如他说："他们认为天是圆的，但地是平而方的，他们深信他们的国家就在它的中央。他们不喜欢我们把中国推到东方一角上的地理概念。他们不能理解那种证实大地是球形、由陆地和海洋所构成的说法，而且球体的本性就是无头无尾的。"③ 但是，他的做法并不总是可取的。当他看到中国士人和官吏高度怀疑中国是东方的一部分时，他采取了一种迎合他们观念和意识的策略："他抹去了福岛的第一条子午线，在地图两边各留下一道边，使中国正好出现在

---

① 如《明史》对五洲说评论道："其说荒渺莫考，然其国人充斥中土，则其地固有之，不可诬也。……礼部言：《会典》止有西洋琐里国无大西洋，其真伪不可知。"（《列传·外国七》）

② 《四库全书总目·史部·地理类四》在怀疑南怀仁的《坤舆图说》有依仿中国古书之嫌的同时也说："然核以诸书所记，贾舶之所传闻，亦有历历不诬者。盖虽有所粉饰，而不尽虚构。"

③ 〔意〕利玛窦、〔比〕金尼阁：《利玛窦中国札记》上册，第180页。

中央。这更符合他们的想法,使得他们十分高兴而且满意。"①这反过来又加强了中国人世界地理意义上的"中国中心观"。如陈组绶虽然接受了一个广大的地理世界,但他不能忍受中国不在世界中心的地图,他像利玛窦那样,把中国置于这一广大世界的中心,并说:"四大洲,环乎中国者也……中天下而立,定四海之民。"②在世界地理知识对帝国形成整体性的冲击之前,帝国是不会轻易放弃自我中心观的。严格来说,"中国中心观"是由世界"自然地理"意义上的中心和非自然性的"人文政教"意义上的中心两个层次构成的,而且二者常常是联系在一起的。当石介说"夫天处乎上,地处乎下,居天地之中者曰中国,居天地之偏者曰四夷。四夷外也,中国内也。天地为之乎内外,所以限也"③时,他所说的中国中心,首先就是基于自然地理上的意义。中国士人相信,自然地理的中国中心,如同是天意的安排,恰恰与人文政教的中国中心是吻合的。④早就出现的以同心分层次向四周延伸的"五服论",既是地理界限上的层次,也是教化方式差异上的层次。中国作为世界或天下中心的观念同时就包括了这两个层次。通过区分中心与周边和边缘,世界秩序就在一个等级的意义上显示了出来。世界秩序的这种等级性差别观念,即使自然地理意义上的根据丧失了,它也不

---

① 〔意〕利玛窦、〔比〕金尼阁:《利玛窦中国札记》上册,第 180~181 页。
② 葛兆光:《中国思想史》第二卷,复旦大学出版社 2000 年版,第 492 页。
③ 〔宋〕石介:《中国论》,见《徂徕石先生文集》,中华书局 1984 年版,第 116 页。
④ 可以看一下班固的具有代表性的一段话:"《春秋》内诸夏而外夷狄,夷狄之人贪而好利,被发左衽,人面兽心,其与中国殊章服,异习俗,饮食不同,言语不通,辟居北垂寒露之野,逐草随畜,射猎为生,隔以山谷,雍以沙幕,天地所以绝外内也。是故圣王禽兽畜之,不与约誓,不就攻伐。……其地不可耕而食也,其民不可臣而畜也,是以外而不内,疏而不戚,政教不及其人,正朔不加其国;来则惩而御之,去则备而守之。其慕义而贡献,则接之以礼让,羁縻不绝,使曲在彼,盖圣王制御蛮夷之常道也。"(《汉书》卷九十四《匈奴传》)据此,我们也可以判断汤因比的以下说法是否恰当了:"这种秩序在中国人的心目中表现为人的行为同其环境之间一种不可思议的契合……其奇妙之处就在于一切都取法于天行或宇宙的结构,后者就成为观照的对象,有时也成为改变的对象。"(〔英〕汤因比:《历史研究》中册,上海人民出版社 1987 年版,第 324 页)

会自然失效。如接受了五洲说的李光地，还仍然坚持中国中心说。他认为中国中心本来就是人文政教意义上的，而不是自然地理意义上的："所谓中国者，谓其礼乐政教得天地之正理，岂必以形而中乎？譬如心之在人中也，不如脐之中也，而卒必以心为人之中，岂以形哉？"①

中国-中心与四方-边缘的等级世界秩序，也就是一般所说的"华夏对夷狄"的华夷等级秩序和"宗主对藩属"的"封贡"等级秩序。同样，这种秩序既是地理上的，也是政治和文化上的。一种常见的说法认为，"华夷之别"主要是文化上的。这种说法只是越到后来才越具有更多的真实性。在一般情况下，它的"地理上"的意义与"文化上"的意义是合而为一的。帝国所处的地理位置本身就被认为是优越的，它构成了华夷的天然分界线。为了保持地理和政治上的华夷界限和内外之别，帝国相应地就产生了守护"华夷秩序"和"严中外之防"的思维方式，如其中一个重要的方面就是反对"以夷变夏"，坚持"以夏变夷"，强调从中心到边缘的单向扩展。②中心对边缘的界限，也就是文明与野蛮的界限。华夷之别，还包含有"民族"上的"优劣"差异③，这也是一般谈论华夷之别所忽视的。像"非我族类，其心必异"这一说法，显然就是从民族上来区分本族与外族的界限。中国传统有所谓"人禽之辨"，当这种辨别被运用于一个族群自身时，它的意义就纯粹以是否具有"礼义"等道德属性来区分了。但当它被运用

---

① 〔比〕南怀仁：《记南怀仁答问》，见《榕村集》，收入《影印文渊阁四库全书·集部·别集类》第 1324 册，台湾商务印书馆 1986 年版。

② 如明太祖说："自古帝王临御天下，中国居内以制夷狄，夷狄居外以奉中国，未闻以夷狄居中国而治天下者也。"(《明太祖实录》卷二六)

③ 对帝国来说具有讽刺情调的是，作为华夏族主体的汉族，在历史上曾经多次受到征服它的异族的歧视性、侮辱性对待。(参见瞿同祖：《中国法律与中国社会》，中华书局 1986 年版，第 243～249 页) 在清代的"满汉之别"中，汉族所受到的歧视和差别对待，恰恰就成了革命派动员革命的一个强有力的旗号。革命派的排满民族主义，就是要求恢复以汉族为中心的华夏正统。

到本族与他族的时候,二者之间所具有的"民族"差异,有时就被视为人与动物之间的不同。他们被中国人认为具有动物般的品性。也就是说,其他族群不仅在民族上是劣等的,而且甚至丧失了人类的资格。这也就是中国人在指称"异族"的汉字上往往加上动物性"偏旁"的原因。在19世纪的中英冲突中,中国官员在描述英国人时,就以野蛮的动物品性来看待他们,但又抱着化导他们的期望:"冀以情理之真诚,化犬羊之桀骜。"① 自觉起来或被动员起来决心抵抗英国人的广东民众,在《尽忠报国全粤义民申谕英夷告示》中一开头就说:"查尔英夷素习,豺狼成性,抢夺为强。"与采取强硬方针的林则徐不同的琦善,试图采取软化的笼络方法以使英国人停止他们的强权行动。他也断定英国人的本性是很难驯化的:"窃查英夷素属外化,久著横名,故凡海外诸邦,莫不为其所困。……该夷之凶顽难化,习与性成。"② 从把夷人当成野蛮人甚至是动物的歧视性意识中,就不难理解中国人在与外部族群的交往中,何以会常常使用"羁縻"和"驾驭"这一类与驯服和笼络"牲畜"一样的词汇来表示对待和处理与他者关系的一种方式。③ 司马贞的《史记索隐》对《司马相如列传》中所说的"天子之于夷狄也,其义羁縻勿绝而已"所做出的简明解释说:"羁,马络头也;縻,牛缰也。言制四夷如牛马之受羁縻也。"司马贞的这一解释,与唐代通行的"羁縻"制度及其运用十分相合。④ 唐代设立许多"羁縻府州"以处理与周边民族关系的做法在中国历史上还是首次,原因可

---

① 《两广总督卢坤巡抚祁𡒃奏》,见蒋廷黻编:《近代中国外交史资料辑要》上卷,商务印书馆1931年版,第8页。到了19世纪60年代,王炳燮还常常认为西方人有犬羊的本性,参见《毋自欺室文集》卷七。

② 《琦善奏探询英国各情形折》,见《筹办夷务始末(道光朝)》(一),中华书局1964年版,第477~479页。

③ 有关古代中国"羁縻"制度和方式的较详细情况,参见彭建英:《中国古代羁縻政策的演变》,中国社会科学出版社2004年版。

④ 参见黎虎:《汉唐外交制度史》,兰州大学出版社1998年版,第472~474页。

能是唐代与外部世界的交往和冲突都是空前的。唐人相信用像笼络动物一样的手段来处理与外部世界的关系比用武力更为有效。唐太宗对吐蕃掠夺边境的行为感到愤怒而欲亲征，他的得意大臣苏颋向他进谏的就是"羁縻"之策："吐蕃盗边，诸将数败，虏益张，秣骑内侵。帝怒，欲自将兵讨之。颋谏曰：'古称荒服，取荒忽之义，非常奉职贡也。故来则拒，去则勿逐，以禽兽畜之，羁縻御之。譬若猎然，羽毛不入服用，体肉不登郊庙，则王者不射也。况万乘之重，与犬羊蚊虻语负胜哉？远夷左衽，不足以辱天子，亦可见矣。'"① 很明显，苏颋这里所说的"羁縻"策略，就是要用笼络和驾驭牛马的那种方法来对待吐蕃。在明清帝国与欧洲诸国的交往中，"羁縻"和"驾驭"继续被作为处理与外部世界关系的重要方式之一，虽然交往的对象已经变了。19世纪40年代前后，在日益加剧的帝国与英国的冲突中，当帝国统治者意识到武力很难迫使"英夷"顺从时，转而又选择"羁縻"和"驾驭"这种温和的策略以使"英夷"就范。已被撤职的林则徐，仍为帝国与"英夷"之间的冲突而忧虑，他抱着对帝国的忠诚上奏皇帝（但皇帝已经失去了对他的信任），认为对付凶顽的"英夷"不能采取笼络的手段了，应该断然给以更严厉的打击："非惟难许通商，自当以威服叛。第恐议者以为内地船炮，非外夷之敌，与其旷日持久，何如设法羁縻。抑知夷性无厌，得一步又进一步，若使威不能克，即恐患无已时。"②

---

① 《新唐书》卷一百二十五《列传》第五十。又《新唐书》卷九十九《列传》第二十四亦载："大亮上言：'臣闻欲绥远者必自近。中国，天下本根，四夷犹枝叶也。残本根，厚枝叶，而日求安，未之有也。属者突厥倾国入朝，陛下不即俘江淮变其俗，而加赐物帛，悉官之，引处内地，岂久安计哉？今伊吾虽臣，远在荒卤。臣以为诸称藩请附者，宜羁縻受之，使居塞外，畏威怀德，永为藩臣。谓之荒服者，故臣而不内，所谓行虚惠，收实福。'"

② 《林则徐又奏密陈洋务不能歇手片》，见《筹办夷务始末（道光朝）》（一），第531页。

"羁縻""驾驭"或"控驭"虽然带有很强的歧视性和侮辱性，但它们仍然是与帝国所谓的"怀柔"和"绥抚"属于同一层次的外交思维方式，广义上它们都是属于"恩威""德刑"和"教诛"这种二极结构中要优先选择的"施恩""以德"和"教化"这一极的，只是"怀柔"和"绥抚"看上去没有直接的歧视性，它包含着类似于上下等级中上级对下级给予爱护和体恤的一种心理。与使用"羁縻"和"驾驭"这种歧视性语言类似，"内尊外卑"的等级外交思维方式还表现在对外交往中常常使用歧视性的语言，通过这种语言以严格区别内外彼此的界限。如称呼欧美国家的名字和欧美人的名字，往往在这些汉字前面加上"口"字偏旁（这种做法是从清代开始的），如把"英吉利"写成"嘆咭唎"①、把"美利坚"写成"咪唎㗂"、把"荷兰"写成"嗬囒"等；有关人物的译名，有所谓美国的领事"吐哪"、荷兰的总管"嗵吧"等。我们还没有了解到是谁想出了这种方法以及他的具体考虑，但大致上可以说，人们这样做的一个基本目的，就是不让这些国家及其人物的中文译名具有积极和美好的联想。马士（Hosea Ballou Morse）通过"律劳卑（Lord Napier）"的中文译法，说明了这种歧视性的意识和做法："中国人在音译外国人的名字的时候，避免使用那种令人发生快感的字，或是像一个中国名字，也就是真正有文化意义的名字的字，以表示其高尚。所以有一次事件使得律劳卑很不满，就是当伍浩官依照惯例用一张名片通知他将前来拜访时，在名片上他不使用马礼逊博士的音译去写律劳卑的名字，而用了另外三个字，那些字如果翻译出来是'劳苦卑鄙'的意思——其情形好比是把政治家李鸿章的名字用英文译为'讲假话，用锁链吊起来'（Lie hung in Chains）而不把它意译

---

① 另，如对英国公文中所提到的三个地方的译名是"呀嘛吔嚸吨唪嚩哂嗳㘎"（《英使马戛尔尼来聘案·译出嘆咭唎国字样原禀》，见故宫博物院掌故部编：《掌故丛编》中华书局1990年影印本，第615页），这看上去像一种密码。

为'伟大文雅的李树'。"① 实际上，其他的对外国及外国人的像"红毛国""洋鬼子""番鬼"等诸如此类的称谓，都表明帝国在歧视地描述外部世界方面是不乏想象力的。

清代帝国与英国交往过程中发生冲突的原因之一，就是英国对帝国的一系列歧视性方式和行为不能接受。在早期，英国一般是容忍帝国的不平等交往语言和仪礼的，当时的英国还不能想象改变帝国的朝贡体制和世界秩序。不像荷兰那样，英国从来不承认它是中国的朝贡国，但它也无法在朝贡体制之外（对帝国来说这也违背了"一视同仁"原则）来处理与帝国的外交关系。英国1793年第一次派出的马嘎尔尼（Earl of Macartney）使团和1816年第二次派出的阿美士德（Lord Amherst）使团，他们理所当然地是把自己作为与帝国平等交往的使节。但是，在帝国看来，他们不言而喻就是"贡使"。因此，接待和照料他们的帝国官员不容置疑地就在运送"礼品"的车辆上都插上英吉利"贡使"的旗子。英使的不愉快是自然的，但在当时的情况下他们只好假装糊涂，默许帝国的做法，他们不想为此与帝国发生冲突而妨碍他们尚待完成的重要使命②；这反过来又加强了帝国官员认为他们"本来"就是"贡使"的惯常意识。当然，英国一直也在积极地争取自己的"平等性"地位，在送给帝国的礼品清单上就写着"钦差"的字样。乾隆看到这种只有帝国皇帝和他才有权使用的"钦差"字样竟被英国人使用，他严肃地在上谕中告诫他的大臣说："此项贡单称使臣为钦差，自系该国通事或雇觅指引海道人等见中国所派出差大臣俱称钦差，因而仿效称谓。此时原不值与之计较，但流传日久，几以嘆咭唎与天朝均敌，于体制殊有关系。"③ 乾隆不知道英国人使用"钦差"完全是有

---

① 〔美〕马士：《中华帝国对外关系史》第一卷，第144页。
② 参见〔美〕马士：《中华帝国对外关系史》第一卷，第60页。
③ 《英使马戛尔尼来聘案·军机处给徵瑞札》（乾隆五十八年六月三十日），见故宫博物院掌故部编：《掌故丛编》，中华书局1990年影印本，第662页。

意识的，英国早就认为自己是"与天朝均敌"的，而不是简单地仿效。现在我们再来看看我们一开始就谈到的使节觐见的"礼仪"问题。对于帝国来说，马嘎尔尼作为贡使向帝国皇帝施"跪拜礼"是不言而喻的，实际上其他国家的贡使都是这样做的。但马嘎尔尼则以对中国皇帝行礼不能超过对本国君主的礼仪为由，要求行单膝至地和吻皇帝手的礼节，拒绝行"三跪九叩"礼节。这当然让帝国深感不快，乾隆做出的反应是要求降低对英国使节的接待规格。最终帝国采取了变通的方式，允许马嘎尔尼行单膝至地礼，但不吻皇帝的手。阿美士德在礼仪问题上再次与中国的礼仪体制发生了冲突。他开始时的犹豫使中国官员相信，他最终是会按照"跪拜礼"觐见皇帝的。中国官员千方百计劝说要他接受这一礼仪，但他最后拒绝这样做。当嘉庆皇帝已经准备好接待他时，他仍然坚持，自称有病，以免觐见行"跪拜礼"。嘉庆传谕接见副使，但副使也以同样的理由拒绝了，一气之下，嘉庆就下令使团马上离开北京。英国使节之所以拒绝行"跪拜礼"，目的是要以这一重要礼仪上的自主性立场向帝国表明，英国与中国是平等的国家，英国不能接受中国单方面施加给它的礼仪要求。[①] 在外交场合，身体的礼仪动作实际上是一种象征，它体现着两国之间交往关系的性质。但由于"跪拜礼"不是"单单"施于外部世界的，因此不能简单说它就是对外国的不平等待遇。与外部世界的不平等关系，只能放在宗主国与藩属国的关系中来理解。在中国－宗主国与外藩－臣属国这种世界秩序下，其他国家当然不能与帝国具有平等的关系。而对皇帝的"跪拜礼"，首先是作为帝国内部的礼制秩序，这一秩序正如我们已经指出的那样，它包含有君臣上下等级和尊卑的意义。但是，当这一礼制同样也被施于外国使节的时候，它却同时具有"王化无外"的统一世界

---

① 有关这方面，何伟亚做了有趣的但不一定准确的分析。参见〔美〕何伟亚：《怀柔远人：马嘎尔尼使华的中英礼仪冲突》，第 224～227、230～242 页。

秩序的意义①，如果帝国对外国使节采取不同于内部的礼制，反而更容易显示出不平等的差别对待。从这种意义上说，英使像中国大臣一样对中国皇帝行"跪拜礼"，比之于对他们实行差别待遇却更为平等。因此，英使拒绝行"跪拜礼"并不是问题的根本，问题的根本在于英使要通过冲破"跪拜礼"以显示英国具有不受帝国约束的平等地位。后来当西方把它的外交礼节强加给中国的时候，即使这些礼节是合理的，对中国来说也是不平等的。英国使节和后来的评论者对"跪拜礼"抱有强烈的反感态度，还反映了不同地域的文化差异。何伟亚引述说，1840 年，当时的美国总统亚当斯在一次演讲中对中国的"跪拜礼"表示了强烈的不满。"'我们只对'自然法则和上帝'下跪'。换言之，基督教国家的民众不膜拜凡人。亚当斯说，中国人认为可以在'侮辱和贬低'的基础上与人交往，这种'傲慢和不堪忍受'的态度，正是引起中英冲突的惟一原因。"②西方人把下跪看成是家臣和奴仆的义务，认为下跪就意味着服从。但屈服时的下跪，不同于出于表达谢意的跪拜。在中国人的传统意识中，跪拜是对恩情的回报和致谢方式，并不简单地就是表示等级性和服从。围绕"跪拜礼"所引起的争执，就像后来围绕禁止鸦片发生的冲突一样，都不是中英之间对抗的核心，核心是英国要从整体上改变中国的"宗藩"世界秩序和朝贡制度。即使没有跪拜礼仪和禁止鸦片之争，中英之间的冲突仍势必爆发，问题只是在什么时间和以什么方式。作为一个新的世界帝国，英国已经不能再继续容忍一个老的而且没有生气的帝国的"驾驭"了，不管这种驾驭在

---

① 当然，帝国对礼仪有时也采取富有"弹性"的立场和态度，并非"一成不变"地坚持已确定的礼仪制度。清代对外人的"跪拜"礼制要求也并不是没有例外地被遵守。《清史稿》载："康熙初，外洋始入贡，中朝款接，稍异藩服。南怀仁官钦天监，赠工部侍郎，凡内廷召见，并许侍立，不行拜跪礼。雍正间，罗马教皇遣使来京，世宗许行西礼，且与握手。乾隆季叶，英使马格尔入觐，礼臣与议仪式，彼以觐见英王为言，特旨允用西礼。"(《志》六十六《礼》十《宾礼》)

② 〔美〕何伟亚：《怀柔远人：马嘎尔尼使华的中英礼仪冲突》，第 237 页。

帝国看来是多么合情合理。难以改变的跪拜礼仪秩序最终还是改变了："光绪十六年，驻英使臣薛福成奏陈：'各使觐见，须定明例。凡使臣初至一国，其君莫不延见慰劳，使臣谒毕，鞠躬退，语不及公。此通例也。顷闻驻京公使，以未蒙昼接，不无私议。昔年英使威妥玛借词不令入觐，致烟台条款多要挟，靳虚文而受实损，非计之得。今宜循同治十二年成案，援据以行。若论礼节，可于召见先敕下所司，中礼西礼，假以便宜。如是，彼虽行西礼，仍于体制无损。'云云。自是遂为定例。"① 随后帝国对接待公使的地点和乘轿等方面，也做出了不同于以往的规定。② 需要指出的是，帝国对外礼制的改变基本上是身不由己的，这同时也意味着西方人反过来又把他们的礼仪强加给中国。

同样，基于"宗藩"等级差序，帝国在与外部世界的交往中要求对方严格遵守合乎帝国体制的"沟通方式"——如公文格式和传递方式。跪拜是体现在身体上的动作，通过这种动作显示出彼此的关系和地位；公文格式则是运用语言和措辞方面的固定用法，通过这种用法也是要表现出彼此的界限。顺治时期，俄国几次虔诚地派出贡使，但由于他们被认为没有掌握好帝国所规定的正确的"表文"格式而屡屡碰壁，最后皇帝开恩才给予了恩赏，但仍未有机会一睹圣颜。③ 在这方面，中国与英国之间的冲突，仍然具有典型性。在两个帝国君主之间

---

① 《礼》十《宾礼》，见《清史稿》卷九十一《志》六十六。

② 《清史稿》记载："二十七年，联军平拳匪，各国挟求更改礼节。谓各使臣会同觐见，必在太和殿。一国使臣单行觐见者，必在乾清宫。呈递国书，必遣乘舆往迓，至宫殿前降舆，礼成送归。赍奏国书，必自中门入，帝必躬亲接受。设宴乾清宫，帝必躬亲入座。嗣复允会同觐见改在乾清宫，而轿用黄色。于是庆亲王奕劻等以天泽堂廉之辨，不能每事曲从。遂与各使磋商，历时数月，始将乘坐黄轿、太和殿觐见暨宫殿阶前降舆三事酌议改易，而争议始息。"（《志》六十六《礼》十《宾礼》）

③ 《清史稿》载："顺治初，定制，诸国朝贡，赍表及方物，限船三艘，舣百人，贡役二十人。十三年，俄国察罕汗遣使入贡，以不谙朝仪，却其贡，遣之归。明年复表贡，途经三载，表文仍不合体制。世祖以外邦从化，宜予涵容，量加恩赏，谕令毋入觐。"（《志》六十六《礼》十《宾礼》）

的沟通中,中国皇帝给予英王的公文都以"敕谕"的形式出现。英国当然不可能把它翻译成相应的格式,同样,中国则不把英国的公文译成对等的语言,而是使用臣属的"表文"一词,这就给皇帝造成了一种已有"秩序"依旧的假象。英国君王的公文语言一般称"中国",而中国皇帝一般都称英国及其国民为"尔国""尔等",大臣们习惯上也是这样。在广州的外国人,如有事向中国官吏投诉,都必须使用"原禀""禀帖"格式,而且不能直接向官府投送或投递,必须要由行商代为转呈(除非是投诉行商本身的才可以直接投递)。这种规定同样适用于外国的商务监督或使臣(他们被称为"夷目"),并由此产生了鸦片战争前中国与英国之间的反复交涉和纷争。律劳卑一到广州,根本就不打算遵守帝国规定的交往方式,他使用书信格式给当地的官员写信而且直接投递。广州的帝国官员当然不能容忍他的这种行为。他们一方面上奏皇帝指摘英国人僭越"体制"的严重行为,一方面坚决拒绝接收律劳卑的信件。后来担任商务监督的义律采取了同样的方式,继续与帝国进行对抗。有时义律在感到形势十分严峻的情形下,同帝国官员的交往公文才肯使用"谦卑性"的词汇。但这却引起了外相巴麦尊的强烈不满,他举出许多例子说明义律纵容了中国官员的妄自尊大和虚骄,认为义律没有充分认识到英国派出的战舰的意义,以致在与中国官员的交往中显得太软弱了[1],这也成为义律被撤换的原因。很清楚,在英国决心用武力改变帝国的对外秩序时,巴麦尊就要求义律完全放弃使用"不平等"的语言,而且要求以后的条约文本首先要使用

---

[1] 如在一封公函中他说:"据我看来,监督义律大佐在他和中国人的交往中,是有意按照一项误谬原则行事的;并且在容忍和默从于他们的骄矜自大方面,也有意持着过分的斯文态度,而且还仿效他们的处事方式。这样一种方针,当英国代表没有武力支持他采取一个比较坚定的处理方式时,可能是适当的;但是目前英国海陆军已经出现于中国海面,那么在你的处境之中,这种处理方式就绝不会是必要的了。"(《巴麦尊子爵致驻华全权公使函》,见〔美〕马士:《中华帝国对外关系史》第一卷附录五,第716页)另参阅同书附录六《巴麦尊子爵致懿律海军少将和义律大佐函》。

英文,并要求单方面的解释权。按照中国的世界秩序观,武力和强力从来都是作为文教和德化失效之后的补充手段;在怀柔和绥抚之外,征伐和惩诛一直被预设着。对立的"理和力"或"德和力",是适应于不同的情况而被灵活运用的。帝国早就有了如"大国畏其力,小国怀其德"的这种非常成熟和清晰的国际秩序理念。在一般情况下,帝国并不是好战的,它也不主动挑起冲突,帝国优先考虑的是维持和平及相安无事,朝贡关系所维持的总体上也是一种和平与安全秩序。①但这种关系一旦失效,或者不处在这种秩序之中的国家,都有与帝国发生冲突甚至战争的危险,对此帝国也一直保持着高度的警惕和防备。到了19世纪,面对英国的抵制,帝国决心用武力使之就范。只是,它用老眼光看待一个新世界,它完全不知道英国是一个新的世界帝国,而且完全有力量与一个自以为是的老帝国进行对抗了。这样,两种不可调和的文明,就通过张着"血盆大口"和露着"爪牙"的武力来较量了。

但是,文明从来还以普遍性的意识构造世界秩序。上面我们已经指出,与帝国以内外之别划分世界界限的方式并存的是它所构想的"无差别"的"世界共同体"模式。我们从乾隆1795年回复乔治国王的非常友好的敕谕说起。马嘎尔尼访问帝国因礼仪引起的冲突,并不像人们所强调的那样激烈。虽然马嘎尔尼的主要使命并没有完成,但他受到帝国皇帝一次正式的接见,对英国来说是值得纪念的。乔治国王正是出于对乾隆接待马嘎尔尼及其回赠的礼物表示感谢而致信乾隆的。乾隆的回复也十分友好。在这封信中,乾隆讲述了他的军队几年前讨伐廓尔喀人的事情。这是英国也曾表示愿意帮助的一件事。乾隆强调指出,廓尔喀人因领教了他的兵力已经归顺了他的帝国,他当然

---

① 如明太祖朱元璋在向他的大臣们阐述他的对外政策时说:"海外蛮夷之国,有为患于中国者,不可不讨;不为中国患者,不可辄自兴兵。"(《明太祖实录》卷六八)

接受了他们的归顺，因为他"从来喜欢施行仁政，我以仁爱之心对待所有的人民，不论他们是在我国疆土之内，还是在外面"①。从这段简明的宣称里可以看出帝国又是以无内外界限的公平和仁爱精神对待天下的。帝国有关这方面的普遍原则，常常有所谓"一视同仁""一体优待"等。就像追求"天无私覆，地无私载，日月无私照"的"大公"那样，1368年，明太祖在颁给安南的诏书中声称："昔帝王之治天下，凡日月所照，无有远近，一视同仁。"②永乐十年（1412年），郑和带着皇帝所赐的印，再次来到连续两年进贡的柯枝国，"因撰碑文，命勒石山上。其词曰：王化与天地流通，凡覆载之内、举纳于甄陶者，体造化之仁也。盖天下无二理，生民无二心，忧戚喜乐之同情，安逸饱暖之同欲，奚有间于遐迩哉？任君民之寄者，当尽子民之道。《诗》云'邦畿千里，惟民所止，肇域彼四海'。……朕君临天下，抚治华夷，一视同仁，无间彼此"。1416年，明成祖在给暹罗的敕书中又表示："君主华夷，体天地好生之心以为治，一视同仁，无间彼此。"③在与欧洲国家的交往中，帝国也一再宣称它对世界上所有的国家，没有远近、亲疏之别，都是以不偏不倚的仁爱、优待和体恤等爱护精神加以对待的。其中这还体现在帝国与外部世界的交往普遍采用"厚往薄来"的原则，即用远远超出所进贡物的丰厚赏赐加以回报。帝国的世界共同体理念，还体现在用普遍的德化、教化和人文来追求世界的统一。所谓"德泽四被"的"德"和"王化无外"的"化"，就是强调把道德和教化普及全世界即天下，就像司马相如所说的那样："《诗》不云乎？'普天之下，莫非王土；率土之滨，莫非王臣。'是以六合之内，八方之外，浸淫衍溢，怀生之物有不浸润于泽者，贤君耻之。……创

---

① 萧致治、杨卫东编撰：《鸦片战争前中西关系纪事（1517—1840）》，湖北人民出版社1986年版，第259页。

② 《明太祖实录》卷三七。

③ 《明太宗实录》卷二一七。

道德之涂,垂仁义之统,将博恩广施,远抚长驾,使疏逖不闭……遐迩一体,中外禔福,不亦康乎?"① 这样的世界道德主义理想,一直到清帝国时整体上还没有放弃。

当然也不是完全一贯的。如当英国提出派使节常驻北京以学习帝国的教化时,乾隆反而以文化差异论加以拒绝。这说明至少一时他放弃了文化普遍主义立场,或者至少是让文化保持其自身的适用范围。如果不是出于投其所好的赞美,乔治三世在"表文"中肯定帝国政道并希望他的使节能够从中得到教益以施及他的国家,这可视为一种既谦虚而又善意的表示,乔治相信这是一个说服乾隆允许派遣使节的很好的理由:"如今我国知道大皇帝圣功威德、公正仁爱的好处,故恳准将所差的人在北京城切近观光,沐浴教化,以便回国时奉扬德政,化道本国众人。"② 在此,乔治三世预设了不同政道和文化之间沟通和借用的可能性,同时也暗示了英国同样可以使中国受益。但是,乾隆则从中国一贯的"德化广被"的普遍信念中退守到文化差异和各得其所的立场上,虽然他的潜意识中仍保持着帝国伟大的德化不是"尔"英国所能领教的。乾隆在致英王的两道"敕谕"中都把这作为拒绝英使进驻北京的理由:"若云仰慕天朝,欲其观习教化,则天朝自有天朝礼法,与尔国不相同。尔国所留之人,即能习学,尔国自有风俗制度,亦断不能效法中国,即学会亦属无用。"③"至于尔国所奉之天主教,原系西洋各国向奉之教。天朝自开辟以来,圣帝明王垂教创法,四方亿兆率由有素,不敢惑于异说。"④

至此,总体上我们看到,中国的世界秩序一方面是区分内外、上

---

① 《汉书》卷五十七《司马相如传》。
② 《英使马戛尔尼来聘案》,见故宫博物院掌故部编:《掌故丛编》第 8 辑。
③ [清]梁廷枏:《粤海关志》卷二三《贡舶》三,见《续修四库全书·史部·政书类》第 835 册,上海古籍出版社 2000 年版。
④ 同上。

下和尊卑的等级差序，另一方面则是超越界限的普遍世界共同体理想。对于这种思维和行为方式，帝国不仅认为是必要的而且相信是合理的。从许多方面看，我们都可说这是一种自我中心主义的世界秩序观，人们实际上也常常以此对帝国加以谴责。但这种谴责已经十分形式化了，它妨碍了我们进一步对这个问题的思考。当我们回头看明太祖所说的"夷狄奉中国，礼之常经；以小事大，古今一理"①，我们能说他的逻辑完全错了吗？我们再往前看《旧唐书·职官志二》所说的"关所以限中外，隔华夷，设险作固，闲邪正禁者"，看《职官志三》所说的"凡四方夷狄君长朝见者，辨其等位，以宾待之"，我们能说它们也错了吗？自我中心并不是古代中国的特性。只要有条件和可能，每个民族和国家都要声称它的优越性和特异性②，犹太教相信以色列人是上帝唯一的"选民"，印第安人相信在上帝所造出的人中他们是最理想的。罗素告诉我们，人们习惯于认为自己所属之团体比其他团体优越。③甚至更有这样的说法："每个民族的成员相信，他们民族的文明才是文明。"④从这种意义上说，中国古代把自己作为世界的中心并以此来构想和塑造世界秩序不仅是自然的，而且是它本身所拥有的条件促成的。帝国世界秩序的内外等级性区分与不分彼此的世界共同体意识这两者之间或二重性构造，是在面对不同情况和在不同状态下思考问题、处理问题的方式。在这一点上，邢义田做出了一个看来是合理的解释。照他的解释，前者是世界秩序中的现实，后者则是世界秩序中的理想。

---

① 《明太祖实录》卷九十，洪武七年六月乙未。
② 吴于廑考察了世界历史中的各种"自我中心论"，并指出："世界史领域中的由古及今的各种中心论，都是不同时代统治阶级思想意识的反映。……封建制国家的统治者，总是把周围世界看做是索取贡纳的来源。"（吴于廑：《时代与世界历史——试论不同时代关于世界历史中心的不同观点》，《江汉学报》1964 年第 7 期）
③ 转引自孙广德：《晚清传统与西化的争论》，台湾商务印书馆 1982 年版，第 70 页。
④ 〔英〕欧内斯特·巴克：《英国政治思想——从赫伯特·斯宾塞到现代》，黄维新、胡待岗等译，商务印书馆 1987 年版，第 13 页。

当帝国强盛并与外部世界的关系比较融洽之时，世界共同体的理念往往被强调，反之世界的界限和差序就被突显出来。①

二 "互市"和"贸易"观及其东西的视差

18世纪的伏尔泰曾经这样说过：欧洲的王室与商人，仅知在东方寻找财富，而哲学家则于此发现一新的道德的与物质的世界。但一直到19世纪40年代，帝国所看到的都是来寻找财富的商人队伍，而看不到来发现新道德世界的哲学家的踪迹。据此，帝国对欧洲人还能做出其他高尚性的判断吗？

为了理解帝国的"互市"和"贸易"观以及与欧洲的视差，我们再次从马嘎尔尼使团访问帝国无果而归的这一象征性事件谈起。在马嘎尔尼使团献上他们精心准备的丰厚礼物和受到乾隆皇帝的接见并相应地获得了更大的礼品回报之时，他们的真正使命却尚未开始。使团向乾隆皇帝祝寿的这一令帝国愉快的名义和围绕觐见"礼仪"与帝国发生的不愉快争执，冲淡了他们的真正目的和所肩负的重要使命。马嘎尔尼使团真正关心的是从帝国那里获得"双边贸易"的有利条件，他们拟提出的非常具体的要求有"六项"。② 如，英国想获得同帝国进行贸易的新地点，甚至还想到了北京，想使英商获得一些优惠的条件如免税或降低税率。马嘎尔尼使团焦急地期待着向帝国提出他们的这些要求并希望得到满意的答复。他们想尽办法得到了向和珅提出要求的机会，和珅也答应向皇帝禀报英国的要求。英国更具挑战性的一项"大胆"要求，在"表文"中已经被提出了，他们想往北京派驻英国使臣以主管他们的在华贸易和英国公民。英国的所有这些要求没有讨论

---

① 参见邢义田：《天下一家——中国人的天下观》，见《中国文化新论·根源篇·永恒的巨流》，生活·读书·新知三联书店1991年版，第464～465页。

② 参见〔英〕马戛尔尼：《乾隆英使觐见记》，刘复译，台湾学生书局1973年版。

余地地被乾隆全部驳回了，不管英国人如何看待这一令他们十分沮丧的结果，但从帝国对外贸易的已有秩序和立场来看，这完全是意料之中的事。乾隆阅览"表文"中文本之后，在致英王的第一道"敕谕"中说："至尔国王表内恳请派一尔国之人，住居天朝，照管尔国买卖一节。此则与天朝体制不合，断不可行。……若云尔国王为照料买卖起见，则尔国人在澳门贸易非止一日，原无不加以恩视。即如从前博尔都噶尔亚、意达里亚等国，屡次遣使来朝，亦曾以照料贸易为请。天朝鉴其悃忱，优加体恤，凡遇该国等贸易之事，无不照料周备。"① 在致英王的第二道"敕谕"中乾隆重申了这一意旨，并对马嘎尔尼所提出的其他各项具体要求一一回绝。如，对于英国要求在中国其他地方开辟新的贸易场所，乾隆以这样的理由加以拒绝："向来西洋各国前赴天朝地方贸易，俱在澳门设有洋行，收发各货，由来已久，尔国亦一律遵行多年，并无异语。"② 有关英国提出的调整贸易关税问题，乾隆强调中国同外夷贸易往来的关税都有"定则"，各国都是统一按照这一"定则"交纳关税的，如果单独对英国调整关税，既会破坏已有的"定则"，又将失去与其他国家在贸易上的"公平"和"平等"原则。除了受到接见和礼遇，以及从长远看有利于改善英国与帝国的关系外，马嘎尔尼所担当的那些具体使命都落空了。然而，乔治三世还是向乾隆致意，对英国使团访问中国和受到接待表示感谢。乾隆也出于礼节复信乔治三世，对他的友好态度和诚意加以称赞。他们当然都不希望帝国与英国之间的关系破裂，这是英国继续用和平方式与帝国保持接触的基础。

概括起来，乾隆在两个"敕谕"中对英国提出的同帝国贸易往来的各项具体要求加以拒绝，主要是基于两点考虑：一是帝国同欧洲国家

---

① [清]梁廷枏：《粤海关志》卷二三《贡舶》三，见《续修四库全书·史部·政书类》第835册。
② 同上。

的贸易已经形成了许多"惯例"和有效方式并为这些国家所接受;二是改变它们首先"不合"中国"体制"和对外关系原则,如违背"一视同仁"和"公平"对待所有国家的精神。乾隆清楚地意识到,英国的要求就是要改变帝国与欧洲已有的贸易秩序和惯例("昨据尔使臣以尔国贸易之事,禀请大臣转奏,皆更张体制"),但是,对乾隆来说,经过同欧洲前后几个世纪的贸易交往所形成并为这些国家所遵循的贸易秩序和惯例绝不能因英国的要求而修改,对它们必须继续加以维护和坚持。

问题是英国人为什么要千方百计改变已有的秩序和惯例呢?或者说,他们为什么要提出在他们看来是合情合理的而在帝国看来却是毫无道理的要求呢?这首先牵涉到的是帝国同欧洲之间业已形成的贸易秩序和惯例的基本内容和性质,以及帝国同欧洲特别是英国对已有贸易"秩序"的看法问题。显然这里不是详细讨论这一问题的合适地方。广州的对外贸易是由一个叫作"公行"的机构管理,在固定的"商馆"进行,有著名的"十三行"。① 围绕着同外商的贸易来往和关系,帝国单方面制定了一些限制性的"防范"规定,这些规定有的看来是苛刻的,如不许洋人把他们的妻子带到广州来(只能留在澳门),不许洋人乘轿,交易完毕之后必须在限定的时间离开广州,不准在江中划船取乐,不得向官府直接呈递禀帖,等等。还有譬如公行的垄断性制度、地方官的勒索等,也是让外商感到不满的地方。但是,几个世纪中形成的广州对外贸易条件,大体上又是令人满意的。② 据在缔约前的19 世纪初曾在广州体验过外国人生活的亨特回忆,当时洋人在广州的生活是颇为自由自在的,他们常常不受对他们的约束而做他们想做的

---

① 有关广州商馆"十三行"的形成和演变,参见梁嘉彬:《广东十三行考》,广东人民出版社 1999 年版。

② 有关广州的贸易制度及其情形,请参阅〔美〕马士的《中华帝国对外关系史》(第一卷,第 71~105 页)及万明的《中国融入世界的步履——明与清前期海外政策比较研究》(社会科学文献出版社 2000 年版)。

事。①在广州的贸易制度和秩序之下,当然不能设想帝国与欧洲国家之间的贸易没有争执和冲突,但在早期不能有更好安排的情况下,帝国"大体满意的贸易条件",使得同欧洲诸国的贸易得以进行和维持。②

晚于欧洲其他国家同帝国进行贸易但却后来居上的英国,一方面接受帝国贸易秩序,一方面也对这一贸易秩序显示出更多的不满,相应地产生了依据欧洲国家之间的贸易秩序和方式来改变帝国贸易秩序的愿望,并在19世纪40年代达到顶点。英国不愿安于已有的与中国之间的贸易方式和秩序,首先是因为它在欧洲获得了"海上霸权"③,它迫切要求扩大海外贸易。具体到对华贸易方面,它首先要求能够处于有利的地位。因为在欧洲对华贸易的早期,其他国家如葡萄牙则处于更有利的地位。马嘎尔尼使团访问中国时,英国认为它在对华贸易上仍处于不利的地位。在较早与中国来往的几个欧洲国家中,英国则是相对较晚而且是与中国发生关系最少的国家(特别在传教方面),它缺少从进入中国的传教士那里获得有关中国方面知识的条件,也无法以此为桥梁从而得到贸易上的好处,以至于在马嘎尔尼使团访问中国时,在全英国竟找不到一位能够运用中文的译员,于是不得不请求其他欧洲国家的帮助。④虽然后来英国的对华贸易超过了其他欧洲国家,但它仍然要求进一步扩大对华贸易,并认为已有的帝国贸易秩序与此是极其不适应的。英国认识到中国是东方国家中最大的贸易市场,而被限制在广东一处的贸易制度,自然就限制了英国对华贸易的增长。这

---

① 参见〔美〕亨特:《旧中国杂记》,沈正邦译,广东人民出版社1992年版,第1~23页。

② 有关广州的帝国贸易制度,参见〔英〕格林堡:《鸦片战争前中英通商史》,康成译,商务印书馆1964年版,第38~67页。

③ 英国人威廉·布尔(William Bourne)1573年就出版了《论海上霸权》,可谓是英国后来成为海上大帝国的理论准备。

④ 参见〔英〕斯当东:《英使谒见乾隆纪实》,叶笃义译,商务印书馆1963年版,第35~37页。

就是英国不断要求开辟新的贸易地的动机。贸易的增长和因这种增长而引起的中英冲突也在加剧。英国认为在中英之间的贸易关系和秩序中,英国一直处于被动的受制约的不平等地位,它的那些贸易商常常得不到中国官员应有的尊重,他们经常受到歧视和羞辱而又没有诉说的地方和受到公正的对待。在欧洲商业革命以及它与近代欧洲君主专制国家的天然结合中,商人在获得自己利益的同时也在促进着国家的繁荣和富强。对当时的君主专制来说,贸易首先是"国家利益",国家有义务像监护人那样保护它的商人。这正是16至17世纪重商主义所提倡和认为是正当的东西。英国之所以一直想往北京派驻外交使臣,就是因为它相信把在欧洲已经形成的这一惯例运用到与中国的外交关系中,就能使它的臣民既受到管理也得到保护。从根本上说,英国的一些基本要求,是建立在它所信奉的贸易"自由"和"平等"的信条之上的。[①] 对这种贸易自由权的强调和运用,早在1596年伊丽莎白致中国皇帝的第二封信中就表现了出来。但在马嘎尔尼所带来的"表文"中以及后来的信件中,英国并不声张贸易"自由"和"平等"的权利。也许是作为一种策略,英国往往把其信条隐藏在它的那些具体要求之中。从原则上说,在鸦片战争前的几十年中,英国在建立对华贸易关系的预期中往往使用"稳固的基础之上"的表述,并把它落实到改变已有贸易秩序的具体拟议的"条款"之中。比起东印度公司,英国第二代"自由商人"没有一个是按中国人的告示做生意的,他们采取了进攻性的态度,"他们被亚当·斯密和他的门人的理论知识所武装,认为有限的商业制度是不合理的,是人为的;他们形成了一个紧密的团体,在英国制造业城市中找到了同盟军,在苏格兰人中找到了一个领袖——威廉·查顿;后者是一个具备优越的个人才能和商业地位的人,

---

① 参见郭小东:《打开"自由"通商之路——19世纪30年代在华西人对中国社会经济的探讨》,广东人民出版社1999年版,第280~298页。

可以领导大家对广州制度进行正面攻击。在1830年，那时候还要服从公司的统治，他们就已经向议会发出一件请愿书提出了他们的要求。他们所要求的是'一部新的商业法典'，将对华贸易安置在一个'永久的和体面的基础'之上，那就是说，将对华贸易从现行的广州商业制度的桎梏中解放出来"①。

与此相反，帝国为什么要继续坚持已有的贸易秩序呢？或者说帝国为什么不能接受英国所期待的那种改变呢？马士没有站在后来产生的视点上对当时中英贸易冲突的责任给出一个答案，而是提出了问题，如他问道："在当时，一个国家在坚持同另一个国家自由通商方面究竟有多大权利？这第二个国家又可以在什么样的程度上自由地对于这样进行的贸易自行加以限制？"从欧洲的世界历史知识来说，"欧洲能够要求中国接受西方人所已接受的国际规律到何等程度？"②我们还可以问，如果彼此不接受对方的方式而达不成一致，彼此将如何交往？抑或干脆放弃来往？通过对马嘎尔尼使团首次访问中国这一问题的研究，何伟亚试图阐明的一点是，18世纪晚期英国所关心的国与国之间的关系、贸易和商业以及政府在其中所起作用的那些信条、设想和模式被作为普遍的合法性，同各个国家不同政治体制、风俗、习惯以及利益之间的不一致，在这种情况下，就是包括欧洲国家在内也没有哪个国家能被迫通过谈判或妥协强制地取得一致。这是当时"万国法"作品大都承认的。③但在鸦片战争的冲突中，英国最后用工业文明的炮舰强迫中国改变了已有的国际秩序。

帝国不愿接受英国改变已有贸易秩序的要求，首先是因为，在它看来这是一个有关"朝贡体制"而且在更广的意义上是有关"天朝体

---

① 〔英〕格林堡：《鸦片战争前中英通商史》，第67页。
② 〔美〕马士：《中华帝国对外关系史》第一卷，第158页。
③ 参见〔美〕詹姆斯·海维亚（即何伟亚）：《"东方风俗和思维"之考虑：英国首次派遣使节到华的计划与执行》，《中国社会科学季刊》1994年第7期。

制"的整体性问题。对于习惯了用有机的宇宙观和世界观观察和理解事物的帝国来说，即使是局部范围内的原则和定例，如果轻易地加以改变，都有可能引起威胁整体稳定的连锁性反应，或者至少存在着这种危险。中国历代帝王一般都不轻言"改制"的原因也在这里。他们更愿意维持已有的秩序或努力维持已有秩序，他们相信这样做更为稳妥和保险，他们所希望的社会政治常态就是平安无事或相安无事，而"改制"本身就是"事"。这样我们就容易理解，在新的习惯看来是非常普通的事（如派驻外交官、广开国际贸易渠道），何以在乾隆当时的老习惯看来却是极大的挑战："京城为万方拱极之区，体制森严，法令整肃，从无外藩人等在京城开设货行之事。……天朝疆界严明，从不许外藩人等稍有越境搀杂，是尔国欲在京城立行之事，必不可行。"①如果说英国相信"没有任何一件事比在北京设置一名办理英国人民事务的长驻使臣更为重要了"②，那么在帝国眼里，则没有任何一件事比允许外国使臣长驻北京更不能接受了。不仅是京城，对乾隆来说，英国要求在任何其他地方开设新的商埠，都可能引起他的臣民与外夷之间的纷争，破坏"严中外之大防"的根本性外交体制，并进而威胁到帝国内部的社会政治秩序。可以说，帝国完全是出于整体性的国家安全和政治稳定考虑而拒绝扩大贸易市场的。与此相连，帝国坚持既定的贸易"惯例"，是出于维持中国对外部世界的"朝贡体制"。正如上述，"朝贡体制"是中国"天下秩序观"或"世界秩序观"之下的一个基本制度，这一制度在中国长期居于"大国地位"的条件下，作为维持它与周边相对弱小国家之间关系的交往方式和多边实践，基本上是有效的。显然，正是由于"朝贡体制"一般保证了双边的安全和友好来往，

---

① [清]梁廷枏:《粤海关志》卷二三《贡舶》三，见《续修四库全书·史部·政书类》第 835 册。

② 复旦大学历史系中国近代史教研组:《中国近代对外关系史资料选辑（1840—1949）》上卷第一分册，上海人民出版社 1977 年版，第 46 页。

尽管中国的朝代不断变更，但大部分朝代都自然以这种体制延续着其与周边国家的国际关系。这也是中国希望继续维持它的根据之一。安于这种秩序的帝国既不了解欧洲国家通过和平条约和国际法建立新型国际关系的方式，也设想不出其他的国际关系安排。然而，英国所提出的要求和实现这种要求的方式，恰恰是要从整体上瓦解这一体制并以此获得贸易上的"自主权"。

人们常常把"朝贡体制"与"贸易"紧密联系在一起并把中国与外部世界的贸易关系统称为"朝贡贸易"，这是不确切的。即使周边藩属国家与中国的贸易关系是通过它们的朝贡而获得的，"朝贡品"与买卖关系中的"贸易"物品本身也仍然是两回事。"贸易"不是朝贡，"朝贡"也不是贸易。"朝贡体制"中的物品是作为"礼品"和友好的象征来彼此交换的（虽然有时会有以进献朝贡品为名而实为进行贸易的现象）。况且中国与欧洲国家之间，除了荷兰为了获得与中国的贸易权利而接受了"朝贡体制"外，其他国家都不是朝贡国（虽然帝国总想把它们当成朝贡国来对待），与它们之间的贸易关系自然更不能称为"朝贡贸易"。具有大国身份和条件的帝国，在与西方的贸易关系中，单方面制定了许多限制性的律令（用欧洲的新标准来衡量，有的当然是非常不公正的），这实际上也是加之于欧洲的一种"权力"。英国带头限制这种"权力"，实际上是要作为主动的一方参与到与中国贸易关系的"协商"过程中。但习惯了对欧洲行使权力并相信能够继续这样做的中国，拒绝英国逾越已有惯例的要求，自然是不允许英国对帝国确定世界秩序的权力重新分配。换言之，更多的是在形式上，也有一部分是在实质上，帝国必须保持它的"专断权"，任何其他国家都不能与它平起平坐。它意识中的平等和公平，只能是对"恭顺的"那些国家施予一种平等（一视同仁和公平），保持不偏不倚。事实上，这当然不可能完全做到，差别性对待总是存在的（但作为外交原则和方针的"一视同仁"，确实被一直宣称）。乾隆一直强调任何与英国贸易关系的调整都会丧失"一视同仁"的原则,就是只想维持这种意义上的平等。帝国不能设想也不愿与任何一个国家之间具有"对等"交往的秩序和方式。对外贸易规则的制定,对外国商人的限制,都只能由帝国单方面决定;这种可以称为"单边"主导的贸易制度和秩序,乾隆顺理成章地要坚持下去。马嘎尔尼使团访问中国后,乔治三世在致乾隆的信中,希望帝国能够公平地对待英国的对华贸易,作为回报他表示,他会以同等的方式对待到英国从事贸易的中国商人,虽然一时还没有。① 乾隆在回复中再次向乔治三世表明,中英贸易关系将一如既往地按照已有的方式进行:"有关促进友好,安排你的臣民来广州作生意等事宜,一切都按过去习惯办理,我将吩咐他们按照常规进行。我们向你们这样保证,为了更好合作。"② 乾隆相信这是出于善意和合作而对英国做出的保证,但由于他们在"对等"的认识上南辕北辙,他们自然就不可能有双方共同所期望的"对等"了。

中英围绕贸易制度产生的不一致和冲突,不仅表现在如何对待已有的贸易秩序上,而且表现在如何看待"贸易"本身的意义和性质这一更深层次的问题上。在18世纪,欧洲人以往那种对中国文明和道德的热情降温了。③ 当一些哲学家还在陶醉于中国道德的时候,商人们却正密切关注着中国的巨大财富。旅行家们,特别是马可·波罗这位威尼斯人对东方的早期报道,就已经激起了欧洲人对中国产品的渴望,

---

① 乔治是这样声明的:"蒙大皇帝谕称,凡有我本国的人来中国贸易,俱要公平恩待,这事(是)大皇帝最大的天恩。虽然天朝百姓不能来我国贸易,若有来的,我亦要一样尽心看待。已吩咐在港脚(印度)等处地方官员,遇有天朝百姓兵丁人等,务要以好朋友相待。"(萧致治、杨卫东编撰:《鸦片战争前中西关系纪事(1517—1840)》,第257~258页)

② 萧致治、杨卫东编撰:《鸦片战争前中西关系纪事(1517—1840)》,第260页。

③ 许明龙探讨了出现降温的原因,参见《十八世纪欧洲"中国热"退潮原因初探》,《中国社会科学季刊》1994年第7期。

不难想象这何以成了西方商业革命的原因之一。① 出于利益和需求的考虑或者说出于人性的自利心，在同一族群、社会和国家中，在不同的族群、社会和国家之间，商业和贸易活动一直是人类彼此交往的基本方式之一，这无须多说。但认识和对待这种方式的世界观和价值观是会变化的，并且这种变化能促使经济生活方式也产生变化（甚至是根本性的变化）。在欧洲中世纪，人们不能指望追求利益和利润会受到激励和肯定，也不能指望产生世界性的殖民贸易和商业资本主义，因为"资本主义是中世纪行会半停滞的经济的直接对立面。按照中世纪行会，生产和贸易的目的被认为是为了社会的利益，对所付出的劳动只索取合理的价格，而不是追求无限的利润"②。对于超越了中世纪经济的地方性和非营利性而与君主专制国家密切结合而形成的世界性商业革命（重商主义将之理论化和正当化），对于带着这种意识和观念甚至带着炮舰前来中国港口的旅行家、商人和使臣，当时的中国皇帝和官僚不可能跳出自身已有的贸易和商业模式来加以理解。

古代中国与周边国家就有边境"互市"贸易往来，有时这种贸易关系还非常发达，譬如在强盛的唐代。对于欧洲国家到中国"海口"进行贸易这种新的贸易地点和贸易方式，中国一开始不适应是很自然的。出于海防安全或冲突等政治原因和经济利益上的考虑，不时发生"禁海"和"开海"的争论并因此使贸易受到影响也是自然的。但总体上说，出于货物交换和经济利益的动机，经过冲突和适应，在几个世纪中，帝国与欧洲国家之间的贸易一直没有中断地被维持着，即使在禁止鸦片时，除了英国外，与其他西方国家的贸易也很快就又恢复了。林则徐断绝与英国的贸易关系，也是一种外交手腕，他要分化外夷，使它们之间互相埋怨，孤立英国。他坚持"专断"而不愿采取

---

① 参见〔美〕伯恩斯、〔美〕拉尔夫：《世界文明史》第二卷，罗经国等译，商务印书馆1990年版，第223～226页。

② 同上书，第227页。

"概断"（即断绝与西方的一切贸易关系），就是要以继续进行贸易和中止贸易这两种不同的方式，以区别对待接受中国贸易秩序的国家和不接受中国贸易秩序的国家。

严格而论，中国从来不否认对外贸易的经济动机，一般也承认贸易所带来的好处。明清之际中国"资本主义萌芽"和"商人伦理"的出现，反映的是中下阶层抵制上层集团（以皇族和宦官为主）对经济利益和物质财富的垄断和剥夺，是对抗压抑"人欲"的"天理"和为个人的"私"（"私利""私心"）进行辩护、提升商业的意义的要求。在某种程度上，这确实可以说是一种新生现象和新生意识。它的根源除了自身的内发力外，不能排除欧洲对华贸易和商业活动所产生的某种促发作用。

但是，这些新生因素都非常有限，它们没有架起通向商业革命和资本主义的桥梁，后者取决于中国历史自身更强大的逻辑，韦伯的解释至少说明了部分问题。① 韦伯所说的新教禁欲主义者为救赎而产生的客观化、专业性的资本经营意识，商业革命中被完全合理化和正当化的经济动机和愿望，通过中国的主流与正统价值观是难以转化出来的；领取俸禄的儒家士大夫和官僚阶层，也不可能产生出代表商人利益的价值观和世界观。中国对贸易采取的态度，整体上是消极的。也许就像它的臣民一般不主动远游、传播它的教化那样，它也不进行积极的远洋贸易，除了个别的例外（如郑和下西洋附带进行的贸易），它常常禁止它的臣民远离本土到海外从事贸易活动。中国的对外贸易是就地坐待的"收缩型"，而不是远洋冒险的"外向型"。当外部世界把商业贸易看成是财富增长的最佳方式时，中国整体上还坚持农业的本位性。托马斯·曼说："虽然一个王国可能由于获得礼物或者从别的一些国家

---

① 参见〔德〕韦伯：《儒教与道教》，洪天富译，江苏人民出版社 1993 年版；王容芬译，商务印书馆 1997 年版。

购进物品而变得富裕起来，但是如果一旦得到这些物品，它们就是不可靠的，而且意义不大。因此，增进我们财富和宝藏的通常手段应该是对外贸易。在对外贸易中我们必须遵循的原则是：每年我们出售给外国人的东西在价值上必须大于我们消耗他们的东西。"① 英国人对于贸易的新思维，都处在帝国的意识之外。商业和贸易说到底都是出于"自利"的考虑，不管它们是以个人的形式表现，还是以国家利益的面貌出现。"许多英国人也相信人类无论来自何方，都具有着一个共同的人性，这种人性的中心要素就是那种经由个体所表现出来的对其自我利益的追求。像每个人一样，国家也追求自我利益。"②

被亚当·斯密作为经济活动出发点的个人的自私自利，客观上能够产生出一种互惠互利的市场秩序。从伊丽莎白到乔治三世，他们在致中国皇帝的信中，都对贸易对本国人民和国家的巨大好处轻描淡写，而是强调彼此的需要性和客观上形成的"互需"和"互利"结果："吾人以为：我西方诸国君王从相互贸易中所获得之利益，陛下及所有臣属陛下之人均可获得。此利益在于输出吾人富有之物及输入吾人所需之物。吾人以为：我等天生为相互需要者，吾人必需互相帮助。"③ 这是1583年伊丽莎白女王致中国皇帝的第一封信，由纽伯里（John Newberry）携带和转交。他是女王为谋求与东方的贸易而委派的使节。但由于他被葡萄牙人拘捕，这封信没有交到中国皇帝手里。1596年，伊丽莎白女王在致中国皇帝的第二封信中，再次强调了"贸易互利"的观点。她说那些要求前去中国通商的英国商人，"为交换货物故，愿前往远方我等不熟知之国，以图将我国所丰有之货物以及各类产品，

---

① 〔德〕托马斯·曼：《从对外贸易取得的英国财富》，转引自〔美〕伯恩斯、〔美〕拉尔夫：《世界文明史》第二卷，第222页。
② 〔美〕詹姆斯·海维亚：《"东方风俗和思维"之考虑：英国首次派遣使节到华的计划与执行》，《中国社会科学季刊》1994年第7期。
③ 萧致治、杨卫东编撰：《鸦片战争前中西关系纪事（1517—1840）》，第48页。

展示于陛下与贵国臣民之前。则彼等能得知何种我国货物能于贵国有用,可否以各国现行之合法关税交换得贵国富有之产品与制品。吾人对于此般忠心臣民之合理请求,不得不为认可。因吾人实见公平之通商,无任何不便与损失之处,且极有利于我两国之国君及臣民,以其所有,易其所无,各得其所,何乐不为?"① 不幸的是,这封信还是没能交到中国皇帝手上。在最郑重其事的马嘎尔尼使团访问帝国所带来的"表文"中,这种贸易互利的观点看上去则是作为一个不显著的动机被提了出来,更加显眼的似乎是对帝国的好奇心和求知愿望,是希望增加互相了解并使中国改变对英国的坏印象、树立起相应于英国实际文明的良好形象。② 在英国政府给马嘎尔尼的不对外的"训令"中,可以看出英国人对中国抱有神奇和向往的感觉,也宣称了他们到中国动机的高尚性,互利的贸易就是其一:"中国是一古老国家,有它自己长久不断的独特的文化系统,可以说是地球上第一个神奇国家,因而组织这次旅行更显得有其必要。自不待言,除了人类的幸福,两国的互利和中国政府对英国商业的应有的保护而外,我们没有任何其他的目的。"③

我们来看看乾隆是如何认识帝国对外贸易的动机的。他在给英王的信中说:"天朝物产丰盈,无所不有,原不借外夷货物以通有无。特因天朝所产茶叶、瓷器、丝斤为西洋各国及尔国必需之物,是以加恩体恤,在澳门开设洋行,俾得日用有资,并沾余润。今尔国使臣于定例之外,多有陈乞,大乖仰体天朝加惠远人、抚育四夷之道。"④ 不仅

---

① 萧致治、杨卫东编撰:《鸦片战争前中西关系纪事(1517—1840)》,第57页。
② 斯当东比较具体地阐述了不为贸易所局限的英国的这种动机,当时的英国对中国还抱有一种神秘而向往之感。参见〔英〕斯当东:《英使谒见乾隆纪实》第一章。
③ 同上书,第40页。
④ 〔清〕梁廷枏:《粤海关志》卷二三《贡舶》三,见《续修四库全书·史部·政书类》第835册。

如此，乾隆强调，就是对于"朝贡"物品，他的帝国也从不重视："天朝抚有四海，惟励精图治，办理政务，奇珍异宝并不贵重。尔国王此次赍进各物，念其诚心远献，特谕该管衙门收纳。其实天朝德威远被，万国来王，种种贵重之物，梯航毕集，无所不有。尔之正使等所亲见。然从不贵奇巧，并无更需尔国制办物件。"①不管乾隆所说在多大程度上是真实的，他想给人这样一种印象，即他只关心如何把他的国家治理好，对于与此无关的事物他是不关心的。如果从礼物交换上的"厚往薄来"原则来衡量，来自藩属各国的朝贡物品和作为"回报"的"赏赐"是不对称的。马嘎尔尼精心选择的能够显示英国进步的物品没有对帝国上下产生有意义的影响②，他想以此使中国认识到英国能够作为一个平等的伙伴与帝国交往的这一希望当然也落空了。

在帝国与欧洲进行贸易的几个世纪中，中国人习以为常地这样认为，"贸易"是怀柔远人所施予的一种"恩赐"和"恩惠"，特别是恩准出口的茶叶和大黄，它还是"驭夷"的非常有效的手段。生活于雍正、乾隆和嘉庆三朝的高寿文人赵翼，认为茶叶和大黄是攸关夷人性命的必需品，大自然赐予中国这种独有的物品似乎就是为了控制和笼络外夷："中国随地产茶，无足异也。而西北游牧诸部，则恃以为命。其所食膻酪甚肥腻，非此无以清荣卫也。自前明已设茶马御史，以茶易马，外番多款塞。我朝尤以是为抚驭之资，喀尔喀及蒙古、回部无不仰给焉。大西洋距中国十万里，其番舶来，所需中国之物，亦惟茶是急，满船载归，则其用且极于西海以外矣。俄罗斯则又以中国之大黄为上药，病者非此不治。旧尝通贡使，许其市易，其入口处曰恰克

---

① ［清］梁廷枏：《粤海关志》卷二三《贡舶》三，见《续修四库全书·史部·政书类》第 835 册。
② 那门代表了当时世界最先进水平的大炮被作为无用之物放在清闲的圆明园，以至于英国人一个世纪后以武力进入这个园子里看到它时，又把它送到了它的来源地。这是一个非常具有象征意义的故事。

图。后有数事渝约,上命绝其互市,禁大黄,勿出口,俄罗斯遂惧而不敢生事。今又许其贸易焉。天若生此二物为我朝控驭外夷之具也。"①

在鸦片战事前后,这种思维和逻辑还常常表现在有关夷务的奏折和公文中。自信对夷情多有了解的林则徐,就是毫不怀疑地信奉这种逻辑的人物之一。1839年3月18日(道光十九年二月四日)林则徐在《谕各国夷人呈交烟土稿》中,把对外贸易看成是一种单纯有利于外国商人的"施恩"行为。他是在向洋人说明禁止鸦片的必要性时强调这种施恩贸易的:"谕各国夷人知悉:照得夷船到广通商,获利甚厚,是以从前来船,每岁不及数十只,近年来至一百数十只之多。不论所带何货无不全销,愿置何货无不立办,试问天地间如此利市码头,尚有别处可觅否?我大皇帝一视同仁,准尔贸易,尔才沾得此利,倘一封港,尔各国何利可图?况茶叶、大黄,外夷若不得此,即无以为命,乃听尔年年贩运出洋,绝不靳惜,恩莫大焉。尔等感恩即须畏法,利己不可害人,何得将尔国不食之鸦片烟带来内地,骗人财而害人命乎!"②同年3月26日(二月十二日),《示谕外商速缴鸦片烟土四条稿》中亦称:"尔等来广东通商,利市三倍。凡尔带来货物,不论粗细整碎,无一不可销售,而内地出产,不论可吃可穿可用可卖者,无不听尔搬运。不但以尔国之货,赚内地之财,并以内地之货,赚各国之财。即断了鸦片一物,而别项买卖正多,则其三倍之利自在,尔等仍可致富。既不犯法,又不造孽,何等快活!若必要做鸦片生意,必致断尔贸易。

---

① [清]赵翼:《檐曝杂记》卷一,中华书局1982年版,第20~21页。这种看法不仅普遍而且维持了很久。马士指出,晚近的一篇讨论对外贸易的中国论文还说:"来自西方的外国人都天然爱好牛奶和奶油,耽于这种奢侈嗜好的结果造成了结便的毛病,这毛病只有靠大黄和茶才可洗他们的肠胃,恢复他们的精神;一旦把这些东西予以剥夺,他们便会马上病倒……如果我们停止了与夷人通商,他们的国家里边便会发生骚扰和混乱:这就是他们为什么必须要我们的货物的第一个理由。"(〔美〕马士:《中华帝国对外关系史》第一卷,第150页)

② 《林则徐集·公牍》,中华书局1985年版,第58页。

试问普天之下，岂能更有如此之好码头乎？且无论大黄、茶叶，不得即无以为生，各种丝斤，不得即无以为织，即如食物中之白糖、冰糖、桂皮、桂子，用物中之银朱、腾黄、白矾、樟脑等类，岂尔各国所能无者？而中原百产充盈，尽可不需外洋货物。若因鸦片而闭市，尔等全无生计，岂非由于自取乎？"①同年8月3日（六月二十四日），林则徐与邓廷桢、怡良在共同拟就的发给英国国王的照会中一开头就说："洪惟我大皇帝抚绥中外，一视同仁，利则与天下公之，害则为天下去之，盖以天地之心为心也。贵国王累世相传，皆称恭顺，观历次进贡表文云'凡本国人到中国贸易，均蒙大皇帝一体公平恩待'等语。窃喜贵国王深明大义，感激天恩，是以天朝柔远绥怀，倍加优礼，贸易之利垂二百年，该国所由以富庶称者，赖有此也。"②在照会中他们还继续强调说："中国所行于外国者，无一非利人之物：利于食，利于用，并利于转卖，皆利也。中国曾有一物为害外国否？况如茶叶、大黄，外国所不可一日无也。中国若靳其利而不恤其害，则夷人何以为生？又外国之呢羽哔叽，非得中国丝斤不能成织，若中国亦靳其利，夷人何利可图？其余食物，自糖料姜桂而外，用物自绸缎、瓷器而外，外国所必需者，曷可胜数。而外来之物，皆不过以供玩好，可有可无，既非中国要需，何难闭关绝市！乃天朝于茶丝诸货，悉任其贩运流通，绝不靳惜，无他，利与天下公之也。"③对互市和贸易的这种思维方式、价值观和行为方式，一直伴随着林则徐。

把中英看待贸易和通商的思维方式放在一起加以对比所显示的反差是巨大的。对此人们很容易对帝国的立场提出批评，实际上这也是常见的方式之一。但我们也希望历史地看待中英在互市和贸易上的视

---

① 《林则徐集·公牍》，第65页。
② 同上书，第125页。
③ 同上书，第126页。

差及其冲突。帝国确实没有主动要求与欧洲通商，那些前来中国进行贸易的西洋商人显然都是抱着获利的动机，冒着风险单方面找上门来要求与中国进行贸易活动的。同时不能否认，欧洲国家与帝国的贸易活动客观上也为帝国带来了利益。很简单，任何贸易活动，只要是贸易，就是一种买卖交易行为。而双方愿意进行的买卖交易，都是出于需要而进行的，并能为彼此带来利益。中国与欧洲的贸易，当然也相应地获得了利益。英国正是从这方面强调贸易的正当性。人类互相需要和互通有无的世界性"交往"理性，使欧洲国家超出了自足和收敛性的自然经济状态，它们开始把贸易和通商当作彼此的"义务"来看待了。被公认的国际公法权威瓦特尔（Emmerich De Vattel）做了这样的阐述："假使人们不愿意与自然的意见背道而驰，那么，他们就有义务相互通商，而这项义务也推广到一切国家中去……如果在国家之间发生了贸易和物物交换的关系，那么每一个国家都一定可以得到它所需要的东西，因而也就会最有利地使用它的土地和实业，全人类也可以因此受到利益。这些都是构成一些国家所必具的那项普通义务的基础，也就是相互地去建立通商关系。"①据此，一个国家已经没有权利拒绝与别国的贸易了。岂止如此，在更广泛的意义上，一个国家没有权利把自己封闭起来、断绝同其他国家的往来。《澳门月报》所载的一篇文章宣称："一个文明的国家，和其他的国家同为天之所覆，地之所载，为同一的上帝所创造，为一样的自然法则所指导，它能闭关自守，和其他国家的人民断绝一切友好交往吗？常识和理性以及国际公法都号召起来反对这样不近人情、违背天然的行径哩。"②

但自然空间的广大和物产的丰富，使帝国产生了天下之物无所不有的意识，也使之在经济生活上容易形成自给自足的观念。欧洲产品

---

① 〔美〕马士：《中华帝国对外关系史》第一卷，第158页。
② 广东省文史研究馆译：《鸦片战争史料选译》，中华书局1983年版，第50页。

在中国缺乏充分的消费需求,而中国的物品如茶叶等则已成为欧洲消费的必需品。这些成了帝国官僚做出以上那种判断的根据,统治者也有理由在经济财富上自夸和自豪。当然,帝国无疑地夸大了欧洲对中国物品需求的意义,以至于产生了一种西方人没有中国的物品就无以活命的错觉。帝国以此来威胁西方国家,如果它们不接受中国禁止鸦片的条件就中止贸易。实际上,中国并非无所不有,从世界性的自然资源和自然条件来说,交往也使中国能够获得它没有的物品。瓦特尔也正是从这种意义上论证交往的必要性:"一个地区的大自然很难产生出该地人们所需的全部物品。一国盛产小麦,另一国则富于牧场和牛群,第三国可能拥有木材和金属,等等。如果所有这些地区如大自然所愿的那样相互进行贸易,那么就没有一个国家会缺乏必需品和一切有用的东西,由此大自然——即人类母亲——的愿望也能得以实现。而且,既然一国比另一国更适合生产某一新品……每个国家都能保证满足需求,更好地利用土地,发展工业,由此整个人类就将大大受益。"①

但帝国往往忽视人类相互需要和相互满足的市场(不管范围大小)交往理性,它把追求商业利润看成是"西方人""唯利是图"的自然"本性"。一般来说,儒家不把追求利益看成是人生的理想和价值目标,但是,要说中国人先天就不喜欢追求利益,那也是天大的虚伪。司马迁所说的"天下熙熙,皆为利来;天下攘攘,皆为利往"是一个透彻的见解。从生活现实来说,利益从来就是重要的,它提供了人们生活的基本条件并使从事其他事务成为可能。经过商业革命的西方,新兴资产阶级和商人阶级对资本、利益及财富的热情和渴望日益增长起来,他们或者把获得利益和财富看成是人生价值的实现方式,或者像韦伯

---

① 〔瑞士〕瓦特尔(E.de Vattel):《各国之法律》(The laws of nations),转引自〔美〕何伟亚:《怀柔远人:马嘎尔尼使华的中英礼仪冲突》,第83页。

所说的那样，新教徒纯粹是为了上帝和自我救赎而苦行僧式地从事他们的工作和经济积累。不管是作为目的还是作为手段，远涉海洋冒险追求利益、利润和财富，对于欧洲人来说不仅不是被惩罚的耻辱（像被放逐到美洲的英国人），反而是证明自我的方式。但是，整体上仍然处于自然农业经济状态的帝国，是无法理解商业革命为欧洲特别是英国所带来的这一切的。

三　认知和处理与外部世界法律关系的方式

一般都把禁烟事件看成是导致中英冲突的原因。然而，只是在一个非常有限的意义上，这一说法才是正确的。禁烟只是把中英潜在的和已经发生过的冲突，引向了表面化和规模化。中英发生全面激烈的冲突是必然的，不管通过何种方式爆发出来，因为两者所代表的文明及其权力无法调和。林则徐即使在被撤职之后，也还相信他的禁烟运动是非常有成效的，他迫使最激烈抵制此事的英国商人和他们的商务监督义律，最终也不得不交出所要贩卖的鸦片而公开焚烧。但是，林则徐在两个具体问题上遇到了困难和阻碍；一是他要求所有外国商人做出"如有夹带鸦片，一经查出，货尽没官，人即正法，情甘服罪"的保证。这一称为"具结"的保证书，其他国家的商人出于继续与中国进行贸易的迫切愿望而接受了，但英国拒绝接受和签署。再一个是英国水兵在九龙酗酒滋事，打死一名华人的"林维喜事件"。林则徐坚执英方必须交出凶手，由中国依法审讯。但义律拒绝交出滋事的水手，以他设立的所谓"具有刑事和海上管辖权的法庭"加以审讯，并通知中方他未能查出行凶的罪犯。林则徐并不愿意扩大帝国与英国的冲突特别是爆发战争，但在这两件事上他所代表的强硬立场或单边主义恰恰与英国的强硬立场或单边主义彼此不可调和。林则徐决定封港，驱逐英商，断绝与英国的一切贸易关系。① 而一直蓄意诉诸武力与中国进行对抗的英国，选择了以炮舰为后盾的对华战争，中英冲突全面爆发。这里我们关心的问题是，林则徐在运用中国法律来约束英商的时候，他为什么会遇到英国的抵制？英国的抵制合法吗？或者我们可以在更广泛的意义上提出这样的问题，即在没有国际法作为不同国家交往的基础时，中国在几个世纪中是如何认识和处理与西方外部世界的法律关系的？它对外国商人是如何行使司法管辖的？为什么这种认识和处理方式在19世纪40年代遇到了困难而不能再维持下去呢？

在与欧洲国家几个世纪的交往中，"林维喜事件"只是外国人与中国人之间发生的诸多法律案件之一。按照《大清律例》，在帝国，事关外国人对中国人或中国人对外国人的刑事案件，帝国都要行使司法管辖权。也就是说，只是对于外国人与中国人之间发生的刑事案件，帝国才行使司法管辖权；但对于外国人之间所发生的刑事案件，帝国原则上不行使司法管辖权，而是由他们各自依据本国的法律加以解决。这一律例的来源一般都追溯到《唐律》。《唐律》规定："诸化外人，同类自相犯者，各依本俗法；异类相犯者，以法律论。"② 后来的《宋刑统》和《大清律例》都沿袭了《唐律》对"化外人"司法管辖的规定。③ 这里所称的"化外人"，当然是相对于处于教化之内的中国人（"化内人"）而言，是对中国文明教化达不到的外国人的统称。在清代还有"来降人"和"归化人"的称谓，这是指永远放弃本国国籍

---

① 按照道光训谕，中国更应该采取全面封港措施断绝与外国的一切贸易关系。他认为林则徐只对英国封港是一种矛盾的表现。但是，在这一点上，林则徐则更为理智。他认为对那些服从中国的要求进行"具结"的国家也实行封港是不公平的。而且，对它们继续开放贸易，还可以孤立英国，分化外国之间的关系。

② 《唐律疏议·名例》。

③ 《大明律》扩展了对外国人的管辖权限，规定"凡化外人犯罪者，并依律拟断"。

而加入中国国籍成为中国人的外国侨民,如利玛窦等一部分归属中国的传教士就被称为归化人。对这一类人的司法管辖,采取的是与中国人一样的法律标准。《大清律例》的规定是:"凡化外(来降)人犯罪者,并依律拟断"。① 对外国人之间的犯罪行为,帝国法律放弃或不采取司法管辖,可能体现了帝国在与外部世界交往中尽量"少事"或"省事"的思维和行为方式。就清代的涉外案件来看,外国人之间发生的法律案件,除非有当事者要求中国介入,中国一般不行使司法管辖权。② 而外国人与中国人之间发生的法律案件,不管犯罪者是外国人还是中国人,都要照《大清律例》行使司法管辖权。但因各种因素的影响(或地方官被收买,或当事人私了,或外人抵制等),实际上的情形却有不少例外。外国人对中国人犯罪的一些案例,往往都没有严格按照法律秩序进行司法诉讼,而是采取变通的方式加以处理。除了个别的例外,不少当事人所受到的处罚要比实际上的犯罪行为轻得多。但如果是中国人对外国人的刑事犯罪,官方往往是果断而又严厉地加以裁决和判刑。这不是偶然的,帝国承诺在本国百姓对外国人的犯罪上,它将采取公正的不偏袒的一视同仁立场。它还把这作为安抚和驾驭"化外人"的一种方式。1777 年,乾隆皇帝向他的高级官员发布一道敕令说:"中国抚驭远人,全在秉公持正,令其感而生畏。……而有事鸣官,又复袒护民人,不为清理,彼既不能赴京控诉,徒令蓄怨于心。……各该将军、督、抚等,并当体朕此意,实心筹办,遇有交涉词讼之事,断不可徇民人以抑外夷。"③ 以禁止鸦片为例,中国政府在迅速和严厉打击本国人的违法行为上,是英国人所不能想象的。因此,巴麦尊致中国宰相书中指责中国在法律上差别对待中外之人显然是一

---

① 《大清会典事例》卷七三九。

② 这种不介入和不干涉原则,也为乾隆帝所重申:"外洋夷人,互相竞争,自戕同类,不必以内地律法绳之。"(《清实录·乾隆实录》卷四七六)

③ 《清实录·乾隆实录》卷一〇二一。

种误解。① 在这一点上，爱德华（R. Randle Edwards）的评判则达到了公允的程度。他说："在某些方面，中国政府在法律上给予西方人的待遇，与他们给予自己人民的待遇相比，要更为宽大，或者说更为有利。首先，正如我们已经注意到的那样，正规的刑事管辖权很少行使于西方人的头上。其次，对于不涉及中国臣民的纠纷和犯罪案件不予干涉，是一项法定的政策，并在实践中被广为遵守。第三，只要中国臣民犯了针对西方人的罪行，清政府都会迅速而严厉地惩治罪犯，以显示对于远方客人的关怀，并威慑人民当中的邪恶分子。"② 马士在比较了当时中国与英国的刑法之后认为，两国对犯罪的量刑相差并不远，在对有的犯罪的处罚上，英国比中国更重，如偷盗方面，轻微的偷盗在英国都被判以死刑。③ 英国对中国法律的不满往往集中在认为中国审讯司法程序不公正④，而且特别反对类似保甲性的连带责任制度，这使得那些并未犯罪的人有时也受到处罚。在这一点上，马士当然也认为这是中国司法存在的问题。

然而，中国在司法管辖上的安抚性做法，并没有赢得欧洲人特别是英国人对中国法律应有的尊重，他们以种种理由逃避甚至是拒绝中国的司法管辖，他们所持的一个理由是认为中国的司法不公正、不人道和野蛮。如 1785 年，"休斯女士号"（Lady Hughes）的炮手因过失杀死一名中国人而被判死刑，他们指责这是不公正的判决，并做出反应

---

① 如说："设使某国家立法，关涉中外者，该国家须必执法从事、不偏不倚。如不然，终不可行也。倘若以法绳外民，亦应以法绳内民，并不宜徇纵百姓犯法而姑宽，但外人同犯则治罪也。"（《巴麦尊子爵致大清皇帝钦命宰相书》，见〔美〕马士：《中华帝国对外关系史》第一卷附录，第 704 页）

② 〔美〕爱德华：《清朝对外国人的司法管辖》，见高道蕴等编：《美国学者论中国法律传统》，中国政法大学出版社 1994 年版，第 470 页。

③ 参见〔美〕马士：《中华帝国对外关系史》第一卷，第 127～128 页。

④ 然而亨特则认为，中国没有陪审团和律师，免去了许多费事的程序和费用，这是一个优点。参见〔美〕亨特：《旧中国杂记》，第 130～132 页。

说:"顺从屈服这种观念,对我们来说,似乎是与欧洲人所相信的人道或公正相违背的;假如我们自动屈服,结果就是我们把全部有关道德上及人性上的原则抛弃——我们相信董事部即使冒丧失他们的贸易的危险,也必然赞助我们尽我们的权力来避免这样做。"①于是,他们单方面决定,此后"英国人决心不再服从中国的刑事管辖权"②。这表明,英国对中国司法管辖权正在向对抗的立场转变。

对于中国的司法管辖权,英国往往持一种相互矛盾的立场。一方面,它宣称和标榜英国愿意承认和遵守中国的司法管辖权,但另一方面它却又以种种理由为其不遵守中国法律管辖的行为进行辩护。如胡夏米在致巴麦尊的信中声称:"诚然,我承认一个人到另外一个国家去应该服从那个国家的法律制度。但是,另一方面,这永远假定你是和一个文明国家相交往为前提的,永远假定你所服从的法律规章有明白固定的条文,可以对你的生命财产作合理的保护为前提的。如今中国却不然,特别是他们所坚持执行的关于杀人犯的野蛮规章与法律和人道原则与理性都是不相容的。"③以中国司法不文明和不人道为由而要求逾越的英国,早在1830年就立法规定在中国设一个对海事和刑事案件具有管辖权的英国法庭。这种谋求"治外法权"的单方面行为,按照当时的欧洲国际法标准显然也不合法。因此,英国也不能理直气壮地鼓励它的臣民随意僭越中国的司法,它训示其商务监督律劳卑尊重中国的法律:"我们要求你时刻牢记,并且只要有机会,就要让住在或常去中国的我国臣民记住,只要中华帝国的法律和习惯对于你和他们来

---

① 〔美〕马士:《东印度公司对华贸易编年史》第二卷,张汇文等译,中山大学出版社1991年版,第427页。

② 〔美〕爱德华:《清朝对外国人的司法管辖》,见高道蕴等编:《美国学者论中国法律传统》,第471页。

③ 复旦大学历史系中国近代史教研组:《中国近代对外关系史资料选辑(1840—1949)》上卷第一分册,第53页。

说是公正和善意地实施的；而且，只要此种法律是以或将以与对中国臣民或其他外国居住或常去中国的臣民或公民同样的方式实施的，那么，你和我们的臣民便有义务遵守它们。"① 但同时英国也在谋求不受中国司法管辖的"治外法权"。这当然是不合法的。即使是一项不合理的国内法律，在合法改变之前，人们就有义务继续遵循这种法律，何况是国际之间的法律关系。

上面提到的"林维喜事件"是一个最近的例子，义律不顾林则徐的强烈要求单方面设立了一个法庭，审讯在中国领土上犯罪的英国臣民，并把结果通知了中国官方，中国官方当然不可能承认英国违背中国法律的行为。林则徐对义律拒不交出凶手的理由（英王不许）和行为反驳说："该国向有定例，如赴何国贸易，即照何国法度"，"杀人偿命，中外所同。但犯罪若在伊国地方，自听伊国办理，而在天朝地方，岂得不交官宪审办？""明明查有凶夷，私押在船，若违抗不交，是始终庇匿罪人，即与罪人同罪。"② 这里林则徐对义律的驳斥，既有中英两国的法律根据，也有国际法的根据。但英国最终以武力强迫中国接受其"治外法权"，并把它维持到20世纪初。

要求"具结"也是中国行使司法管辖权的合法行为，其他国家为了与中国进行贸易都接受了中国的要求，即使它们认为这是不合理的。③ "具结"的要求显然与禁止鸦片这一非法贸易密切相关。按照清代的法律，鸦片贸易是被明文禁止的。林则徐在《示谕外商速缴鸦片

---

① *China Correspondence (1838–1940)*, London, 1840, p.3.
② 转引自郭廷以：《近代中国史纲》上，中国社会科学出版社1999年版，第55页。
③ 如马士指出："他们为了贸易的目的，并使一切都服从于那个目的，他们才以'自由贸易'者的身份，闯进了垄断的世界。一个没有封建历史的年轻的民族，他们自己的刑法，比东方或西方的其他民族都柔和；但是到了中国，他们却采取了在德兰诺瓦审判中所宣布的立场——'当我们在你们的领海内，我们理应服从你们的法律；即使它们永远是这样的不公正，我们也不能反对它们'。"（[美]马士：《中华帝国对外关系史》第一卷，第126～127页）

烟土四条稿》中，当然要强调鸦片贸易的非法性："闻尔国禁，人吸食鸦片者处死，是明知鸦片之害人也。若禁食而不禁卖，殊非恕道；若禁卖而仍偷卖，是为玩法。况天朝贩卖之禁，本比吸食为尤重。"① 此外，林则徐还提出了作为自然法的"天理"、作为利害关系的"人情"和作为趋向的"事势"等义正词严的理由，证明帝国收缴鸦片的合理性。如他在首条"论天理应速缴"中说："尔则图私而专利，人则破产以戕生，天道好还，能无报应乎？及今缴出，或可忏悔消殃，否则恶愈深而孽愈重。……我大皇帝威德同天，今圣意要绝鸦片，是即天意要绝鸦片也。天之所厌，谁能违之！……凡有不循法度者，或回国而遭重谴，或未回而伏冥诛，各国新闻纸中皆有记载。天朝之不可违如是，尔等可不懔惧乎！"② 在此，林则徐还运用了神秘的因果报应论，并举出律劳卑等人的死作为天命不可违的例证。

英国拒绝"具结"不仅是因为认为"具结"这一苛刻的方式不能接受，而且还因为要设法继续维护对华鸦片贸易。在此，英国也表现了自相矛盾的立场。按照英国一方面的声称，它承认鸦片贸易的非法性，表示愿接受中国有关禁止鸦片贸易的法律。如伦敦东印度与中国协会在致巴麦尊的信中声明："我们并没有意思主张这项贸易还应当不顾中国政府的正式抗议，继续进行。我们承认，假使中国方面还坚持禁止鸦片的输入，以后对华贸易的英国商人，便应当对于这项货物，遵守中国的法律，不得要求英政府保护违法商人，鸦片商人便应当由中国方面依法处理，不得请求英政府，出面干涉。"③ 并表白说，如果这项贸易不能变成合法的，而商人还继续进行，责任就由商人自己承担。作为外相的巴麦尊在给义律的"训令"中，看上去也非常通情达

---

① 《林则徐集·公牍》，第64页。
② 同上。
③ 《英国蓝皮书》第七件《伦敦东印度与中国协会致巴麦尊子爵》，见中国史学会主编：《鸦片战争》（二），上海人民出版社1957年版，第645页。

理地承认中国有权确定它的一切商务关系:"不列颠政府承认每个不受条约约束的独立国家,都有权按照自己的意愿去管制它的人民和外国人的商务关系;随意允许或禁止经营任何本国工农物产或外国进口货;对进出口货征收它认为适当的海关关税;并制定适合于国境以内的商务规章;(不列颠政府从来绝对没有为英王臣民要求享有进入那些和大不列颠未订通商条约的外国国家去的权利,也没有在这些国家要求商务上的特殊权利,或免受该国已有的法律规章所约束)所以陛下政府并不否认中国政府有权禁止输入鸦片,陛下政府也不否认,如果外国人或中国人违反了正式公布的禁令,携带鸦片进入帝国疆土以内,中国有权将其拘获,并予以没收。"[1]据此,即使是已经把"贸易自由"作为信条的英国,也没有以此为理由宣称对华鸦片贸易的合法性及中国禁止鸦片贸易的非法性。然而,按照英国另一方面的声称,它又强词夺理地为其非法鸦片贸易进行辩护,如认为中国禁止鸦片贸易的法律已经变成了形式化的"具文",事实上这种贸易一直在官方的眼皮底下被默认地进行着;帝国事先又不经通知就突然对外国商人采取严厉的措施。说到底,英国是不甘心中国政府焚烧鸦片的。后来的事实证明,它不仅强行要中国政府赔偿合法没收和焚烧的鸦片,而且更把中国禁止的非法鸦片贸易通过不平等条约使之合法化。对此,提出以下的反诘是很自然的。林则徐把鸦片贸易看成损害中国人的既非法又非人道的贸易并要求加以禁止,按照英国声称的贸易自由和公正不也是正当的吗?英国用武力征服中国之后更把鸦片作为"合法贸易"强加给中国,这不也是对英国标榜的"文明"和"公正"贸易的一种讽刺吗?站在现在的立场不是反而更有理由加以谴责吗?可以设想一下,如果现在有谁试图把贩毒变成一项合法的贸易,人们将做出

---

[1] 复旦大学历史系中国近代史教研组:《中国近代对外关系史资料选辑(1840—1949)》上卷第一分册,第72页。外交部给义律的"新训令"中删除了"不列颠政府从来绝对……"一句。

什么反应呢？总之，无论站在什么立场和按照何时的标准英国都是不光彩的。①

如同我们前面谈到的，在中国与外部世界的交涉中，中国一直具有"严中外之大防"的思维方式，帝国的统治者们常常设法把外国人与中国人区别开，以防止外国人对中国人产生非分不安的影响并进而威胁到帝国的稳定和秩序。帝国把外国人的居住地限制在澳门，把贸易场所限制在广州，还一直禁止中国人出海与外国人进行贸易，这不仅是为了便于对外国人的管理，而且也是为了把中国人与外国人通过固定的界域划分开。帝国把澳门租借给外国人，在保持其主权和原则上的管辖权外，实际上又使居住此地的外国人享受到很高程度的自治。这也体现了帝国对外部世界所抱有的少事或相安无事的思维方式。苏东坡早就说过："夷狄不可以中国之治治之，譬若禽兽然，求其大治，必至于大乱。先王知其然，是故以不治治之；治之以不治者，乃所以深治之也。"②同样，出于维持已有的文明体系、秩序和权力的目的，帝国又制定了许多对洋人的防范性、限制性条规，并不时重申，可以举出的如 1759 年乾隆批准的《防范外夷规条》（由两广总督李侍尧主持）、1809 年嘉庆批准的《民夷交易章程》（由两广总督百龄、粤海关监督常显主持）、1835 年道光批准的《防夷八条章程》（由两广总督卢

---

① 当英国把鸦片贸易以合法化的条件强加给中国并迫使中国接受之际，中国的谈判者从心里根本不能承认英国这种行为的正当性。他们询问英国方面："因何不禁止在英国属地内种植鸦片？因何不严加禁止这害人的贸易？因何对中国如此不公道？"英国方面回答说："这是不合乎英国宪法的，这是做不到的。""即是英国政府是用专制的权力禁止鸦片的种植，对中国亦毫无益处。中国人不将吸烟的习惯彻底扫除，这只能使鸦片的贸易从英国手中转到别国手中去。"英国方面还自豪地声称它是如何从野蛮进步到富足的文明。它还把烟草与鸦片相提并论，以英国政府禁止烟草失败最后把它合法化的好处为例来说明。[《英军在华作战末期记事》，见复旦大学历史系中国近代史教研组：《中国近代对外关系史资料选辑（1840—1949）》上卷第一分册，第 100 页；中国史学会主编：《鸦片战争》（五），上海人民出版社 1957 年版]

② [宋]苏东坡：《王者不治夷狄论》。

坤主持）等。① 在这些条规中，有的是反复强调的，有的是新加的。对外夷的防范性限制，大的方面，如兵船只能停留在外洋，禁止驶入内洋；行商不得向外国人欠债；贸易只得在广州一处以及在固定的季节进行，一旦交易完毕都必须返回澳门或回国，在广州的逗留不得超过规定的时间；洋人如有陈述和具禀，不能用书信格式，不得径投，必须由行商转呈；洋人不得随意雇用华人仆役；等等。小的方面，如妇女不能被带到广州的商馆、不准白人乘轿、不得在江中划船取乐和超出固定地点结伴游览等。这些作为限制洋人的"天朝的定制"，有的可能是难以理解的。但总体上可以说，它们反映了帝国统治者要把进入中国的外国人同中国人严格区分开的意识和思维，目的是防范外国人对天朝秩序产生不利的影响。但这与"俯顺夷情""勿滋事端"的动机不相一致，为了规范而进行限制，但限制越多却越不易规范。自然，这些过多、过严的从贸易到人身的限制引起了洋人的不满②，而且逾越条规的事情时有发生。1830年，庆保上奏英国大班携带"番妇"到广州并乘轿进入商馆。对此，皇帝谕军机大臣等说："庆保等务当严切晓谕，令其遵守旧章。嗣后不得稍有违犯，致干禁令。倘仍敢延抗，即当设法驱逐以示创惩，亦不可稍存迁就。总须酌筹妥办，于怀柔之中，不失天朝体制，方为至善。"③但这并没有什么效果，英国带头违犯禁令的事情越来越多。从律劳卑到义律，他们都有意识地要突破帝国的限制，携带妇人到广州、坐轿、居住商馆，特别是一再坚持用平行的书信格式直接向总督衙门投递信件，甚至把兵船开进内海等。对此，帝国会有什么样的态度就可想而知了。围绕英国商务监督违犯天朝体制的一系列行为，两广总督和广州的地方官们不断把这些他们认为严重

---

① 参见［清］梁廷枏：《粤海关志》卷二九《夷商》，见《续修四库全书·史部·政书类》第835册；［美］马士：《中华帝国对外关系史》第一卷，第79、172页。
② 外商对中国官方不满的还有地方官员的各种腐败行为。
③ 蒋廷黻编：《近代中国外交史资料辑要》上卷，第5页。

的事件上奏皇帝，皇帝也不断地对此做出批示，要求他的大臣严肃认真地处理他们遇到的破坏天朝体制的行为。① 这一系列的冲突都在预示着中英更大的冲突不可避免，预示着天朝体制、国体正遭受着严峻的考验。总之，到了19世纪40年代，帝国已有的认识和处理与外部世界法律关系的方式，已经越来越难以奏效了。但帝国却又无法认识到这一点，它所能做的就是设法维护。魏源反思中英激烈冲突和对抗的原因，一再强调中国对外部世界的管治特别是因禁烟而引出的"具结"和"缴洋犯"过于严格和细密。他指出，按照《春秋》的大义，对内部治理要详，对外部治理要简略。魏源还以律例中蒙古化外人犯杀罪准许罚牛抵偿为根据，说明对外国人亦应采取不同于对中国人的惩罚原则。② 问题是，在即使是不合理的法律得到改变之前，人们是否有义务仍然遵守法律。换言之，人们是否能以不合理为由而不遵守法律。实际上，英国就是以此来逾越中国法律的。

在几个世纪中，中国同欧洲国家之间的往来关系，不是由国际法加以规范和约束的。对于欧洲近代以来与主权国家相联系而发展起来的国际法和国际体系，中国完全是陌生的。一般来说，只要有不同的国家及其交往存在，就会有交往的规则或规范，正如所说"哪里有往来，哪里就有法"，不管规则是明确被双方或多边所签署的成文法，还是彼此不约而同形成的惯例和习惯。在成文法和惯例、习惯之外，还

---

① 参见蒋廷黻编：《近代中国外交史资料辑要》上卷，第5～23页。
② 对林则徐要求的"具结"内容，魏源说："其令过严，已非律载蒙古化外人犯杀罪准其罚牛抵偿之例。"（[清]魏源：《道光洋艘征抚记》，见《魏源集》上，中华书局1976年版，第171页）并总评中英冲突说："论曰：《春秋》之义，治内详，安外略。外洋流毒，历载养痈。林公处横流溃决之际，奋然欲除中国之积患，而卒激沿海之大患。其耳食者争咎于勒敌缴烟，其深悉详情者，则知其不由缴烟而由于闭市。其闭市之故，一由不肯具结，二由不缴洋犯。然货船入官之结，悬提购犯之示，请待国王谕至之禀，亦足以明其无悖心。且国家律例，蒙古化外人犯法，准其罚牛以赎，而必以化内之法绳之，其求之也过详矣。"（同上书，第185页）

存在着更高的人类的自然法。正是在普遍的自然法和成文法都能够促进人类的共同幸福、使人类互相帮助和爱的意义上，苏阿勒兹才强调了法在国际交往中的重要性："虽然人类分为各种不同的民族和王国，他们却仍然具有某种不仅是体质上的而且也是道德上和政治上的同一性，这种同一性发生于有关爱和相互同情的自然戒律，而这种自然戒律适用于所有的人，即使是外国人也是一样，不问外国人属于什么民族。所以，每个国家，不论它是共和国还是王国，其本身诚然是它的公民的一个完全的、持续的社会，然而同时它在某种意义上也是那个包括整个人类的宇宙的一员。因为，这些社会决不可能自己满足到这样的程度，以至它们无须相互帮助、交往和联合，以便生活得更好并且对它们有利，或者为了道德上的必要和需要，正如经验向我们指示的那样。因此，它们无论如何都需要一个法律秩序，以在这种往来和联合中引导和指导它们。虽然通过自然的理解力这点大部分已经实现，然而对于一切事件来说，自然的理解力并非总是足够的，而且也不是直接地足够的。所以，通过各国的惯行，可以创立少数特别的法律。正如在一个国家或者省份中，惯行可以产生法律一样，所以在整个人类，各民族的法律也可以通过惯行而建立。"①20 世纪以来逐渐为世界各国承认和接受的国际法，主要是欧洲文化和经验的产物。但是，在西方之外的其他古代文明的地区和国家中，也具有国际法的意识和建立国际法的经验。

在中国，国际法就具有很早的起源和实践。在春秋战国时期，建立和维持国际秩序，是那个时期各主要诸侯国家的重要政治目标。为此，作为国际法最古老构成因素的外交使节的派遣及其保护，成了春秋时代最活跃的各国交往方式；在两国或多国之间缔结条约，成了彼

---

① 〔奥〕阿·菲德罗斯等：《国际法》上册，李浩培译，商务印书馆 1981 年版，第 124～125 页。

此约束以维持和平与安全的基本途径。在秦汉以后的一般情况下，帝国与周边甚至远方国家（如欧洲国家）和族群的关系，是在朝贡模式和习惯之下加以处理的。但这不是唯一的方式，因为帝国的朝贡体制和秩序并不总是有效的。在特殊情形下，帝国还不得不通过缔结条约来建立和维持国际秩序。也就是说，在朝贡体制之外，帝国同外部世界之间还有通过条约来维持彼此关系的经历。如12世纪的宋朝先后与金国两次签订条约，这两个条约可以说是古代中国民族关系史上最屈辱的条约；在距离我们更近的17世纪末和18世纪初，帝国与俄国先后签订了基本上平等的双方边界条约。当然，通过条约来建立和维持国家间关系，对中国来说是少有的情形和经历。中国的国际关系史，整体上是宗藩朝贡体制和秩序之下的关系史，中国同欧洲国家间几个世纪的关系当然也是在此之下维持的。英国一直不承认中国的朝贡体制，也从不认为自己是中国的藩属国，它在容忍和默认中国把它视为朝贡国加以对待的同时，也一直想突破中国朝贡体制的惯例和礼仪。如马嘎尔尼和阿美士德使节都不愿遵守中国的仪礼，他们非常自然地站在近代欧洲民族国家的国际秩序体系之下，认为中国这种秩序迟早是要改变的，未来的中国必将适应与其他国家通过订约建立国际关系的通行方式："此因中国向来闭关自守，不知世界大势。初非夹有恶意，即如缔结条约、互相通商，为现今文明各国共有之办法，中国则从来未闻有与他国订结条约之事。然谓中国人固执不化，将来永无与它国人缔约交通之一日，则又未必尽然。不过无论何事总当渐次做去，若能按部就班逐节进行，将来必有成功之一日。"[①] 到了19世纪之后，作为世界强国的英国越来越不愿俯就和屈从中国的国际秩序和模式了。它强烈地要求调整和改变中国的单边主义，说到底，就是首先追求与

---

① 〔英〕濮兰德等：《乾隆英使觐见记》，李广生整理，珠海出版社1995年版，第102页。

中国的平等关系。律劳卑想突破中国与外国的交往体制和方式（定宪或成宪）而与中国发生的冲突，是一个突出的例子。通过条约来确立中国与英国的关系，用国际法来看待和处理中国与外部世界的关系，在19世纪特别是鸦片战争中被英国确定为明确的方针。

但是，习惯于用已有的成宪和成例思考和处理与外部世界关系的中国人，整体上不可能设想出其他的方式，他们能够做的就是修补和继续维护它。19世纪初期，中国个别人士认识外部世界的方式，不可能对欧洲国际法及其体系达到一定程度的掌握，更别说是富有成效性的运用了。出于应对"夷情"而主动了解"夷情"的林则徐①，虽然他自信熟悉"夷情"，甚至还率先注意到了国际法，但实际上他对"夷情"的了解也是非常有限的，因此他对英国做出的判断有一些可笑的误解就不足为奇。林则徐注意到国际法，说明他已经不限于用中国法律去认识和理解与外部世界的法律关系了。林则徐可能是通过伯驾（Peter Parker）得知瓦特尔的《国际法，或运用在国家和主权的行为和事务上的自然法原则》（*The Law of Nations, or Principles of the Law of Nature, Applied to the Conduct and Affairs of Nations and Sovereigns*）的，并委托伯驾译其中的若干段落。书名当时译为《滑达尔各国律例》，又称《万国律例》。此外，作为林则徐译员之一的袁德辉也承担了部分内容的翻译。② 伯驾和袁德辉以《各国禁律》为题翻译出的部分段落内容，显然都是出于当时的需要而选择的，如对违禁货物的禁止和处置、战争的正义性、法律的遵守及适用范围等。③ 正是根据所译出的内容，林则徐相信由于英国违犯中国禁止鸦片的法律而又拒绝做出保证，中国进行封港是符

---

① 有关这方面，参见林则徐全集编辑委员会编：《林则徐全集》第十册《译编》，海峡文艺出版社2002年版。

② 有关翻译情况，参见田涛：《国际法输入与晚清中国》，济南出版社2001年版，第23～29页。

③ 有关所译内容，参见林则徐全集编辑委员会编：《林则徐全集》第十册《译编》。

合国际法的。当然,实际上,鸦片战争前中英之间并没有签订过约束彼此的具有国际法性质的任何条约。对中国来说,既然英国主动前来与中国进行贸易关系,它就应该遵守中国有关外国人的法规。而且长期以来,它正是在对这些法规的接受中同中国展开贸易关系的。但是,欧洲国家特别是英国同时也不满意这些法规,认为这些法规对外国商人限制太多、太严。它们也试图运用欧洲的国际法和国际惯例来处理同中国的关系。英国从政府到商人都强烈地要求与中国建立一种所谓的稳固关系,这种关系的基础就是通过条约确立与中国的平等地位。在这一方面,英国也援引欧洲的国际原则和惯例。如英商在致巴麦尊的信中呼吁把中英两国的商业关系建立在一个"较为稳固的基础上"。他们认为这种可能性就是依据欧洲的标准和方式:"在我们看来,除非以欧洲的原则,为两国新关系的基础,这个希望不易实现。假使中国方面,要享受欧洲的国际公法的权利,那么中国也应该承认欧洲国家间通商关系的原则。但是中国人以优越种族自居,卑视英人,因此对在华的外侨,屡加侮辱。再者,大多数的欧洲国家,都准许外侨居住,如果他们遵守法律,即予以保护。但中国以为外侨居住中国,是中国格外施恩,不准外侨与中国人自由往来,只片面地要求外侨遵守中国法律,但并不予以相互的利益。对于外侨的商业以及社会家庭的活动,都横加干涉,极为专制。我们知道:两种制度之间的区别,如此之大,是不易妥协的。"① 但这里所强调的欧洲原则及国际法,对中国是没有约束力的。中国不接受它们不仅不违法,而且还合乎一个国家的自然愿望。但由于中国在鸦片冲突中遭受了挫折,英国不仅用欧洲的惯例和原则来向中国要求平等权,而且又通过武力把不平等条约强加给中

---

① 《英国蓝皮书》第七件《伦敦东印度与中国协会致巴麦尊子爵》,见中国史学会主编:《鸦片战争》(二),第 648~649 页。

国。①琦善曾以"中国的特殊体制和惯例为依据"向义律声明,对于中英全权代表所可能签订的任何条约,皇帝都不会以批准的方式予以认可。当从义律的公函中得知这一情况后,英国政府很容易认识到这样做"会为背弃信约开一方便之门"。为此,英国政府在给璞鼎查的训令中,就用所谓普遍的国际惯例来说明其要求的合法性:"根据世界上所有其他国家的普遍惯例,国与国之间的协定和条约,为要有效,就必须经由国家的最高权威批准这种惯例是以平易而明显的理由为基础的;女王陛下政府不能允许在英国和中国间的事务处理中,以中国人的不合理惯例来代替所有其余人类的合理惯例,因此皇帝的批准是不可少的。"②如上所说,英国在此宣称的"所有其他"或"所有其余"的国家和人类的惯例,不过是把当时欧洲所谓的普遍惯例宣称为全人类的惯例和原则。英国人声称的基于欧洲国家的国际法和惯例,在冠冕堂皇地用来主张对中国的平等权、要求约束中国的同时,实际上也是对中国的一种强加,因为它所说的国际法及惯例,即使是最合理的,对于尚处在条约之外的国家来说也没有任何法律上的约束力。按道理说,如果真正要从法律出发,那么任何一项法律,即使它不合理,但在以合法的方式改变之前,以所谓不合理的方式加以拒绝仍然是不合法的。同样,一项国际法即使是合理的,但在一个国家以合法的方式接受之前,把它强加给一个国家照样也是不合法的。19世纪40年代以后,中国与外部世界所签订的许多条约,说起来都是双方通过谈判达成的,

---

① 显然,英国用武力迫使中国签订的不平等条约,从方式到内容,都不合乎所谓公正和文明的国际法。我们再看一下上面涉及的《澳门月报》的一篇文章中所说的另外的话:"我们不能通过辞谦语卑的禀帖而取得什么;如果我们要和中国订立一个条约,这个条约必须是在刺刀之下,依照我们的命令写下来,并要在大炮的瞄准下,才发生效力的。""中国既抛弃国际公法,难道我们却要受国际公法的制约吗?"(广东省文史研究馆译:《鸦片战争史料选译》,第48、51页)

② 《巴麦尊子爵致亨利·璞鼎查爵士函》,见〔美〕马士:《中华帝国对外关系史》第一卷,第754页。

都获得了合法性。但这些法律都是在战争的后果之下迫使中国签订的，因此无论如何这些条约都是外部世界强加给中国的不平等条约。

当不同国家之间的利益和权力变得不可调和时，它们往往就诉诸武力即通常所说的战争来达到它们的目标。正如我们前面所论，在处理与外部世界的关系时，帝国优先考虑的是用安抚、怀柔或者所说的"羁縻"等笼络方式使对方就范。这种投以"胡萝卜"的软化方法，常常成为帝国处理与周边民族关系的一种思考和行为方式。软化程度与帝国在军事上的强大程度以反比例的方式发生变化。只要帝国在军事上具有明显的优势，适当的安抚和笼络总是有效的。几个世纪中，帝国也一直在运用着安抚或绥靖使欧洲国家乐于接受它的天下秩序图像。它相信以理服人或以情感人是最理想的方式。朝贡体制能够作为维持和平与安全的有效方式，是以帝国能够坚持以及对方同时也能或必须接受这种方式为条件的。但是，当安抚不再有效或朝贡秩序不能继续维持时，最后就只有诉诸武力和强力了。有效的震慑和威力，总是温和方式失效时的有效补充。对于好战者来说，它总是优先的选择。中国并不是好战的，它一般也不主动挑起冲突。在"恩威并用""宽猛相济"和"先教后诛"这种处理与外部世界关系的二重构造中，武力的运用常常被认为是不得已而使用的手段。几个世纪中，帝国相信它一直是用合情、合理和合法的方式，处理它与欧洲国家的关系的，但它同时一直也保持着压力和威吓，这就是断绝与它们的贸易关系。这种威吓在19世纪初与英国的冲突中达到了顶点。帝国相信武力是迫使英国最终就范的有效手段。从皇帝到林则徐等大臣，他们都认为只要断绝与英国的贸易，英国就会就范；如果不就范，就把所有英国人驱逐于中国海之外。远离其本土的英国人，在海上是支持不了多久的。道光的立场，开始时非常强硬，他主张先给英国一个打击再与它交涉。他训谕林则徐说："朕不虑卿等孟浪，但戒卿等不可畏葸。先威后听，控制之良法也。"① 但是，帝国根本不能想象英国当时是世界上最强大的国家，也不能从英国要求突破中国世界秩序的强烈愿望中意识到英国的威胁。从林则徐对英国战舰和军队的看法中可以看出他所了解的"夷情"是多么片面。② 包括道光在内，林则徐敢于对英国采取强硬的武力政策，就基于他认为英国的军事力量无足轻重。就英国来说，当它认识到中国并不像自夸的那样是世界中心的时候，认识到它能够用武力征服中国的时候，它就开始考虑用强力重新安排中英关系，禁烟只是加速了英国对中国的强权政策。商人建议英国政府使用武力与政府本身也一直想使用武力是相呼应的："我们知道：两种制度之间的区别，如此之大，是不易妥协的。但是我们希望以缓和与坚强相结合的态度，勇敢的表现，甚至为了明确的、公正的目的，而施以武力，可以有很大的成绩。无论如何，我们建议，这种办法是值得一试的。"③ 最终，英国决定用武力来推行它所说的文明原则和国际惯例。它一再用一种很高尚的理由为其炮舰政策辩护。义律在致巴麦尊的密信中说："为每一件损失要求完全的赔偿，已成为文明的高尚义务了。就地球表面这么一个最最渺不足道的权力，竟至破坏世界上国际交往的正当原则而言，我仁德陛下实对整个基督教世界负有为真理与正义而成为这

---

① 郭廷以:《近代中国史纲》，第55页。从动机和策略上看，林则徐也持一种谨慎的态度。他和邓廷桢在上奏中说:"臣等会办夷务以来，窃思鸦片必要清源，而边衅亦不容轻启。是以兼筹并顾，随时密察夷情，乃知边衅之有无，备视宽严之当否。宽固可以弭衅，宽而失之纵弛，则贻患转在养痈；严似易于启衅，严而范我驰驱，则小惩即可大诫。此中操纵贵审机宜。"(《筹办夷务始末》卷八页六至九，见蒋廷黻编:《近代中国外交史资料辑要》上卷，第67页)

② 他判断说:"夫震于英吉利之名者，以其船坚炮利而称其强，以其奢靡挥霍而艳其富。不知该夷兵船笨重，吃水深至数丈，只能取胜外洋，破浪乘风是其长技。惟不与之在洋接仗，其技即无所施。至口内则运棹不灵，一遇水浅沙胶，万难转动。……"(蒋廷黻编:《近代中国外交史资料辑要》上卷，第67~68页)

③ 《英国蓝皮书》第七件《伦敦东印度与中国协会致巴麦尊子爵》，见中国史学会主编:《鸦片战争》(二)，第648~649页。

次挑衅行为的合适裁决人的一切责任。"① 他们还声称他们的军事侵略是从中国学的:"陛下政府今次对待中国政府的做法,有意采取多少像中国人自己所惯于实行的那样,那就是说,开头先来一个打击,然后再说道理。"② 如果说林则徐被撤职部分原因是因为他太强硬的话,那么义律被撤职则是因为他被巴麦尊认为,他在对待中国的立场上没有充分以他背后的战舰为后盾而对中国太软弱。总之,中英的武力冲突是不可避免的。双方都在强调"自己"的"主权"和"权力",双方都相信"强力"最后可以迫使对方屈服。中国用断绝贸易、封港、中断食物供应、武力打击等强硬方式来对付英国,英国也用"战舰"和"炮火"来威胁中国。它们的立场相应于它们对其自身军事力量的认识来确定。当道光认识到英国的力量后,他转而开始变通了。当英国认识到它很容易用武力击败老大帝国时,道光的变通程度最后就由它来决定了。一位英军军官以胜利者的口吻说,中国被一"女子"征服了(China has been conquered by a woman)。③ 帝国所声称的不可更改的体制和定制,在武力之下被冲破了。格林堡在他的书的结尾这样说:"一百年前,中国曾经被福尔泰(Voltaire)和耶稣教的传教士们称赞为世界上最文明和治理得很好的国家。现在这个大清帝国似乎是'可怜亦复可笑'了,它抵挡不住这些新兴的欧洲'王子',这些工业西方的矛头。"④ 英国人相信,没有不可更改的体制。这是马嘎尔尼所预测到的:"他们有一些永恒不变的原则,我不知道什么样的原则是永恒不变的,但我认为'永恒不变'这个词并没有非常准确的意义,不过是一块用以抗拒理性和争执的盾牌。据我们所知,他们已经打破了一些据称是不可改变的原

---

① 复旦大学历史系中国近代史教研组:《中国近代对外关系史资料选辑(1840—1949)》上卷第一分册,第59页。
② 同上书,第73页。
③ 参见茅海建:《天朝的崩溃》,生活·读书·新知三联书店1995年版,第462页。
④ 〔英〕格林堡:《鸦片战争前中英通商史》,第196页。

则。我亲历的关于礼仪的问题就是一例,更不用说其他例子。在满人入主中原的过程中,他们一定有过许多灵活变通原则的例子。"[1] 但是,对英国乃至外部世界强加给帝国的条约和秩序,帝国能像签字一样那么轻易地加以认同和履行吗?一个具有古老文明的帝国,能像弃之若敝屣那样轻易放弃它的文明和世界秩序图像吗?

---

[1] 《马嘎尔尼日记》,转引自〔美〕何伟亚:《怀柔远人:马嘎尔尼使华的中英礼仪冲突》,第107页。

第二章
世界秩序观中的法律规范与行为

——晚清帝国对"条约"制度和"万国公法"的认知方式

只要有国家,就会有交往,就需要处理相互之间的关系,彼此签订条约并加以约束就是这些方式之一。在中国历史上,签订"条约"也是处理国家间关系的方式,尤其是在春秋战国时期。但一般来说,中国古代并没有形成处理国家间关系的"条约制度"。晚清中国与外部世界关系的一个突出特征是建立起了不平等的条约制度。从1842年晚清帝国与西方世界签订第一个不平等条约——中英《南京条约》,到1901年清末帝国与八国签订《辛丑条约》,在半个多世纪中,晚清帝国与东西方列强签订了大大小小不计其数的"条约"。由此,中国与外部世界关系的体制,就从此前的"朝贡制度"转变为近代的"条约制度"。对于晚清帝国的条约制度(或条约体系)及其所决定的国际关系,人们已经进行了一些有益的探讨,为我们提供了值得参考的东西。条约一般被认为是"帝国主义者"和"殖民主义者"强加给中国的"不平等关系",因为条约制度充满着"不平等性"。确实,近代中国与外部世界所签订的每一项"条约"都是"不平等条约",这是一个显而易见的事实。我们这里的问题是,中国为什么会与西方建立起一种不平等的条约制度,在晚清条约制度的建立过程中,作为国际规范的万国公法是如何被中国人认识、理解和运用的[①]，条约制度与万国公法的输入是两个互相关联的问题，因此我们面临着如何从整体上重新看待晚清的条约制度和万国公法的问题。我们想考察晚清帝国的执政者们和士人们是如何认识、理解、运用条约制度和万国公法的，并以此来看看晚清帝国是如何建立世界秩序中的制度规范的，又是如何行动的。

一　晚清帝国的内外关系与"条约"制度

我们从晚清签订第一个不平等条约——《南京条约》后中英围绕"入城"（进入广州城）问题产生的冲突说起。晚清中国与英国也是与欧洲签订的第一个条约是《南京条约》（亦称《江宁条约》），中国喜欢把该条约称为《万年和约》。这个条约的文本原为英文（中文本亦系英人译出），是由英国单方面拟定的。条约本来就是英帝国单方面对中国提出的要求，不管是为了清楚准确地表达条约的内容，还是要求对条约具有解释权，英帝国坚持必须以英文本为准。问题是中国为什么更愿意把这个条约称为"万年和约"，特别是使用"万年"这样的字眼。条约的开头有这样一句话："兹因大清皇帝，大英君主，欲以近来之不和之端解释，息止肇衅，为此议定设立永久和约。"这里所说的"永久和约"，应该就是"万年和约"称谓的直接根据。对于晚清帝国来说，

[①] 有关晚清国际法的引入问题，可参见王尔敏的《中国近代思想史论续集》（其中有《十九世纪中国国际观念之演变》，社会科学文献出版社 2005 年版）、〔日〕佐藤慎一（1996）『近代中国の知識人と文明』．東京：東京大学出版会（其中的第一章为《文明与万国公法》）、田涛的《国际法输入与晚清中国》（济南出版社 2001 年版）、汪晖的《现代中国思想的兴起》（其中的上卷第二部《帝国与国家》第六章第四节，生活·读书·新知三联书店 2004 年版）、蒋廷黻的《国际公法输入中国之起始》（载国立清华大学政治学会出版的《政治学报》1933 年 6 月）、刘禾的《普遍性的历史建构——〈万国公法〉与 19 世纪国际法的流通》（陈燕谷译，见《视界》第 1 辑，河北教育出版社 2000 年版）等。

"永久"也好,"万年"也好,都是想以此条约使中英关系一劳永逸地得到解决和保证。但这更多的是清帝国的一种愿望,是它在不知外部世界整个情势之下对中英关系所抱的一种不切实际的幻想,清帝国还以为只要安抚了英帝国就可以万事大吉。它意识不到英国不可能满足于这一条约,而且其他列强也会效法英国。仅就条约本身的行使来说,彼此也绝不是情投意合的。很快,双方围绕进入广州城问题而起的冲突就是一个典型的例子。

如果双方都抱有通过相互协商来解决问题的愿望,那这就并不是一个困难的问题。但中英双方并没有建立起一个互相协商的机制。英国通过武力征服获得的条约使它更加傲慢和骄横,它的胃口也随之而膨胀。对于帝国来说,它虽然从形式上签订了条约,但并不把履行条约看成是一种真正的义务,因为它在很大程度上把这个条约看成是对英国的一种安抚性手段,还有就是它从内心里仍然非常歧视从远方闯入帝国的这个怪物。当时主持广州事务的耆英,采取的是安抚英国的策略,以使其与帝国相安无事。但是,中英之间在广州发生的摩擦和冲突不断。其中较大的冲突就是英人坚持进入广州城,而广州的士绅和百姓则坚决反对。这一冲突到了1847年(道光二十七年)而变得更加激烈。其间发生了两个事件,一是当英国人在佛山受到了侮辱后,德庇时带领舰队气势汹汹,径直兵临城下,威胁攻击佛山。为了平息英人的愤怒和威胁,耆英向英人允诺两年之后准许进入广州城。二是六名英国人在广州附近的黄竹岐被中国人殴打致死,德庇时威胁报复。同样出于安抚英人的考虑,耆英在得到谕旨前先行斩杀了殴打英人的四名中国人。耆英对前后发生的这两件事的处理方式,虽然暂时安抚了英人,但却激怒了当地的民众,更使道光不能容忍。不仅耆英个人的命运由此发生转折,而且道光对英的外交政策也由此而陡然转变。道光一改穆彰阿和耆英所执行的"抚夷"和"顺夷"的外交路线,转向由林则徐等所坚持的"剿夷"的"强硬"路线。道光改变外交路线的立场非常坚定和迅速,他很快采取了行动,把耆英召回北京,委派对英奉行强硬政策的徐广缙代任两广总督和钦差大臣,委任叶名琛担任广东巡抚。

　　清帝国安抚性的外交政策难以消除中英之间的摩擦,它转而所采取的强硬立场,仍不能迫使英国就范,中英之间更大的冲突势所难免。道光二十九年,英国以两年后入城的约定要求进入广州城,它把是否能够进入广州城看成是晚清帝国是否真心履行条约的一个重要标志。但对英国奉行强硬外交政策的徐广缙和叶名琛,则把拒绝英人进广州城看成是检验强硬外交政策是否有效的一个事例。道光还没有放弃变通,他密示灵活处理进城问题,但徐广缙决心给新任港首文翰(Sir S. G. Bonham)一点颜色看看。在他的坚决拒绝下,文翰停止了与帝国争论有关进城的问题。徐广缙是如何拒绝文翰的呢?他不把拒绝英人入城看成是帝国的外交政策,而是宣称广州的民众坚决反对夷人入城(当然这是事实)。既然百姓反对,官员们也没有办法强迫民众接受。徐广缙在给道光的奏折中说:"臣思进城一事,实属万不可行。广东民情剽悍,本与闽、浙、江苏不同。……数日之内,拟即照会该酋,晓以民为邦本,民既不从,大皇帝亦不肯拂百姓以顺远人。"[①] 广东绅士致英国公使文翰的信,也以民心不可违为由拒绝英人入城。信的开头以开导性的口吻说:"尝闻事不深思,必贻后悔;人无远虑,必有近忧。天下事有始意以为可行,而其后终不能行者,有常情以为易行,而其势又实难相强者,如贵公使与我大宪所议入城之事是也。"[②] 广州绅士更以天理和民心这种无可辩驳的理由奉劝说:"总之,作事贵循乎天理,尤贵洽于民心。天视自我民视,天听自我民听,以民心之向背,可验天心之从违。我大皇帝以中外为一家,怀柔远人,无分畛域,现在钦奉谕

---

① 齐思和等整理:《筹办夷务始末(道光朝)》(六),中华书局1964年版,第3170～3171页。

② 同上书,第3180页。

旨，亦以民心为重。盖顺民心即以顺天心，顺天者昌，逆天者亡。贵国敬奉耶稣，尊崇上帝，此情此理，谅亦晓然。"①出于对绅士立场的肯定和鼓励，徐广缙和叶名琛把这一信函专门抄写一份呈道光御览。道光对这份信函大加称赞，在信函的最后，他朱笔批示道："远胜十万之师，皆卿胸中之锦绣，干国之良谋。喜悦之怀，笔尽难述也。"②当文翰决定"罢议进城"时，徐广缙和叶名琛把这看成是广州官民同心协力、共同防备的结果，并迅速把这一消息上奏给道光皇帝，请求道光皇帝嘉奖广东商民（"为广东商民请奖折"）。道光嘉奖了徐广缙和叶名琛，又称赞广东百姓说："我粤东百姓，素称骁勇，乃近年深明大义，有勇知方，固由化导之神，亦系天性之厚。朕念其翊戴之功，能无恻然有动于中乎？"③

相信民心可以抵御英帝国，咸丰帝继续奉行道光后期对英的强硬外交立场，他不仅起用对外的强硬派人士，其中甚至有遭到了罢黜的林则徐，而且罢免和惩罚已往奉行安抚性外交政策的政要，特别是永久罢免了穆彰阿，并把耆英降为五品顶戴。咸丰帝在《朱批罪穆彰阿耆英谕》中极力列举和申斥耆英的罪过："至若耆英之自外生成，畏葸无能，殊堪诧异。伊前在广东时惟抑民以奉夷，罔顾国家。如进城之说，非明验乎？上乖天道，下逆人情，几至变生不测。赖我皇考炯悉其伪，速令来京，然不即予罢斥，亦必有待也。今年耆英于召对时数言及如何可畏，如何必应事周旋，欺朕不知其奸，欲常保禄位，是其丧尽天良，愈辩愈彰，直同狂吠，尤不足惜。"④至此可以看出，晚清帝国对外不管是依赖民心，还是采取强硬外交政策，都是想以此迫使西方帝国特别是英国安于现状，但以武力作为后盾的西方帝国是不可能

---

① 齐思和等整理：《筹办夷务始末（道光朝）》（六），第3182页。
② 同上书，第3183页。
③ 蒋廷黻编：《近代中国外交史资料辑要》上卷，第173页。
④ 同上书，第166页。

安于现状的，结果双方只能再次以武力决胜负了。

这里的问题之一是晚清帝国拒绝英人进入广州城的方式。道光和咸丰奉行强硬的外交路线，反对英人进入广州城，先不说条约上是否有根据，仅就他们把国家的这种外交立场掩盖在广州百姓的立场之中，宣称民心不可违，并以广州百姓对英人的抵制态度贯穿其外交政策，抵制英国的强权行为而言，这显然是一种错误的方式。一个国家对待与外部世界关系的最有效的方式，就是这个国家的政府与它的民众的立场的高度统一。一个国家要有效地坚持自己的外交路线和政策，哪怕是以最激烈的形式发动战争，政府都要寻求民众的支持，把政府的意志变成全民的意志，把政府的行为化为全民的行为。它不能把自己的立场与民众的立场区分开来，来达到它的外交目标，除非是它不懂得这样做的后果。然而，清政府陷入了矛盾之中。它作为国家的主体，同英国签订了条约，就有义务履行条约，允诺进城之事也一样。但它却声称它的人民不同意英人入城，它不能强迫它的人民这样做。这容易给人一种印象，即入城是条约所允许的，只是由于人民反对而无法实施，这就把国家推到了无法履行条约义务的困境之中，对"条约"采取了一种不负责的态度。但在背后它又支持民众，反对英人入城，对民众的行为加以表彰。它自以为聪明地认为，把政府的立场同它的民众的立场区分开，就能够说服英国人，可惜英国人不信这一逻辑。运用民心来抵制西方列强，是晚清帝国采取的一种方式，义和团是一个更加典型的例子，但这种方式被证明是有限的，难以达到其目的。列强把更加严厉和苛刻的条约强加给中国，条约就像是一条条绳索，把中国束缚得越来越紧。

中英围绕进城发生争论的另一个问题，是双方对"条约"的理解和运用的不同。一般认为，英国对是否进入广州城并不特别在意，但在它看来，按照中英《南京条约》，它的臣民有权利自由出入广州城，就像已经自由地出入其他四个口岸的城市（上海、宁波、福州和厦门）

那样。英国人对条约的理解并不是完全没有问题的。按照《南京条约》的规定，中国向英国开放五个港口进行贸易活动。中方的理解是，港口就是港口，不包括与港口相连的城市，但英国人坚持认为，所谓港口是包括与其相连的城市在内的。按照《南京条约》和作为其补充条款的《虎门条约》(1843年10月)以及《中英五口通商章程》(1843年7月)、中美《望厦条约》(亦即《中美五口通商章程》，1844年7月)、中法《黄埔条约》(1844年10月)的规定，对"五口"通商的场所的规定，确实存在着模糊之处。《南京条约》第二款规定说："自今以来，大皇帝恩准英国人民带同所属家眷，寄居大清沿海之广州、福州、厦门、宁波、上海等五处港口，贸易通商无碍；且大英国君主派设领事、管事等官住该五处城邑，专理商贾事宜，与各该地方官往来。"这里使用的是"五处港口"和"城邑"。《虎门条约》用的是"五港口"，《中英五口通商章程》用的是"五处"，《望厦条约》用的是"五港口"，《黄埔条约》用的是"五口市埠"。① 从这些用语来看，确实存在着"五港口"与"城邑"和"五口市埠"之差异。在晚清帝国看来，所谓"五口通商"的"五口"，都是指"五处港口"，而不包括与港口相接的五个城市。据此，它认为拒绝英人进入广州城并不违背条约。但问题的复杂性在于，除了广州一口之外，在其他的"四个港口"，外国人都已能够进出城市。按英国人的解释，这正是遵守条约的结果。相反，中国官员则认为，在其他四个港口，外国人可以进出城里，并不是条约的约定和执行条约的结果，而是那四个港口城市的民风能够接受外人进入，广州的民风与此不同，民人不同意进入。真正按照条约来说，外人是不应该进入城里的，因为所谓的"五口"都是限制在"五个港口"地带。外国观察者发现，中国官员确实是这样

---

① 参见王铁崖编：《中外旧约章汇编》第一册，生活·读书·新知三联书店1957年版。

理解的,他们把港口与城市分开。《时事日志》评论说:"他们不承认《南京条约》有准许外国人得以任意进入广州或其他五口通商市埠的大门的规定。而《虎门条约》《望厦条约》或《黄埔条约》也无准许外国人任意进城的规定,甚至连默契允许都丝毫没有。一位当地人在翻阅这四项条约后,从中得出的概念是,外国人得在五口通商市埠居住,只限于进行贸易的地方。港口即河口这个词是指商人在海滨从船上搬运货物上岸,进行物物交换,以货易货的地方。这些地方不须要用墙围住,从来也不称之为城,即城堡或用墙围住的都市。外国人常进城堡,实无前例可资引证。而用墙围住的都市,外国人当然也不能任意进入。在《黄埔条约》中,'港口市埠地方'这个词组的含义是多样化的,它是用以限制法国人只能居住在进行贸易的地方;对中国人来说,港口与城市这两个词其含义是有区别的。欧洲人对这种区别,乍看起来,无从理解。外国人在指责中国政府破坏条约之前,应该弄清楚这些词的含义。"① 前面说过,以"顺夷"为外交政策的耆英,倾向于答应英人入城。只是迫于广州民众的抵制,他请求英人延缓入城的时间并就此事进行磋商。他一开始没有以"条约"为根据拒绝英人入城或者延缓入城,他反复强调的理由,就是广州市民对英人入城有强烈的抵触情绪。这就使英人产生一种错觉,即入城是条约所规定的,只是由于一时的情势才暂时不能入城。因此,当美国领事递交美国人也要求进入广州城的第一个照会时,耆英给予的答复,仍强调外国人不能入广州城是因为广州市民与其他四个地方市民的民风不同。当然,耆英后来也运用条约要求美国人放弃入城的要求。如答复中称:"外国商人及公民已经到来中国通商口岸从事贸易,能否得到准许进入省城,此一事件,本部堂、院等经加以调查查核。查通商条约各条款,关于此等事件,均无明文规定,所以在福州、宁波及上海等地,外国人偶尔

---

① 广东省文史研究馆译:《鸦片战争史料选译》,第491页。

进城散步消遣，并无妨碍。而在广州方面则仍然禁止外国人进城。"①这里所说为双方重新讨论进城问题留下了余地。但在不久第二次给予美国领事进城照会的答复中，耆英把中国政府禁止进城看成是条约的明确规定："数百年以来，外国人未有进入广州城。我国亦曾与美国全权公使顾盛签订商约，该条约第十七款明确规定，合众国人泊船寄居处所，商民水手人等，只准在近地行走，不准远赴内地乡村，任意闲游，尤不得赴市镇私行贸易……等。如果准许外国人随意进城，该条约第十七款岂非只是一纸空文乎？"②在答复的最后，耆英又明确地称"条约并无准许美国人随意进城之规定"，他要求美国人遵守条约，放弃进城的要求。

拒绝外国人进入广州城，晚清帝国诉诸了条约；反对修约，晚清帝国也诉诸了条约。1854年初，英国提出修约要求之后，晚清政府诉诸条约加以拒绝的方式，先是根据已有的条约予以回绝。如当时的江苏巡抚吉尔杭阿在咸丰四年八月（1854年10月）的上奏中称，他将以《南京条约》为根据要求英"夷酋"咆咛放弃修约要求，"当答以英夷原定章程，名为《万年和约》，本无十二年变通之文，即当永远遵行，咆酋不应有此不经之谈"③。但吉尔杭阿也意识到中美条约和中英条约中的相关条款，如"美、佛二夷章程内，既有十二年变通之文，英夷章程内，又有恩施别国，英夷一体均沾之语"④，将会成为英美修约要求的依据，而且它们不达目的不会轻易罢休，因此他建议采取某种灵活的立场。1854年2月，英国外交大臣克兰顿（Lord Clarendon）指令新任驻华公使咆咛修约要达到的目标，9月英使咆咛向清政府递交

---

① 广东省文史研究馆译：《鸦片战争史料选译》，第492页。
② 同上书，第494页。
③ [清]贾桢等编：《筹办夷务始末（咸丰朝）》（一），中华书局1979年版，第305页。
④ 同上书，第306页。

了共十八条的修约条款,第一条是"英国钦派大臣,驻扎京师",其他突出的还有开放内地和海滨各城市、开放天津港口并派领事官驻扎、地方大员要接见驻华公使并在官署中以平等之礼待之、保护英人在华的生命安全和财产、保护外商在华的贸易等。① 对于英国提出的修约要求和条款,咸丰帝在《谕军机大臣等》的谕旨中,表达了强烈的不满,如称:"所开各条,均属荒谬已极,必须逐层指驳,以杜其无厌之求。"② 当然,这道谕旨并非完全拒绝英国的修约条款,认为其中有的款项可以由地方官员经办。但在有的款项上,咸丰帝或以新条款蛮横无理,或以已有旧约可据,加以拒绝。让咸丰帝特别不能容忍的,是英国提出的公使驻扎京城并把天津列入贸易通商港口和派领事驻扎的要求,如说:"京师为辇毂重地,天津与畿辅毗连,该酋欲派夷人驻扎贸易,尤为狂妄。"③

以咸丰帝的谕旨为基调,帝国的地方官员对英国的照会,也是要么拒绝新的条款要求,要么要求遵守旧约,如说:"均应遵照旧约,断难随意更改。"又说:"况原定章程,系美国、佛国有十二年变通之文,至贵国立定《万年和约》,不过奉有恩施别国,一体均沾之语。更不得首先另生异议,致负前约。"④ 这基本上是拒绝英国的修约要求。亚罗战争表明,叶名琛执行的仍是强硬的外交政策,他在上奏中坚持帝国不能答应英国的修约要求,英国必然遵守已有的旧约,强调旧约都是"前帝"已经确定下来的,而且是万年和约,不能更改:"大皇帝因道光二十二年、二十四年两次条约,均系奉宣宗成皇帝签订《万年和约》,

---

① [清]贾桢等编:《筹办夷务始末(咸丰朝)》(一),第 343～344 页。与此同时,美国也提出了修约条款十一条(参见上书,第 344～347 页)。
② 蒋廷黻编:《近代中国外交史资料辑要》上卷,第 183 页。
③ 同上。
④ [清]贾桢等编:《筹办夷务始末(咸丰朝)》(一),第 355 页。

以期永守和好，并无更改之处。"①对于列强提出的修约要求和条款，咸丰帝在对军机大臣的谕旨中，要求地方官员分别接见各国代表加以谴责。如他要求，接见"英夷"时要这样严厉加以质问："告以尔等在广东劫我大臣②，占我城池③，广东商民诉称：房屋被尔烧去几及万间，齐心忿恨，誓欲报仇。正欲向尔国问明，何故如此背约无礼。"④但是，对于列强特别是英国来说，问题绝不是遵守已有的条约了事，而是必须进行修约。列强决心以武力迫使清帝国接受它们的修约要求，它们要再次证明它们的武力是有效的。咸丰帝虽然对列强表现出了决不妥协的立场，可惜他手中的武力砝码太少了。列强把战舰开到了天津大沽，并直接威胁到了京城，晚清帝国意识到它不能再拒绝列强的修约要求了，它要求与英国进行谈判。英国自恃武力的砝码，要求老帝国完全接受它的修约条款，而且以英文为原本，不能修改一字。

为了使英国从天津退兵，桂良主张尽量满足英国的修约条款。晚清帝国最不能容忍的是往北京派驻公使、在长江流域通商和开放内地。但桂良最终也答应了北京驻使的条款，他强调这样做完全出于无奈。为了尽快解除列强对北京的威胁，只能暂时应允各项条约。他补充说，在这种特别客观情势之下接受的条约，一旦情势发生变化，可以毫不犹豫地废除。桂良称："权度再三，觉应允之患无穷，而决裂之患尤重。若论后祸，不但进京及内江两层，大费周章，即他税务各款，亦多于中国有损。奴才等所以情甘认罪而忍为此者，盖时势当危急之秋，恐夷情一变，津郡立非我有，从此北窜，深为可虑。此时英、佛两国和约，万不可作为真凭实据，不过假此数纸，暂且退却海口兵船。将

---

① [清]贾桢等编：《筹办夷务始末（咸丰朝）》（二），中华书局1979年版，第614页。
② 指叶名琛被捉。
③ 指广州城被占领。
④ [清]贾桢等编：《筹办夷务始末（咸丰朝）》（二），第722页。

来倘欲背盟弃好,只须将奴才等治以办理不善之罪,即可作为废纸。"①对于桂良的奏请,咸丰帝深感忧虑和不安,他没有将条约仅仅看成是一纸空文("岂知条约一定,如何补救?"),因此,他要求即使答应外国公使进驻北京,也要千方百计地按照帝国的体制对他们的进驻做出具体约束。咸丰告诉他的官员,我们已经答应了许多条款,所提出的非常有限的几个条款应该力争不被拒绝。咸丰帝甚至考虑,如果列强放弃它们提出的条款,避免与中国对抗,他愿意实行零关税,他试图以此来换取列强对已基本谈妥的条款的放弃。但即使是这种巨大的恩惠,也不能使列强满足,尽管它们被认为只是求利的动物。桂良认为这是不可行的,武备院明善和刑部员外郎段承实也上疏称:"所谓一劳永逸者,原以免税之后,夷人即将一切干求悉归罢议,仍照旧于五口通商,故能有益大局也。今若免税而该夷仍执定见,不肯轻弃条约,我亦何必免其纳税乎?"②事实上,列强不允许清帝国哪怕是有限的讨价还价,最终以武力攻陷北京。列强特别是英国提出的修约要求和条款,如那些对帝国来说"致命性"的北京派驻公使、深入长江流域的通商、不受限制地在内地的传教活动、与地方官员的平等交往、公文中不能再使用歧视性的"夷"字等内容,都被接受了。

至此,清帝国对条约的认识和理解如何呢?按照两江总督何桂清在奏折中的说法,担任对外交涉的帝国官员们对《南京条约》的内容都是陌生的,何谈他们能够据理力争:"查道光年间,在江宁所定者,谓之《万年和约》,系一成不变之件;在广东所定者,谓之《通商章程》,载明:十二年后,酌量更改。历来办理夷务诸臣,但知有《万年和约》之名,而未见其文,以致误将《通商章程》,作为《万年和约》。

---

① [清]贾桢等编:《筹办夷务始末(咸丰朝)》(三),中华书局1979年版,第966页。

② [清]贾桢等编:《筹办夷务始末(咸丰朝)》(四),中华书局1979年版,第1179页。

徒以口舌争辩，凡有奏请事件，均不能明晰声叙。"① 进言之，晚清帝国从最高统治者到地方官员可以说都不了解外部世界的基本形势。晚清帝国为什么对于派公使驻京师最为敏感呢？大臣们认为，公使进驻北京，就掌握了北京的真实情况，特别是认为"夷人"进驻北京，就使天子的权威丧失了。他们为接待外国公使做了种种限制，要求外国公使必须遵照中国的礼仪，以此来显示自己的体制和体面。帝国仍然表现出一种不知情势的虚骄之气，这就是用歧视性的用语把外国人称为"夷"，把公使称为"夷酋"，以满足自己心理上和文化上的优越感。但是，对国家主权构成了严重损害的那些却没有被高度注意，或者说在最应该维护主权的地方却不知道竭力坚持。就其主要方面说，一是片面的"最惠国待遇"（当时一般称为"利益均沾"），列强都把这一条看成是能够随时获得与其他国家同等利益的保证，随着条约对中国主权剥夺的加深，列强获得的最惠国待遇自然也就越多；二是"治外法权"，这也是列强一致强加给中国的一个破坏中国主权的条款，而且"治外法权"的范围越来越扩大，对传教士和教民的片面性保护引起了大量的"教案"；三是在中国领土上保持军事力量的存在及其自由运用的权利；四是通过"协定关税"的方式控制中国对外贸易的税收；五是把鸦片贸易完全合法化。实际上，正是这些条款使国家的主权丧失殆尽。但清帝国把条约看成是对外部世界的恩赐，把片面最惠国待遇看成是对所有国家的"一视同仁"，它试图通过条约来安抚列强，并设想通过条约一劳永逸地解决与列强的冲突。

19世纪60年代初修约战争之后，帝国重新调整了外交政策，开始实行安抚性的政策，中国与外部世界的关系进入了相对稳定的状态。正是在这一时期，中国开明人士开始对国际交往之道、对条约制度有

---

① ［清］贾桢等编：《筹办夷务始末（咸丰朝）》（四），中华书局1979年版，第1194页。

了越来越多的认识和理解。

第一，他们认识到中国无法再孤立起来，因此，它需要学会国际交往。最初，中国对与西方的国际交涉处于无知和被动的状态，要么继续采取消极的排外立场，反对和拒绝同外部世界沟通，要么不能在国际交往中有效地维持国家的权利。修约之后，列强在华获得了更多的特权，新的不平等条约在根本方面都满足了它们的需要；相应地，随着中国人士对外部世界的了解，他们逐步认识到条约对中国主权的破坏也更加严重了。可以这样说，中国人19世纪中叶之后对列强强加给中国的不平等条约的认识，正是在中国被迫进入世界体系之后产生的。19世纪60年代之后，许多人士越来越意识到，中国不能再封闭起来，它必须主动地向世界开放。他们相信，只有了解和认识了世界，才能在国际交往中通情达理，妥善地处理各种问题。王韬意味深长地指出："今欧洲诸国通商中土，跋扈飞扬，几不可制。凡有所要求干请，强以必从，其骄凌桀骜之气，常若俯视一切。何则？以交际之道未得也。苟能开诚布公，可者予之，而不可者拒之，即至万不得已而用兵，亦可有恃而无恐。能如是，诸国亦谁敢侮我者。虽然，睦邻之道亦不可不讲也。"① 晚清开明人士要求政府向外派遣外交使节，把派驻外交使节看成是中国融入国际社会的行动，认为通过驻外公使不仅能了解外部世界，也能保护在国外生活和工作的华民。为此，他们要求培养外交人才和各种交涉人才，要求学习和掌握外国文字、国际交往礼仪，要求翻译各种与国际交往有关的文献和国际法，学习和掌握国际法知识；他们希望通过研究和比较中外律法，建立起中外都能接受的国际公法或者中外律例；他们甚至提出一种更高的愿望，即通过比较和斟酌中外法律，比较中外国际法观念和惯例，找出诞生在欧洲

---

① ［清］王韬：《洋务在用其所长》，见《弢园文录外编》卷三，中州古籍出版社1998年版，第144页。

的国际法的缺陷，并加以改善，使之更具有普遍的意义。

第二，随着对国际法知识和国际交往秩序的了解，晚清开明人士意识到了条约制度所包含的深深不平等性，并基于国际法知识，产生了把中国逐渐从不平等条约中解脱出来的想法。19世纪60年代以后，中国开始逐渐翻译和输入国际法（中国人士如何认识和理解国际法，后面将具体讨论），并以此为基础来思考和反省条约制度。如对于"和约"，冯桂芬的立场是既要遵守，又要能够据理力争："今既议和，宜一于和……夷人动辄称理，吾即以其人之法还治其人之身。理可从，从之；理不可从，据理①以折之。诸夷不知三纲，而尚知一信。非真能信也，一不信而百国群起而攻之，钳制之，使不得不信也。"②冯桂芬没有局限于已有的和约上，因为在他看来和约不是永远不变的，虽然条约都冠冕堂皇地声称，这是一个永久性的和约。他认为，已有的和约对中国来说都是控制，对列强来说也是得寸进尺的中转站，它们会进一步通过新的条约扩大它们的权力。又如，唐才常从对"公法"的理解出发，谴责欧洲列强在中国的行为都是不合万国公法的。唐才常一方面相信"公法"所具有的"自然法"（"性理"）属性，另一方面又强调"公法"是依据人类社会自然形成的惯例和实际情形（"人情"）而制定出的条例。欧洲人对于本国事务以及与相邻国家的交往，往往都依据法律和惯例处理，但他们在与中国交往时却完全违背了国际法。按照国际法，各国都是主权国家，都有自主之权，都有在自己领土上行使法律和治理的权力，但是西方国家强迫中国签订的条约，都违背了国际法。唐才常说："然西人于其本国之政务，及其相亲之国之交涉，法在则治之以法，法所不通则准之于情，往往有仁至义尽之处。独于中西交涉之案，往往以盛气相陵，而不顾情法之安，或且屏中国

---

① 疑为"信"。
② [清]冯桂芬：《善驭夷议》，见《校邠庐抗议》卷二。

于公法外，而悍然悖之，是土耳其中国也。夫公法有各国自主之权，无论生斯土者，自外来者，皆归地方律法管辖。今各教士之入中国者，微特中国不得笼辖之，即华民之入其教者，且得据为逋逃薮而逸焉，中国不能自有其民矣。此特举教务一端言，其他商务、军务、税务、界务，中国之受制西人，处处有违公法者，难缕指述。揆之情理，安乎否乎？"①在唐才常看来，造成这种局面的主要原因是当政者对国际法的无知，他们不能在国际交往中据理、据法力争，而列强也恰恰利用这一点来欺侮中国。

鸦片贸易是英国违背国际法的一个典型例子。在《南京条约》中，虽然没有把鸦片贸易合法化的条款，中国也没有坚持把禁止的条文写在约内，但英国不甘心终止能够给它带来巨大利益的鸦片贸易，在第一次鸦片战争之后，非法的鸦片贸易继续存在。第二次中英战争之所以称为第二次鸦片战争，也是因为广东水师在广州珠江岸边扣留了一艘名为"亚罗号"的走私船。由此而引起的冲突之后，英国把鸦片贸易合法化。在中英《通商章程善后条约》中，称为"洋药"的贸易条款就是指鸦片，条约规定中国允许进口鸦片，鸦片商人只准在港口销售，一经离开港口就属于中国货物，也只准华商在内地销售，外国人不得护送。这种规定完全满足了英国商人经营鸦片贸易的需要。英国强行把危害人类身心健康的鸦片贸易合法化，实在也是对其所标榜的文明的一个嘲讽。作为药物使用的鸦片，它对人体并不构成伤害，但作为一种享用品来吸食，它就会对人体造成严重伤害。鸦片贸易合法化了，中国人吸食鸦片自然也合法化了。吸食鸦片者包括了社会的不同阶层（从上层到下层），鸦片不仅造成了中国白银的大量外流，而且伤害了中国人的身心。对于鸦片的毒害，薛福成指出："洋人布此鸩

---

① ［清］唐才常：《论情法》，见湖南省哲学社会科学研究所编：《唐才常集》，中华书局1982年版，第35～36页。

毒于中国，弱人精力，锢人神志，其害过于洪水猛兽远甚。"① 鸦片贸易是清政府明知其害而又无法解决的问题。一些人认为既然有条约约束，而又有那么多中国人吸食，只好放任自流。他们担心禁止鸦片会引起纠纷，甚至认为是"扰民"，既然禁止不了，还不如不禁（"势不能人人而禁之，禁之不绝，适以扰民，不如毋禁"）。但薛福成反对这样的立场，他认为，不能由于法律不能禁止人们犯罪就放弃法律，同样不能因为禁食鸦片不能马上或完全杜绝其行为而放弃实施法律的制裁。在他看来，正是因为国家没有对吸食鸦片加以立法，才使鸦片泛滥成灾。薛福成没有轻易地主张取消鸦片贸易，他意识到这是不现实的："和约一定，往往数十年不改，自非国势日张，事机绝顺，无从轻易更张。"他绕开了鸦片进口贸易的条约，而是从中国自身入手来禁止。他认为禁止中国人吸食鸦片是中国的自主之权，他建议国家立法，禁止国民吸食鸦片。国民不吸食鸦片，鸦片自然就失去了市场的需求，进口自然就减少了。他也建议应该仿照欧洲人对烟酒课以重税的方法，通过对鸦片征收高额关税加以限制。薛福成相信，禁止中国人吸食鸦片是从源头上杜绝鸦片之害，以此既可以不违背条约，又能够达到禁止的目的。② 恭亲王在与英国公使阿礼国的多次会见中，都要求废除有关鸦片贸易的条约："华商卖给贵国者，乃佳茶好丝，均系有益之物；英商卖给中国者，乃系鸦片，无异毒药。似此作为，殊属不公，无怪人心不服。最可虑者，中国官民每谓英国有意毁坏中国，并无真实和睦之情。英国既称富而好礼之邦，专为流通中外贸易而来，何不将此

---

① ［清］薛福成：《上曾侯相书》（一八六五年），见丁凤麟、王欣之编：《薛福成选集》，上海人民出版社1987年版，第25页。薛福成也指出了吸食鸦片在经济上造成的危害："今计天下之财，耗于洋烟者，每岁不下数千万。以数千万之银，易无限之灰烬，此如漏卮之不可不塞也。"（薛福成：《答友人论禁洋烟书》，见丁凤麟、王欣之编：《薛福成选集》，第31页）

② 1892年，薛福成在《论英国禁烟会始末书》中，讲述了英国一些绅士试图通过禁烟会的活动，帮助中国取消英国的鸦片贸易。

害人之物除去。想英国必不因此无益生理，致招中国官民怨恨，通国斥骂。"①恭亲王从贸易应该互惠和人道的立场谴责英国的鸦片贸易，相当有力。但是，在很长时期中，鸦片贸易是合法地进行的。

有关"传教"的条约对中国主权的损害也很大，它造成的冲突和阵痛接连不断，一般称为"教案"的纷争，广义说是中西教化的冲突，但不平等条约难辞其咎。问题不是允许不允许传教的问题，而是条约为传教士和信教者提供了超越中国司法管辖的"特权"。薛福成指出："自入中国设教堂后，中国不肖之徒，往往以为逋逃薮，无论作奸犯科之冥若，中国不能过问。虽曰中国积弱使然，亦以未列公法之故；又无深谙公法之人，据理与争。故遇有交涉事件，往往受屈于西人而未如何。不知公法明云：凡疆内产业，植物动物，无论生斯土者，自外来者，按理皆当归地方律法管辖。又云：无论是己民与否，非现居疆内者，各国不能以律法制之。若然，则吾民虽入彼教而现住疆内，岂有不能自治之理？噫！吾华至此，不国甚矣！"薛福成这里引用的公法条例，是以一国的独立主权原则为基础的，它排除了治外法权。薛福成主张通过研究和比较各国不同的律法，来制定出一种公正的法律，并运用所确定的条例，争取取消教民不受中国法律管辖的条款，如果遇到超出章程之外者，可以援引中西的律法来维护自己的权利，这也是他提出建立"中西条例馆"的动机。

第三，条约制度的不平等性，最要害的要算是"治外法权"和"最惠国待遇"了，中国人士根据国际法越来越清楚地认识到，治外法权和最惠国待遇是对中国最严重的侵害。按照中国传统"怀柔远人"和"一视同仁"的原则，"最惠国待遇"（当时称为利益"共沾""均沾"等）条款好像并不是一种片面的不平等条约，它甚至可以看成是

---

① ［清］薛福成：《论英国禁烟会始末书》，见丁凤麟、王欣之编：《薛福成选集》，第443页。

对自私贪利的外人的一种恩惠和笼络,但由于晚清条约制度的不平等性,"最惠国待遇"类似于"高利贷"那样更加深了条约的不平等性。对此,晚清人士也慢慢认识到并谋求改变之法。19世纪60年代末,面对列强的修约要求,总理衙门就已经清楚地认识到了"最惠国待遇"条款的危害性,并提出改变的方法:"伏查从前各国条约,最难措手者,惟中国如有施恩利益,各国一体均沾等语,数年以来遇有互相牵引,十分掣肘。此次修约,为各国倡始,若不将此节辨明,予以限制,则一国利益,各国均沾,此国章程,彼国不守,其弊曷可胜言。"①在此,总理衙门提出的是一种补救方法,即一国如果要享受"最惠国待遇",它同时也要承担与条款相连的义务。②1871年,当晚清政府与日本签订条约时,曾国藩在奏折中强调:"尤不可载后有恩渥利益施于各国者一体均沾等语。"③之后人们继续从国际公法的立场坚持取消"最惠国待遇"条款。如陈宝琛指出:"自道咸以来,中国为西人所侮,屡为城下之盟,所定条约挟制欺凌,大都出地球公法之外。惟日本、巴西等国定约在无事之时,亦值中国稍明外事。曾国藩主之于前,李鸿章争之于后,始将均沾一条驳去。既借此以为嚆矢,未尝不思乘机伺便,由弱国以及强国,潜移默转于无形也。"④同样,"治外法权"也是对中

---

① 中华书局编辑部、李书源整理:《筹办夷务始末(同治朝)》卷70,中华书局2008年版,第39页。

② 1881年,清政府与巴西签订的条约,对"最惠国待遇"提出的补充方法就基于这种类似的考虑:"嗣后两国如有优待他国利益之处,系出于甘让,立有专条互相酬报者,彼此须将互相酬报之专条,或互订之专章一体遵守,方准同沾优待他国之利益。"(王铁崖编:《中外旧约章汇编》第1册,生活·读书·新知三联书店1982年版,第395~396页)郑观应也有这种看法:"各国初订通商条约,措辞皆言彼此均沾利益,其实皆利己以损人也,骤视之几莫能辨。……均沾一节,此国请沾彼国所得之益,则应同彼国所遵之章。"(《盛世危言·条约》,见夏东元编:《郑观应集》上册,上海人民出版社1982年版,第436页)

③ 中华书局编辑部、李书源整理:《筹办夷务始末(同治朝)》卷80,第11页。

④ 王彦威辑,王亮编:《清季外交史料》卷23,外交史料编纂处1935年版,第21页。

国主权的严重损害,王韬称之为"额外权利"。薛福成把它与"利益均沾"合在一起,看成是条约制度给中国带来无穷后患的两大条款之一。他说:"一则曰洋人居中国,不归中国官管理也。夫商民居何国何地,即受治于此地之有司,亦地球各国通行之法。独中国初定约时,洋人以中西律法迥殊,始议华人治以华法,归华官管理;洋人治以洋法,归洋官管理。然居此地而不受治于有司,则诸事为之掣肘。"①在此,薛福成也是以国际法为标准来批评"治外法权"的。按照摩根索(Hans J. Morgenthau)的说法,国际法恰恰要建立在对国家主权的尊重基础上,如果没有这样的尊重,国际法也就不存在了。②但让中国人无奈的是,为了使中国摆脱不平等的条约,又需要首先承认国际法的存在。

第四,晚清开明人士认识到中国的根本出路是"自强"和"富强",认识到中国只有达到了富强,才能彻底改变与外部世界的不平等关系。这既是帝国重要洋务官僚如恭亲王、文祥、曾国藩、左宗棠、李鸿章等人的主张,也是开明士人如王韬等人的看法。在当时的情况下,中国只能接受条约,与西方保持和平状态;但最终必须谋求强大,以求自立和独立。

根据以上的讨论,我们也许不难理解,条约制度和规范为什么不能成为中外和平秩序的桥梁,反而成为冲突和战争的渊薮,为什么晚清老帝国与新兴帝国之间的国际关系不断陷入"冲突-不平等条约-冲突-不平等条约"这种恶性循环的状态中。从形式上看,条约制度都宣称永久友好、和平及睦谊,如《南京条约》第一款称"嗣后大清

---

① [清]薛福成:《筹洋刍议·约章》,见丁凤麟、王欣之编:《薛福成选集》,第528页。

② 他说:"如果没有对独立国家的领土管辖权的相互尊重且这种尊重也没有法律的强制力,那么,建立在尊重领土主权之上的国际法和国家体系就显然不能存在了。"(〔美〕摩根索:《国家间的政治——为权力与和平而斗争》,杨岐鸣、王燕生等译,商务印书馆1993年版,第394页)

大皇帝、大英国君主永存和平，所属华英人民彼此友睦"；中美《天津条约》（1858年）称清帝国与合众国"因欲固存坚久真诚之谊，明定公正确实规法，修订友睦条约及太平和好贸易章程"；中英《天津条约》（1858年）称两国"情意未洽，今愿重修旧好，俾嗣后得永远相安"。但是，在这些动听和美妙的言辞之下，条约却是极其不平等的。按照国际法，签订国际条约是不同国家间的自愿行为。说起来，中外条约是对彼此权利和义务的共同约定，是国际权利与义务的统一体。条约的签订是双方都共同接受和同意的。但实际上，几乎所有的条约都是城下之盟和武力胁迫的结果，这就使签订条约的一方，完全失去了"自主性的"主体地位，另一方则把自己的意志单方面地强加给一方，其一方的"自愿性"只是被迫后的"自愿性"。由此就决定了"条约"的"不平等性"，主要的如上面谈到的"治外法权""片面最惠国待遇"，还有"协定关税"和"领土占领"等。而且，西方列强按照西方文明的标准，要求晚清帝国承担义务，而它们却要享受无限的权利。也正是由此，中国又很难承担起条约的义务，但它每次反抗条约的结果，都被西方以武力强迫签订更苛刻的条约。条约变成了列强控制中国的有效工具。一般来说，中国并不轻易破坏条约，它也不想与英国产生冲突，它试图与英国相安无事。正是从这种意义上，当英国重新提出修约要求时，它首先做出的反应就是已经有了条约，要求一切按照已经有的条约来进行。在《南京条约》之后，英国由最初的入广州城要求，到最后提出修约，一般认为英国的修约要求并没有合法的基础。蒋廷黻具体分析了英国修约的不合法性，但对于为什么晚清帝国难以应对如此的问题，蒋廷黻把原因完全归结给中国，这显然有失公允。[①] 问题是中国如何加入国际生活，加入何种国际生活。新帝国主义体系是不可能允许中国作为自主的国家加入的，《南京条约》一开始就

---

① 参见蒋廷黻编：《近代中国外交史资料辑要》上卷，第174页。

把中国置于一个不平等的国际地位上，虽然帝国对此的意识还比较模糊。当然，晚清帝国仍然要维护它的已有的帝国体系，它缺乏对新帝国体系的认识，再就是它长期养成的"华夏中心主义"意识。它表现出对英国的轻视和蔑视，仍一如既往地称英人为"夷"，视他们为性情桀骜难驯、诡计多端和唯利是图的"怪物"；它不把国际交往看成是互惠的交往，仍把对英的条约看成是安抚和怀柔的方式。

从国家权力来说，我们可以把晚清帝国与外部世界的冲突，看成是两种"权力体系"的冲突。一种权力体系，是经过了工业文明和经济革命而被新型武器武装起来的欧美世界列强，还有后来加入这个列强集团的日本等"新帝国体系"；另一种权力体系，是仍然在延续着传统社会的政治、经济和生活的，自身一直就是一个帝国并与周边的藩属构成了主从关系的"老帝国体系"。这两种体系的冲突和对抗是不可避免的。因为老帝国体系竭力要维护它的权力体系或者说是宗藩体系，也就是一心一意想保持现状，这些现状又是与帝国"体制"联系在一起的。而新帝国体系则坚决要改变老帝国所守护的体系，改变老帝国的支配性。摩根索指出："一切政治，无论是国内政治或国际政治，均表现出三种基本方式。也就是说，一切政治现象均可归结为三种基本类型。这种政治的政策谋求的不是保持权力，便是扩大权力，或显示权力。与这三种典型的政治方式相对应，也有三种典型的国际政策。外交政策趋向于保持权力，而不是改变权力分配，使之有利于自己的国家，会执行维持现状的政策。外交政策的目的在于打破现有权力关系，扩大其实有权力；换言之，外交政策的目的在于谋求有利于己的权力状况的变化，这种国家会执行帝国主义政策。外交政策谋求显示现有权力，或为维持现状，或为扩大权力，这种国家会执行炫耀国威的政策。"[1] 摩根索所说的"维持现状"概念是从"维持战前原状"演

---

[1] 〔美〕摩根索:《国家间的政治——为权力与和平斗争》，第62页。

化而来，维持现状政策旨在"维持历史上某个特定时刻存在的权力分配"。这样的经验和概念是相应于欧洲近代以来的民族国家的形成过程，但对于超出这一个欧洲体系之外的地区和国家来说，后来就变成了"维持前殖民状态"和打破这一状态的关系。中国的世界体系是在欧洲体系之外的一个权力体系，新帝国体系实际上就是打破这一权力体系，改变"既有状态"。新帝国主义要打破的不仅是晚清帝国自身的权力支配，而且也要打破围绕晚清帝国而建立的藩属关系。总之，新老帝国的权力体系是不可能调和的，新帝国贪得无厌，老帝国则竭力维护现状，结果往往只能通过武力来决定彼此的关系格局。

二 国际交往和世界秩序："万国公法"的有效性

上面我们讨论了晚清帝国的条约制度以及由此所展现的对外关系和人们的看法，现在我们就来看看晚清帝国是如何认识、理解和对待"万国公法"的。从最初作为一部译著之名的《万国公法》，到后来作为我们现在一般所说的国际法概念的万国公法，这是晚清帝国通过国家间的法律制度来建立世界秩序的另一个重要方式。对于晚清帝国来说，条约制度的形成过程，整体上是一个被迫接受的过程；与此不同，万国公法在晚清帝国的建构基本上则是一个积极主动的过程。这就首先向我们提出了一个重要问题，即晚清帝国为什么要积极主动地去认同万国公法，而且为了认同和适应万国公法，为了使万国公法成为帝国理解、处理和建立国际关系的一个新的坐标，晚清人士又是如何把万国公法合理化和正当化的，他们又是如何建立以万国公法为基础的世界秩序观的，他们是如何把国际法转变为中国可以接受的国际法律的。

如同在任何一个国家中都需要"法律"一样，在国际关系中从来也不能没有借以规范、约束国家之间关系和行为的法律制度。苏阿勒兹（Francisco Suarez）强调指出："虽然全体人类并没有联合成为一个政治整体，而是分为各种社会，然而，为了使这些社会能彼此互助以及彼此在正义和和平中存在下去（而这是为了普遍的幸福所必需的），就必须按照相互的条约和协定，遵守某些对它们全体共同的规范。而这就是国际法。"①欧洲近代以来的国际法律制度也是源于需要，它是欧洲近代以来国际关系特别是新兴民族国家之间关系演变的产物。但当欧洲从19世纪开始强化与中国的国际交往时，它们之间并没有可以共同接受和遵守的国际法。这就产生了一个问题，即这种交往如何展开，又如何规范和约束彼此的行为。根据已有的讨论我们知道，欧洲世界在19世纪40年代以前一直接受、默认由中国主导的"宗藩世界"或华夷天下秩序及其制度安排，但它们实际上又一直想突破这一体系和制度。鸦片战争对中国和欧洲世界来说都是双边或多极关系的转折点，这个转折点对欧洲国家来说既是走向它们所声称的改变中国宗藩体系对它们的不公平、不公正待遇的过程，又是它们把国际交往的不公正和不平等强加给中国的过程。为了改变它们认为的中国以往对它们的不公正和不平等待遇，它们运用了有利于它们的欧洲国际法体系，强调国际交往的平等性和公正性，但它们反过来又反对中国享有国际法的权利。

根据摩根索的看法，国际法如同国际道德、国际舆论一样，都是以不同的方式在国家间限制"国家权力"。欧美列强要求中国承担欧洲国际法的义务，先不说这是否公正和正义，即使从一贯性来说，中国也同时就应该享有欧洲国际法所规定的权利。但在欧洲世界，当时有一种强烈的声音，这就是把中国排除在国际法之外，它们不希望中国人掌握国际法，更别说赞同中国享受国际法所赋予的权利。美国的一

---

① 〔西〕苏阿勒兹：《论法律》，转引自〔奥〕阿·菲德罗斯等：《国际法》上册，第125页。

位代办担心中国人一旦掌握了欧洲国际法,他们就会发现强加给他们的条约与欧洲国际法是多么相抵触。①法国代办蒲安臣对中国拥有国际法知识完全持敌视态度,他甚至声称要找出把欧洲国际法引入中国的"罪魁祸首"并杀死他:"是谁让中国人看到国际法的?杀死他——勒死他,他将使我们得到无限止的麻烦。"②很显然,殖民主义者在欧洲之外根本不打算遵守欧洲的国际法,他们只想无限地扩大他们自己的权力,谋取自己的特权和利益,把不平等和不公正强加给中国。季南(E. V. G. Kiernan)比较客观地指出:"德国公使巴兰德公然自称其座右铭为'中国的困难乃是所有外国的机会'。这个信条大体上也为所有西方国家所奉行。"③殖民主义者还以"基督教文明"为标准为他们的这种行为辩护。在他们看来,欧洲国际法既然是欧洲基督教文明的产物,把国际法的适用范围限制在欧洲的体系之内、把中国排除在国际法的范围之外就是合理的。常被引用的顾盛的一段话,典型地代表了欧美列强如何看待中国与国际法关系的立场:"符合我们的国际法的那些东西,似乎在中国都没有得到承认和理解。……我是怀着已经形成的这样的总的信念进入中国的:合众国不应该在任何情况下承认任何外国对合众国的任何公民的生命和自由的裁判权,除非这个外国是属于我们自己的国际大家庭——一句话,是一个基督教国家。基督教世界的国家是由那些赋予相互的权利并规定互惠义务的条约联系在一起的。它们承认由于共同的同意而在它们当中得到公认的被称为国际法的某些准

---

① See C. Y. Hsu Immanuel, *Chinese Entrance into the Family of Nations: The Diplomatic Phase, 1858–1880*, 1960. p.137.

② 转引自王铁崖:《国际法引论》,北京大学出版社 1998 年版,第 381 页。一份英文报纸《北华捷报》在社论中也毫不掩饰地说:"我们是否提供了将来某时期用来攻击我们的武器,或者,这种武器将转而取得新的征服,现在是无法确定的。我们现在的目的应该是在蒸汽还在接近汽源时堵住它,引导它流入正当的途径。"(同上书,第 381 页)

③〔英〕季南:《英国对华外交(1880—1885年)》,许步曾译,商务印书馆 1984 年版,第 13 页。

则和惯例的权威；但是这些准则和惯例的权威未得到占地球大部分面积的伊斯兰国家或非基督教国家中的任何国家的承认和遵守，事实上只是基督教世界的国际法。最重要者，基督教世界的国家有一个共同的渊源，共同的宗教和共同的理智……基督教世界范围以外的事物的情况是多么不同啊！……基督教国家政府的公使，除了靠武力并以舰队和陆军为前导外，就没有办法接近他们的宫廷。由于他们和我们之间没有共同思想，没有共同的国际法，没有相互的调停，只是在当前这一代，条约（其中大多数是靠武力，或恐怖强加给他们的）才开始将众多的穆斯林和异教徒的政府列入与基督教世界进行初期的和平交往的状态。"① 欧洲国家津津乐道的权势平衡和利益一致，只是它们自身世界的平衡和一致②，当它们面对中国时，它们从来不打算与中国建立起权势的平衡和利益的一致，它们都只想从中国获得片面的、单方面的利益。为了使它们各自单方面的利益都得到保证和实现，它们在对华控制上共同追求权势平衡和利益一致，甚至标榜它们的团结和一致。正如季南所指出的那样："八十年代以前，外交团在对付其驻在的'落后'国家时，是采取'共同行动'的，这可以以日本为典型。在中国，也残存着同样的情形。1880年初，法国代办在采取某项共同措施时报告说：'首要的是不能破坏全体的一致，这是当前对付中国政府的唯一

---

① 阎广耀、方生选译：《美国对华政策文件选编》，人民出版社1990年版，第45～56页。

② 如瓦泰勒指出："欧洲构成了一个政治体系，一个实体。它是由居住在世界这一地区的各民族的相互关系和不同利益联系起来的。它与古代的欧洲不同，古代的欧洲就像是一堆杂乱的支离破碎的断片；每一个国家都不认为其命运和其他国家的命运有什么联系；每一个国家都不关心与它没有直接利害冲突的事情。各国君主有限的注意力……现在使欧洲成为这样的一个共和体制：其成员国尽管是独立的，但共同的利益使各国团结在一起，以维持欧洲的秩序与自由，从而提出了称其为政治平衡或权势均衡的著名设想。根据这一设想，欧洲的事务要安排到这种程度：没有哪一个国家能够拥有绝对的优势，或者说没有哪一个国家能够对其他国家发号施令。"（〔瑞士〕瓦泰勒：《国际法》，转引自〔美〕摩根索：《国家间的政治——为权力与和平而斗争》，第286页）

保障.'……甚至多年以后,可能仍有人会假惺惺地表现出这种情绪。有一个英国领事在1900年写道:'我们欧洲人尽管彼此竞争、嫉妒,但是我们——连俄国人也包括在内——全都充满了同一种人道、正直、进步的精神,这种精神可以概括地称为"基督徒精神".'① 清末美国提出的"门户开放"政策与列强划分各自在华的"势力范围"而对中国进行的"瓜分",就是列强保持和建立它们对华势力均衡和利益共享的典型反映,尽管马汉(A. T. Mahan)把"门户开放"解释得非常动听②,尽管列强都想更多地控制中国,特别是北方的俄国和东洋的日本。

决定中外这种彼此消长的国际权利和义务的,最终是权力和武力。通过武力不断尝到甜头和达到目的的列强,一旦稍不如愿,就动用它们的武力,唯利是图的在华商人常常是武力的声嘶力竭的鼓噪者。"他们的哲学可以用下面这句话来概括,那就是,'旧的炮舰政策'最最好,而且'到最后会获得中国人自己的称赞'。这一方面的人告诉我们:'事实是,中国人像所有的东方民族一样,只有炫耀武力才能使他们慑服。只要我们时常鞭打他们,他们就会对我们尊敬。'"③ 征服者所信奉的炮舰政策,使中国束手无策。当中国人士意识到老帝国的武力无法抵御列强的进攻时,他们当下唯一的选择就是接受不平等条约。但哪一个国家会甘心被任意摆布呢?中国人士开始寻求欧洲国际法的保护,这是他们逐渐热心并认同万国公法的基本动机。前面我们已经谈到,他们认为中国受到"不平等条约"的待遇的一个原因就是中国人不了解国际法,自然更不可能运用国际法来维护国家的利益。如果有人不这样认为,甚至根本不承认也不愿认同万国公法,不足为奇,但确实产生了另一种趋势,即一些开明的晚清精英分子开始为中国参

---

① 〔英〕季南:《英国对华外交(1880—1885年)》,许步曾译,第14~15页。

② 参见〔美〕马汉:《海权论》,中国言实出版社1997年版,第174~204、270~294页。

③ 〔英〕季南:《英国对华外交(1880—1885年)》,许步曾译,第316页。

与到国际法中而展开理性的思考和谋划。包括身居要职的政治人物在内，不少人越来越相信中国需要国际法，认为中国不能自外于国际法。

当林则徐委托人翻译瓦特尔的《国际法》时，他就试图通过国际法（当时称为"各国律例"）来为他禁止鸦片非法贸易而寻求法律的根据。① 恭亲王对《万国公法》抱有谨慎的态度，他担心西方用万国公法束缚中国，他向丁韪良强调"中国自有体制，未便参见外国之书"，但丁韪良请他释去这种顾虑。恭亲王为此书的刻印请求同治皇帝恩准并拨付资金支持而提出的理由之一，就是认为《万国公法》对中国也有"裨益"："将来通商口岸，各给一部，其中颇有制伏领事官之法，未始不无裨益。"② 丁韪良也是从中国交往的需要角度劝说恭亲王接受《万国公法》的汉译的。③ 恭亲王说丁韪良曾这样声称："此书凡属有约之国，皆宜寓目，遇有事件，亦可参酌援引。"④ 恭亲王以类似于倾诉苦衷的方式向同治皇帝称，"狡黠"的外国人潜心研究中国的书籍特别是中国的法律和制度，他们在与中国的交涉中，"援据中国典制律例相难"，而他和同僚们"每欲借彼国事例以破其说"，但"无如外国条例，俱系洋文，苦不能识"。这反映了恭亲王要求通过掌握和运用欧洲"万国公法"来维护中国权利的愿望。为《万国公法》作序的董恂和张斯桂，也从现实需要的意义上肯定《万国公法》刊行的必要性。根据中国历史上的"万国"和19世纪"九州"之外的"众国"概念，董恂认识到只要有"众国"的存在，就需要有维系众国关系的"万国公法"："涂山之会，执玉帛者万国……今九州外之国林立矣，不有法以维之，其

---

① 欧洲"国际法"与中国的关系，最早甚至可追溯到17世纪。有关这一问题，参见王铁崖：《国际法引论》，第373～375页。
② 蒋廷黻编：《近代中国外交史资料辑要》上卷，第367页。
③ 丁韪良选择的版本是1855年在美国出版的William Beach Lawrence的校订本。有关这一点，参见王健：《沟通两个世界的法律意义——晚清西方法的输入与法律新词初探》，中国政法大学出版社2001年版，第154～155页。
④ 蒋廷黻编：《近代中国外交史资料辑要》上卷，第367页。

何以国？"① 张斯桂肯定《万国公法》对维持国际关系的意义，认为这正是欧洲国家奉行它的原因，他说："统观地球上版图，大小不下数十国，其犹有存焉者，则恃其先王之命，载在盟府，世世守之，长享勿替，有渝此盟，神明殛之，即此《万国律例》一书耳。故西洋各国公使、大臣、水陆主帅、领事、翻译、教师、商人以及税务司等，莫不奉为蓍蔡。"② 张斯桂还坚守着华夏中心论的立场，他在这种立场之下，相信此书对筹备中国的边防会有所帮助："我中华一视同仁，迩言必察，行见越裳献雉、西旅贡獒，凡重译而来者，莫不畏威而怀德，则是书亦大有裨于中华，用储之以备筹边之一助云耳。"③

这是《万国公法》翻译出版之初丁韪良的中国朋友对万国公法做出的积极性反应，即基于现实的需要，肯定万国公法对中国处理国际事务的意义。任职于同文馆的丁韪良，在1876年到1884年期间，领导和主持了多部国际法著作的翻译。④ 同文馆隶属于总理各国事务衙门（初名"总理各国通商事务衙门"，后通称"总理衙门"，又简称"总署""译署"），像其他译书一样，国际法译著及其出版也得到了总署的支持。这从为公法译著作序的几位人士都是总署的官员就可以看

---

① 董恂：《序一》，见《万国公法》，上海书店出版社2002年版。
② 张斯桂：《序》，见《万国公法》，第3页。
③ 同上。
④ 主要有《星轺指掌》（1876年，联芳、庆常译，丁韪良鉴定），原名是 La Guide Diplomatique（1851年），直译即《外交指南》，著者为德人马尔顿（Martens）；《公法便览》（1877年，汪凤藻、凤仪等译，丁韪良鉴定），原名为 Introduction to the Study of International Law（1860年），直译是《国际法导论》，著者是美国法学家吴尔玺（Theodore Dwight Woolsey）；《公法会通》（1880年，丁韪良、联芳、庆常译），原名为 Internationnal Law of Modern Civilizational States（1868年），直译即《文明国家的近代国际法典》，著者是德国法学家伯伦知理（J. C. Bluntchli）；《陆地战例新选》（1883年，与法文馆学生共译），原名为 Manual of the Law of War on Land，由成立于1873年的国际法学会编纂；《法国律例》（即《拿破仑法典》，1804年）；等等。有关同文馆和丁韪良翻译国际法的情况，请参见熊月之的《西学东渐与晚清社会》（上海人民出版社1995年版，第317～319页）和田涛的《国际法输入与晚清中国》（济南出版社2001年版，第64～89页）。

出。同文馆的学习课程之一是翻译，公法著作的翻译大都是在丁韪良的指导下，主要由同文馆的学生们译出的，这些学生后来参与到中国对外交涉中事务之中。在19世纪，同文馆对万国公法在中国的传播和实践所起到的作用举足轻重。从20世纪初开始，万国公法翻译和传播的主要路径和承担者，则从西方和西方传教士转变为日本和在日留学生；在短短十几年中，留日学生翻译和出版了大量的国际法著作。①

我们这里关心的是中国人士如何从国际交往和世界秩序的现实需要来看待国际法。《星轺指掌》是一部以公使和领事的设置和派遣为中心的国际法著作，为此书作序的董恂相信，国际交往和外交能够为中外带来共同的福祉（"四海永清，中外禔福"）。《公法便览》是一部从整体上讨论国际法的著作，为此书作序的夏家镐肯定国家不论大小，都需要法律。竞争的各国，如果没有国际法的约束，就无法维持彼此的关系与和睦相处。②《陆地战例新选》是一部有关战争法特别是战地人道法的著作。在古代，战争的残酷性不仅表现在对战场上的敌人可以采取任何方式处死，对于俘虏可以任意处置，而且就是对交战国双方的非参战人员也视为敌人加以消灭，这在法律和道德上都是允许的，人们不担心受到任何谴责和惩罚，也没有良心上的不安。在古代社会的不同地区，这种情形大概没有实质上的差别。战国时代诸侯国家为了争霸而展开的战争，就是彻底消灭战场上的敌人，包括大量的俘虏，秦国是一个典型的代表。对战争的道德和人道限制在欧洲中世纪后期开始出现，后来逐渐发展出被称为战争法的国际条约。摩根索描述了人类战争性质和战争法的演变："从有人类历史开始，直到中世纪末期，道德与法律一直允许交战双方杀死全部敌人，或对其任意处置，

---

① 有关这一方面，参见田涛：《国际法输入与晚清中国》，第131～157页。

② 如他说："夫国无大小，非法不立。……列邦雄长海外，各君其国，各子其民，不有常法以限之，其何以大小相维，永敦辑睦乎？此万国公法之所以重也。"（[清]夏家镐：《序》，见《公法便览》，同文馆聚珍版，光绪三年）

无论他们是否敌国武装力量的成员。战胜一方时常将男人、妇女和儿童杀害或贩为奴隶，丝毫不会引起任何道德上的反应。……对战争中的虐杀行为缺乏道德的限制，这是由战争的性质所决定的。当时的战争被视为交战双方领土上所有居民之间的争斗。敌人是效忠于某一领主或居住在某一领土上的所有人，而不是属于现代意义上的国家这个法律抽象概念的武装力量。因此敌国的每一个公民都是本国每一个公民的敌人。……十九世纪中叶以来签订的一系列旨在使战争人道化的国际条约，都是出自同样的对毁灭性战争中人类生命和痛苦的人道主义考虑。这些条约禁止使用某些武器，限制使用另一些武器，规定中立国人员的权利与义务——总之，试图给战争注入一种合乎人类尊严、尊重所有受害者、具有普遍人性的精神。"①《陆地战例新选》其中所选的都是欧洲有关战争法的条例，它反映了编者要求对战争进行约束、降低战争残酷性的愿望。本来以征服和消灭敌对者为目的的战争，却可以通过人性和道德加以限制，这是人类文明的一个进步。为此书作序的陈兰彬，领会了战争法的宗旨，并进一步要求超越战争法。对他来说，无奈的战争与仁义既冲突又可以结合，欧洲国家限制战争的残酷性、把战争人道化的用心，正符合中国古代圣人的愿望。而且，按他的看法，中国古代的战争法，要求把武力减少到最低限度，强调通过仁义赢得人心。乐观的陈兰彬也提出了一种更高的愿望，他希望人类无限地扩充仁义之心，终结战争，让普天之下和睦相处。张兰彬这样说："战争者，造物之憾也。仁义穷，斯战争起，故圣人慎之。……其于兵也，不得已而后用之，声罪致讨，薄伐缓攻，不以争城杀人，不以争地杀人，所过之处，秋毫无犯而民归仁，此无他，能推不嗜杀人之心，俾义闻仁声，昭布天下，初无俟讲韬钤、利器械、习击刺而以力征经营耳。……《陆地战例新选》一书，不详战胜攻取之法，而

---

① 〔美〕摩根索：《国家间的政治——为权力与和平而斗争》，第 306～308 页。

惟以遵条约、严纪律、修好睦邻、医伤恤死为心，与中国圣贤之书大指符合。可知恻隐之心，人皆有之，无分中外也。方今六合交通，日臻辑睦，苟同保此心，无胥戕无胥虐，悉出以恺悌慈祥，将见太和之气洋溢宇宙间，仁义充，战征息矣。其有裨于生民岂浅鲜哉！"① 可以说，这是对孟子仁者无敌和王道论的一种发挥。

随着欧洲万国公法的不断引入和传播，晚清人士不仅获得了观察和把握世界秩序的新视角，而且找到了认识不平等条约的性质和改变不平等待遇的途径，开始承认和相信万国公法的有效性和有益性。晚清当局从处理一起国际争端中感受到这一点，1864年，普鲁士公使乘坐的军舰与丹麦的商船在中国所属海域发生冲突，中国当局以变通形式运用国际法加以解决。② 需要说明的是，扎根于欧洲近代以来民族国家基础之上的"万国公法"既然是"文明性的"，既然是欧洲国际关系经验演变和实践的产物，既然有调节和维护欧洲国家间的关系和秩序的作用，它就不可能只是"欧洲的"，它就应该具有超出欧洲之域而可以为世界共享的普遍理性方面。即使在带有地域性的社会和人文世界领域，人们也不可能只是追求一时一地的思考，人类理性的一个基本特质就是喜欢寻找普遍有效的东西。因此，不能否认欧洲"万国公法"对构建和维持世界秩序所包含的"有效性"的"一面"，这也是它能够为欧洲不同国家接受的重要前提。晚清人士肯定和认同"万国公法"，实际上恰恰也是从这种"有效性"出发的。下面我们就从几个人物的论述来看一下。

陈炽从中国传统出发，设定了一种理想的"王道"世界观。他相信，在美好的夏商周"三代"，"王道"保证了天下的和平与平等。但不幸得很，后来王道衰微，天下失范、失序。不过，春秋五霸好歹还

---

① [清]陈兰彬：《序》，见《陆地战例新选》，同文馆聚珍版，光绪九年。
② 有关这一方面的讨论，参见田涛：《国际法输入与晚清中国》，第249～272页。

假托仁义的旗号,以天子的名义来建立诸侯国家之间的秩序,这是欧洲"公法"的滥觞。但到了战国时代,无王无霸,诸侯国家完全展开了力量的角逐和吞并,国际关系成了一个由强权主宰的世界。当今天下万国的关系,就如同是战国七雄的竞争和角逐,但由于有万国公法的保证,才使处在强大国家之间的小国得以保全。陈炽说:"今之世,一七雄并峙之形也。力不足服人,何以屈万方之智勇;德不能冠世,莫能持四海之钧衡。德也,力也,相倚而成,亦相资为用者也。然而天下万国,众暴寡,小事大,弱役强,百年以来尚不至兽骇而鱼烂者,则公法之所保全为不少矣。"①薛福成认为,在不同国家之间,公法确实又提供了一个共同的和统一的"准绳",这使得各个国家彼此在享受权利的同时也要承担各自的义务,从而起到了维持国际和平与秩序的作用:"泰西有《万国公法》一书,所以齐大小强弱不齐之国,而使有可守之准绳。各国所以能息兵革者,此书不为无功。……各国之大小强弱,万有不齐,究赖此公法以齐之,则可以弭有形之衅。虽至弱小之国,亦得借公法以自存。"②

基于对国际法正面性的肯定,薛福成对中国官员的对外交涉方式耿耿于怀。他指出这样一种现象,即在国际事务中,当外人用万国公法要求中国承担义务时,中国执事者对国际法既无知,又称中国不受国际法的限制,毫不明智地使自己置身于万国公法之外。它造成的严重弊端是,中国不但不能享受万国公法赋予主权国家的权利,反而受到了各种不平等待遇。薛福成伤心地诉说道:"中国与西人立约之初,不知《万国公法》为何书。有时西人援公法以相诘责,秉钧者尝应之曰:'我中国不愿入尔之公法。中西之俗,岂能强同;尔述公法,我实

---

① [清]陈炽:《庸书》,见赵树贵、曾丽雅编:《陈炽集》,中华书局1997年版,第111页。

② [清]薛福成:《论中国在公法外之害》,见丁凤麟、王欣之编:《薛福成选集》,第414页。

不知。'自是以后，西人辄谓中国为公法外之国。公法内应享之权利，阙然无与。如各国商埠，独不许中国设领事官；而彼之领事在中国者，统辖商民，权与守土官相埒；洋人杀害华民，无一按律治罪者；近者美国驱禁华民，几不齿中国于友邦。此皆与公法大相剌谬者也。公法外所受之害，中国无不受之。盖西人明知我不能举公法以与之争，即欲与争，诸国皆漠视之，不肯发一公论也；则其悍然冒不韪以陵我者，虽违理伤谊，有所不恤矣。"① 由于西方列强对华的基本政策和目标是控制中国并攫取利益，所以即使中国承认万国公法体系，也不意味着中国就能享受到万国公法的权利，但万国公法确实为中国提供了维护自己利益的一个方式。

　　对公法的看法前后有所不同的郑观应，早期对万国公法抱有非常乐观性的期望。他相信万国公法能维护地域不同、大小不同的各个国家的存在和利益，它能为世界带来秩序及和平。郑观应对万国公法的这种乐观性信念，基于他对万国公法的一些设想。如，他设想通过协商不断完善万国公法，使之成为世界各国都能接受的普遍的国际法律；他设想可以通过世界舆论和国际性强力来约束和惩罚违背公法的国家，对顽固不化的国家可以采取一种取而代之或剥夺其正统的正义性国际行为。为此，郑观应认为中国应尽快加入万国公法的体系，参与到完善万国公法的活动和实践中。他说："为今计，中国宜遣使会同各国使臣，将中国律例，合万国公法，别类分门：同者固彼此通行，不必过为之虑；异者亦各行其是，无庸刻以相绳；其介在同异之间者，则互相酌量，折衷一是。参订既妥，勒为成书。遣使往来，迭通聘问，大会诸国，立约要盟，无诈无虞，永相恪守。敢有背公法而以强凌弱，借端开衅者，各国会同，得声其罪而共讨之。集数国之师，以伐一邦

---

① ［清］薛福成：《论中国在公法外之害》，见丁凤麟、王欣之编：《薛福成选集》，第 414～415 页。

之众,彼必不敌。如能悔过,遣使请和,即援赔偿兵费之例,审其轻重,议以罚锾,各国均分,存为公项。倘有怙恶不悛,屡征不服者,始合兵共灭其国,书其罪以表《春秋》之义,存其地另择嗣统之君。开诚布公,审时定法。夫如是,则和局可期经久,而兵祸或亦少纾乎!故惟有道之邦,虽弹丸亦足自立;无道之国,虽富强不敢自雄。通九万里如户庭,联数十邦为指臂。将见干戈戾气,销为日月之光;蛮貊远人,胥沾雨露之化也。不亦懿欤!"① 郑观应这里的说法,牵涉到了国际法中的"国际舆论""国际共管""国际干涉"等国际性的法律。照郑观应这里的构想,国家存立的基础不在强弱与否,而在是否合乎正义,由此"万国"就能呈现出和睦相处的平和景象。

唐才常把人类、国家间的交往看成是天道自然:"人与人交涉,国与国交涉,乃天地自然之理。"据此,唐才常也合乎逻辑地肯定交往需要规范和制度的约束,对唐才常来说,这是人类的普遍理性:"两国相遇,乃有条约;互市既盛,乃有章程。此地球之公义,交涉之常经也。"② 因此,掌握和运用国际公法,在国际交往中必不可少。一位论者说:"大臣不知公法,必受在京公使之挟制;疆臣不知公法,不足以通敌国之情;州县不知公法,不足以服教士之心。公法者,处士之清议也。"③

担任御史的陈其璋,通过对万国公法的了解,认为万国公法客观公正,因此它被许多国家信奉和遵守,成为维护国际关系和维持本国利益的国际法律。他强调,违背国际公法就要受到国际舆论的普遍谴

---

① [清]郑观应:《易言·论公法》,见夏东元编:《郑观应集》上册,第67～68页。
② [清]唐才常:《论中日通商条约》,见湖南省哲学社会科学研究所编:《唐才常集》,第128页。
③ 《议款》,见[清]杨凤藻编:《皇朝经世文新编续集》卷十四《兵政上》,收入沈云龙主编:《近代中国史料丛刊》第七十九辑(总第781),文海出版社1973年版,第1070页。

责,这会增加国际公法的权威性。陈其璋把中国与西方交涉受到的不平等待遇,归结为中国没有被国际社会作为有权享受万国公法的国家。他认为,要改变这种状况,其有效的方法是与各国协商,使之承认中国的主权地位。他在一份《请与各国订明同列万国公法疏》的奏折中这样说:"臣尝阅《万国公法》,持论不偏。每遇各国公论,皆引此书以为断。并云公法之义,乃世人之法,各国不可不服;无论何人何国皆可恃以保护,有违此例,则干他国之共怒等语。是公法者,为各国所通行,彼恃此法以待人,难禁我执此法以待彼。讲信修睦,全赖此《公法》一书。"① 面对中国受到众多不平等条约的束缚以及国际社会被力量所左右的事实,人们很自然地怀疑万国公法的有效性,甚至不信任万国公法。陈其璋注意到了当时人们对万国公法产生的疑问:"或又谓国之强弱不等,非公法所能行,强者可执法以相绳,弱者欲守法而不得。则何以泰西诸小国地不及我之大,兵不及我之多,而亦得享公法之利益?中国为五洲冠冕,且将立法为万国所遵行,岂各国通行之公法而反不能用耶?或又谓公法每多更变,且不能遍行,公法亦不足恃。不知更变者系随时修改之谓,非变其法而不遵也。不能遍行者,系统地球九万里而言,非仅指欧罗巴奉教诸国也。"② 根据这里所说,当时人们对公法的怀疑,一是说国家强弱不同,强国与弱国对公法所采取的方式也不同;二是说公法是经常变化的,它不能保持一贯性而失去了标准的意义。人们的怀疑没有影响陈其璋对万国公法的信赖,他坚持认为,中国不能再游离于万国公法之外,中国必须采取有效措施,尽快同西方世界达成一致,使中国能够享受万国公法所赋予主权国家的权利:"《公法》一书,本性理而定,既有诸国不能改之语,则我恃

---

① [清]陈其璋:《请与各国订明同列万国公法疏》,见《近代中国史料丛刊》第三十四辑(总第331)。
② 同上。

公法即可知各国之不能不从。徒以我中国不事远图，我不屑处于公法之中，彼亦不列我于公法之内，一旦有事，只能以空言辩驳，强为力争，未能折服其心，岂能钳制其口。居今日而力图补救，惟有请旨饬下总理衙门，将《万国公法》一书悉心参考，如果与交涉全局有益，即与各国立约，并知照李鸿章就近与各国外部当面议定，嗣后不得视中国在公法之外，一切事件，均照公法而行，如此，则各国不能私行其志，而我自有之权，我得而主之，彼不得而操之。自强之道，实基于此矣。"①陈其璋毫不动摇地要求中国加入国际法体系，这在晚清中国官僚人士中是不多见的。

在武力已经不能与西方对抗的情况下，中国人士越来越意识到，作为欧洲文明产物的"国际法"可以在维护中国的权益上发挥作用。不少人认为，对于处于劣势和守势的中国，接受和运用万国公法是一个明智的选择，他们是作为权宜之计来考虑的，他们相信自强是中国的唯一出路，甚至像陈其璋那样，把加入万国公法体系本身就看成是中国的自强之道。

三 "万国公法"与"文明论" "列国体制"和"天下大同"

我们很容易看到，对于华夏正统论者和优越论者，万国公法是夷狄之物，自然应该拒绝，他们不考虑万国公法本身的性质和特性如何，而是先看它的产地何在；他们不看它的产生地究竟如何，而是凭着陈见和想象来推断它如何。作为传统惯常性思维方式的"华夷优劣论"，要排斥的不只是万国公法，而是整体上被认为是属于外部的事物，因

---

① [清]陈其璋：《请与各国订明同列万国公法疏》，见《近代中国史料丛刊》第三十四辑（总第331）。

为在中国之外的外部,都属于"夷狄"和"蛮貊"之地,就凭这一点,只要是外部的事物,它就先天是恶劣和卑贱的,是不足借用和效法的。万国公法不过是其中的一个例子。在这种状况下,晚清开明人士要求引进西方事物、要求引进和加入万国公法体系而从事的一项工作,就是克服凝固化和固定化了的"华夷优劣论"思维,克服"华夷关系"的本质主义思维。他们采取的方式是把"华夷优劣论"或"华夷文(明)野(蛮)论"相对流动化,认为"华夷优劣论"不是固定不变的,"华"不等于或者一劳永逸地就是"优"和"文明",同理,"夷"也不等于或者是铁定了的"劣"和"野蛮"。"华夷关系"是可变的,"华"可以成为"夷","夷"也可以"升华"为"华"。在晚清人士看来,中西关系已经不能再简单地用"华夷关系"或"文野关系"来判断和对待了,如开风气人物郭嵩焘就明确指出,"华夏"不再是已有的"华夏"了,"夷狄"也不再是旧的"夷狄","夷狄"已经高度文明化了,"华夏"反而显得不如了。承认和肯定"夷狄"是文明的,即使不否认"华夏"的文明性,也为引入西方事物提供了合理性的根据,当然也使作为欧洲近代之产物的万国公法的引入和运用合理化了。王韬从传统华夷观念本身就具有的"可变性"和"华夷"定于礼之有无的"机能性",批评"华夷优劣论"思维,他说:"自世有内华外夷之说,人遂谓中国为华,而中国以外统谓之夷,此大谬不然者也。《禹贡》画九州,而九州之中,诸夷错处。周制设九服,而夷居其半。《春秋》之法,诸侯用夷礼则夷之,夷狄之进于中国者则中国之。……然则华夷之辨,其不在地之内外,而系于礼之有无也明矣。苟有礼也,夷可进为华;苟无礼也,华则变为夷。岂可沾沾自大,厚己以薄人哉?"① 王韬根据"礼义"的实际状况判断"华夷之别",这不是一个孤立的做法,它是晚清人士瓦解凝固化的"华夷之防"、把"华夷"相对

---

① [清]王韬:《华夷辨》,见《弢园文录外编》卷十,第364页。

化和机能化的一个基本方式。宋育仁强调,《春秋》确实要求"严格区分夷夏",但它区别夷夏的方式,不是以"地理"为界限,而是以"礼义"为界限:"经言夷夏之辨,以礼义为限,不以地界而分。传言降于夷则夷之,进乎中国则中国之。……明是因其政教不由礼义,则谓之降于夷;政教改从礼义,则谓之进乎中国。明乎此理,则内其国而外诸夏,内诸夏而外夷狄之义,一以贯之。"①

晚清中国思维方式发生的重要变迁之一,就是逐渐解构还在被坚持和运用的"华夷优劣论"。从一方面说,"华夷优劣论"和"华夷文野论",作为判断内外关系的正统观念和尺度,被用来抵制外部世界及其事物,不仅是一些文人学士,就是官方仍非常习惯地称"西方"国家为"夷"。如一般所说的帝国推行的"洋务",当时官方文件常常把"洋务"称为"夷务",帝国从道光到咸丰和同治三朝有关这方面的事务所纂修的文件汇编,都称为"筹办夷务始末"。"夷"无疑是一个鄙视性和歧视性用语(虽然19世纪60年代之后它越来越代表一种虚骄的心理),西方人很清楚这个词所包含的贬义,以至于在修约后的条约中,他们专门提出一个条款,要求禁止在与他们的交往事务中使用这一词汇。在各种因素影响之下,"夷"这个词汇的使用率也降低了,相应地西方国家的"文明性"越来越得到承认。如汪郁年明确地肯定"国际法"与文明的关系,认为国际冲突的原因首先在于一国内部的缺陷:"国际法者,民族文野之所由分,而国家荣辱之所由系也。非空言而推本乎法理者也,抑非第理想而有通行之规则者也。且外界之冲突莫不从内界之缺陷以起,故外界之情状变,则所读之书,所究之事,

---

① [清]宋育仁:《采风记》第五《公法》,光绪二十一年,第3~4页。又如易鼐亦有类似的论说:"中土之谈风俗者,于同洲各国,率鄙之曰四夷,或曰四裔,或曰异域,侈然以华夏自居。小者以藩属待之,大者以夷狄视之。懵然不知《春秋》之义,夷狄不以地而以人。风俗不善,无礼无义,乃曰夷狄。是故中国而类乎夷狄,则降而夷狄之;夷狄而合乎中国,则进而中国之。"(《湘学报》第三十五期)

亦当随之以异，而后内界之缺陷可以弥。"①

一般来说，旧思维和旧观念往往有一种惯性，但新思维和新观念的发展也有一种惯性，一旦变成一种趋势，它就会走得更远。对华夷之防的颠覆，结果又走向了对自身文明的怀疑和批评，并相应地走向了对西方文明的整体认同，具有这种思维方式的较早的代表性人物是梁启超。他颠倒了"华夷文野论"（或"华夷优劣论"），反过来认为"中国"事事不如泰西："《春秋》尊中国降夷狄，故天王使凡伯来聘节，大凡伯而不与夷之伐中国。夫以今日之势，则降中国而尊夷狄矣。何则？中国将变为夷狄，夷狄将变为中国故也。人皆谓地居中则谓之中国，以愚论之，觉有不然者。夫中者正也，能执中则为中国，不能执中，则为夷狄。夫今日之中国，岂若泰西之得民乎？自宰相督抚至于府州县，无非贪利，残刻小民，惟利是视；若以泰西较之，公莫若，信莫若，学莫若，艺莫若，商莫若，是以富国也莫若，兵强也莫若，以变为弱国也，可不痛欤！"②可以看出，这是与"华夷优劣论"完全相反的图像，从对西方的鄙视变成了对西方的全面认同，从自恋变成了对"自我"几乎是彻底的否定。

改变旧的状态与接受新的事物是一个问题的两个方面。思维走到这里，人们问的不再是西方是否文明，而是中国是否文明；不再是如何保持中国自身的事物，而是如何改变自身的事物；不再是中国需要不需要接受外部事物，而是如何接受外部事物。对万国公法的接受已经不是问题了，问题在于为了接受万国公法，必须改变传统的事物，这正是"变法论"的思维。如易鼐简洁明快地说："则必改正朔，易服色，一切制度悉从泰西，入万国公会，遵万国公法，庶各国知我励精

---

① 《国际公法·序》，见汪郁年译：《国际法学》，上海蒙学报馆藏版，光绪二十九年。

② [清]梁启超：《湖南时务学堂日记类钞》，见朱有瓛主编：《中国近代学制史料（第一辑）》下册，华东师范大学出版社1986年版，第336～337页。

图治,斩然一新,一引我为友邦。……于是驰一纸书告各国曰:自今已往,改朔易服,愿入万国公会,事事遵公法唯谨。然后各国之要求我而无厌者,可据公法以拒之;我之要求各国而不允者,可据公法以争之。向之受欺于各国损我利权者,并可据公法以易之。一切制度悉从西,则举行新法如反掌。"① 这里所说的"变法"是整体上的,整体上的变法也就是全面接受西方的制度。这是 19 世纪末期变法派的一种"制度全盘西化论"。"公法"是与文明相协调的,单从法律文明上来衡量,中国的法律文明就不再优越了。中国不能享受万国公法的权利,原因不在于外部世界而在于自身,在于自身的制度不够文明甚至是野蛮的。② 至此,解决问题的答案,就变成了对中国法律的革新。我们看看下面几段话就清楚了:

> 欲救中国,必入公法;欲入公法,必伸主权;欲伸主权,必自先变律例始。③

> 夫中国以一弱立于众强之间,不谋发愤自雄,乃欲于口舌之间争曲直,岂可得哉?泰西立教尚平等、尚自由。必先自治,乃克自由;能及人之等,乃能平等。今日求入公法会,必先自修其内公法,此一定之序也。④

> 内治未得者,不可以正外;本惠未袭者,不可以制末。律例

---

① [清]易鼐:《中国宜以弱为强说》,见《湘报》第 20 号,中华书局影印本 1965 年版,第 77 页。
② 参见阙名:《论中国不能享受万国公法之益》,见《皇朝经世文编》卷 105,第 1 页。
③ [清]郑宝坤:《公法律例相为表里说》,见《湘报》第 113 号,第 449 页。
④ 《南学会问答》,见《湘报》第 70 号,第 278 页。

者,内治也,本惠也;公法者,正外也,制末也。①

从根据自身文明的优越感来拒绝外部制度,到根据自身制度的缺陷要求改变,中外"文明观"的这种逆转性变化,为作为文明的万国公法在中国的通行大开绿灯。结果,对于剥夺了原本"文明"的中国来说,认同和实践诞生于西方的万国公法过程,就变成了一个重建中国文明的过程。但诡异的是,清末中国人士颠覆华夏中心主义,否认自身的制度,认同西方的制度,却又走向了西方中心主义(或欧洲中心主义),这客观上又容易成为排斥中国的另一种西方中心主义者的根据。实际上,欧洲的西方中心主义者,恰恰把万国公法看成是西方文明的产物,坚持它只能适用于西方文明世界,不承认西方世界之外的国家参与到万国公法体系中的资格。前面我们引用顾盛的话,是一个例证。劳文罗斯(J. Ross Browne)在对美、英商人所递公函的答复中坦率地承认,西方同中国签订的一些条约,是西方用武力强行得到的,它并不符合正义、公平和人道的原则。西方违背中国的意愿,强迫与它发生关系,这分明也是一种干涉,而且只要继续保持与中国交往,就意味着把已经用武力所做的事情继续进行下去。劳文罗斯相信"公道"就它本身而言是一个正确的原则,它是一切有利交往的基础。但在同中国的交往中,"公道"不应该被不适当地强调,因为中国还没有达到西方文明的那种程度。劳文罗斯说,他"心里觉得明晰的一件事就是优越者不能进入一种后退的路程去适应低劣者……任何文明国家要舍弃它自己对公道的解释而去接受中国的解释,那确然倒是一个奇怪的政策了。在异端和基督教的信仰之间有着一种不可调和的不同,我们当中的关系的全部困难就碰在这不同之上。……为了忠于我们的信仰,我们只能让与可能和我们的信仰所教诲的那些神圣责任相调和

---

① [清]郑宝坤:《公法律例相为表里说》,见《湘报》第113号,第449页。

的那么多的东西；因为，如果我们越出那个范围，我们就承认无论怎样堕落的任何国家有权享受一个文明强国的特权和特别待遇，而一方面这个国家却坚决地拒绝众多国家为了一般的幸福而加给它的义务"[①]。劳文罗斯知道西方强加给中国的条约，特别是像治外法权这样的东西，都是不合乎国际法的，但那又有什么办法，谁让中国还没有达到与西方平等的地位之上，况且它拒绝改革，抵制西方的事物。马汉对"门户开放"政策的阐释，也打着西方文明普遍主义的旗号。他所说的"门户开放"，不仅包括了中国对外部世界商业利益的开放，即外部世界在华的利益是"共同享有"的，任何一个外部国家都不能试图垄断在中国的商业利益，而且还包括中国对西方世界的思维方式、精神、道义和宗教的开放。马汉是如何说明他的这一政策的呢？他说："看来在处理中国问题之时，首要的目标是：1.防止任何外部国家或国家集团处于政治上的绝对控制地位；2.坚持门户开放，而且是在超出对这个词的一般理解的更广泛的意义上。也就是说，中国不仅应在商业上开放，也应对欧洲的思想和来自各个领域的欧洲教师开放，不过后者应是自愿来华者，而不是某国政府的代理人。就实际意义而言，向中国施加思想上的影响远胜于仅仅给予它商业实惠；而且对欧洲国家说来，中国变得有序而强大而与此同时却又没有为在欧洲凌驾于物质力量之上的公正、高尚的观念所熏陶，那确实是件危险的事。"[②] 为了保证中国的"门户开放"政策，马汉宣称必须保护中国的领土完整，不干涉中国的主权；中国也有权自由地接受思想和价值观。他宣称西方世界坚持这一政策，都是为了人类普遍的利益，中国将因商业上互惠利益而变得强大起来。但在中国得到商业上的利益和强大的同时，如果向它灌输西方的思维方式和价值观，它就不知道如何运用这种力量，

---

① 《劳文罗斯（J. Ross Browne）对于美、英商人所递公函的答复》，见〔美〕马士：《中华帝国对外关系史》第二卷，第479页。

② 〔美〕马汉：《海权论》，第279页。

它的强大将对它自己和世界构成威胁。美国必须保证这一点，其他国家要知道"美国政府不可能让中国问题放任自流"，它的武力也将帮助它实现这一政策。中国还不能自发自主地适应变革，它还缺乏这方面的动力。马汉把1900年出现在中国北方的反抗西方的情势，看成是一个切断活力的反动浪潮，为了对付这种"抗拒"可以使用武力："为了普遍的利益，必须使中国对欧洲和美国的生活和思维方式开放，必要时可使用武力。中国可以不必喝水，但它至少应允许将水带入它的家门。"① 但是，西方人士所看到的只是部分拒绝变革的声调，变革的呼声在中国经历1898年的不幸流产之后，革命的声音已经在扩散。对于发动自强新政的帝国官僚来说，已经不相符合了；对于维新派来说，就更加相距甚远了。维新派正是要求通过自身的内部改革，使中国参与到万国公法的体系之中，取消西方列强强加给中国的不平等条约。中西"文明观"的变化与万国公法之间的复杂情调，至此我们差不多清楚了吧！

与"华夷优劣论"具有密切关系的"中国"观念与万国公法，在晚清又构成了一种什么关系呢？万国公法作为欧洲近代文明的产物，伴随着欧洲近代国家和主权观念的兴起。从欧洲基督教世界和封建社会分化出来的欧洲各个独立"主权国家"，彼此互不隶属而又互相交往及和平相处，客观上就要求提供保证这种国际关系的法律规范。有关欧洲国际法作为欧洲国家转变的产物，摩根索有一个简明的概述："现代的国际法体系是一个巨大的政治转折的结果，这个转折标志着从中世纪向近代史的过渡。可以把它总结为从封建制度向地域性国家的转折。后者同前者的主要区别，是政府在国家的领土上具有最高权威。在国家的领土上，君主不再同封建主分享权威，不再仅仅是名义上的领袖，而成为一个真正的领袖。他也不再同教会分享权威；在整个中

---

① 〔美〕马汉：《海权论》，第282页。

世纪，教会在基督教世界里一直声称自己在某些方面具有最高权威。当这个转折在16世纪完成后，政治世界是由这样一些国家组成的：从法律上来说，它们在各自的领土上完全独立于他国，不承认有任何高于自己的世俗权威。总之，它们成了主权国家。这些在自己的领土上具有最高权威，而且彼此之间保持着持久的接触的实体，要想在它们相互关系中保持起码的和平与秩序，就必须通过某些法则来制约这些关系。"① 当西方主权国家把它们的国际法带到中国时，这里的国际政治世界是什么呢？毫无疑问，它还是一个由作为宗主国的晚清帝国主导而周边附属着一些朝贡藩国的"宗藩性世界体系"。还有，作为世界中心的中国之外的四方夷狄范围，有自动延伸和扩大的机动性，这样，远道而来的西方主权国家也统统被纳入晚清帝国的"宗藩性世界体系"中。与欧洲近代主权国家相比较，一方面，"清帝国"（或"大清帝国"）无疑是一个主权国家，它是自己领土上的最高权威，它实行着完全的自治，没有任何高于或超越它的世俗力量。实际上，这是自秦汉以来中国"朝代性"国家的一个基本特质，不管朝代如何更迭都延续着这一特质，作为异民族的满人建立的政府被合法化为华夏帝国后也不例外。但另一方面，清帝国与欧洲近代以来兴起的主权国家又相当不同，它是一个"超主权"的国家，是作为"天下共主"的"宗主国"，它与藩属国家之间的关系是类似于帝国内部的君臣上下关系，它不可能具有欧洲近代主权国家之间的"平等"关系。作为文化和文明优越意义的"中国"，它与天下的关系，从当下的状态说，是由中心

---

① 〔美〕摩根索：《国家间的政治——为权力与和平而斗争》，第350～351页。菲德罗斯也说明了"主权"国家的成立与国际法的关系："主权国家（在国际法的意义上）是一个完全的和持久的人类社会，它有完全的自治，在它之上，除了国际法的世俗权威以外，没有任何其他的世俗权威，它通过一个有效的法律秩序而结合起来，并且它所具有的那种组织，使它能参加国际法上的往来。"（〔奥〕阿·菲德罗斯等：《国际法》，第234页）

与边缘结合在一起而又界限分明的关系；但从未来的理想趋势来说，中国是"天下性"的国家，"天下"是要"中国化"的"天下"。同治六年（1867年），大学士贾桢等在《筹办夷务始末（咸丰朝）进书表》中所说仍有一定的代表性："钦惟我文宗显皇帝，仁义兼施，恩威并用，体天地好生之德，扩乾坤无外之模，率俾遍于苍生，闿泽流于华裔。……而宵旰忧勤，犹恐中外子民未尽出水火而登衽席，如伤之隐，时切圣怀。故能抚育万方，群安乐利，至矣哉！舜、禹格苗，汤、文字小，殆先后同符矣。"中国与天下的"君臣父子"亲密关系，就在这种既相异又同质的复合体中延续着。对于作为宗主国的清帝国来说，它如何与西方主权国家之间建立国际关系呢？它又如何才能加入万国公法的体系之中呢？

　　前面我们已经指出，西方与中国的冲突是两种权力的冲突，是维持现状和改变现状的冲突。对西方列强来说，它们要建立由它们主导的世界体系，而中国则努力维持或守护它的已有体系。但二者的力量已经非常不对等了。从强力来说，清帝国无法维持它的已有的世界体系，不能再具有宗主国的地位，它被迫加入新的世界体系；它迈入国际法的过程，却又是在失去"主权"（被束缚在以"治外法权"为中心的不平等条约之中）的过程中展开的。"万国公法"中的"万国"观念，对于要继续维持清帝国的世界体系的人来说，也可以没有障碍地加以承认，不过它是在中国中心之外承认"万国"或列国存在的事实的，或者说它所承认的只是欧洲国家"林立"的事实，而"中国"是在林立国家之外的俯视它们的旁观者。说起来，"清帝国"就是"当时"的中国，它也承载着与天下不可分开的连带性，但"清"又只是中国的一个朝代。晚清帝国同西方签订的条约，冠署的都是朝代名——"大清"，而西方国家用的都是国名，这说明"清"作为一个"主权"国家仍然是传统型的。黄遵宪指出，与地球上其他国家都有一个指称国家的"总名"不同，过去的中国并没有一个总名称，所谓"中国"的称谓，是相对于地理上偏僻的周边野蛮的地区，指位于中心的文明的地区。他说："考地球各国，若英吉利，若法兰西，皆有全国总名。独中国无之。西北各藩称曰汉，东南诸岛称曰唐。日本亦曰唐，或曰南京，南京谓明。此沿袭一代之称，不足以概历代也。印度人称曰震旦，或曰支那。日本亦称曰支那。英吉利人称曰差那。法兰西人称曰差能。此又他国重译之音，并非我国本有之名也。……余考我国古来一统，故无国名。国名者，对邻国之言也。"①黄遵宪把"国名"确定为与邻国的相对之称，大体上是要说国家之间的彼此相对性。汪康年和梁启超虽然意识到"中国"这一名称作为国名的局限（即相对于周边地区和民族，它具有自我中心的特征），但是，他们又都主张沿用"中国"的名称。为了把文化上与政治上的意义划分开，章太炎提出用"中国"专指"国家"的意义，用"中华"指称历史文化。

郑观应基于"公法"的"国际性"特征，把"中国"纯化为"一国"的意义。在他看来，"公法"是以各个国家都把自己视为"万国之一"和彼此独立的政治实体为前提的。如他说："公法"是"万国之大和约"，是"彼此自视其国为万国之一，可相维系，而不可相统属之道"。在《易言》三十六篇本《论公法》中，郑观应从整个世界的视野下，把自古及今"天下"和"世界"的演变划分为"封建之天下""郡县之天下"和"华夷联属之天下"。②在此，他还使用了"华夷"的观念。但当他从万国公法理解国家观念的时候，他就从"中国"观念上

---

① ［清］黄遵宪:《日本国志·邻交志上一》，上海古籍出版社2001年版，第5页。
② 薛福成也提出了类似于郑观应的从远古到19世纪"天下"演变的不同阶段的观点:"封建之天下"，这是一个文明的天下；秦汉之后从"封建之天下"转变为"郡县之天下"，这是一个"华夷隔绝之天下"；19世纪从"郡县之天下"一变而为"中外联属之天下"。（参见［清］薛福成:《筹洋刍议》，见丁凤麟、王欣之编:《薛福成选集》，第554～555页）

剥去了与"夷"的相对性及其"自我中心性",使"中国"成为"万国之一"的国家。他这样说:"若我中国,自谓居地球之中,余概目为夷狄,向来划疆自守,不事远图。通商以来,各国恃其强富,声势相联,外托修和,内存觊觎,故未列中国于公法,以示外之之意。而中国亦不屑自处为万国之一列入公法,以示定于一尊,正所谓孤立无援,独受其害,不可不幡然变计者也。……夫地球圆体,既无东西,何有中边?同居覆载之中,奚必强分夷夏?如中国能自视为万国之一,则彼公法中必不能独缺中国,而我中国之法,亦可行于万国。"①

梁启超的"国家观"整体上集中在国家内部政治生活的"民主性"和"公共性"上,在他看来,传统中国虽然有国之名,但不能说有国家,只不过是有朝廷而已,朝廷是一家的私产。梁启超对国家的议论,基本上都是沿着这个思路展开的。他介绍伯伦知理(Bluntchli)的"主权观"也侧重其国内属性。但"主权"概念既牵涉到一国权力的来源和所属问题,也牵涉到国与国之间互不隶属的国际关系。梁启超构建民主政治的"国家观",是为了适应国际竞争,他相信中国已从"自竞争"的"中国之中国"、"与亚洲民族竞争"的"亚洲之中国"进入了"与西方竞争"的"世界之中国"②,由此,他把中国也放在了国际大家庭之中。但由于梁启超的世界秩序观念是通过"强权"建立起来的,因此,他没有为中国提供一种以国际法为基础的世界秩序。

康有为把世界秩序划分为"一统垂裳之势"与"列国并立之势"两种,他所说的"一统垂裳之势",是以"华夏大一统"为中心的"宗藩一体化"局势;与此对立的"列国并立之势",则是由西方国家展现出的国与国各自独立及国际竞争的局势。康有为很看重他的这个划分和论式,他在前后几次向光绪帝进言的奏书中,都强调这个论式:"窃

---

① [清]郑观应:《论公法》,见夏东元编:《郑观应集》上册,第67页。
② 参见[清]梁启超:《中国史叙论》,见《饮冰室合集·文集》第3册,中华书局1936年版。

以为今之为治,当以开创之势治天下,不当以守成之势治天下;当以列国并立之势治天下,不当以一统垂裳之势治天下。"① 就康有为提出这个论式的基本目的来说,他是希望最高统治者实行变法,改变旧的统治方式,以新的方式进行统治,把国家引向富强之路。在《上清帝第五书》中,他对中国所面临新的国际关系的说明,也是强调中国必须适应新的变局,推行改革的路线,以求立于国际之林:"大地八十万里,中国有其一;列国五十余,中国居其一。地球之通自明末,轮路之盛自嘉、道,皆百年前后之新事,四千年未有之变局也。列国竞进,水涨堤高;比较等差,毫厘难隐,故《管子》曰:'国之存亡,邻国有焉。众治而己独乱,国非其国也。众合而己独孤,国非其国也。'"② 不过,在康有为的这个论式中,他同时也揭示了一种新的国家观和中国观:第一,国家间的关系已经从传统的不分化的状态中,走向了独立化并展开互相竞争;第二,中国在这个"列国体制或体系"中,只是"其中"之一个国家,它只有积极地参与到国际竞争体系中,才能获得发展。

通过把"天下性"(文化普遍性)的"中国",提炼为天下(国际社会)之"一国"的"中国",万国公法就不再是异物了。但是,晚清人士并不满足于中国加入万国公法体系,把中国从不平等条约的束缚中解放出来,享受万国公法所赋予主权国家的权利,他们还有更高、更理想的期望,即通过万国公法实现世界的统一和天下大同。这样的期望出自正遭受着列强欺侮的中国,是耐人寻味的。晚清人士面对着中国最急切的问题,他们却想象更远大的前景,这也许是一种安慰。在国家林立的世界中,通过建立世界组织和联盟,以保证世界的永久

---

① [清]康有为:《上清帝第二书》,见汤志钧编:《康有为政论集》上,中华书局1981年版,第122页。在《上清帝第三书》和《上清帝第四书》中,康有为完全一样地重申了他的这个论式。

② 同上书,第204页。

和平，这种期望和理想，曾经发生在欧洲近代国家的形成过程中。① 同样，晚清人士也有全球一家和大同的想象。在为《地球图说》写的"跋"中，王韬声称他通过对"地球"全图的独特观察，从中看到了别人所看不到的东西，这就是随着全球各个国家的接触，人类将变成心同、理同的一家。他用作预测的根据，是基督教和儒教的融合。在他看来，基督教由近而远的传播是沿着从西北而到东南的方向展开，儒教的传播路线则是自东南而至西北，这两个方向最终将交叉会合到一起，最后达到"全球一家"的大同世界："综地球诸国而观之，虽有今昔盛衰大小之不同，而循环之理，若合符节，天之理好生而恶杀，人之理厌故而喜新。泰西之教曰天主，曰耶稣，皆贵在优柔而渐渍之，于是遂自近以及远，自西北而至东南，舟车之制，至极其精，而遂非洪波之所能限，大陵之所能阻。其教外则与吾儒相敌，而内则隐与吾道相消息也。西国人无不知有天主、耶稣，遂无不知有孔子。其传天主、耶稣之道于东南者，即自传孔子之道于西北也。将见不数百年，道同而理一，而地球之人，遂可为一家。"② 王韬承认，地球上的各国，从地理位置到人种、语言、风俗习惯和政令各不相同，又有强弱、大小的不同及纷争，但由于天道和形势的作用，最终"六合将混为一"。王韬预测说："然道有盈亏，势有分合，所谓物穷则变，变则通，通则久者，此也。今者中外和好，几若合为一家，凡有所为，必准万国公法，似乎可以长治久安，同享太平之庆矣。而不知此乃分离之象，天将以此而变千古之局，大一统之尊也。……故凡今之由分而强为合，与合而仍若分者，乃上天之默牖其衷，使之悉其情伪，尽其机变，齐其强弱，极其智能，俾一旦圣人出而四海一也。盖天下之不能不分者，

---

① 参阅〔奥〕阿·菲德罗斯等的《国际法》（第 34～40 页），特别是请参阅康德的《永久和平论》（见〔德〕康德：《历史理性批判文集》，何兆武译，商务印书馆 1996 年版，第 97～144 页）。

② ［清］王韬：《地球图跋》，见《弢园文录外编》，第 361 页。

地限之也；而天下之不能不合者，势为之也。道无平而不陂，世无衰而不盛，屈久必伸，否极必泰，此理之自然也。凡今日之挟其所长以凌制我中国者，皆中国之所取法而资以混一土宇也。……故谓六合将混而为一者，乃其机已形，其兆已著。"①在王韬看来，列强所借以沟通世界的器物，列强用以挟制中国的武器，对中国来说也是一种时机。王韬甚至认为，这是上天让中国走向富强的意志，是上天让人类合为一体的意志。相对于西方列强，中国的弱势只是一时的现象，西方列国会聚在中国恰恰有助于中国强大起来，这是天所赐予的，而且正是在这一变化过程中，东西世界将联合起来成为一体。②

唐才常希望以万国公法和国际公理为根据而建立起来"国际大同"理想，它的最基本特质是国与国的平等。唐才常说："故内圣外王之学，不过治国平天下。平之一义，为亿兆年有国不易之经。即西人之深于公法者，罔弗以平一国权力、平万国权力，为公法登峰造极之境。"③值得注意的是，对于一般所说的以力量的平衡来维持国际秩序的"均势论"，唐才常也从"平等"的意义上加以理解。如他说："夫所谓均势者，乃孟子性善之精，佛家平等之谊，墨氏尚同之旨。……故《公法》一书，所以平万国之等，而仁上帝之心也。"④为了构建国际大同理想，唐才常求助于进化论和生理学。他相信，生物进化是一个竞争的过程，在这个过程中，不良者被淘汰，优良者得以选择；他也相信，生活在地球上的生物虽然有优劣和贵贱的差异，但通过平等的教育和同样的医疗条件，能使人类都达到善良和美好的境界。唐才常

---

① ［清］王韬：《六合将混为一》，见《弢园文录外编》，第218～219页。
② 参见［清］王韬：《答强弱论》，见《弢园文录外编》，第304～305页。
③ ［清］唐才常：《公法通义自叙》，见湖南省哲学社会科学研究所编：《唐才常集》，第95～96页。
④ ［清］唐才常：《命使根原》，见湖南省哲学社会科学研究所编：《唐才常集》，第109～110页。

以介绍的口气说:"天演家则谓天之于人物也,樊然不欲其并生,惟择其种之良者留之,如马去其害群,禾去其稊稗也;于是而人物之能自竞者,乃有以承其择而终古不敝矣。生理家则谓今之殖于地球者,虽有贱良之殊,善恶之异,而风教既通,大道弗隐,医学昌,则良善其身;公理昌,则良善其心,于是而国则天国,父则天父,民则天民,骎骎乎进于大同之轨矣。"①按照唐才常的说法,进化使人种的先天素质优良化,而后天的道德教育和保健将使人的身心达到完美的境地。这是多么美妙的期望啊!我们前面谈到晚清人士把万国公法与"春秋公法"比拟的情况,这种比拟在他们构造世界大同的理想上有所表现。如《南学会问答》载:"《春秋》大例曰大同小康,公法大例曰文明蛮野。环球诸教,本原略同。孔教之超于诸教者,正在条理精密,其进有序耳。如《春秋》之义,以元统天,以天统君,佛教似得元统,耶教似希天统。……今太平之事业已萌芽,将来环球钦佩我《春秋》之公法,事在意中。……然世界之运,必由半文半野以进于文明,法亦如之。今以公法治《春秋》,为大同之轨所发轫耳。"②至于康有为构建的最为体系化的大同理想,人们已经讨论得不少了,这里就略而不谈了。

四 "万国公法"的普适性及其根据

我们上面集中讨论了晚清帝国人士是如何从"实用性"和"文明观"等角度来看待和认同万国公法的。在他们看来,万国公法对国际社会、对中国来说都是必需的,它也是文明的,它是维持世界秩序与和平的基本手段和力量,特别是许多人士相信,对于遭受不平等待遇

---

① [清]唐才常:《通种说》,见湖南省哲学社会科学研究所编:《唐才常集》,第102页。

② 《南学会问答》,见《湘报》第34号,第135页。

的中国来说,万国公法提供了改变不平等待遇和维持国家利益的有效方式。肯定万国公法的有效性和文明性,是晚清人士把万国公法正当化的不同途径,是为了帝国能够进入国际法律体系之中。然而,万国公法作为诞生于欧洲的国际法律体系,它具有广泛和普遍的适用性吗?如果它是普适的,其根据是什么呢?它的内在本性是什么呢?对于晚清帝国来说,这都不是自明的。人们需要为诞生于欧洲的国际公法之普适性(universality of international law)提出充分的说明。下面,我们就先来看看人们是如何看待欧洲国际法的普适性的。

晚清作为 international law 译名的"万国公法"为讨论这一问题提供了一个合适的切入点。值得注意的是"公法"术语中的"公"字,它又与"万国"这一术语密切相关。中国古典中的"万邦"观念有很早的起源,它说明了远古时代小国林立的状况,所谓"万邦协和"(《尚书·尧典》)则表达了一种邦国和睦相处的愿望。"万国"相当于"万邦",春秋之前诸侯国家众多以及春秋战国时代天下体系崩溃而各自独立的列国体制,使中国在历史的早期就具有了众多"国家间"关系的历史体验。"万国"之称肯定了天下国家的众多性,每一个国家都是国际大家庭的一员。"公法"之"公"首先意味着它是万国"共同"拥有和享有的国际法律,它不是一个国家拥有和享有的法律,也不是某些国家拥有和享有的法律,而是国际社会"共有""共享"的"公共"的法律。丁韪良解释"公法"之"公"的意义(也是说明他为什么称之为"公法"),就是从通行于"列国"之间而不是"一国"所有这一点上加以界定的:"是书所录条例,名为《万国公法》,盖系诸国通行者,非一国所得私也。""诸国通行"和"非一国所得私",强调了国际法是在列国之中通行的,不是一国的"私有物"。类似的界定也出现在丁韪良所写的《公法便览·凡例》中:"公法者,邦国所恃以交际者也。谓之法者,各国在所必遵之;谓之公者,非一国所得而私焉。"在此,丁韪良仍强调了公法是国家间用来交际和调整各国关系而确定的法律,是各国共同的法律（"公"），而不是一国的私有物，更不能为一国所垄断。这实际上也肯定了"公法"的"适用范围"是天下万国，它对地球上所有的国家都是普遍有效的。从世界列国的"共有"和"共享"来解释"公法"之"公"，是丁韪良所界定的"公"的主要意义，但这还不是他所说的"公法"之"公"的全部意义。对他来说，"公法"之"公"，还意味着"公正""公平"和"正义"。丁韪良在《万国公法·凡例》中特地列出了"公使"一词并做了这样的解释："是书所称'公使'，乃各国学士、大臣秉公论辩诸国交际之道者，以其剖明义理，不偏袒本国，是以称为诸国之公使焉。"很显然，这里所说的"公"不是指万国公法的"适用范围"，而是指从"公平""公正"的立场出发寻求国家间交往的合理方法和途径，从正义和义理出发处理国际事务和国际关系（不偏袒本国）。国家间互派"公使"是国际法中有关"外交使节"的一项具体法律制度。现在统称为"大使"的驻他国使节，主要是从维持本国利益出发而设置的，虽然这一制度是基于"友好交往"的观念。丁韪良把国家间互相派遣的"外交使节"称为"公使"，说明他希望使节在国际交往中扮演"善意"和"正义"的角色。"公使"之"公"所涉及的当然只是国际法局部的性质，问题的根本是国际法的整体性质和根据。丁韪良从万国公法的形成过程（主要是来源）以及"公法"的本性指明了万国公法的内在根据，如他在《公法便览·凡例》中说：

其制非由一国，亦非由一世，乃各国之人，历代往来，习以为常，各国大宪审断交涉公案，而他国援以为例，名士论定是非，阐明义理，而后世悦服，三者相参，公法始成。

公法以理义为准绳，而例俗虽未能尽善，亦渐归于纯厚。

在这两段话中，丁韪良告诉我们，"公法"是从国际社会生活、国际交往实践和惯例中演变出来的,"公法"是国际法学家基于国际社会的"是非"和"义理"而提出的,"公法"是国际社会所认同和承认的。特别是,丁韪良声称万国公法是以"义理"为准绳,这就为万国公法赋予了正义和善的合理性根据。

"万国公法"当时亦译"万国律例",也许最初确定的译名是"万国律例"。恭亲王为刻印《万国公法》上奏朝廷的奏折统称"万国律例",并与《大清律例》放在一起强调国家之间也有"律例"。张斯桂的序中使用的是"万国律例",丁韪良在《凡例》中也指出"又以其与各国律例相似,故亦名为《万国律例》云"。这说明"万国律例"当时确实是被选择和使用的一个译名。早先林则徐委托翻译的法泰尔(又曾译滑达尔,今译瓦特尔)的著作名就被称为《滑达尔各国律例》,又称为《万国律例》。从援引成例来说,"万国公法"更有理由称为"万国律例"。丁韪良为什么倾向于"万国公法",这是他自己的意见呢,还是当时中国官员的考虑呢?从丁韪良在《万国公法·凡例》中的说明以及后来他主持翻译国际法的著作都冠以"公法"来看,可能是丁韪良提出并选择了"公法"的译语。从相对于"律例"更带有实在法的特征来说,"公法"的译名更具有自然法的情调,上述丁韪良对"公法"的界定已经印证了这一点。在欧洲,除了德国,一些学者使用区别于"国际私法"的"国际公法"(public international law 或 international public law)术语,与丁韪良所说的"公共性"和"正义性"的"公法"是不同的。相当于这一意义的"公法"术语,在欧洲也不是没有,如1856年《巴黎和约》中第七条所说的"宣告土耳其政府得享受公法和欧洲协调的各种利益",其中的"公法"就是如此。①

通常认为,19世纪之前在欧美国际法学说中占主导地位的是自然法学说。从19世纪开始,在同自然法学派的争论中,实在法学派逐渐

---

① 有关这一问题,参见〔英〕王铁崖:《国际法引论》,第16～17页。

获得优势,并在19世纪末和20世纪初取得了胜利。① 就惠顿来说,他的国际法学说可以说是自然法和实在法的折中物,因为他肯定了实在法的自然法基础,如他说:"国际法可以界说为包括那些存在于独立国家间的从社会本质推动而来的符合正义的理性的行为规则。"② 又说:国际法是"理性从存在于各种独立国家之间的社会的性质推论出来的,认为符合于正义的那些行为规则,加以一般同意所可能确立的定义和修改"③。惠顿《国际法原理》开篇主要讨论国际法的性质,在他对此前一些国际法学说的阐述中,可以看出他在自然法学说和实在法学说之间寻求折中的倾向。丁韪良对《万国公法》第一卷第一章的翻译,使用了"性法"(自然法)、"公义"、"情理"、"公议"、"天性"、"天法"、"理"与"例"、"性理"等术语,直观上看,这些术语都有自然法的意味。对作为"公法"起源之一的"公义",惠顿称:"将诸国交接之事,揆之于情,度之于理,深察公义之大道,便可得其渊源矣。"④ 谈到"公法"的"总旨",惠顿从两方面加以概括:"服化之国所遵公法条例,分为二类:以人伦之当然,诸国之自主,揆情度理,与公义相合者,一也;诸国所商定辨明,随时改革而共许者,二也。"其中的第一类接近于奥本海所说的"普遍国际法",这是基于道德和正义而制定的对所有国家都具有约束力的法律。丁韪良主持翻译的另外两部国际法著作——吴尔玺(Woolsey)的《公法便览》(即《国际法导论》)和步伦(伯伦知理)的《公法会通》(即《文明国家的近代国际法法典》),都程度不同地坚持了正义和良知对国际成文法的基础性意义。吴尔玺

---

① 有关这一问题,参见〔英〕劳特派特修订:《奥本海国际法》上卷第一分册,王铁崖、陈体强译,商务印书馆1989年版,第82～84页。

② Henry Wheaton, Elements of international law, 1866, p.20. 转引自王铁崖:《国际法引论》,第18页。

③ 转引自上书,第27页。

④ 〔美〕惠顿:《万国公法》,丁韪良等译,第1页。

对《公法》的界定类似于惠顿,他认为"公法"是自然法与国际交往条规和惯例的统一,并相信每一个主权国家都毫不例外地有权平等享受《公法》所赋予的权利。如他说:"公法者,乃天地自然之理义,邦国交际之规例,二者相合以成之,而听人用舍者也。"① "凡自主之国,无论新旧大小民政君政,其权利相等,如衡之平焉。"②伯伦知理承认近代国际公法诞生于欧洲国家,并首先在欧洲国家之间奉行,但是,它不限于欧洲国家,它是文明国家共同的法律,它普遍地适用于所有的国家:"公法虽出于泰西奉教诸国,而始行于西方,然不局于西方,亦不混于西教。盖公法本乎人性,宜乎人类,与国法毫无违碍……盖公法不分畛域,无论东教西教,儒教释教,均目为一体,毫无歧视也。"③ "公法虽出于欧洲,而欧洲诸国不能私之,盖万国共之也。"④

从主权国家内部的法律一般都有明确和确定的适用范围(一般都是自明地、无远弗届地、普遍地适用于这个国家)来看,国际法作为国际社会的法律,从理论上说,自然应该适用于整个国际社会。但由于国际社会权力的分散性和各自性,由于近代国际关系和交往是一个变化和增加的过程,因此国际法的适用范围并不是自始就明确和确定的;随着国家间交往关系的发展和扩大,国际法的适用范围相应地也在延伸。如果说哪里有社会哪里就有法,那么同样可以说,哪里有法律,哪里就有普遍性。前者旨在说明每一个社会群体都离不开法律,后者则是说法律一般都有普遍的适用性或普适性,因为不管如何法律都预设了或高或低的某种价值。根据菲德罗斯的看法,即使是不承认国际实定法具有自然法基础的人,也不能排斥国际实定法预定了某些

---

① 〔美〕丁韪良译:《公法便览》卷四,第七章第一节,同文馆聚珍版,光绪三年(1877)。
② 同上书,卷一,第一章第十六节。
③ 〔美〕丁韪良译:《公法会通》卷一,第六章,同文馆,光绪六年(1880)。
④ 同上书,第七章。

人类的共同价值,如法律追求安定和秩序。显然,安定和秩序是人类渴望的价值,而这种价值本身并不在实定法中,它是实定法所预想的作为法律基础的价值。由此来说,法律实定主义者就不像他们声称的那样,除了纯粹的法律规则,别无他图。①

当丁韪良和伯伦知理说诞生于欧洲的国际法对世界上的国家都有效的时候,他们是从欧洲国际法的实质性内容(即相信它是正义的,是人类国际交往的普遍经验)做出这种判断的。在万国公法引入中国的初期,人们首先关注的是它的实用价值。按照"华夷之辨"的思维,原本就应该拒绝万国公法,哪里谈得上它的"普适性"。单从肯定万国公法的实用价值,肯定中国有必要参与到万国公法的秩序和体系中,还不足以说服人。对晚清帝国人士来说,他们不仅需要说明万国公法是普适的,而且还需要寻找这种普适性的内在根据,以把万国公法合理化和正当化。当欧洲19世纪末国际法学从自然法学转向实在法学的时候,恰恰又是作为晚清帝国一种国际法观念[可称为"国际情理(自然)主义法学",与此相冲突的姑且称为"国际强权主义法学"]走向高峰的时候。这样的一个走向,自然受到了丁韪良及其所引入的"公法学"观念的影响。

唐才常是一个例证,他立足于"情法"(即"情理"和"规范")的统一来界说"公法",他提出的论证,就是使用惠顿在《万国公法》

---

① 坚持国际法具有价值基础哪怕是最低价值基础的菲德罗斯说:"不仅是自然法学说,而且还有法律实定主义,这两者都是从一定的超实定的价值出发的。"(〔奥〕阿·菲德罗斯等:《国际法》上,第26页)"越是更一般地承认了共同价值,那么国际社会将越是更为坚强。……实定法不仅有着社会学上的立脚地,而且也有着规范的基础,这种规范的基础是同人类的关于追求目的和社会的天性具有紧密的关系。人类的这个天性指示我们在和平的秩序中生活,因为只有这样,人类的本质才能得到完全的发展。"(同上书,第19页)菲德罗斯还提出了衡量法律"正义性"程度的尺度:"这样,我们就找到了一个客观的标准,可以用来评价和衡量任何社会的实定法。它越是导致亲睦的和平,它就越是具有正义性;而它越是远离于这个目标,它就越是不够完善。"(同上书,第27页)

中引述的几位国际法学者折中自然法和实在法的观点:"《万国公法》,西人谓为性理之书,颇称允当。然性理乃天然当守之分,而其斟酌人情以为条例,则指趣较繁而事理曲当,此万国之所以奉为圭臬而设公法科也。虎哥云:人生在世,有理有情,事之合者当为之,事之背者则不当为之。宾克舍云:公法之源有二,理与例也。又云:诸国之公法,即是诸国准情酌理所遵合也。盖理是常理,例即参合人情而为之者,故又名之曰万国律例。发得尔云:公法本原,皆从性法中推出,惟国事之变通增益,各有其宜,故以性法之同者,主二者之异,而不越情理之安。是则情法二者,固公法之精意所结也。"①还有一位论者把"公法"看成是"情理"的统一,认为中国圣教也是以"情理"为教,这是东西方共同的精神,因此诞生于欧洲的"公法",具有超越地域和时空的普适性。他的论述,则是引用伯伦知理《公法会通》中强调"公法"具有普适性的话:"公法所讲求者,不外乎情理而已。中国圣人之教化,亦不外乎情理而已。以我之情通彼之情,以我之理析彼之理,夫何扞格之有?又何必以公法相圄哉!盖公法虽出于欧西奉教之国,行乎西方而初不囿乎西方,以其本乎人性,宜乎人类,不分畛域,无论其为东教、为西教、为儒教、为释教,均目为一体,而毫无歧视者。"②思想早期对"公法"比较信任的郑观应,对"公法"的"界定"明显受到了丁韪良说法的影响。如他这样说:"其所谓公者,非一国所得而私;法者,各国胥受其范。然明许默许,性法例法,以理义为准绳,以战利为纲领,皆不越天理人情之外。故公法一出,各国皆不敢肆行,实于世道民生,大有裨益。"③陈炽以"公法"为"理""公"和"常",把"公法"与"势""私"和"变"截然分开:"故公法者,言

---

① [清]唐才常:《论情法》,见湖南省哲学社会科学研究所编:《唐才常集》,第35页。
② [清]麦仲华编:《皇朝经世文新编》卷52《外交部七》,第12页。
③ [清]郑观应:《易言·论公法》,见夏东元编:《郑观应集》上册,第66~67页。

理而非以言势也，言公而非以言私也，言常而非以言变也。"①一位阙名的论述万国公法的普遍性说：万国公法"为万国之准绳，虽不同一国法律可直行刑罚也，然天下共视为重大之律。若一国有悖公法行事者，则万国将鸣鼓而攻之。今之称公法为空文者，殆狂人之言耳。然时人动辄谓万国公法本行于基督教之国耳，不奉基督教之国，即未可辄行。呜呼！是何谬之甚也。抑邦国交际公法者，其章程条例，本非国家所定，而其言则理法也。理法亘千岁而不变，则公法之理何往而不可行哉！但国有文野之分，此公法即为文明之理也。则欲行于蛮貊之国也，难矣。盖非不可行也，不能行也"②。从上所说可以看出，晚清帝国一些文人相信万国公法是普适的。

不仅如此，即使是执政者也带有普遍主义的思维方式。如曾任两江总督的端方认为万国公法是出于"天理自然"："夫天下之事变无穷，而其所以应之者，准情酌理，因时制宜。遂亦莫不有法。五洲之大，万国之众，其所为公法者，制非一国，成非一时。要莫不出于天理自然，经历代名家之所论定，复为各国交涉之所公许，非偶然也。"③如一般认为非常务实的李鸿章也说："公法者，环球万国公共之法，守之则治，违之则乱者也。"很明显这是对"公法"寄托的一种信念。李鸿章与森有礼在晤面时对"条约"有一段对话，这段对话典型地反映了中日两国政治人物对条约制度和万国公法的不同思维方式。森有礼说："据我看来，和约没甚用处。"对此感到惊讶的李鸿章反问说："两国和好，全凭条约，何说没用？"森有礼做出的回答是要以不同的情

---

① [清]陈炽:《庸书·审机》，见赵树贵、曾丽雅编:《陈炽集》，第138页。
② 《论邦国交际公法学》，见[清]麦仲华:《皇朝经世文新编》卷四《法律》，收入沈云龙主编:《近代中国史料丛刊》第七十八辑（总第771），文海出版社1973年版，第341～342页。
③ [清]端方:《序言》，见〔美〕丁韪良:《邦交提要》，广学会，清光绪三十年刻本。

形区别对待和约:"和约不过为通商事,可以照办。至国家事只看谁强,不必尽依着条约。"森有礼毫不掩饰地把"强力"凌驾于条约之上,激怒了李鸿章,李鸿章抬出作为条约普遍基础的"万国公法"驳斥说:"此是谬论,恃强违约,万国公法所不许。"森有礼按照他的逻辑回敬说:"万国公法,也可不用。"李鸿章当然也不会放弃他的逻辑,他声明说:"叛约背公法,将为万国所不容。"李鸿章以形象化的比喻坚持和约的意义,他指着桌上的酒杯说:"和是和气,约是约束。人的心如这酒杯围住了这酒,不教泛滥。"这也没有难住狡黠的森有礼,他说:"这和气无孔不入,有缝即去,杯子如何拦得住。"① 可以说,李鸿章与森有礼两人之所以有针锋相对的辩驳,是因为他们对条约和国际法的思考和理解方式明显不同,一方具有把条约、公法理想化和目的化的特点;与此相反,另一方则把它现实化和工具化。李鸿章特别强调了三个方面:其一,"条约"是两个国家"和好"的基础,或者"条约"本身就表明两个国家之间的"和好";其二,"国际法"是普遍有效的;其三,不能不顾国际舆论。相反,森有礼对这些一概不屑一顾,他采取的是赤裸裸的强权主义立场。19世纪以来中国同外部世界所签订的各种条约,都是列强以军事力量为后盾强迫中国签订的,对中国来说都是屈辱性的。但后进国家中成为暴发户的日本,在强制中国签订条约上对中国连起码的外交尊重都没有,其强横的态度看看森有礼的话就一目了然。在屈辱性的待遇中,李鸿章仍然保持了对万国公法的基本信任,这说明在理想和现实的分裂之中他有很强的忍耐性。从李鸿章对崇厚同俄国围绕伊犁交涉及其所签订的《伊犁条约》的立场,也可以看出他奉行的是"是非正义观"。在薛福成为他代拟的对这一问题表示看法的奏折中,他指出清政府拒绝批准条约是合乎万国

---

① 以上对话出自《照录李鸿章与森有礼问答节略》,见[清]王彦威纂辑:《清季外交史料》卷五,书目文献出版社影印本1987年版,第5～6页。

公法的，而且也有前例可以援引，这与当时其他大臣如沈葆桢的主张一致。① 但他又从"是非曲直论"出发，要求国际交往遵循理性和正义："自古交邻之道，先论曲直，曲在我则侮必自招；用兵之道，亦论曲直，曲在我则师必不壮。今日中外交涉，尤不可不自处于有直无曲之地。"②

郭嵩焘的国际交往观，根本上也是从"理"和信义出发，虽然他注意到了"势"的问题。他所说的"势"是指"势力"及"竞争"，"理"指交往中的是非曲直、合理和正义。他说："窃谓办理洋务，一言以蔽之曰：讲求应付之方而已矣。应付之方，不越理势二者。势者，人与我共之者也。有彼所必争之势，有我所必争之势，权其轻重，时其缓急，先使事理了然于心。彼之所必争，不能不应者也。彼所必争而亦我之所必争，又所万不能应者也。宜应者许之，更无迟疑，不宜应者拒之，亦更无屈挠，斯之谓势。理者，所以自处者也。自古中外交兵，先审曲直。势足而理固不能违，势不足而别无可恃，尤恃理以折之。"③ 就当时的实情而论，中国处于守势，无法在势力上与外部列强展开角逐，因此更需要奉行和持守国际道德准则和信义，特别是在通商事务上，应该以诚信的态度与之交往："是以交涉西洋通商事宜，可以理屈，万不可以力争；可以诚信相孚，万不可以虚伪相饰；可以借其力以图自强，万不可以恃其强以求一逞。臣尝论西洋要求事件，轻

---

① 如他说："查《万国公法》云：使臣执全权议约，虽已明言其君必将准行，若有违训事件，则君不必准也。况此次约章明言候御笔批准，并未明言国家必将准行。且逐条皆于批准二字再三申意，则未奉批准，即当作为罢论，其理明甚，不能责我以违约。"（[清]王彦威纂辑：《清季外交史料》卷十七，第7页）

② 《直督李鸿章奏遵议交收伊犁补救崇厚订约失败事宜折》，见[清]王彦威纂辑：《清季外交史料》卷十七，第18页。

③ 《拟销假论洋务疏》，见《郭侍郎奏疏》卷十二，收入沈云龙主编：《近代中国史料丛刊》第十六辑（总第151），文海出版社1973年版，第1250～1251页。

重大小，变幻百端，一据理折衷，无不可了，一战则必不易了。"①这明显是一种"正义论"，显示了对"道理"和"合理"的强烈信赖，他进一步说："天下事一理而已，理得而后揣之以情，揆之以势，乃以平天下之险阻而无难。"②郭嵩焘从宏大的历史视野，对中国古代处理与外部世界关系的方式做了概括，在他看来这些不同的方式都贯穿了"信义"和道德原则："尝论中国之控御夷狄，太上以德（周武王、成王是也，后世无能行之），其次以略（汉、唐之事是也），其次以威（汉武帝于匈奴、唐太宗于土厥诸国是也），其次以恩（汉之于西域，唐之于回鹘、吐蕃，北宋之于契丹是也），而信与义贯乎四者之中而不能外。"

19世纪末，维新人士同他们的"制度"改革以及立足于天下的"心同理同"和"公理"普遍主义思维相连，更从超越的"普遍性"上把万国公法合理化和理想化。如陈继俨说："夫理者天下之公理也，法者天下之公法也。无中西也，无新旧也。行之于彼则为西法，行之于我则为中法矣。"③《南学会问答》称："公法者，世界上人数相维相系之大经大法，亦即前古后今人心中相亲相爱之公性情。不论何等之家，必有章程条理；不论何等之国，必有法律刑政，即公法之简略不完者也。惟西人能充而大之，由此国推及彼国，由一方推及全球。孔子所谓大同，耶之所谓天国，皆赖此为之起点也。"④谭嗣同对万国公法的看法，是在批评歧视西方（如称其为"夷狄"）的观念时提出的。在他看来，以华夏自居的中国，在各方面实际上已经无法同被我们"夷狄化"或丑化的西方相比了。被他作为例证的是万国公法，因为在他看

---

① 《郭侍郎奏疏》卷十二，收入沈云龙主编：《近代中国史料丛刊》第十六辑（总第151），第1314页。
② [清]郭嵩焘：《上沈尚书》，见《养知书屋诗文集》卷九，收入沈云龙主编：《近代中国史料丛刊》第十七辑（总第152），第152页。
③ 中国史学会主编：《戊戌变法》（三），上海人民出版社1957年版，第171页。
④ 《南学会问答》，见《湘报》第22号，第87页。

来，万国公法是包含着正义和道德理性的普遍性国际法律:"即如万国公法，为西人仁至义尽之书，亦即《公羊春秋》之律。惜中国自己求亡，为外洋所不齿，曾不足列于公法，非法不足恃也。欧洲百里之国甚多，如瑞士国国势甚盛，众国公同保护，永为兵戈不到之国，享太平之福六百年矣。三代之盛，何以加此？尤奇者，摩奈哥止三里之国，岁入可万余元，居然列于盟会，非公法之力能如是乎？"① 对谭嗣同来说，万国公法就像放之四海而皆准的"公理"一样是普遍有效的，它是所有国家都必然遵守的国际法律规范:"公理者，放之东海而准，放之西海而准，放之南海而准，放之北海而准。东海有圣人，西海有圣人，此心同，此理同也。犹万国公法，不知创于何人，而万国遵而守之，非能遵守之也，乃不能不遵守之也。是之谓公理。"② 至此，万国公法已经被推到了绝对普适性的境地，已经与完美的自然法合而为一了。这种情形与欧洲国际法观念形成的早期过程有相似之处，欧洲早期的国际法学主要是沿着自然法实际上也就是"上帝法"的思维展开的。③

五 "万国公法"与古代"春秋公法"的类比

晚清人士把万国公法合理化和正当化的再一种方式是把万国公法与春秋战国时代的春秋公法（姑且这样称谓）看成是一种相似物，甚至是它的源头。所谓"春秋公法"是指春秋战国时代形成的各诸侯国

---

① ［清］谭嗣同:《报贝元徵》，见蔡尚思、方行编:《谭嗣同全集（增订本）》上册，中华书局1981年版，第225页。

② ［清］谭嗣同:《与唐绂丞书》，见蔡尚思、方行编:《谭嗣同全集（增订本）》上册，第264页。

③ 如〔法〕厄默里克·克吕舍（Emeric Crucé, 1590—1648）发表有著名论文《关于在全世界建立普遍和平和商业自由的机会和方法的新讨论》(*Nouveau Cynée ou Discours d'Estat représentant les occasions et moyens d'establir une paix générale et la liberté de commerce pour tout le monde*, 1623)。还有其他人有这方面的设想。

家的国际公法。在万国公法与春秋公法之间寻找对应性的做法相当普遍，这种做法当然也可以称为"西学中源"（或者是"古已有之"）的思维，以此使看起来是接受外来的事物变成不过是对固有传统的复兴。佐藤慎一把当时中国人士的这种做法看成是一种"附会论"，他认为帝国人士这样做的目的，是要人相信万国公法原本就是"自己的"东西，接受万国公法其实就是对"自己"之物的接受。佐藤借用勒文森总结的中国人接受西方事物必须满足既是"真的"又是"自己的"这两个标准来加以说明："这一时期中国人的态度有一个特征，借用勒文森的说法，就是只要不能同时证明是'真的'（true）又是'自己的'（mine），就不能接受西方的东西。'真的'意味着按照普遍的价值是优越的，'自己的'意味着中国本来具备（或者具备过）。对于西方的东西，单单证明是优越的还不够，只要不能同时证明它也是中国文明本来所具备的，中国人最终就不会接受。……接受万国公法也存在着同样的问题。为了使中国人接受万国公法，不只是停留在用作驳倒西方各国的手段这种水准上，而是要达到让中国自身自觉地承认受万国公法约束的水平，这就必须证明万国公法既是'真的'，又是'自己的'。"①佐藤慎一认为，丁韪良的《中国古世公法论略》就是把春秋战国时代的法附会为万国公法，以此来证明万国公法是中国人"自己的"。与此不同，汪晖认为，丁韪良这样做，是要把欧洲对中国的强制合法化和自然化。②如果说丁韪良的意图是让晚清帝国愉快地承认和接受欧洲的"国际法"，愉快地接受和确保中国与西方世界签订的种种条约，说到底即认同西方世界所主宰的世界体系和秩序，那么，这对中国来说就是纯粹不善的策略性考虑。但是，"西学中源论"和"固有论"的思维方式，绝不是"非我族类"的丁韪良的发明，这是此前已

---

① 佐藤慎一（1996）『近代中国の知識人と文明』．東京：東京大学出版会．pp.72～73．
② 参见汪晖：《现代中国思想的兴起》上卷第二部《帝国与国家》，第717～718页。

经有而且是当时中国人常见的做法和思维,据此,我们如何解释中国人士把万国公法置于春秋公法之下的做法呢?而且如果撇开动机性和目的性考虑,就这一做法的恰当性本身而论,它是否能够纯粹被化约为"附会论"或"西学中源论"的模式呢?田涛认识到了这种化约的问题,他认为撇开中西文化表达形式上的差别,不能否认中国与西方文化之间确实存在着可以融合的精神基础。① 质言之,把万国公法与春秋公法进行"类比",不能纯粹视为"附会",因为不能排除二者之间存在着某种可公度和可比较的东西。这就向我们提出了一个问题,即如何看待中国人士与外国人士比拟或类比万国公法与春秋公法的思维方式呢?为此,我们先要看一下他们是如何进行比较的。

作为把万国公法合理化和正当化的一种方式,并通过这种方式让晚清帝国接受万国公法,加入以万国公法为纽带的世界体系中,使万国公法也成为维护中国主权和权益的法律制度,人们在万国公法与春秋公法之间进行了类比,努力证明万国公法"内在于"中国传统之中,是中国本来就具备的法律制度。作为一个外国人,丁韪良系统地把万国公法内在为中国古代传统的一部分,是在《万国公法》翻译出版十几年以后的19世纪80年代初。在此之前,晚清帝国人士实际上已经习以为常地把万国公法与春秋公法相提并论。同治癸亥年(1863年)张斯桂在为《万国公法》所作的序中,就以华夏为天下上等文明之国,把帝国之外的欧美世界类比为中国春秋时代的邦国世界。他这样说:"间尝观天下大局,中华为首善之区,四海会同,万国来王,暨哉勿可及已。此外诸国,一春秋时大列国也。"有趣的是,张斯桂还具体地指出俄罗斯、英、法、美、奥地利、普鲁士、土耳其和意大利等国分别类似于春秋时代的秦、楚、晋、齐、鲁、卫、宋和郑等诸侯国家。这里是对春秋诸侯国家与欧美国家进行的类比,但同时也有把欧

---

① 参见田涛:《国际法输入与晚清中国》,第360页。

美国家类比为战国诸侯国家或合称春秋战国诸侯国家的。泛泛而比的，如所谓"予以天下之大势观之，今日地球之上，乃一大战国也"①，所谓"今海外诸夷，一春秋时之列国也，不特形势同，即风气亦相近焉"②，所谓"大小相维，强弱相制，盟约相联，莫能相并。今日欧洲之形势，与昔日之中国相衡，其犹春秋战国之间乎"③，所谓"欧西诸国，大小相维，迭为雄长，一春秋列国之势也。而迩年以来，德、奥、义合纵，俄、法连横，则又将有大战国之机"，等等，可以看出，这都是把当时的欧美世界及其形势放在春秋战国时代之下加以理解。与张斯桂的类比相同，何如璋和项藻馨把春秋战国的诸侯国与欧美主要国家一一对应起来。何如璋称："窃以为欧西大势，有如战国：俄犹秦也；奥与德其燕、赵也；法与意其韩、魏也；英则今之齐、楚；若土耳其、波斯、丹、瑞、荷、比之伦，直宋、卫耳，滕、薛耳。"④项藻馨也称："就天下大势而论，为春秋时一大战国。德比之于燕，奥比之于楚，义比之于晋，法比之于齐，俄比之于秦，五方并峙，约纵连横。"⑤在郭嵩焘看来，欧洲的国际体系、国际法及和平秩序，虽有春秋战国之风，但又远远超出了春秋战国时代："西洋以智力相胜，垂二千年，麦西、罗马、麦加迭为盛衰，而建国如故。近年英、法、俄、美、德诸大国角力称雄，创为万国公法，以信义相先，尤重邦交之道，致情尽理，质

---

① ［清］郑昌棪：《序》，见［清］林乐知：《中西关系略论》，上海格致书室藏版，光绪十八年。
② ［清］冯桂芬：《校邠庐抗议·重专对议》，见郑大华点校：《采西学议——冯桂芬马建忠集》，辽宁人民出版社1994年版，第85页。
③ ［清］薛福成：《出使四国日记》卷六，湖南人民出版社1981年版，第242页。
④ ［清］何如璋：《使东述略》，见罗森等编：《早期日本游记五种》，湖南人民出版社1993年版，第59页。
⑤ ［清］王韬编：《格致书院课艺》壬辰年卷上，光绪丁酉上海书局石印本，第20页。

有其文，视春秋列国殆远胜之。"① "揆之西洋以邦交为重，盖有春秋列国之风，相与创为万国公法，规条严谨，诸大国互相维持，其规模气象，实远出列国纷争之上。"② 晚清人士这种"地缘性"国家体系的类比，在无意之中就把晚清帝国置于这两大体系之外。但晚清帝国一旦承认了国际法，客观上它就加入了更大的类似于"春秋战国时代"的整个世界体系之中了。20世纪40年代初的"战国策派"，就把当时的整个国际关系格局完全看成是战国时代的重演。

我们不必罗列更多的材料③，也不必注意这种简单化的类比有多少真实性，问题在于，晚清人士通过这种类比来理解欧洲国际局势，对晚清帝国来说具有什么意义。王尔敏肯定这种类比有益于把"自我中心观念"转变为"对等的"国际关系观念，使中国变成国际社会的其中一员。可以说，这样的意义是存在的。④ 但关键是，晚清人士的类比不仅是要把国际法合理化，而且也是帮助人们理解国际法与欧洲体系的关系，使晚清帝国意识到它所面临的外部国际局势并寻求相应的对策。

有别于上述侧重于地缘性和时势的类比，更重要的类比是从文化和精神上把欧洲体系及其国际法与春秋公法贯通起来。这里我们从丁韪良谈起。丁韪良实际上是希望中国能够接受万国公法，但问题在于，当时在心理和意识上，中国还不能使将西方与自己放在平等的地位。丁韪良当然知道中国仍然是以一种"优越"之国的立场目视欧洲世界

---

① 《〈使西纪程〉原稿》，见《郭嵩焘日记》卷三，湖南人民出版社1982年版，第136页。
② 《使英郭嵩焘等奏报抵英呈递国书折》，见[清]王彦威纂辑：《清季外交史料》卷九，第22页。
③ 王尔敏较多地列举了这方面的材料，参见王尔敏：《十九世纪中国国际观念之演变》，见《中国近代思想史论续集》，第69～138页。
④ 但不能否认，在这种类比中，中国又是自外于欧洲体系的，它是旁观者和局外者，又是高高在上的裁判者，如所说的"其堂堂上国，居正朔而大一统者，其惟我中华乎！"（[清]王韬：《格致书院课艺》壬辰年卷上，第20页）

的，它不能想象也不打算与欧洲展开平等性的国际交往（虽然它一直标榜"一视同仁"）。但西方以军事为先锋，通过条约体系把原来中国对西方的不平等关系逐渐扭转为西方对中国的不平等关系。在这种情况下，丁韪良要求中国接受万国公法，加入世界体系之中，就可能被认为是让中国甘愿接受不平等条约。但问题的另一面是，不平等条约恰恰是不合乎万国公法的，中国承认和接受万国公法，则可以通过万国公法来暴露和批判条约的不平等性。由此来说，丁韪良希望中国接受万国公法，不仅不是把中国引向不平等的世界体系中，反而是在更高层次上建立中外平等的和平世界秩序。如丁韪良在谈到中外交涉史的从1839年开始的第三期时说："自是以来，不独讲求武备，整饬边防，亦且乐从事于公法，冀与万国共其利赖。由是三百年来，所习视在藩属之列者，皆得以平等相交。"①

在不同文明之间寻求共同和普遍性的东西，一直是人类理性活动的方式之一，虽然它没有强调文明之间的差异甚至以自我为中心排斥异己那样强烈。丁韪良把春秋公法的精神和规范（或古代中国的国际秩序观）同万国公法的精神和规范进行比较，不能排除中国人士的影响，但他是当时最细致地研究了这一问题的人。② 在翻译《万国公法》十几年之后的1881年，当时他滞留在德国，他为柏林的东方学者大会撰写了原为英文的长篇论文"International Law in Ancient China"（《古代中国的国际公法》），并在大会上发表了演讲；后又撰写了"Diplomacy in

---

① 〔美〕丁韪良：《中国古世公法论略》，汪凤藻译，见于宝轩编：《皇朝蓄艾文编》卷十三（吴相湘主编"中国史学丛书"21），上海官书局刊，光绪癸卯年，第1211～1212页。

② 研究这一问题的著作，后来有蓝光策的《春秋公法比义发微》（清末）、刘人熙《春秋公法内传》（民初）、张心澂的《春秋国际公法》（1924年）、徐传保的《国际法与古代中国：第一部分：思想》（法文，1926年）和他的《先秦国际法之遗迹》（中国科学公司印刷1931年版）、陈顾远的《中国国际法溯源》（初版，1931年；台湾商务印书馆1973年版）、洪钧培的《春秋国际公法》（初印，1937年；新印，台湾中华书局1974年版）、孙玉荣的《古代中国国际法研究》（中国政法大学出版社1999年版）。

Ancient China"(《古代中国的外交》)和"The Awaking of China"(《中国的觉醒》)等。这三篇论文的第一篇专门讨论古代中国的国际法,后两篇论文也涉及中国古代公法的问题。丁韪良以几乎是不可怀疑的语气断定中国古代确实存在着类似于万国公法的东西,他说:"综观春秋战国时事,有合乎公法者,如此其多,则当时或实有其书而不传于后,未可知也。……要之,书之有无不可必,而以其事论之,则中国实有公共之法,以行于干戈玉帛之间,特行之有盛有不盛耳。《周礼》、'三传'、《国语》、《国策》等书,皆足以资考证,而尤可为天下万国法者,莫如孔子所修之《春秋》,综二百四十年之事,悉经笔削而定,往往予夺褒贬,寓于一字,千载而下,更无有能议其后者,所谓'一字之褒,荣于华衮;一字之诛,严于斧钺'是也。"① 这里,丁韪良主要集中在《春秋》对公众政治人物褒贬的"《春秋》笔法"上,还看不出他所发现的春秋国际法的具体原理和规范,在下面这段话中他向我们讲述了他的具体发现:"正如我们已经说过的,我们发现了一组国家,它们中的许多就好像是西欧伟大国家的延伸,用种族、文学、宗教将自己凝聚在一起,进行积极的贸易和政治交往。如果没有一种国际法,这些交往实践是很难实现的。我们发现了按照一定礼仪的使节的交换,一种精致的文明的象征。我们发现了庄严签订的并存放于称之为'盟府'之地的条约。我们发现了经过仔细研究和实践的权力的平衡学,它对强者的侵略进行控制和对弱者的权利进行保护。我们发现了在一定程度上受到承认和尊重的中立的权利。最后,我们还发现了一种致力于外交的职业阶层。"② 概括起来,丁韪良发现的古代中国公法,有国家之

---

① 〔美〕丁韪良:《中国古世公法论略》,汪凤藻译,见于宝轩编:《皇朝蓄艾文编》卷十三,第19~25页。

② Martin, "International Law in Ancient China," in Hanlin papers, Second Series, *Essays on the History, Philosophy, and Religion of the Chinese*, Shanghai, Kelly and Walsh, 1984, p.141. 译文见汪晖:《现代中国思想的兴起》上卷第二部《帝国与国家》,第715~716页。

间"使节"的派遣，签订条约，维持不同国家权力的平衡（对国家权力的限制和对弱小国权利的保护），承认中立国的权利，建立职业性外交阶层，等等。此外，丁韪良认为有关"领土权和边界的划分"、诸侯国和卫星国之间的关系及其所共同供奉的天子、为结成不同的同盟而举行盟会和签订盟约、以文明为标准确定公法的适应范围、设立特使在各国之间展开穿梭外交等，也都是中国古代公法的内容。在有的方面，中国古代公法详尽而又具体，如有关战争法，就有尊重非战斗人员的生命和财产、事先宣战、师出有名、肯定国家的生存权、承认中立的权利等原则和规范。① 可以说，丁韪良在万国公法与春秋公法之间进行的跨文明对话，大大超出了晚清人士议论式和形式化的说法。正是由于丁韪良的研究，晚清中国人士在这一问题上的信念反过来又加强了。如博学的梁启超这样评论说："《中国古世公法论略》，丁韪良得意之书。然以西人谈中国古事，大方见之鲜不为笑。中国当封建之世，诸国并立，公法学之昌明，不亚于彼之希腊，若博雅君子衷而补成之，可得巨帙，西政之合于中国古世者多矣，又宁独公法耶？"②

从不同的文明确实可以对话和相互理解来说，把欧洲特别是近代以来逐渐衍生出的万国公法同古代中国特别是春秋战国时代的春秋公法进行对比，原则上当然是可以的。丁韪良的讨论具有知识和学术的意义，他具体地打开了这个空间，头头是道地揭示了春秋公法所包含的国际交往原则、国际法和规范。春秋公法与万国公法之间的差异甚至龃龉，当然可以通过比较展示出来。丁韪良没有讨论万国公法与春秋公法之间的差异，因为这不是他关心的问题，但不能以此来否认他的发现，汪晖对丁韪良几乎是否定性的质疑是有问题的。再一个问题是我们前面已经提到的，不能把丁韪良的工作归结为对"特殊的"西

---

① 有关这一方面，参见汪晖：《现代中国思想的兴起》上卷第二部《帝国与国家》，第716～717页。

② ［清］梁启超：《读西学书法》，《时务报》1896年10月17日。

方体系和秩序的维护，而不承认其可公度的意义。丁韪良的发现确实具有研究问题的意义，他通过研究确实强化了中国人士已经习以为常的信念，他"也是"在帮助中国人把万国公法合理化，鼓励中国人士认同万国公法，但这不是他一厢情愿式的"单相思"，因为中国人士自己也在这样做。丁韪良很清楚这一点，他说："中国的政治家已经指出了那一时代与现代欧洲的分立格局的相似之处。他们在自己的历史记载中找到了与我们的现代国际法相通的惯例、言辞、观念；由于这一事实，他们更倾向于接受基督教世界的国际法，后者没有那种地球上所有国家最终达致和平与正义的乌托邦观点。"[①]在丁韪良看来，中国人接受国际法不只是他们倾向于相信万国公法原本就是他们古老传统智慧的一部分，而且中国文化的深层意识和观念、中国人的伦理道德和价值观也会引导他们走向万国公法："中国人在心理上准备欣然承认。在他们的政教礼仪及正统经典中，他们承认人的命运有一个至高无上的仲裁者，帝王们的权力由它赋予，对它负责；就理论而言，没有人会自愿地承认上帝的定律就刻在人的心里。如果把国家之间的关系看成是伦理范畴上的人际关系，把他们互惠的义务看作由此种箴言中推演而来，他们是完全能够理解的。"[②]难道只因为丁韪良是"外人"，就能认为他的动机与中国人士的动机是完全不相容的吗？

对丁韪良来说，中国古代能够发展出一种相当完备的春秋公法，是那个时代多国并存、激烈竞争的国际局势和频繁外交活动的产物，但遗憾的是它在之后没有机会加以扩展。丁韪良与中国人士如出一辙地断定，中国自秦汉"大一统"国家的形成及其连续性，湮没了中国

[①] Martin, "International Law in Ancient China," in Hanlin papers, Second Series, *Essays on the History, Philosophy, and Religion of the Chinese*, Shanghai, Kelly and Walsh, 1984. pp.116–117. 译文见汪晖：《现代中国思想的兴起》上卷第二部《帝国与国家》，第 717～718 页。

[②] Martin, *Pioneer of Progress in China*, p.148. 译文见田涛：《国际法输入与晚清中国》，第 50 页。

早期的春秋公法。因此，中国人对万国公法的接受，同时也意味着他们对自己的春秋公法的复兴。丁韪良毫不怀疑地说："对于他们来说，这毋宁是复活一种失落的艺术，——在创造这一艺术的过程中，他们能够声称他们拥有比所有现存国家早得多的有关这一艺术的优先权。在著名的周代，随着圣人的出现，他们的著述支配了帝国的思想，外交也由此产生。……外交可以被定义为国家间交往的艺术。它预设在平等前提下进行相互交往的国家的存在。这既说明了为什么它能够在周代流行，而在随后的两千年中消失殆尽，以及为什么今天又重新复活，如同一条河流，穿越地下，而后又上升到地面。正如礼仪是由个人组成的社会的产物，外交产生于由国家组成的社会。……秦朝的胜利，导致了许多国家在这一地区消失。……没有竞争者，在地球的表面没有平等的对手。"① 这一说法对中国秦汉以来的中国历史有虚无化的倾向，但这种倾向恰恰也是中国人士的思考方式。客观而论，秦汉以后中国所发展出的相应于"大一统"体系之下的外交，撇开遇到强有力的对手而受辱的情况，帝国建立起以宗主和藩属为架构的国际体系及外交关系，恰恰是华夏与四方国家历史状况和条件的反映，因此，我们不能为了强调春秋战国国际法的原创性并要求复活早期的典范而对后世进行否定。

耐人寻味的是，中国人在走向万国公法的时候，不久就开始追求

---

① Martin, "Diplomacy in Ancient China," in Hanlin papers, Second Series, *Essays on the History, Philosophy, and Religion of the Chinese*, Shanghai, Kelly and Walsh, 1984. pp.142–144. 译文见汪晖：《现代中国思想的兴起》上卷第二部《帝国与国家》，第711～712页。丁韪良在《中国之觉醒》中也把频繁的外交与春秋公法的发展紧密地联系在一起："权力从此手到彼手的频繁转移，使那四个世纪成为中国外交的时代。无论何时一些强大的贵族被怀疑有领袖的图谋，联盟就会形成，以阻止他的野心。使节们在朝堂之间行色匆匆，军队在原野上四处排列，使者凭其勇气和技巧而名声卓著，将军们因其驾驭庞大军队的手段而誉满天下。外交演变为一种艺术，战争成为一门科学。规范国与国之间交际的一种国际惯例开始成型。"（Martin, *The Awaking of China*, New York, Page and Company, 1907, pp.96–98. 译文见田涛：《国际法输入与晚清中国》，第83页）

理想化的国际法,追求理想化的国际秩序。国际关系的现实,中国所遭受的不公正待遇,反而成为他们追求理想的催化剂。唐才常相信万国公法与春秋公法是完全契合的,他这样阐述说:"公法者,万国之《春秋》也。……丁韪良居中国久,洞悉彼中公法之旨,与吾教同源,其性法乃《春秋》守经之学,其例法乃《春秋》达权之学,遂作《中国古世公法考》,引经传数条证之。其谊例虽未详备,而中国以《春秋》通公法之机芽萌矣。今夫《春秋》,上本天道,为性法出于上帝之源;中用王法,为例法出于条约之源;下理人情,为民权伸于国会之源。故内圣外王之学,不过治国平天下。平之一义,为亿兆年有国不易之经。即西人之深于公法者,罔弗以平一国权力、平万国权力,为公法登峰造极之境。"① 按照唐才常的说法,中外公法如出一源,这个源就是共同的圣教。建立在圣教之上的公法,是天道、王法和人情的统一,也就是内圣外王的统一,中心是治国平天下。在此,公法也包括了治国的理想,从治国到"平天下",唐才常尤其强调了"平"即"平等"的意义,认为"平等"是永恒的治国常经。在他看来,春秋公法和万国公法都把国家之间的平等作为最高的理想,不能因为在中外国际政治生活中存在着不合公法的现实,就怀疑甚至不信任中外公法的常道。万国公法在西方国家没有得到完全的奉行,春秋公法在中国也不是自始至终都坚持的,这更说明我们需要维护中外公法。把春秋公法和万国公法对等起来并加以理想化,显示了唐才常建构"天下平等体系"的理想。康有为已经不安于欧洲的"万国公法",他要寻求整个人类的"万国公法",寻求整个"天下"的"万国公法",这就是他理想化的"春秋公法":"《春秋》之所恶者,不任德而任力,驱民而残贼之;其所好者,设而勿用,仁义以服之也。……《春秋》爱人,而

---

① [清]唐才常:《公法通义自叙》,见湖南省哲学社会科学研究所编:《唐才常集》,第 95~96 页。

战者杀人，君子奚说善杀其所爱哉？故《春秋》之于偏战者，犹其于诸夏也。引之鲁，则谓之外；引之夷狄，则谓之内。比之诈战，则谓之义；比之不战，则谓之不义。故盟不如不盟，然而有所谓善盟；战不如不战，然而有所谓善战。不义之中有义，义之中有不义。"① 由此来说，晚清中国人士把万国公法和春秋公法进行类比，不仅把万国公法正当化，而且也是在更高的尺度和标准之下来设想理想的万国公法。他们对"天下体系"和"大同"的渴望，表明他们在着手解决中国危机的同时，也在着手设想美好的世界秩序。

六 "万国公法"与"德力论"和"强弱论"

欧洲万国公法不是一成不变的凝固之物，人们对国际法有效性（效力和约束力）的认识也并不一致，它被过高或是被过低地看待，是两种对立化的倾向。这也许就是摩根索引用布利埃尔利的话所说的那样："人们往往很少认真考虑国际法的性质和历史，认为国际法现在是，而且从来就虚有其名。还有人似乎认为它本身就具有内在的力量，只要我们具有足够的明智，让法学家动手为各国制定一套详尽的法典，我们就能和平共处，世界就能平安无事了。"② 从上述的讨论我们可以看出，晚清中国接受和传播万国公法的过程同时也是把万国公法合理化和正当化的过程。但是，面对大量无情的不平等条约，面对列强的强权主义和武力政策，晚清人士对万国公法不能不产生"界限性"意识，这就有了把万国公法二重化的思维倾向，他们在承认万国公法作为国际法律规范具有正义性的同时，又认识到了万国公法受现实制约而被扭曲和践踏的层面，他们所说的"可恃与不可恃"（或足恃与不足恃）、

---

① 〔清〕康有为：《春秋董氏学》，楼宇烈点校，中华书局1990年版，第11页。
② 〔美〕摩根索：《国家间的政治——为权力与和平而斗争》，第350页。

"德与力"和"理与势"等概念图式，就反映了这种二重化思维模式。郑观应对万国公法局限性的认识是一个过程。在《易言》三十六篇本《论公法》中，他完全是从正当和合理的立场来看待"公法"，对"公法"持乐观的立场。但在《易言》二十篇本（夏东元认为在1882年前后问世）《公法》和《盛世危言》本《公法》中，郑观应开始对公法保持谨慎的立场，他不再简单地安于在万国公法之上来思考中国的出路。原因是，他从西方与中国签订的通商条约中发现了许多与公法明显对立的东西。郑观应举出的例子有："一国有利各国均沾"、"烟台之约，强减中国税则"、"中国所征各国商货关税甚轻，各国所征中国货税皆务从重"、对华工单方面征收"身税"、英美又有"逐客之令"等，郑观应质问这是"何例""何所仿""何出纳之吝""何相待之苛"。他说："种种不合情理，公于何有？法于何有？而公法家犹大树特树曰：'一千八百五十八年，英、法、俄、美四国与中国立约，嗣后不得视中国在公法之外。'又加注而申明之曰，谓得共享公法之利益。嘻，甚矣欺也！"① 像郑观应那样，人们一开始并不清楚，条约中规定的一些条款是不合公法的，中国执政者也意识不到这些条款对中国主权造成的严重损害。他们对国际法缺乏了解，甚至得意地认为，对于自私和贪图利益的夷狄之邦来说，小恩小惠是安抚和笼络它们的有效手段。但是，随着人们对公法的了解，他们不仅认识到条约与公法的冲突，而且也认识到在现实国际政治中公法并不能保证每个国家都受到公正的待遇。郑观应指出，《万国公法》一书虽然得到了国际社会的遵守，但又不能够被完全遵守（"尽守"），或者说公法既可凭借又不能完全凭借（"固可恃而不可恃者也"）。只要是法律都存在漏洞和不完善性，甚至是彼此矛盾之事。郑观应发现，公法中存在着"游移两可"的东西，如条例中有一条规定，订约双方其中一方违背了条约，将导致对条约

---

① ［清］郑观应:《盛世危言·公法》，见夏东元编:《郑观应集》上册，第388页。

的破坏。在这种情况下，条约是否被废止，完全由"受屈者主之"，假如双方都不愿失和，两国重新约定继续遵守条约，但对违约国一方如何处置，就可以有不同的方式。在郑观应看来，只有在国家强弱"相等"的条件下，公法才能起到维持国际关系的作用，如果国家间的力量对比悬殊，公法就难以发挥作用。他说："盖国之强弱相等，则借公法相维持，若太强太弱，公法未必能行也。"①郑观应这里所说带有"均势论"的倾向。确实，他认为国际法和国际秩序有赖于"力量均衡"，万国公法的作用相应于国家力量的强弱而变化："所谓势均力敌，而后和约可恃，私约可订，公法可言也。"②"各国初订通商条约，措辞皆言彼此均沾利益，其实皆利己以损人也，骤观之几莫能辨。惟强与强遇，则熟审两国所获之利益足以相当，而后允准，否则不从。若一强一弱，则利必归强，而害则归弱。"③薛福成也有类似的看法。他认为，公法对强国和弱国所起的作用是不同的："强盛之国，事事欲轶乎公法，而人勉以公法绳之，虽稍自克以俯循乎公法，其取盈于公法之外者已不少矣；衰弱之国，事事求合乎公法，而人不以公法待之，虽能自奋以仰企乎公法，其受损于公法之外者已无穷矣。是同遵公法者其名，同遵公法而损益大有不同者其实也。"④当然，薛福成并没有因万国公法的名实之间存在分裂的情形而否定了它的正面作用。

  国际社会的现实，使王韬对国际法产生了怀疑。在他看来，国家间的条约，既不是为了互爱而订立的，也不是因为彼此过于惧怕而订立的，而只是彼此势均力敌的一个产物。如果国家之间的力量悬殊，即使订立了条约，也不会被严格遵守，因为强国不会甘心情愿地受条

---

① ［清］郑观应：《盛世危言·公法》，见夏东元编：《郑观应集》上册，第389页。
② ［清］郑观应：《盛世危言·边防六》，见夏东元编：《郑观应集》上册，第801页。
③ ［清］郑观应：《盛世危言·条约》，见夏东元编：《郑观应集》上册，第436页。
④ ［清］薛福成：《论中国在公法外之害》，见丁凤麟、王欣之编：《薛福成选集》，第414页。

约的约束，而弱国想守约又无能为力。王韬说："盖立约一事，本非有所甚爱而敦辑睦之谊也，亦非有所甚畏而联与国之欢也。不过势均力敌，彼此无如之何。或意有所欲取而姑以此款之，或计有所欲行而先以此尝之，若利无所得，则先不能守矣。故夫约之立也，己强人弱，则不肯永守；己弱人强，则不能终守；或彼此皆强，而其约不便于己，亦必不欲久守。"① 按照王韬这里所说，两个强国（势力均衡）之间的条约，也仍然有被一方破坏的可能。王韬相信，各国之间如果不以信义为基础，条约就会变成流于形式的一纸空文，可以随时签订，也可以随时撕毁："天下之势不定一尊，则其乱靡有所止。盖体相敌则政多歧，政多歧则法必紊而畛域之见分，斯利害之情判，虽剖符置质，亦且旋约而旋背矣。《诗》所谓君子屡盟，乱是用长；《传》所谓盟可寻，亦可寒，要盟弗信，质终无益。此其明证也。"② 在王韬看来，欧洲国家为了建立新的国际秩序，打出诚信和礼义的旗号，通过国际法和条约来规范、约束国家间的行为，也许可以建立起国际和平及秩序。但王韬从现实情况出发，又认为国际法和条约绝不是完全可以依赖的："泰西各国犬牙相错，千百年以来，皆以兵力相雄长。稍有龃龉，则枪炮交轰，杀人如麻，曾不爱惜。近则托诚信以相孚，假礼义以相接，如向戌之弭兵，如苏秦之约从，立为万国公法以相遵守。又复互相立约，条分缕晰，其有不便者，得以随时酌更。似乎明恕而行，要之以信，可以邀如天之福，永辑干戈而共享升平焉矣。然揆其情势，则约可恃而不尽可恃也。"③ 琉球问题作为一个例证，加强了王韬对国际公法的不信任感甚至是否定。在王韬看来，日本掠夺琉球并为此提供的说辞都是非正义的，国际社会不仅不主持正义，反而还为日本的行为进行辩护，这说明国际法和正义都是靠不住的，决定国际关系的只是强

---

① ［清］王韬：《泰西立约不足恃》，见《弢园文录外编》卷五，第206页。
② 同上。
③ 同上。

力:"呜呼!海外万国,星罗棋布,各谋其私,大制小,强凌弱,夺人之国,戕人之君,无处无之,虽有公法,徒为具文。日本之蓖灭琉球,夷而为县,泰西诸邦通商于其国中者,无一仗义执言,秉公论断于其际,而反从中袒庇,随声附和,助其流而扬其波。日人亦复亟自辩论,喋喋哓哓,几于唇焦舌敝。此无他,理不足而言有余也。夫兼弱攻昧,武之善经也;取乱侮亡,国之至计也。……诚以天下事,何常之有,强则惟我所欲为而已。"①

曾在上海格致书院学习过的钟天纬,根据他对西方历史和当时国际关系的认识与理解,撰写了《公法不足恃论》。从题目就可以看出他对公法持何种态度。钟天纬认为,普遍之理必须与现实情势相结合才是圆满的。他说他的这一看法正是从万国公法中得到的。按照《万国公法》的说法,国际法体现的是普遍的正义,它排除了势利等特殊性的东西。但是,在西方现实的国际关系中,国际法却成为强者控制弱者的工具:"天下之理,必合天下之势以为衡,而理乃圆足。若只论是非,不论强弱,则势至窒碍而难行,理亦凭虚而无着,转不能通行于天下。此其说窃尝于万国公法得之。夫《公法》一书,西人所尝称为性理之书,谓其能以义理为断,而不杂以势利之见者也。果尔,则与我中国之《春秋》亦奚以异?盖《春秋》者,实我中国列邦之大公法也。其笔削予夺,一字之间,足以褫乱臣贼子之魄,而立千秋世道之防。试问公法有此力量乎?我观泰西今日之局,小国援公法未必能却强邻,大国借公法转足以挟制小国,则所谓万国公法者,不过为大侵小、强陵弱借手之资而已,岂真有公法是非之议论哉?"② 由此来说,在现实的国际关系实践中,所谓以国际法为标准的正义是根本不存在的。在钟天纬那里,国际法之理是没有自足性的,它不能规范国际行

---

① [清]王韬:《驳日人言取琉球有十证》,见《弢园文录外编》卷五,第243页。
② [清]钟天纬:《公法不足恃论》,见《刖足集外篇》,1932年。

为，反而要依附于势力而获得其存在的意义。"所谓公法者，本视国之强弱为断，而并非以理之曲直为断也。夫仁义与富强，本不判为两事。国富且强，则仁义归之，庄子所谓'窃国者王，而侯之门仁义存也'。国贫且弱，则外侮加之，《书》所谓'兼弱攻昧'，孔子所谓'天下之恶归之也'。圣贤之作用与豪杰之图谋，皆认理极真而势亦未尝不讲，故能身泰而心安，反是则为宋襄，以仁义行师，陈馀之兵不诡道，身僇而国亡，而为天下笑。吾故曰：理必与势并衡者也。夫人必自侮，而后人侮之。我愿有国者，不必怨他人之相陵，还当问我之自立。我苟能自立，而后公法始可得而言，约章始可得而守。否则，虽繁称博引，据公法之成案以喋喋争之，其如彼族之掩耳匿笑乎哉！"① "夫《万国公法》一书，原为各国应守之成规，并非各国必遵之令甲。强者借此而愈肆其强，弱者恃此而无救其弱，久矣，垂为虚论矣。"② 这实际上等于否定了国际法和万国公法的正义性。

随着晚清中国人士对现实国际政治的认识，强权论的思维方式开始突显出来。从强权论出发思考万国公法的人，把万国公法看成是强权的产物，是强权国家所达成的契约："吾国论国际者，多以强弱相遇公法无效为公法之罪，是文过诿责不知本之言也。夫公法何所本哉？直本于强权耳。两强相抵，我以此往，彼以此来，反动之酷，或参他力，积无数之经验，而共信为两不利之事，乃去泰去甚，而悬之以为厉禁，及其习惯焉，而厘然当于人心，乃从而被之以性法之目。要其本始，则强权对等之契约而已。譬之太阳系统，日之摄力，行星之抵力，适足相消，而后有此平均之轨道。若其两力骤生强弱，则必有光流石陨之一部，而轨道即为之灭裂。公法之效，亦犹是也。彼夫列强之间，弱小存焉，斯亦强力传动之所支，而不必尽由公法。若乃强弱

---

① [清]钟天纬：《公法不足恃论》，见《刖足集外篇》，1932年。
② [清]钟天纬：《据公法以立国论》，见《刖足集外篇》，1932年。

相遇，他无牵掣，决之而不能障，锲之而无所阻，则夫耆欲所驱，仇愤所激，张脉偾兴，气息苶然，宁复有割让余地，为公法容之者哉！且使强国者一切不问，惟以公法自限，而使弱国得负之以为固，则彼弱国之疲苶不振，抢攘无节者，将与之终古，不倾覆不止，抑岂弱国之利！嗟乎，公法之用，与战舰炮台同，不讲于驾舰守台之策，而忽焉蹂躏于外敌，岂台舰之罪欤！为弱国者，诚怵然于徒法之不可恃，而奋改急进，以争席于强权契约之间，则所谓公法无效者，固促进文明之进步，以驯致其效者也。"① 类似的说法还有不少，我们也可以看一下：

> 以保全和局为名而意存倾陷，《万国公法》一书，徒为天下之强法耳。②

> 有公法之名，无公法之实。强出之，弱入之，巧逃之，愚缚之。③

> 举全球而论，弱肉强食，数数然也，公法之行者十不二三也，刭乃公理；交涉之平权者百不一二，刭乃平权。④

> 外交之所恃者公法而已，然而泰西近百年来战事，难更仆数，其间两强相遇，始有公法，以强凌弱，本无所谓公法也。中国既未列于万国公法之条，而犹曰公法可守也，外交可恃也，一以坐

---

① 《论公法与强权之关系》，《外交报》1902年1月4日。
② [清]辜天佑：《论孟子以小事大以大事小为交涉学之精义》，见《湘报》第158号，第629页。
③ [清]黄颂銮：《孟子以大事小以小事大为交涉学精义》，见《湘报》第115号，第457页。
④ 同上。

待六十国之瓜分，悲哉悲哉！①

今之言时务者，好言公法，遇外人有欺侮我国家、凌虐我民人之事，辄曰：是不讲公法，是不以公法待我。执笔人蓄愤既久，乃敢发抒胸臆，正告天下曰：今世安有公法哉！是特强法而已！夫其两强相遇，势均力敌，明知我开罪于人，则人必还施于我也。又知报复不已，必有两败俱伤之一日也。于是乃设为公法，以维持其间。既以杜人之侵轶，亦以保己之权限，此则公法之明效大验也。若夫强者与弱者遇，则强者为刀俎，弱者为鱼肉，其始而藐视，继而尝试，终之以欺凌，以灭亡，犹之鹰隼以搏燕雀，虎豹之噬犬羊。是乃天然之公理，更无公法之可言。②

以上这些说法，完全剥夺了万国公法的正义、天道和道德的基础，国际法成了基于国家现实和权势平衡而彼此达成的契约——"强权性"实定法。既然万国公法只不过是强权者之间的契约，那么其目的就不是为了保护弱者，而只是为了维持大国之间的关系，为了互相限制和制衡。在这种情况下，弱国也许能够得以保存，但弱国绝不能以公法为自身的护身符，真正的护身符是在认识到公法不可依赖之后而追求进步，把自己变成强国，加入大国的角逐和契约之中。这样，强权所决定的公法，反而促进了文明。但认为小国都可以成为大国，这仍然是一种假定。从国家的纵向比较来看，一个国家固然可以进步，但在横向国际社会中，不是所有的小国都可以成为大国和强国，结果，世界都由强国组成并以此形成平衡的设想是不现实的。晚清一些人士看到国际关系中力量和势力的作用，看到万国公法在规范和约束国家行

---

① ［清］何良栋辑：《皇朝经世文四编·礼政》卷30，第1页。
② 阙名：《论强国与弱国相处无公法之可言》，见［清］盛康辑《皇朝经世文新编续集·法律》卷四，第27～28页。

为上的局限性，进而又走向对国际法正义性的彻底埋葬。为了谋求东方的和平，有人主张中国加入欧洲的"弭兵会"，但张之洞冷嘲热讽，认为这是非常可笑和幼稚的主张。他认为相信和依赖万国公法的想法是愚蠢的。他说："又有笃信公法之说者，谓公法为可恃。其愚亦与此同。夫权力相等，则有公法。强弱不侔，法于何有？古来列国相持之世，其说曰：力均角勇，勇均角智，未闻有法以束之也。今日五洲各国之交际，小国与大国交不同，西国与中国交又不同。即如进口税，主人为政，中国不然也；寓商受本国约束，中国不然也。各国通商，只及海口，不入内河，中国不然也。华洋商民相杀，一重一轻。交涉之案，西人会审，各国所无也。不得与于万国公法，奚暇与我讲公法哉！？"①

把国际法视为"强权"不是对国际法的批评和谴责，也不是要打破"强权"为弱国争取权利，而是从中获得一种警示，即一个国家要享受国际法的权利，它首先就必须富强，通过"强权"来应对"强权"——"以强报强""以强制强"。面对中国在国际关系中的困境，晚清人士把解决中国问题的方案归结到"自强"上。他们相信只要中国富强了，国际法才能为己所用。而且更自然的想法是，有了"自强"的资本，自己甚至还可以超越于国际法而行动。在郑观应就"边防"所做的一系列思考中，"自强"对他来说是"决定性"的，我们可以列举一下他的有关说法：

> 总之，立国之道在乎审机应变，上下一心，得人行政，以图自强。②

---

① [清]张之洞：《劝学篇》，李忠兴评注，中州古籍出版社1998年版，第165页。
② [清]郑观应：《盛世危言·边防二》，见夏东元编：《郑观应集》上册，第781页。

第二章 世界秩序观中的法律规范与行为

孙子云:"毋恃其不来,恃我有以待之。"御敌者以自强为本,以自守为先。①

古觇民情,今觇国势。觇国势者,觇其武备之若何。弱者事事循理,迫于势也;强者事事挟势,恃其力也。国之小者无不事大,而国之大者竟无有字小者矣。为可慨也!足见世变日亟,有国者宜早自强。②

公法仍凭虚理,强者可执其法以绳人,弱者必不免隐忍受屈也。是故有国者,惟有发愤自强,方可得公法之益。倘积弱不振,虽有百公法何补哉?噫!③

上海《字林西报》作者看出,积弱的中国在武力上甚至连欧洲小国都抵御不了,识时务的选择是:"不如与泰西诸国深交厚结,讲辑睦之谊,修盟约之信,则可相安于无事,永立于不败。"④英国人美查(Frederick Major)认为,这是一种消极的策略。美查曾是一位在中国经营茶叶贸易的商人,后来他与他的弟弟等人一起创办了著名的《申报》,他认为中国在谋求与西方友好的同时,也必须同时讲究自身防务,以应付事变。以"自强"为落脚点的王韬,肯定美查的看法,他说:"惟我中国富强,可与泰西诸国和局可久也。盖天下事,能守然后能战,然后能和,否则和局操之于人,而不操之于己。"⑤

---

① [清]郑观应:《盛世危言·边防二》,见夏东元编:《郑观应集》上册,第787页。
② [清]郑观应:《盛世危言·边防八》,见夏东元编:《郑观应集》上册,第821～822页。
③ [清]郑观应:《盛世危言·公法》,见夏东元编:《郑观应集》上册,第389页。
④ [清]王韬:《跋上海字林西报》,见《弢园文录外编》卷十,第366页。
⑤ 同上书,第367页。当然,王韬有时又把解决中外交涉问题的关键放在"是非曲直"的道理上。如他说:"不外辨其公私、分其曲直而已。"([清]王韬:《除额外权利》,见《弢园文录外编》卷五,第150页)

在对万国公法的局限性进而是否定性的看法中，我们再次遇到了晚清人士的期望，这就是他们梦寐以求的"梦想"和"神话"——"自强"。"自强"被看成是解决一切问题的出发点，也是解决一切问题之后的最终目标。"自强"可以说是晚清中国人士为中国前途或世界赌局押上的一个最大"赌注"。当"自强"作为晚清人士的思维方式而表现时，这一思维方式是根本性和普遍性的，它构成了其他思维方式的前提。在中国人立足于残酷的现实思考万国公法时，"自强"成了中国享受国际权利的条件。万国公法既然不足以决定世界秩序和国际关系，在国家之间既然"力量"和"权势"始终是铁的砝码，中国就不能单靠万国公法来摆脱不平等条约和不平等待遇；说到底，只要富强了，一切就迎刃而解了。但问题的复杂性在于，当富强成为唯一目标的时候，我们反而却无法富强。

第三章

清末民初中国认知和理解世界秩序的方式
—— 以"强权"与"公理"的两极性思维为中心

为了在一个具体的背景之下引出所要讨论的问题，我们从中国公众对1918—1919年前后仅半年发生的两个重大历史事件的不同反应方式说起：一个是人们对一战德国战败和协约国胜利的反应方式，另一个是人们对巴黎和会中中国收回山东主权失败的反应方式。

对于1918年11月德国与协约国签署停战协定这一事件，中国自上而下举行了热烈的庆祝活动。① 不少中国人都是把中国作为对德宣战以及协约国的一员来分享战争胜利的喜悦的，尽管中国对德宣战和加入协约国主要是名义性的。② 19世纪以来，在国际关系中，中国人能

---

① 庆祝的热烈性，观之当时的描述可见。如从不同意义上（如bolshevism）看待一战胜利之果的李大钊，描述当时北京的热烈庆祝场面说："'胜利了！胜利了！联军胜利了！降服了！降服了！德国降服了！'家家门上插的国旗，人人口里喊的万岁，似乎都有这几名句话在那颜色上、音调里隐隐约约的透出来。"（李大钊：《BOLSHEVISM的胜利》，见《回眸〈新青年〉·社会思想卷》，河南文艺出版社1998年版，第43页）陈独秀也描述说："京中各校十一月十四、十五、十六放假三天，庆祝协约国战胜；旌旗满街，电彩照耀，鼓乐喧阗，好不热闹；东交民巷以及天安门左近，游人拥挤不堪，万众欢愉声中，便是'好了好了，庚子以来举国蒙羞的'石头牌坊'（即克林德碑，北京人通称呼石头牌坊）已经拆毁了'。"（陈独秀：《克林德碑》，见《回眸〈新青年〉·社会思想卷》，第47页）

② 参见《对德奥参战》，见张国淦：《北洋述闻》，上海书店出版社1998年版，第85～116页。

以胜利者的身份进行隆重庆祝活动这还是第一次，此前，中国一直忍受着屈辱的不平等条约的对待。一战的胜利，还有此前1918年1月美国总统威尔逊发表的十四条宣言所主张的维护各个国家的政治独立和领土完整、强调"各国人民权利平等"并以公道原则进行议和等观点，都使中国人看到了摆脱不平等条约和成为独立主权国家的前景和曙光。中国公众广泛的乐观情绪普遍建立在他们对一战性质的认识上，即把协约国的胜利和德国的战败视为"公理战胜了强权"。时任总统的徐世昌义无反顾地宣称协约国的胜利是"公理"对"强权"的胜利①；担任总理的钱能训在众议院的演讲中也自豪地指出，中国有幸参与的这次欧洲战争，是一场"讲公道"同"专尚武力"的决战②。

北京大学为庆祝协约国的胜利而在天安门搭台举办演讲会。在演讲台上，蔡元培校长喜笑颜开，问询大家何以如此高兴，他说他演讲的目的就是要向大家说明其中的"缘故"。正如他的演讲题目——《黑暗与光明的消长》——所表明的那样，他肯定协约国对德奥的胜利，是世界光明战胜黑暗这一整个进化过程的一个重要见证，是截然对立的思想和力量消长之结果。照他的说法，一是黑暗的"强权论"消灭，光明的"互助论"发展；二是"阴谋派"消灭，"正义派"发展；三是武断主义消灭，平民主义发展；四是黑暗的种族偏见消灭，大同主义发展；等等。蔡元培对一战结果的观察和概括，总体上可以说就是公理（正义、互助、大同）对强权（阴谋权术、种族主义、武断）的胜利。他从生物进化论的两种对立观念——弱肉强食论与互助论——

---

① 如他在发布的命令中说："我协商国士兵人民，不惮躬冒艰险，卒以公理敌强权而获此最后之胜利。吾国力排众难，加入战团，与兹盛举，是堪欣幸。"（《政府公报》，1918年11月17日）

② 如他说："此次欧战，中国幸能随同最讲公道、最爱和平各友邦，以与专尚武力、凭凌弱小之国角斗，是为我中国最有荣幸之事。"（《众议院速记录》，第二届第一期常会）

看待一战双方的性质,说:"从陆谟克、达尔文等发明生物进化论后,就演出两种主义:一是说生物的进化,全恃互竞,弱的竞不过,就被淘汰了,凡是存的,都是强的。所以世界止有强权,没有公理。一是说生物的进化,全恃互助,无论怎么强,要是孤立了,没有不失败的。……无论怎么弱,要是合群互助,没有不能支持的。……可见生物进化,恃互助,不恃强权。此次大战,德国是强权论代表。协商国,互助协商,抵抗德国,是互助论的代表。德国失败了。协商国胜利了。此后人人都信仰互助论,排斥强权论了。"①蔡元培乐观地相信,一战之后整个世界将是由公理、互助和正义所主导的世界。他信心十足地这样预测说:"世界的大势已到这个程度,我们不能逃在这个世界以外,自然随大势而趋了。我希望国内持强权论的,崇拜武断主义的,好弄阴谋的,执著偏见想用一派势力统治全国的,都快快抛弃了这种黑暗主义,向光明方面去呵!"②

陈独秀因中国没有在一战中尽力而感到羞愧,自然也不像其他人那样为庆祝协约国的胜利而在街头载歌载舞,但他仍然肯定一战胜利的意义,如他为《每周评论》所写的发刊词就是从"公理与强权"的关系来看待一战的结果和性质的。他说:"自从德国打了败仗,'公理战胜强权'这句话几乎成了人人的口头禅。列位要晓得什么是公理,什么是强权呢?简单说起来,凡合乎平等自由的,就是公理;倚仗自家强力,侵害他人平等自由的,就是强权。德国倚仗着他的学问好,兵力强,专门侵害各国的平等自由,如今他打得大败,稍微懂得点公理的协约国,居然打胜了。这就叫做'公理战胜强权'。这'公理战胜强权'的结果,世界各国的人,都应该明白,无论对内对外,强权是靠不住的,公理是万万不能不讲的了。……我们发行这《每周评论》的

---

① 蔡元培:《黑暗与光明的消长——在北京天安门举行庆祝协约国胜利大会上的演说词》,见《蔡元培全集》第三卷,中华书局1984年版,第216页。
② 同上书,第218页。

宗旨，也就是'主张公理，反对强权'八个大字，只希望以后强权不战胜公理，便是人类万岁！本报万岁！"① 陈独秀还以极其友好的态度，肯定威尔逊是当时世界上的第一好人，因为在他看来，威尔逊提出的十四条宣言中包括了两个重要的主义：一是不允许各国以"强权"侵害他国的平等自由，二是不允许各国政府以"强权"侵害自己国家百姓的权利。

人们对"克林德碑"的反应方式也是一个有说服力的例证。克林德（Klemens von Ketteler）曾是一位德国外交官，1899年开始担任驻华公使。当义和团运动演变为清政府对外宣战后，他在北京被端王载漪的虎神营士兵开枪打死（在他乘轿前往总理衙门而途经东单牌楼时）。"克林德碑"被北京人通称为"石头牌坊"，它是根据《辛丑条约》第一款第二条清政府"惋惜凶事之旨"而建。② 在西方列强的眼里，这是清政府对克林德表示纪念的象征，但在中国人看来，这是一个耻辱性的标志。为庆祝协约国的胜利，人们在欢呼声中所做的一件大事就是拆除这一石头牌坊，把"克林德碑"改为"公理战胜碑"③，并把这一石碑从东单迁至当时的中央公园。

总之，人们普遍以"公理战胜强权"的心情和思考方式来感受和看待一战的结果，并乐观地相信未来的世界也将是公理的天下，中国亦将由此获得民族和国家的自主权。可以说，这是一种基于"公理主义"的高度简化的思考国际关系和世界秩序的方式。

然而，正当中国公众还沉浸在"公理战胜强权"的欢呼声中并期

---

① 陈独秀：《〈每周评论〉发刊词》，见《陈独秀文章选编》上，生活·读书·新知三联书店1984年版，第304页。

② 如所谓的"现于遇害处所，建立牌坊一座，足满街衢"（梁为楫等主编：《中国近代不平等条约选编与介绍》，中国广播电视出版社1993年版，第428页）。

③ 当时的中华门前还有一个"公理战胜"牌楼。1918年11月，北京各界也在此庆祝协约国的胜利。参见《东方杂志》第15卷第12号。

待着享受"公理"所带来的更多蜜果时，巴黎和会所议定的条约（《凡尔赛条约》）给中国人当头一棒，过去中德不平等条约中所规定的德国在山东的所有"权益"都将由日本占有①，虽然参加和会的中国代表团实际上为收回中国的山东主权而进行了最大限度的抗争。中国人的愤怒和痛恨之情是完全可以想象的，主要由学生和知识分子发动的五四运动，就是中国人对巴黎和会所议定的条约而进行的最强烈反应，它是对世界列强同时也是对中国当政者特别是其中的亲日派的双重抗议。近代以来，中国公众对中国与世界的关系首次产生了自觉和理性的行动。事情的演变完全出乎中国人的意料，善良的中国公众普遍有一种被蒙骗和愚弄的痛苦感受。威尔逊的十四条宣言、协约国的胜利、旨在维护世界和平与国家平等的国际联盟、所谓"巴黎和会"，都使中国公众对未来以正义、公道、平等为基础的世界秩序产生了信心和期待，但是，他们的美好愿望和信念都在类似于"美丽的谎言"之中破灭了，他们按捺不住极度的失望甚至是绝望、不安、焦虑和痛恨，他们冲破了当局的禁令，发起了声势浩大的游行示威和抗议运动。

巴黎和会对中国山东问题处置的不公正、不平等是显而易见的②，中国公众对此做出强烈的抗议完全在情理之中，谁也不能指望他们再继续局限于"公理战胜强权"的思维方式之中。实际上，逻辑完全翻转了过去，不是"公理战胜强权"而恰恰是"强权战胜公理"。在残酷的事实面前，人们发现了"公理"的苍白无力。无法改变议定条款而深感有愧国人的中国代表团，当时决定向政府请求辞职，他们在辞职电中痛心地写道："和会仍凭战力，公理莫敌强权。祥等力竭智穷，负

---

① 参见第四部第八编"山东（第一百五十六——百五十八）所规定"，见《国际条约集》（1917—1923），世界知识出版社1961年版。

② 虽然威尔逊在和会上一再向中国代表声称这种安排是目前情势之下所能得到的"最佳方案"。参见《顾维钧回忆录》第1分册，中华书局1983年版，第194～206页。

国辱命,谨合呈大总统,请即开去全权。"①一位名叫陈冷血者以尖锐的口气质问说:"欧洲和会之始,所谓公理之战胜也,所谓密约之废弃也,所谓弱小国之权利也,所谓永久和平之同盟也,今和会之草约已宣示矣,其结果如何?所谓中国之主张者,今犹有丝毫存在者耶?由此可知,求助于人者,终不能有成;自作其孽者,终不能幸免。……若不能自谋、自助而欲望诸人,则终归于空想而已。呜呼!国人其自奋。"②因受到政府限制而不能在中央公园举行国耻纪念会的国民外交协会,当即发表了一篇宣言,严厉抗议列强及巴黎和会的虚伪性:"公等既曰以正义人道标榜于众,今乃许野心之国犹为侵略之举动,然则巴黎之和平会议,直无正义可言耳。威尔逊之种种宣言,直当视同取消耳。"③1918年12月在《每周评论》发刊词中还基于"公理"看待世界秩序和世界前景的陈独秀,到了1919年2月,他就在《每周评论》上接连发表短文,开始对"公理"的有效性提出了怀疑。如他对"公理战胜强权"的假面性讽刺说:"协约国攻击德国的旗帜,就是'公理战胜强权'。如今那海洋自由问题,国际联盟问题,巴尔干问题,殖民地占领问题,都是五个强国在秘密包办。至于弱小国的权利问题,缩小军备问题,民族自决问题,更是影儿没有。我们希望这公理战胜强权的假面,别让主张强权的德意志人揭破才好。"④又如,他以一连串的"公理何在",质问五国对和会的垄断,特别是为在大战中做出了巨大牺牲的比利时打抱不平。⑤就像有人把好发理想议论的孙中山称为孙大炮那样,陈独秀把威尔逊称为威大炮,挖苦他的十四条宣言的空想性。

---

① 中国社会科学院近代史研究所《近代史资料》编辑室主编:《秘笈录存》,中国社会科学出版社1984年版,第146页。
② 陈冷血:《图穷而匕首见》,《申报》1919年5月9日。
③ 《国民外交协会宣言》,《晨报》1919年5月7日。
④ 陈独秀:《揭开假面》,见《陈独秀文章选编》上,第343页。
⑤ 参见陈独秀:《公理何在?》,见《陈独秀文章选编》上,第344页。

对和会前兆的疑虑,很快就由和会的结果证实了,陈独秀悲叹:"巴黎的和会,各国都重在本国的权利,什么公理,什么永久和平,什么威尔逊总统十四条宣言,都成了一文不值的空话。"① 在协约国胜利中被认为得到印证的"公理战胜强权"的真理,一下子又被在巴黎和会中所反证的"强权战胜公理"这一真理所取代。公理受到了相反现实的无情嘲讽。陈独秀像其他许多中国人士那样,意识到他们所处的世界原本通行的仍是强权。陈独秀说:"呵!现在还是强盗世界!现在还是公理不敌强权时代!可怜为公理破产的比利时,所得权利尚不及亲德的日本,还有什么公理可说?横竖是强权世界,我们中国人也不必拿公理的话头来责备协约国了。"② 当然,陈独秀还没有完全放弃对"公理"和"正义"的期望,他坚持认为实现世界和平理想仍然靠"公理":"要想免第三次大战争的痛苦,非改造人类的思想,从根本上取消这蔑弃公理的强权不可。什么'国际竞争',什么'对外发展',什么'强国主义',什么'强力即正义',都是造成世界大战的根本原因。"③ 只是,陈独秀不再单向度地来看待"公理与强权"的关系了,如同他强烈呼吁中国国民的政治觉悟和伦理觉悟一样,他现在呼吁国民通过山东问题而达到对公理的觉悟,这就是"不能单纯依赖公理的觉悟"。他认识到单靠公理是不行的,公理必须通过强力来维护。对强力意义的认识,使他完全否定了托尔斯泰不抵抗主义的正当性,而肯定尼采甚至是希特勒的思想。他说:"我们不可主张用强力蔑弃公理,却不可不主张用强力拥护公理。……我们不可不承认托尔斯泰的不抵抗主义是辱没人格、民族自灭的谬论。我们不可不承认尼采、斯特勒(Stinor)诸人的强力唯我主义有不可磨灭的价值。一个人、一民族若没有自卫的强力,单只望公理昌明,仰仗人家饶恕和帮助的恩惠才能生存,这是何等卑

---

① 陈独秀:《两个和会都无用》,见《陈独秀文章选编》上,第397页。
② 陈独秀:《为山东问题警告各方面》,见《陈独秀文章选编》上,第402页。
③ 同上。

弱无耻、不能自立的奴才！"① 陈独秀的结论是"强力拥护公理"。从这个结论可以看出，他要求把强力与公理结合起来，以克服单向度的思维方式。

作为维新时期的元老并且仍活跃于民初政治舞台上的康有为、梁启超，还有通过革命起家的国民党，也是先为协约国的胜利、为公理战胜强权而欢呼，后很快又为巴黎和会的分赃、为强权战胜公理而抗议。康有为根据国际联盟的建立而乐观地估计，他所期望的大同世界将提前到来；梁启超也天真地相信，一战之后的世界将会出现一个和平新秩序。1919年2月，梁启超和一些人士共同发起成立了"国际联盟同志会"，他们将中国传统的世界大同理想同国际联盟的设想联系起来，认为二者若合符节："中国之政治思想，夙以大同为至善，大同者天下一家，即国际联盟圆满之境也。"② 同样，国民党人开始时也对威尔逊的主张及巴黎和会抱有良好的期望，但实际结果一下子又粉碎了他们的梦想，他们立即转而用强权来理解和看待现实的世界秩序。曾经坚持强权主义逻辑（后详述）的梁启超，也转而正视强权的现实并为中国寻找力量的"支撑点"："当知国际间有强权无公理之原则，虽今日尚依然适用，所谓正义人道不过强权者之一种口头禅，弱国而欲托庇于正义人道之下，万无是处。抑西人有恒言：天助自助者，苟不自助，天且不能助之，而况于人。须知我国民今日所处之境遇，前有怨贼，后无奥援，出死入生，惟持我迈往之气与贞壮之志。当此吁天不应、呼地不闻之际，苍茫四顾，一军皆墨，忽然憬觉环境之种种幻

---

① 陈独秀：《山东问题与国民觉悟——对外对内两种彻底的觉悟》，见《陈独秀文章选编》上，第411页。陈独秀20世纪30年代在狱中仍保持着这一逻辑，他为吴甲原题词说："公理没有强权，便是无力的废物；强权不讲公理，终于崩溃。"（《档案与史学》1994年第3期）有关这一题词引起的问题，参见周履锵：《公理与强权——陈独秀题词的时代背景》，《档案与史学》2000年第5期。

② 《国际联盟同志会缘起》，《晨报》1919年2月7日。

象，一无足依赖。所可依赖者，惟我自身耳。则前途一线之光明，即于是乎在也。"①康有为虽然并未对国际同盟彻底失去信心，但也重新看待国际联盟，他说："诸国未平等，国际同盟惟强者马首是瞻，必不能即见大同之盛。"②国民党人对公理与强权关系的认识前后显然不同，他们说："在德国停战那一天，凡是世界上参与战事和中立各国，没有不庆祝公理战胜的。"但是，继而又说："大会是什么东西？事实上就是强国的会议。所以这欧洲的讲和会议，所标榜的'自由''正义''人道''民族自决'，都是虚伪的宣示，那些强国政治家的根本观念，仍旧不外'强权即正义'。"③

在抗议巴黎和会不公正待遇期间，中国代表团仍在为改变和会所议定的有关山东的条款而进行外交努力，这种努力持续到6月28日和约签字的最后一刻。中国代表团提出的所有妥协方案都被拒绝了。④在万般无奈之下，中国代表团一致决定拒绝到凡尔赛宫在和约上签字，这总算为中国赢得了一点体面，它既打破了列强主宰弱国和分赃的如意算盘，也改变了中国近代外交中常常采取的"始争终让"的屈辱性惯例。

回到开头我们提出的问题，中国公众从对协约国胜利的热烈庆祝到对巴黎和会的强烈抗议，从不约而同歌唱"公理战胜强权"到众口一词高喊"强权战胜公理"，这种从一种态度到另一种态度的迅速变化，反映的是两种完全不同的思考方式。这是现实复杂呢，还是信念脆弱呢，抑或是人们处理和思考问题的方式简单呢？可能三者都是。

---

① 梁启超：《外交失败之原因及今后国民之觉悟》，见《梁启超全集》第五册，北京出版社1999年版，第3054页。
② 《康南海自编年谱（外二种）》，中华书局1992年版，第199～200页。
③ 《拒绝签字》，《星期评论》1919年7月6日。
④ 有关这一方面，参见《中华民国史》第二编第二卷，中华书局1987年版，第458～468页。

单凭协约国的胜利这一点，能够得出"公理战胜强权"这种一般性的结论吗？中国公众可能完全忘记了，所谓的这些协约国，此前不就是强迫中国签订过不少不平等条约的列强吗？稍微回顾一下，从1894年中日甲午战争后中国受辱于东方"蕞尔小国"而被迫签订《马关条约》，中经义和团之后列强强加给中国的《辛丑条约》、中国对朝鲜宗主国地位的丧失、日本诱迫袁世凯政府签订"二十一条"，其中还有大大小小的各种条约，所有这些都是19世纪40年代以来列强以不平等条约形式约束、控制中国的继续。这些更具有掠夺性、强盗性和进攻性的不平等条约使中国陷入一种空前的屈辱之中。列强在中国各处攫取利益、对中国进行蚕食式的"瓜分"、占领中国不同区域而划定自己的"势力范围"、为了不引起列强之间彼此冲突而保持中国统一的"门户开放"，所有这些行径，就使中国进入国际关系和世界秩序的过程，变成了不断丧失国家主权的过程。如果说耶稣被出卖而蒙受十字架上之难，那么清末民初的中国则被一群贪婪的恶狼撕咬得遍体鳞伤。由此来看，我们怎能单凭协约国的胜利就轻易地相信"公理战胜强权"呢？

同样，仅就巴黎和会而言，我们又怎能轻易地完全相信"强权战胜公理"呢？复杂的国际关系和世界秩序，绝不可单向度地仅以公理或仅以强权加以理解。威尔逊总统主张建立国际联盟的提议、对德条约，不是在美国参议院也未获通过吗？西方舆论和美国国会不是也为中国山东问题鸣不平吗？但是，在清末民初，中国人士认识和看待国际关系及世界秩序的立场、出发点，整体上则或者是基于"强权"或者是基于"公理"的一元论思维方式。下面我们就从五四之前的清末开始，以人们对"强权"与"公理"的两极性选择为中心，来看一看他们是如何建构这种一元论世界秩序观的。

一 基于"人道"和"正义"的"公理主义"论式

在清末民初,以公理主义来思考和认识世界秩序观的不乏其人,这里我们主要就自由主义者严复、文化保守主义者辜鸿铭和朱执信的立场及逻辑来讨论一下。

严复作为较早接受和运用进化主义的中心人物,常常也被视为中国社会达尔文主义的代表。正如我们一般理解的那样,社会达尔文主义不恰恰就是主张社会领域也像生物领域那样遵循"优胜劣败""弱肉强食"这种铁的原则的一个特例吗?如果这样,我们不是有足够的理由把严复也与"强权主义"逻辑联系在一起吗?

在肯定物竞天择、适者生存这种"进化"原理的普遍适用性(当然也适用于社会)上,我们确实可以说严复是一位社会达尔文主义者,但是,严复既不主张"种族"优劣、高低等意义之下的社会达尔文主义,也不主张以物质和军事力量来决定一切的强权主义。严复的社会达尔文主义,是以"人道"和"公理"为基础的。严复对国际关系和世界秩序的思维方式,主要是基于人道、正义和公理这种普遍的理性和价值,简单说就是基于"公理主义"的理念。

从严复评论德国攫取山东胶州湾的方式进入他的"公理主义"逻辑是一个恰当的例子。1897年11月,德国两名传教士在山东巨野被中国人杀害。中国人认为这是一个正当的行为,但却为德国提供了一个在山东采取军事行动的借口。中日甲午战争之后,中国一厢情愿式的联俄策略,成了俄国掠夺中国势力范围的有效途径,其他列强当然不甘落伍,德国更是迫不及待地要在中国找到下手的机会。德国殖民主义者感到他们在中国的殖民行动迟缓了,他们认为他们在中国还没有取得任何东西,这是他们得不到其他国家的尊重也被中国人视为软弱的原因。驻圣彼得堡大使拉度林在致首相何伦洛熙的秘密公文中称:

"如果德国不干脆地取它所希望或需要的，华人只会把它当作是一种软弱的表示，而决不会认为是崇高的大公无私的证据。……如果到现在为止还没有在中国取得任何东西的德国，而还要顾及中国，则德国在远东的威信将只会下降，中国决不会因此而感激。总之，要在中国取得一个巩固的并受人尊敬的地位，只有一个办法，即或者干脆地攘夺一个合适的海口据为己有，它既能从其后地与中国内地建立起商业关系，又能保卫这些关系。"① 职是之故，威廉二世得知传教士被杀的消息后就毫不掩饰地说：中国人"终究给我们提供了……期待已久的理由与事件，我决定立刻动手"。"我现已坚决放弃我们原来过分谨慎而且被全东亚人认为是软弱的政策，并决定要以极严厉的，必要时并以极野蛮的行为对付华人，以表示德皇不是可以随便被开玩笑的，而且和他为敌并不好玩。"② 事实上，德国很快采取了军事行动，以武力占据了胶州湾和胶州城。这显然是一种强权主义的行为。但英国《泰晤士报》竟为德国的这种强盗式行为进行辩护。英国路透社电称，《泰晤士报》称赞德国在与中国交涉中使用武力，并希望英国也采取类似的行动。严复对德国行径所做出的反应，就是从《泰晤士报》的辩护开始的。严复迅速撰写了《驳英〈太晤士报〉论德据胶澳事》，批评、驳斥《泰晤士报》的言论，同时谴责德国的强权行径。严复这样说："呜呼！吾今而知英人开化之说为不可信也。夫所谓开化之民，开化之国，必其有权而不以侮人，有力而不以夺人。一事之至，准乎人情，揆乎天理，审量而后出。凡横逆之事，不欲人之加诸我也，吾亦毋以施于人。此道也，何道也？人与人以此相待，谓之公理；国与国以此相交，谓之公法；其议论人国之事，持此以判曲直、别是非，谓之公论。凡地球进化之国之民，其自待待人，大率由此道也。"③ 依据这里所说的"公

---

① 《中国近代对外关系史资料选辑（1840—1949）》第二分册上卷，第 97～98 页。
② 同上书，第 99 页。
③ 《严复集》第 1 册，中华书局 1986 年版，第 55 页。

理""公法"和"公论",严复认为德国的行为既不合"公理",亦不合"公法",《泰晤士报》的言论也不合"公论",它们的所作所为,无异于野蛮的未开化的生番。严复指出,德国是与中国签订和约的国家,传教士被杀完全应该通过正常的法律途径加以解决,而且当地司法部门已经开始缉捕凶手。这完全是个人性的法律案件,而不是国家行为(朝廷方面尚未闻知此事)。在这种情况下,德国完全把中国变成了敌对国,这显然是依靠武力突然对中国采取的强权行为。严复很清楚,"德人背公理,蔑公法",采取强盗性的不正当行为,是因为他们不甘心在争夺中国地盘上处于不利的地位。传教士被害当然就成了德国掠夺和控制山东的借口。恰如德国殖民主义者所表白的那样,严复敏锐地猜测到了他们对教案的真实心理:"幸有教士被害之事,度其君臣,必欣欣然作色相告曰:此吾索酬中国之机会至矣。时哉!时哉!不可复失。遂置一切公道于不顾,忽发野蛮之心思,露生番之面目,利之所在,虽大不义而亦蹈之。昔吾中国常以夷目外人,而外人不受,今若此,则又何以自解于恶名耶!"[1] 令严复感到惊讶和不解的是,英国被称为世界上文明和开化的国家,而《泰晤士报》又聚集着文化精英,却竟然不分是非地为德国的强权主义行为辩护。严复不无惋惜地认为,过去英人尚且不为自己护短,如今英人却为德国人护短。看来英国的民智、民德正在走向退化,"由此术也,公理何在?公道何在?其犹能执牛耳而为西方之盟主乎?吾窃为英人不取也"[2]。

以上严复谴责和批判德国的强权行为,是他基于公理和公道立场来认识和处理国际关系的一个具体实例。

严复坚持公理主义的思考方式,从他抵制他的同胞的强权主义立场也可以明显看出。20世纪初,强权主义在中国也开始被人们主张和

---

[1] 《严复集》第1册,第56页。
[2] 同上书,第57页。

倡导。他们基于中国所遭遇到的不平等待遇，急切希望中国在物质和军事力量上迅速强大，进而以自身的帝国主义对抗外部世界的帝国主义，以自身拥有的强权对抗他者的强权。显然，这同以人道、公道和公理为基础建立国际关系和世界秩序的思维方式完全对立。[1]1906年春，严复在上海"寰球中国学生会"发表演说，题为《有强权无公理此言信欤》。[2] 在此严复指出了当时弥漫在学界的强权主义呼声："不佞颇闻近日学界，盛行有强权无公理之说，道德本属迂谈，公法亦为虚论，日甚一日，不知所终。使此说而为感慨有激之言，犹之可也，乃至奉为格言，取以律己，将其流极，必使教化退行，一群之中，抵力日增，爱力将息，其为祸害，不可胜谈。"[3] 有感于此而对公理进行申辩的严复，更系统地显示了他基于公理主义立场思考世界秩序的方式。

习惯于从中国传统中寻找各种观念萌芽和意识的严复，认为《周易》首重的"群龙无首"，就是强调谨慎使用"刚德"；认为作为《春秋》大义之一的"拨乱世反之正"，就是主张罢黜强权、坚持公理。对于严复来说，坚持公理更为典型的例子是孟子，他生活在强权盛行、公理式微的战国时代，但他却不为武力征夺的这种残酷现实所左右，反其道而行之地主张性善，与时势相反地推崇王道和拒斥霸道，鲜明地区分德力，要求以德赢得天下人心。除非"使天下果惟强权有验，而公理实无可依据"，否则孟子就不会煞费苦心地去信持"公理"。严复认为，虽然在古希腊就有强权主张，如所谓"公平非平强有力者之方便耳"（柏拉图语）、所谓"以强治弱，乃太古律令，自天神至于禽

---

[1] 有关这方面的问题，下面将进行具体讨论。
[2] 此文标题中的"此言"，孙应祥的《严复年谱》作"此理"，《〈严复集〉补编》则作"此语"。"此理"误。
[3] 严复：《有强权无公理此言信欤》，见《严复合集》5，台湾财团法人辜公亮文教基金会1998年版，第161页。

兽虫豸，莫不皆然"、所谓"国家之成，必以兵力，故立国以强权为根柢"等，但在西方历史上，强权之说往往是一种虚悬的东西。这是因为，其一，推行强权，它在把统治者的专制和暴力正当化的同时，也把被统治者使用暴力反抗统治者的行为正当化；其二，如果推行强权，只以"强力"来论定一切，人类就会退化到野蛮社会之中，人与人之间、国家与国家之间就成了刀俎鱼肉的关系；其三，所谓强弱、雌雄，并不是固定不变的关系。当强者强时，他主张强权主义，他把主宰弱者的行为正当化，但当他变成了弱者，他的强权主义当然也将把强于他的强权行为正当化。在此，严复以强权主义将自食其恶果的逻辑，揭示了强权主义者自身的困境。这使我们想到了墨子这位反战的侠士对巫马子逻辑的反驳。巫马子有一个杀人利己的逻辑，这种逻辑认为墨子的"兼爱"是不能成立的，因为按照巫马子的"义"，有杀害别人以利自己的，没有杀害自己以利别人的。墨子无懈可击地从正反两方面反驳说，如果你毫不隐讳地公开宣传你的理论，一人若喜欢你的主张，一人就要杀你以利己，乃至天下之人若喜欢你的理论，天下之人则都要杀你以利自己；同样，一人不喜欢你的理论，一人就要杀掉你，乃至天下之人若都不喜欢你的理论，天下之人也都要杀掉你。把墨子这个推论运用到强权主义者那里，大概也是有效的。

让严复感到大惑不解的是，主张强权之说的人，恰恰也是主张自由的人。因为在严复看来，强权与自由是不相容的，既主张自由又主张强权，这是自相矛盾。严复论证说："天下有与自由之说反对者，殆无有过于强权。强权行则五伦灭。其所以为父子者，非慈孝也，以父强故；其所以为君臣者，非仁敬也，以君强故；其所以为夫妇者，非恩爱也，以夫强故。推之一切人道伦理，一无可言，而但有主奴之别。故强权之世，无自由之人，其所谓自由者，特纵奴耳。无所谓天直也，无所谓国法也。天直、国法者，神明道德之事也，公理之事也；而强权所资，气力而已。认强权为天发为国法者，天下安得有自由之人类乎！"① 如果说自由是每个人不受他人侵害的权利，那么信奉强权和强力决定一切、只承认强者的权利，当然就不会承认不受他人束缚和侵害的自由权利。但是，后面我们将会看到，主张强权的梁启超则相反地认为，强权与自由并不矛盾，因为在他看来，没有强权就没有自由，要获得自由就必须拥有强权。谁在竞争中获得了强权，谁就有自由；大家都获得了强权，大家也就都获得了自由，并自然产生各自自由的界限。但是，这样的自由已经不是自由主义者所说的自由，而是强权主义者目光中的自由了。

严复并非完全否定强权，他在强权只有隶属于公理才是正当的意义上来安排强权。由此出发，他继续去暴露"有强权无公理"说的破绽。严复有一个判断，按照这个判断，历史上仅凭借武力进行征服而创立国家的固然不少，但仅靠武力进行统治而又国脉持续延祚的则没有。基于这一判断（我们不管严复的这个判断是否可靠），严复推断说，武力作为一种功用、作为一种仆奴，只有服务于主导性的公理才能获得合法性，也才能发挥出它的最大威力。严复说："方其用兵，兵者，所以辅其名号者也。名为体，兵为用，公理为主，强权为奴，而后事成，反此者未见其能成立也。故徒兵不足以定名分也，必名分先定，而兵力加诸不尊此名分者。然则强权不足以生公理，特为公理之健仆，使不憪者必公认其主人。历史中欲不由公理而但操强权者众矣，顾其中有一成事存立者乎！"② 《庄子》中记载了一个以盗跖为头目的庞

---

① ［清］严复：《有强权无公理此言信欤》，见《严复合集》5，第164页。与此类似，不热衷于民族主义的严复，同样也坚持认为民权与尚武是冲突的。他说："爱国者，民族主义之名辞也。泰西哲学家谓非道德理想之至者，故世间国土并立，必其有侵小攻弱之家，夫而后其主义有所用也。真民主出现，必在民质相若之时；若此不能，则必以贤治不肖为目的。中国前此政治，亦有跂及此境者乎？又尚武之政，与民权反对者也。中国方求尚武，而又讲民权，是无乃并得而冲突者乎？"（［清］严复：《与夏曾佑书》，见孙应祥、皮后锋编：《〈严复集〉补编》，福建人民出版社2004年版，第265页）

② ［清］严复：《有强权无公理此言信欤》，见《严复合集》5，第164页。

大的盗窃团伙，一般来说盗窃团伙作为强盗可以说都是强权主义的，但是他们认为他们的成功之处就是他们拥有"道"。严复也以此为例强调，即使要成为大盗，也不能只靠强权，还必须借助于公理。如果说作为手段的强权是隶属于根本性的公理，那么根本性的公理是否可以脱离开作为手段的强权而自立呢？在这一点上，严复很清醒，也很现实，他没有采取不抵抗主义的逻辑，也没有对公理抱有过度的乐观主义态度，他说，单凭公理而没有强权手段，公理也不能自存："无公理之强权，禽兽之强权也。虎狼虽猛，终被槛羁。惟主公理而用强权，斯真人道之最贵耳！"① 这种在公理主导和引导之下的强权，当然与仅凭武力行事的非正义的强权主义不同，可以说是"以公理为主，以强权为辅"的思维方式。

1906年7月，严复在《寰球中国学生报》上发表了《述黑格儿惟心论》一文。在他对黑格尔的唯心论的解读中，我们也能够看到严复的公理主义立场。如果与上述《有强权无公理此言信欤》一文中的论点联系起来，我们就不会对严复发表有关黑格尔的这篇文章感到突然。严复对黑格尔唯心论的解读是非常有趣的。黑格尔的"绝对理念"合乎逻辑的推演，被严复理解为朝着合理性和理想性而天演或进步的一幅进化论图画。严复使用了诸如这样一些观念，即主观心与客观心、嗜欲、自营之心德与爱群之心德、民德，不法、不直与天直、公理，无道与公道、公义，等等。严复用这些彼此相对的观念，一方面来描述未经进化的蒙昧状态，另一方面来描述经过进化而达到了文明的状态。严复还使用了作为"无对待之心"的"皇极"观念，它与黑格尔所说的"绝对理念"有同有异。黑格尔的"绝对理念"是最高的真理，是无限的和无所不包的全体，是自然和社会内在的目的和理想，是一切有限事物的根源。严复所说的"皇极"观念虽然也有绝对性的

---

① ［清］严复:《有强权无公理此言信欤》，见《严复合集》5，第165页。

特点("无对待,无偏倚者也。无对待无偏倚,故不可指一境以为存,举始终,统全量,庶几而见之"①),但它主要是用来描述进化的理想阶段(不是进化的最终和极限)。在严复看来,万物皆处在天演之中。但从人类来说,进化则是从蒙昧的"主观心"朝着"天直"和"客观心"合理发展的过程:"草昧之未开也,童幼之未经教育也,盲然受驱于形气,若禽兽然,顺其耆欲,为自营之竞争。浸假而思理开明,是非之端稍稍发达,乃知有同类为一己之平等。所谓理想,所谓自由,所谓神明,三者实为同物,非其一身之所独具也,乃一切人类之所同具,而同得于天赋者,此老氏所谓知常。由是不敢以三者为己所得私。本一己之自由,推而得天下之自由,而即以天下之自由,为一己之自由之界域、之法度、之羁绁。盖由是向者禽兽自营之心德,一变而为人类爱群之心德,此黑氏所谓以主观之心通于客观之心 objective mind。客观心非他,人群之所会合而具者也。案:客观心即吾儒所谓道心。"②族群和国家的进化,也是朝着"天直"和"客观心"演进的过程,但这是一个充满着竞争的过程。在这一过程中,只有那些合乎道和公理的适者和优者才能获胜:"五洲无虑数十百国,国各有道,以为存立。道之胜者常为雄,是征诸历史而不惑者也。夫历史所载无他,前立之国家与后起之国家,二者继继绳绳,相与竞于无穷而已。且道者,观念之事也。其始浑然暗然,莫之知孰为优劣,至各持之而有胜负,斯其优者见。见乃形,形乃进,是故历史所载之前后国家,皆道之有形者也。随时而暂成,不久而蜕化,道常新,故国常新,至诚无息,相与趋于皇极而已矣。"③据此,严复所说的进化和进步,是人类不断文明化的过程,但它不是指技术和工具方面的,而是指国家制度、法律和道德方面的,特别是合群之德方面。竞争胜利的,是进化程度最高的,

---

① [清]严复:《述黑格儿惟心论》,见《严复集》第1册,第214页。
② 同上书,第210~211页。
③ 同上书,第214页。

也是与"皇极"和公理最接近的。在严复看来,这又是自然和天的选择:"自十八世纪末造以还,民皆以今之为战,大异于古所云。古之为战也,以一二人之私忿欲,率其民人,以膏血涂野草;乃今为战,将必有一大事因缘。质而言之,恒两观念两主义之争胜。向谓民族国种,有共趋之皇极,今之战而胜者,其所持之主义,必较战而负者之所持,其去皇极为稍近。何则? 世局已成,非近不能胜也。胜者,天之所助也;败者,天之所废也。"①按照这里所说,文明进化之国与未进化和落后国家之间的竞争以及战争,既是优者与劣者、适者与不适者之间的竞争,也是客观心与主观心的竞争。严复强调,强国绝不是物质力量的强大,它是文明和公理的强大。一个国家如果不追求文明和进化,安于落后和不开化,违背天道,自然是不会选择它的,它遭遇的一切都是自然和天道的惩罚:"居今而言强国,问所持主义之何如? 显而云乎,则察乎其通国之智力与教化耳。不讲于此,而痛苦流涕,为芣叔之违天,专专乎于排外争野蛮文明之稍异,则浅之为庚子之义和团,深之为今日之日本留学生,而是二者皆亡国之具也。……盖一切之民族,各自为其客观心,而无对待心,为之环中枢极。"②

正是基于这种进化和公理优先的逻辑,严复肯定处在进化状态中的文明国家对处在尚未进化状态的落后国家的占领是正当的。从武力征服来说,这是不折不扣的"强权",但严复认为,这恰恰合乎公理。这里的关键是,严复所设定的文明与野蛮的对立,贯穿着文明合乎公理、野蛮不合公理的逻辑。他这样说:"此不独强者之治弱也,抑且以智而治愚,以贤而治不肖故也。彼叹息流涕而但见强权者,何其不早寤乎! 故孟子曰:'不仁不智,无礼无义,天役也。人役而耻为役,由弓人而耻为弓,矢人而耻为矢也。'夫人役者何? 奴隶是已。夫国至为

---

① [清]严复:《述黑格儿惟心论》,见《严复集》第1册,第216页。
② 同上。

奴隶，而天下以是为有公理，非强权，此非可哀之至者耶！"① 严复的这个说法令人吃惊，这实际上把殖民主义者的行为正当化了。殖民主义和强权主义正是以文明和进步为借口来征服和掠夺其他的民族和国家的。严复曾批评德国占领胶州湾，认为这是一种不合乎公理的强权行为。但如果运用他的文明与野蛮的二分法，不仅德国的占领是合乎公理的，《泰晤士报》的辩护也是合乎公理的，因为殖民主义者相信中国还没有进化到文明。

由于严复的公理主义世界秩序观自始至终都是与他的进化主义联系在一起的，甚至可以这样说，严复所说的公理是必须通过进化过程去实现的，而他的进化恰恰又是以公理为目标的。下面我们就来考察一下严复的公理主义世界秩序观同他的进化主义之间的内在关联。

让我们先从严复对"evolution"所做的富有感染力的译名"天演"谈起。"evolution"的希腊文为"εξελιξη"，原意为"展示"。需要指出的是，拉马克、达尔文以及海格尔这三位19世纪的伟大进化主义者，都没有用"evolution"这个词来表达他们的核心思想。达尔文只是在"变迁"的意义上用过这个词。后来人们表达他的观念使用的"evolution"一词，在他那里则是一个非常质朴的说法——"descent with modification"（带有饰变的由来）。达尔文没有用"evolution"一词，据认为与两个因素相关：一是当时"evolution"在生物学中已经具有了特定的含义，被用来描述与生物发展理论有所不同的胚胎学理论；二是在英语中，"evolution"含有"进步发展"的意义，这与达尔文所要表达的东西不合。② 但是，由于斯宾塞（Herbert Spencer）的提倡，达尔文所不愿使用的"evolution"一词，却偏偏又成了他的"descent with modification"的同义语被广泛使用。如果按照斯宾塞在《第一原理》中

---

① [清]严复：《有强权无公理此言信欤》，见《严复合集》5，第165页。
② 参见〔美〕斯蒂芬·杰·古尔德：《自达尔文以来：自然史沉思录》，田洺译，生活·读书·新知三联书店1998年版，第20～24页。

对"evolution"的理解("evolution是物质及其消耗运动的整合,其中物质从不确定的、不一致的同质体变成确定的、一致的异质体"),它作为严格狭义的"descent with modification"的同义语,是不可能的。起关键作用的是斯宾塞在《生物学原理》中对"evolution"的运用,即用它来描述生物界的变化,并把变化的原因归为内部作用力和外部环境作用力相互作用的结果。这不仅符合了19世纪不少生物学家的观点,而且还能满足人们要求用一个简洁词汇表达其观念的愿望。①

严复知道,"evolution"一词是由斯宾塞确定的。如他说:"天演西名'义和禄尚',最先用于斯宾塞,而为之界说。"②严复所留意的也只是斯宾塞对"evolution"所做的"世界观性"的界定,他根本没有注意到达尔文的"descent with modification"概念,更没有注意到斯宾塞的"evolution"在什么意义上与达尔文的"descent with modification"相通。于是就出现了这样一种现象,对斯宾塞,他津津乐道于进化世界观;而对达尔文的进化主义,则只是取其"物竞""天择"法则,并把这种生物学法则统一到进化世界观中。因此,当严复思考"evolution"中文译法的时候,他首先所想到的就是寻找一个带有世界观意义的词汇来作为译语。他把中国传统思想的核心观念"天"同"演"结合起来,创造出了"天演"这一具有宇宙观意义的"evolution"的译名。他把赫胥黎的 Evolution and Ethics 译为《天演论》,也正是要满足他突出进化世界观的愿望。这里的根本是"天"。不用多说,"天"是中国传统思想中具有多重意义或者说是容易引起歧义的观念之一。严复对这一带有迷雾般的词汇,并不感到惊讶。他梳理了这个词在中国传统中的不同用法,并界定了他所说的"天演"的"天"是何种意义上的"天":

---

① 参见〔美〕斯蒂芬·杰·古尔德:《自达尔文以来:自然史沉思录》,第 20～24 页。

② [清]严复:《天演进化论》,见《严复集》第2册,第309页。

> 中国所谓天字，乃名学所谓歧义之名，最病思理，而起争端。以神理言之上帝，以形下言之苍昊，至于无所为作而有因果之形气，虽有因果而不可得言之适偶，西文各有异字，而中国常语，皆谓之天。如此书天意天字，则第一义也，天演天字，则第三义也，皆绝不相谋，必不可混者也。①
>
> 凡读《易》《老》诸书，遇天地字面，只宜作物化观念，不可死向苍苍抟抟者作想。苟如是，必不可通矣。②
>
> 天者何？自然之机，必至之势也。③

照这里的说法，"天"不是"实体"，只是物质"自然而然的因果内在必然性"。④从"自然而然"意义上的"天"来说，严复的"天演"与达尔文的"自然选择"观念，显然可以相通。只是，严复的用法具有普遍世界观的意义，绝不限于生物学。严复需要的是解释世界的统一原理，斯宾塞的普遍"进化"观自然更适合他的胃口。他也很容易通过中国传统哲学观念把它表达过来。严复对"进化"的理解，也就是斯宾塞对"进化"所做的"机械性"的界定："斯宾塞尔之天演界说曰：'天演者，翕以聚质，辟以散力。方其用事也，物由纯而之杂，由流而之凝，由浑而之画，质力相糅，相剂为变者也。'"⑤这样，在严复那里，"进化"作为普遍的世界法则，就把所有的物质运动变化都纳入

---

① [清]严复：《〈群学肄言〉按语》，见《严复集》第4册，第921~922页。
② [清]严复：《〈老子〉评语》，见《严复集》第4册，第1078页。
③ [清]严复：《〈原富〉按语》，见《严复集》第4册，第896页。
④ 在严复那里，"天"是否还有意志或人格化的意义呢？李强根据严复所说的"物特为天之所厚而择焉以存也者"加以肯定。（参见李强：《严复与近代思想的转型——兼评史华慈〈寻求富强：严复与西方〉》，《中国书评》1996年第9期，第98页）但我们认为，严复的"天"基本上是"自然"之"天"。
⑤ [清]严复译：《天演论》，商务印书馆1981年版，第6页。

它的范围之内。"天演"既然是"天道"或宇宙的自然原理，它当然也毫无疑问地适合于"人道"或人类社会，即"人道"或人类社会必须遵循"天演"（像斯宾塞所界定的意义）的天道，展开其"进化发展"的历史过程。如严复说："十九期民智大进步，以知人道为生类中天演之一境，而非笃生特造，中天地为三才，如古所云云者。"①对此提出疑问是完全可能的，人类社会无论如何都不能同"自然"之物相提并论，制度是人制作的，不是自然的产物。事实上，严复遇到了这方面的质问。但他不会轻易在这一根本问题上有所让步，他坚信，人类社会及其制度"归根结底"是天演的结果，是天演中之"一物"。②像"国家"这种事实上是人所设立的"组织"，对严复来说也是"自然"之物。这种说法，来自法国一位政治学家。③但它非常合乎严复的需要，它能够加强他的普遍进化原理。

严复坚信"人道""人类社会"的进化改善，最终就是基于作为"天道"的普遍进化原理。实际上不只是"生类"，在严复那里，一切都被纳入普遍的"进化"轨道："小之极于跂行倒生，大之放乎日星天地；隐之则神思智识之所以圣狂，显之则政俗文章之所以沿革。言其要道，皆可一言蔽之，曰：天演是已。"④但是，除了"天演"这一普遍原理之外，达尔文的"物竞""天择"，斯宾塞的"优胜劣败""适者

---

① ［清］严复译：《天演论》，第 29 页。
② 如他这样说："或曰：政制者，人功也，非天设也，故不可纯以天演论。是不然，盖世事往往虽为人功，而不得不归诸天运者，民智之开，必有所触，而一王之法度，出于因应者为多。饮食男女万事根源亦皆以此为由所设施者，出于不自知久矣，此其所以必为天演之一物也。"（《严复致夏曾佑》，见《中国哲学》第 6 辑，生活·读书·新知三联书店 1981 年版，第 341 页）
③ 如严复说："盖今之国家，一切本由种族，演为今形，出于自然，非人制造。"（［清］严复：《政治讲义》，见《严复集》第 5 册，1251 页）又说："天性，天之所设，非人之所为也。故近世最大政治家有言：'国家非制造物，乃生成滋长之物。'"（同上书，第 1249 页）
④ ［清］严复译：《天演论》，见《严复集》第 5 册，第 1326 页。

生存"法则，也是具有普遍性的"天道"吗？对达尔文来说，它们严格说来都是生物领域中的法则；对斯宾塞来说，它们是生物领域和社会领域的共同法则。不用说，严复更接近于斯宾塞的"社会达尔文主义"。但是，他比斯宾塞走得更远，他并没有局限于从"生物"进化法则的意义上来强调它对人类及其社会的适合，他实际上把"生物"的进化法则也视为"天道"或自然法则，从"天道"的立场来说明"生存竞争""自然选择"同样适合于人类。在达尔文和斯宾塞之间，严复没有觉得有什么障碍或有什么无法弥合的鸿沟，他很容易就把斯宾塞机械世界观中的"天演"与达尔文生物领域中的"物竞""天择"这两种"实际上"相差很远的东西，通过中国传统的"体用"观念整合为统一的"世界观"："以天演为体，而其用有二：曰物竞，曰天择。此万物莫不然，而于有生之类为尤著。"① 在此，达尔文的"物竞""天择"的"生物学"法则，被作为与"体"相连的"用"提到了"世界观"的高度，"万物"当然都逃不脱这种法则的作用。严复坚持"进化""物竞""天择"是普遍性的"公理"或"公例"，就是不愿使进化的原理和法则在任何地方被打折扣，尤其是在人类及其事务中，"舟车大通，种族相见，优胜劣败之公例，无所逃于天地之间"②。这样，斯宾塞基于个人"竞争"的政治"不干涉主义""自由放任主义"，在严复那里，就成了"任天为治""天行""尚力"等来自"天道"的必然性。严复对赫胥黎的不满，在很大程度上，都可以归结到这一点。严复不能接受软心肠的赫胥黎企图限制"宇宙过程"和残酷法则在人类社会中通行，他要使自然天道法则保持住它的普遍有效性。

严复执着地建立这种统一的、普遍的进化世界观及其法则并不懈地维护其有效性，从理论上说，他走了一条与他所信奉的斯宾塞相类

---

① ［清］严复译：《天演论》，见《严复集》第5册，第1324页。
② ［清］严复：《〈社会通诠〉按语》，见《严复集》第4册，第929页。

似的道路。正如巴克恰当指出的那样,斯宾塞不是从生物学入手,也不是从生物学借用进化观念然后普遍地运用于各个领域,他是从普遍进化主义入手,然后把它推广到各个领域,"斯宾塞并非从生物学的角度,也不是运用任何生物学的类推法提出'社会进化论',而是从据物理学所阐述的普遍进化的总见解的角度提出这一学说的。这一见解的范围包括社会学和生物学,也包括天文学和地理学,它们同样都是同一规律的并行不悖的表现形式"①。严复接受的正是斯宾塞的普遍进化主义,而且一开始就把达尔文的"生物进化"法则视为"普遍进化"法则来加以运用。严复对严格意义上的生物进化主义不感兴趣。他需要的是能为中国寻找出路的世界观。这就涉及严复传播进化主义的实践动机。严复提倡进化主义的过程,同时也就是一种对国人不断进行"严重"警告和追求"择优"的努力。面对外来强大势力的"挑战",严复没有采取那种"封闭"和"排外"式的"民族主义"。实际上,他严厉批评那种情绪激昂的"排外民族主义"。②严复关注的无疑是"富强""自强"。但是,如何才能达到这种目标呢?根据进化的法则,严复把它看成是一种激烈"竞争"和"适应"的过程。这样,把中国纳入国际竞争秩序中,在确实面临着被"淘汰"危机的同时,对严复来说,它更是改变传统"大一统""相安相养"的无活力状态的一种机遇。我们知道,严复一直对传统社会缺乏"竞争"深为不满。这绝不偶然,信仰进化主义的中国知识分子,大都持有严复的这种立场。在

---

① 〔英〕欧内斯特·巴克:《英国政治思想——从赫伯特·斯宾塞到现代》,第62页。

② 如严复这样说:"徒倡排外之言,求免物竞之烈,无益也。与其言排外,诚莫若相勖于文明。果文明乎,虽不言排外,必有以自全于物竞之际;而意主排外,求文明之术,傅以行之,将排外不能,而终为文明之大梗。"(〔清〕严复:《与〈外交报〉主人书》,见《严复集》第3册,第558页)又说:"外物之来,深闭固拒,必非良法。要当强立不反,出与力争,庶几磨厉玉成,有以自立。"(〔清〕严复:《有如三保》,见《严复集》第1册,第82页)

严复的进化主义中，始终贯穿着"物竞天择"这种"无情"的警告和寻找复兴机会的双重动机，"顾此数十年之间，将瓜分鱼烂而破碎乎？抑苟延旦夕而瓦全乎？存亡之机，间不容发，视乎天心之所向，亦深系乎四万万人心民智之何如也。……顺天者存，逆天者亡。天者何？自然之机，必至之势也"①。按照"优胜劣败"的法则，对于贫弱的中国来说，"亡国、亡种、亡教"绝不是杞人忧天的自扰。这也许容易把中国带到无可逆转的命定论或宿命论的境地，但对严复来说，这主要是促使人们觉醒的警钟，因为他并不真的相信中国会被淘汰："盖物竞天择之用，必不可逃。善者因之，而愚者适与之反，优劣之间，必有所死。因天演之利用，而所存者皆优；反之，则所存者皆劣。顾劣者终亦不存，而亡国灭种之终效至矣。虽然，中国根本甚厚，当不至此，特此颠沛流离生于其际者，颇辛苦耳。"②严复从来没有把"优劣"看成是一种固定不变的状态，因此顺应"天道"并不像乍看上去那样是接受一种固定的命运，而是主动选择"优化"自己的道路，改变已有的命运。

通过把达尔文生物学法则或斯宾塞的社会达尔文主义同世界观联系在一起而要求普遍"进化"的严复，用强有力的逻辑把人类社会也纳入"优胜劣败""适者生存"的法则之下。如同上述，严复把这种普遍的进化原理及其法则，原则上都归入"天行""天道"或"自然"的序列中，就像他别出心裁的"天演"这一译名本身所意味的那样。但是，在严复那里，这种根源于"天"的进化法则在运用到人类社会时并不像运用到自然领域那样简单。在自然领域，"对象"只是"无意识"地、被动地接受和顺应进化法则。但是，在充满着意识和理智的人类社会中，难道也是这样吗？严复对进化法则与人类社会关系的处

---

① [清]严复:《〈原富〉按语》，见《严复集》第4册，第896页。
② [清]严复:《与熊纯如书》，见《严复集》第3册，第614页。

理方式，把问题引向了深处。从统一的"天道"或宇宙自然来说，"人道"或人类社会显然也是它的一部分，后者并不能完全独立于前者而存在，它们既是整体与部分的关系，也是普遍与特殊的关系。作为部分或特殊的"人道"或人类社会，只能隶属于整体和普遍的"天道"或宇宙自然过程。上面所讨论的严复的普遍进化主义立场，正是这样来处理人类社会与宇宙自然的关系的。但是，在严复那里还存在着一种把"天道""天行""自然"和"力"同"人治""人事""人道"和"德"等"相对"起来加以把握的思想结构。按照这种结构，严复在把具有优越感的人及其所组织的社会统一到宇宙自然之下的同时，又使之从宇宙自然中分离出来，使之成为"相对于"宇宙自然的一种存在。

由于过分强调了严复同斯宾塞的亲和性，史华慈忽视了严复进化思想的这种"结构"。我们无意于否认严复同斯宾塞的密切关系，但严复的进化主义绝不是斯宾塞的翻版。正如史华慈所看到的那样，严复在把西方思想引进中国的过程中，实际上也改造了那些思想。这一点同样适用于严复同斯宾塞的关系。严格讲来，严复并不是斯宾塞"社会达尔文主义"的忠实不二信徒。他的思想具有多种来源，他有意识地把中国传统儒家和赫胥黎的思想同他所接受的斯宾塞的思想结合了起来。严复并不像史华慈所认为的那样，只是关注以"力"为中心的"富强"，他还有像李强所指出的那样对"道德主义"的诉求。[①] 赫胥黎作为斯宾塞社会达尔文主义的早期尖锐批评者，完全拒绝自然、宇宙过程和进化法则对人类社会的适用性。对他来说，自然和宇宙过程与伦理过程恰恰是对立的两极，"宇宙本性不是美德的学校，而是伦理性的敌人的大本营"[②]，人类社会及其伦理过程不能仿照宇宙过程和进化法则，而是相反，要抑制或代替宇宙过程或进化法则，用"小宇宙"来

---

① 参见李强：《严复与中国近代思想的转型——兼评史华慈〈寻求富强：严复与西方〉》，《中国书评》1996年第9期。

② 〔英〕赫胥黎：《进化论与伦理学》，科学出版社1971年版，第53页。

对抗"大宇宙","它要求用'自我约束'来代替无情的'自行其是';它要求每个人不仅要尊重而且还要帮助他的伙伴以此来代替推行或践踏所有竞争对手;它的影响所向与其说是在于使适者生存,不如说是在于使尽可能多的人适于生存。它否定格斗的生存理论"①。根本不存在所谓"进化的伦理",应该把它颠倒过来,强调"伦理的进化"。自然界中老虎和狮子那样的生存斗争,绝不是人类学习的榜样。人类通过伦理进化过程显示了与宇宙过程截然不同的方式。②赫胥黎用他的这种进化二元逻辑,彻底拒绝了斯宾塞的进化一元逻辑。

但是,严复在接受斯宾塞一元逻辑的同时,并没有完全拒绝赫胥黎的二元逻辑。这种二元逻辑,是在维护普遍天道立场之下进而又把天道与人道"相对化"的立场。但在严复那里,"天道"与"人道"的对立,远比在赫胥黎那里的意义要广。对赫胥黎来说,问题是宇宙过程与社会伦理的冲突,但"天道""天行"与"人道""人治"的对立,并不限于自然与伦理之间。因此,当严复用"天道"和"人道"来概括赫胥黎的二元逻辑时,他显然扩大了它的内涵,它不仅表现为残酷的"自然"和"道德"的冲突,还表现为"自然"和"人为"的冲突。

严复并不假定"自然"或"天"的"善意性",他所说的"道固无善不善之论"和对老子"天地不仁"的解释③,都表明他站在了天道自然主义的立场,这自然也排除了从"自然"或"天"中寻找"道德"根据的可能。严复既不同于斯多葛主义对"自然"的美化,也不接受程朱理学把"天"和"自然"道德化的"天理"。在此,他与赫胥

---

① 〔英〕赫胥黎:《进化论与伦理学》,第 57~58 页。
② 如赫胥黎说:"文明的前进变化,通常称为'社会进化',实际上是一种性质上根本不同的过程,即不同于在自然状态中引起物种进化的过程,也不同于在人为状态中产生变种进化的过程。"(〔英〕赫胥黎:《进化论与伦理学》,第 26 页)
③ 参见〔清〕严复:《严复集》第 4 册,第 1078 页。严复解释说:"老子所谓不仁,非不仁也,出乎仁与不仁之数,而不可以仁论也。"(〔清〕严复译:《天演论》,第 61 页)

黎具有共同的立场，赫胥黎明确反对斯多葛主义从自然出发所要求的"顺应自然而生活"。严复没有从"自然"、宇宙过程或进化法则中导出"道德"，也没有从中引出价值上的应该。他承认"进化"原理和法则的普遍性，只是承认了一种无情的客观事实，承认了人类社会也要受到天道的统治。问题不在于"进化"法则是否"应该"运用在人类社会中，而在于它"事实"上是在人类社会中通行着。但是，人类社会又不同于自然物，它能够通过"道德"和"人事"，又使自己从盲目的自然统治中获得"独立的位置"。对严复来说，在人类社会中，"强者"绝不只是最"有力者"，它还体现在"智"和"德"的水准上。我们知道，严复一直强调"民智""民德""民力"三种性质合一的"人格"，"民德"的进化在他那里是不可缺少的。"国家""种族"和"群体"的强弱，都是来源于个体"智德力"的强弱，"夫如是，则一种之所以强，一群之所以立，本斯而谈，断可识矣。盖生民之大要三，而强弱存亡莫不视此：一曰血气体力之强，二曰聪明智虑之强，三曰德行仁义之强。是以西洋观化言治之家，莫不以民力、民智、民德三者断民种之高下，未有三者备而民生不优，亦未有三者备而国威不奋者也"①。严复一般并没有提倡国家之间可以通过"强权"的方式来竞争，"弱肉强食"中的"弱"和"强"，不能简单地理解为只是"力量"上的强大。上面谈到的他对德国人强占中国胶州湾以及英国人为之辩护所做出的反应，是把他们归为还没有进化到"开化之民"的"野蛮之民"，并用人类社会的"公理"和"公法""公道"和"大义"谴责其非正当性。②

我们有必要关注一下"适者生存"和"优胜劣败"中的"适"和"优"。赫胥黎极其消极地仅仅从宇宙过程中看待"适者"。他准确地看

---

① ［清］严复：《〈原强〉修订稿》，见《严复集》第1册，第18页。
② 参见［清］严复：《驳英〈太晤士报〉论德据胶澳事》，见《严复集》第1册，第55页。

到了人们对"适者"所赋予的"最好"的含义,而"最好"又有一种"道德"的意义。但是,在自然界中,"最适者"依赖于各种条件。如果地球变冷,"最适者"可能就是一些低等生物。在人类社会中,受宇宙过程的影响越大,那些最适合于环境的人就越会得以生存。但不能说他们就是最优秀或最有道德的人。社会进展和伦理进化越能对抗宇宙过程,伦理上最优秀的人就越能得以继续生存。严复没有把"适者"限定在宇宙过程中,也没有仅从"强者"和"最有力者"来理解"适"和"优"的意思。他对"适者"赋予了更广的意义,"适"和"优"包括了赫胥黎排除在外的"道德"的"适应"。如他在《群学肄言·自序》中说:"真宰神功,曰惟天演,物竞天择,所存者善。"只是,严复对于"力"这一方面,仍像赫胥黎那样,把它纳入了"天行"("宇宙过程")一边,而把"德"视为"人治"范畴:

> 以尚力为天行,尚德为人治,争且乱则天胜,安且治则人胜。此其说与唐刘、柳诸家天论之言合,而与宋以来儒者以理属天、以欲属人者,致相反矣。大抵中外古今,言理者不出二家,一出于教,一出于学。教则以公理属天,私欲属人;学则以尚力为天行,尚德为人治。言学者期于征实,故其言天不能舍形气;言教者期于维世,故其言理不能外化神。赫胥黎尝云:天有理而无善。此与周子所谓诚无为、陆子所称性无善无恶同意。①

在此,"天行"与"人治"的对立表现为"尚力"和"尚德"的对立。显然,"人治"或"人事"并不限于"道德"方面,建立社会秩序、用人的智慧同异己的自然力量相对抗都属于它的范围。在严复对刘禹锡的"天人交相胜说"与赫胥黎的"天道人道观"的比较中,"天

---

① [清]严复译:《天演论》,第92页。

行"与"人治"的对立已转换为"自然状态"与"法制秩序"的对立:

> 刘梦得《天论》之言曰:"形器者有能有不能。天,有形之大者也;人,动物之尤者也。天之能,人固不能也;人之能,天亦有所不能也。故天与人交相胜耳。天之道在生植,其用在强弱;人之道在法制,其用在是非。……故人之能胜天者,法大行,则是为公是,非为公非,蹈道者赏,违道有罚,天何予乃事耶!……故曰:天之所能者,生万物也;人之所能者,治万物也。"案此其所言,正与赫胥黎氏以天行属天、以治化属人同一理解,其言世道兴衰,视法制为消长,亦与赫胥黎所言,若出一人之口。①

严复把赫胥黎的"宇宙过程"(也可以说是"非伦理过程")和"伦理过程"的对立转换或扩大为一般性的"天道""天行"和"人道""人治"("人事")的对立,促使我们再次关注他试图整合斯宾塞和赫胥黎的对立的愿望。如果说斯宾塞是主张"天人合一"、赫胥黎是主张"天人相分",那么严复所坚持的则是"天人合一"与"天人相分"的双重结构。我们看看他从"进化"立场对"国家"所做的解释即可明白:"有最要之公例,曰国家生于自然,非制造之物。此例入理愈深,将见之愈切。虽然,一国之立,其中不能无天事、人功二者相杂。方其浅演,天事为多,故其民种不杂;及其深演,人功为重,故种类虽杂而义务愈明。第重人功法典矣,而天事又未尝不行于其中。"②在对"国家"的这种理解中,严复并没有倒向斯宾塞和赫胥黎任何一方,实际上他兼顾了二者。对赫胥黎来说,"人类社会"受"宇宙过

---

① [清]严复译:《〈天演论〉手稿》,见《严复集》第5册,第1471~1472页。
② [清]严复:《政治讲义》,见《严复集》第5册,第1252页。

程"支配的程度,取决于社会文明的进化程度,后者进化程度越高,它受宇宙过程的支配就越小,社会文明的进化可望最终能够摆脱宇宙过程。很明显,严复的解释打上了赫胥黎的烙印。我们不能简单地看待严复对斯宾塞的"任天为治"的社会达尔文主义与赫胥黎的"自强保种"(或者像吴汝纶所概括的"以人持天")的"人道主义"冲突的理解及其整合方式。严复的"进化主义"具有"独特性"或"独特的结构"。

把公理和文明都放在进化历程之中加以理解的严复,相应地也把世界上的一些国家(特别是英国)看成是文明和公理的体现者,并作为模板要求后进国家效法。令人难堪的是,残酷的欧洲战争,使严复所依赖的欧洲文明之梦破灭了,使他所相信的欧洲的"公理"破灭了。[①]我们完全可以想象遭遇这种巨大挫折的严复在精神上是多么痛苦。这是他一生都在津津乐道并追求和信奉的价值和理想啊!他的整个逻辑和信念都包含在"西方=进化=文明=公理"或者"公理=文明=进化=西方"这种美妙的等式之中啊!可是现在他必须放弃他的这种逻辑,放弃他的美妙的等式。他在晚年的有限文字中,表达了因一战而对西方文明的极度失望、沮丧和痛心:"不佞垂老,亲见脂那

[①] 严复在给熊纯如的信中说:"欧战告终之后,不但列国之局,将大变更,乃至哲学、政法、理财、国际、宗教、教育,皆将大受影响。"(《严复集》第3册,第619页)又说:"世变正当法轮大转之秋,凡古人百年数百年之经过,至今可以十年尽之,盖时间无异空间;古之程途,待数年而后达者,今人可以数日至也。故一切学说法理,今日视为玉律金科,转眼已为蕉庐刍狗,成不可重陈之物。譬如平等、自由、民权诸主义,百年已往,真如第二福音。乃至于今,其弊日见,不变计者,且有乱亡之祸。试观于年来,英、法诸国政府之所为,可以见矣。"(同上书,第667页)当然,严复对进化论仍然坚持,如他赞成辜鸿铭对西方物质实利主义的批评,但不赞成后者对进化论的批评:"辜鸿铭议论稍有惊俗,然亦不无理想,不可抹杀。渠生平极恨西学,以为专言功利,致人类涂炭。鄙意深以为然。至其訾天演学说,则坐不能平情以听达尔文诸家学说。又不悟如今日,德人所言天演,以攻战为利器之说,其义刚与原书相反。西人如沙立佩等,已详辨之,以此訾达尔文、赫胥黎诸公,诸公所不受也。"(同上书,第623页)

七年之民国与欧罗巴四年亘古未有之血战,觉彼族三百年之进化,只做到'利己杀人,寡廉鲜耻'八个字。"① 严复还写了多首诗来表达他的沮丧之情,批评西方列强之间的残酷战争和强权主义。如一战三年之际,严复所作《欧战感赋》说:"三年西宇战天骄,海上金银气尽销。(只以英计,每日费金钱殆五百万镑,今则六七百万镑矣。)入水狙攻号潜艇,凌云作斗有飞韶。壕长地脉应伤断,炮震山根合动摇。见说伤亡过十万,不堪人种日萧条。"② 这是对一战物质消耗和人员伤亡的感叹。写作日期不明、题为《日来意兴都尽,今日涉想所至,率然书之》的诗说:"世界总归强食弱,群生无奈渴兼饥。""谁信百年穷物理,翻成浩劫到人群。春秋累战原无义,诸夏遗民再有君。自是寻常兴废理,不成天欲丧斯文。"③ 这是断定一战完全是非正义的。一战四年之际,严复又写了五首诗——《何嗣五赴欧观战归,出其记念册子索题,为口号五绝句》(诗中还夹带着复杂的注释),表达了他对欧洲文明的失望:

太息春秋无义战,群雄何苦自相残。欧洲三百年科学,尽作驱禽食肉看。
(战时公法徒虚语耳。甲寅欧战以来,利器极杀人之能事,皆所得于科学者也。孟子曰:"率鸟兽以食人。"非是谓欤?)

汰弱存强亦不能,可怜横草尽飞腾。十年生聚谈何易?遍选丁男作射㷍。
(德之言兵者,以战为进化之大具,谓可汰弱存强,顾于事适

---

① [清]严复:《与熊纯如书》,见《严复集》第3册,第692页。
② 《严复集》第2册,第396页。
③ 同上书,第394页。

得其反。）

　　洄漩螺艇指潜渊，突兀奇肱上九天。长炮扶摇三百里，更看绿气坠飞鸢。

　　（自有潜艇，而海战之术一变；又以飞车，而陆战之术亦一变。炮之远者，及三百里外；而绿气火油诸毒机，其杀人剧于火器益进弥厉，况夫其未有艾耶！）

　　牛女中间出大星，天公如唤世人醒。三千万众膏原野，可是耶和欲现形？

　　由来爱国说男儿，权利纷争总祸基。为忆人弓人得语，奈何煮豆亦然萁。①

可以注意一下这五首绝句的第四首。在这首诗中，严复将信将疑地把当时的一个天文自然现象与人事联系了起来。这一年的阳历 6 月 1 日，有一颗光芒超过一等星的新星，出现在"牛女之分"。根据天文学家的说法，这颗新星的出现，与社会人事之间本无什么关系。但仍让严复感到惊异的是这颗新星何以偏偏出现在此时。按照中国传统的思维方式，自然现象与人事之间常常是相互影响的，怪异的自然现象往往被认为是自然对不正常人事的一种警示。被一战的残酷性深深刺痛的严复，却无奈地希望自然现象向人类发出警告："四年苦战死伤总数逾三千万。宗教用其书之默示录语，疑世界乃近末日，抑救主有复临之机。此自人心乱极思治，其然岂其然欤！"

在最后一首诗中，严复对作为近代民族主义符号之一的"爱国"

---

① 《严复集》第 2 册，第 403～404 页。

观念表达了强烈的不信任立场。严复把爱国视为一战的原因之一，认为爱国是一种自私心，它与人道是不相容的："自爱国之说兴，而种族之争弥烈，今之欧战，其结果也。"严复举了一个例子，说英国有一个战地女护士，在比于扶这个地方救护伤员，即使是对于敌国之士兵，她也一视同仁。她护理的一个俘虏逃跑了，为此她可能被治罪，她请监守者把她的一句话告诉人们："爱国爱国一言，殊未足以增进人道也。"她说完之后自杀而死。严复评论说："夫爱国之义，发源于私，诚不足以增进人道。然彼之相为屠戮者，犹以种族异耳。顾同种并化之中，独以予夺奋虐，此真百喙无以自解者矣。"① 如果把辜鸿铭引用约翰逊博士所说的"爱国主义常常是恶棍的最后避难所"这句话联系起来，人们也许就不再不加反思地信奉爱国的神话了。一直主张"合群"自强的严复，却不信任爱国之论，这也许难以理解。在严复那里，如果爱国心是一种私心，是一种只考虑自身种族的话，那么"合群"则是一种公心，这种公心是同严复所说的文明进化的"人道"和"公道"相符合的。

在严复对欧洲的强烈批评中，仍然包含着他对"公理"和"文明"的期翼。正如我们前面所强调的，严复从来不把物质和军事上的富强看成是首要的，他注重的是"道德"和"公理"。严复指出，德国和日本的富强只是军事和物质上的，这种类似于中国秦国而只知强权的富强，最终是不会有好结果的："大抵尚武之国，每患此弊。西方一德，东方一倭，皆犹吾古秦，知有权力，而不信有礼义公理者也。德有三四兵家，且借天演之言，谓'战为人类进化不可少之作用'，故其焚杀，尤为畅胆。顾以正法眼藏观之，纯为谬说。战真所谓反淘汰之事，罗马、法国则皆受其敝者也。故使果有真宰上帝，则如是国种，必所

---

① 《严复集》第2册，第404页。

不福；又使人性果善，则如是学说，必不久行，可断言也。"①在"强权"与"公理"之间的选择方式表明，严复始终不是一个偏隘的民族主义者、种族主义者。他强烈希望中国"强大"，要求"保国""保种"和"保教"，但这一切都必须依据"公理"，而且依据"公理"也能够强大。严复要求的是通过合乎"公理"的国际竞争而获得富强。

在严复的晚年，他信奉的西方"公理"在突然之间破产了，他还有什么办法为自己找到一点立足之地呢？他还能够找到什么安慰呢？西方文明的神话在很大程度上就是严复自己塑造的。严复一生遇到了许多不愉快的事情，欧洲文明的危机也几乎摧毁了他的精神基地。让他感到幸运的是，他还有中国文明的血脉，他在中国文明中发现了恒久无弊的精神和信念，《畴人》诗说："孔门说人性，愚智都三科。其才可为善，著论先孟轲。至今二千载，为说弥不磨。……所忧天演涂，争竞犹干戈。借云适者存，所伤亦已多。"②对西方文明的失望伴随着对中国传统文明的复归。在匆忙之中，严复求助于中国传统文明："文明科学，终效其于人类如此，故不佞今日回观吾国圣哲教化，未必不早见及此，乃所尚与彼族不同耳。"③

坚持用公理主义思考世界秩序的另一个重要人物，是那位倔强而又古怪的辜鸿铭。他的确是非常独特的，有人说他故意立异，但就他保持独立思考并坚定地信奉他的信念来说，他是非常真诚和可敬的。比起严复来，他用来思考世界秩序观和文明观的"公理"和"正义"，从撇开物质力量而只要求道德力量来说，则更为单纯。辜鸿铭的公理

---

① [清]严复：《与熊纯如书》，见《严复集》第3册，第622页。严复对效法德国的日本的强权更是加以揭露："日本自变法以来，其建国宗旨、法律、军伍，乃至教育、医疗诸事实，皆以独逸为步趋，以战为国民不可少之圣药。外交则尚夸诈，重诇侦；其教民以能刻苦、厉竞争为本，事属利国，虽邪淫盗杀，无不可为。凡此种种，皆奉德教以为周旋者也。廿载以还，国以大利。"（《严复集》第3册，第665页）

② 《严复集》第2册，第400页。

③ [清]严复：《与熊纯如书》，见《严复集》第3册，第642页。

主义思维方式,从他看待洋务自强运动的立场可以明显看出。中国自19世纪60年代开始的自强运动,根本愿望是要求通过技术和工具的武装而达到物质和军事的强盛。

如何看待这场运动呢?强调通过科学精神和道德理想解决中国困境的五四知识分子,对此往往持消极和批评的态度。这种立场曾经受到了冯友兰的强烈质疑。冯友兰相信,中国走向自由之路的根本方法就是实现工业化,获得物质实力,因为只有这样中国才能在生存竞争中立于不败之地。以此为出发点,冯友兰认为清末追求物质和军事力量的自强是一个非常明智和现实的选择。他这样说:"在清末,达尔文、赫胥黎的'天演论',初传到中国来,一般人都以为这是一个'公例',所谓'天演公例'。所谓'天演竞争,优胜劣败''弱肉强食',成为一般人的口头禅,一般人的标语。他们对于所谓天演论,虽不见得有很深底了解,但凭这些标语,他们知道,一个国家如果想在世界上站得住,非有力不可。他们知道,中国在经济方面,必须要富;在军备方面,必须要强。富强都是力,有力方不为'弱肉',有力方不为强所食。他们并不说强侵弱,众暴寡,是不道德底行为,他们知道这是所谓天演。在所谓天演中,'有强权,无公理'。弱者被强者所食,照当时一般人所知之'天演公例'说,虽不必说是应该,但确可以说是活该。"①冯友兰指出,民初的人对公理和正义产生了一种幻觉,他们从相信西方的精神文明,进而相信在国与国之间西方国家也会坚持公理和正义。但这只是一种幻想,因为国与国之间的关系依然还处在一种野蛮的、由强权所主导的天然状态之中,一切由实力决定,根本没有公理可言。清末的人认识到了实力和富强的重要,认识到了国与国的关系是由实力决定的。按照清末人追求实力的办法,中国还不至于

---

① 冯友兰:《新事论》,见《三松堂全集》第四卷,河南人民出版社2000年版,第212页。

吃大亏。民初的人不知道实力和富强的重要，他们浪漫地以为国与国的关系是靠公理和正义维护的。按照民初人的观念，中国是一定要吃亏的。很明显，冯友兰从现实国际关系中的强权主义立场出发，肯定了清末人追求富强运动的意义。

辜鸿铭看待清末自强运动的立场正是冯友兰所批评的。在辜鸿铭看来，清末以发展物质和军事力量为主要目标的自强运动，是中国人受欧洲物质实利主义影响的结果。为了抵制和对抗这种物质实利主义运动，辜鸿铭认为中国也出现了类似于英国牛津运动的"中国牛津运动"。一般被称为"清流党"或"清流派"的张之洞、李鸿藻、张佩纶等，在辜鸿铭看来，就是这场运动的代表性人物。说起来，张之洞恰恰就是在"用"的意义下主张引进欧洲的物质技艺。但张之洞的目的不在物质实力本身，他是要以此来捍卫中国的教化。从捍卫中国教化的意义上，辜鸿铭肯定张之洞，但从主张引进欧洲的物质技艺来说，他又对张之洞感到可惜。因为张之洞试图以一种天真的方式将中学、旧学同西学、新学调和起来，这就对一个人提出了双重的道德标准，一个是有关个人的，一个是有关民族和国家的。就个人来说，他必须恪守儒家的道德原则，而对于民族和国家，他必须遵守欧洲新学的原则。辜鸿铭说："在张之洞看来，中国人就个人而言必须继续当中国人，做儒门'君子'；但中华民族——中国国民——则必须欧化，变成食肉野兽。为此，他动用了自己丰富的学识，举出古代中国试图变做食肉动物的混乱时代的例子，来阐明自己的学说。张之洞以为他这种奇特而荒唐的调和是正当合理的。理由是，我们处在只认强权不认公理的食肉民族的包围之中，时代迫切要求解除对于中国及其文明生存的巨大危险。"① 照辜鸿铭的说法，张之洞使自己处在了"既侍奉上帝，

---

① ［清］辜鸿铭：《中国牛津运动故事》，见《辜鸿铭文集》上，海南出版社1996年版，第321页。

同时又供奉财神"的两难之中。不过，他毕竟是可贵的，他还守护着"中体"。而当时在华的传教士和许多总督、巡抚等官员，则只关心物质技艺性的东西，他们是"何必曰义，亦有铁路、最惠货款而已矣"的人。在辜鸿铭看来，不仅中国，就是当今的世界，真正需要的东西不是什么"进步"和"改革"，也不是政治上和物质上的"门户开放"和"扩展"，而是知识和道德意义上的"门户开放"和"扩展"。如果"在公理通行之前，只有依靠强权"，那么如何才能使"公理通行"呢？辜鸿铭引用马太．阿诺德的话说："强权之所以需要，是因为公理未行，因为公理未行，所以强权那种事物存在的秩序是合理的，它是合法的统治者。然而公理在很大程度上是某种具有内在认可、意志之自由趋同的东西。我们不为公理作准备——那么公理就离我们很遥远，不备于我们——直到我们觉得看到了它、愿意得到它时为止。对于我们来说，公理能否战胜强权，改变那种事物的存在秩序，成为世界合法的统治者，将取决于我们在时机已经成熟时，是否能见到公理和需要公理。"①对于强权的态度，托尔斯泰曾致辜鸿铭一封信，他希望中国对于欧洲的物质实利主义要采取一种消极的抵抗。辜鸿铭并不赞成这种消极的抵抗，也不赞成洁身自好。不过，他也不主张用强权对抗强权。他以阻止上海有轨电车为例，认为上海的纳税人有几种方式可以选择：一是他可以牺牲他的身体，这也是端王和他支持的义和团抵抗欧洲的物质实利主义的方式；二是他与他的伙伴通过创办一个电车公司来搞垮它，张之洞的洋务自强所采取的就是这种方式；三是消极抵抗，洁身自好，不去乘坐；四是他可以乘坐，甚至还可以保护它，但他在他的私人生活和公职中，要保持一种自尊和正直的品质，以他的道德力量赢得上海纳税人的尊重，然后他向上海的纳税人解释电车是一种危险和伤风败俗的东西，使他们都甘愿放弃电车。在辜鸿铭看来，

---

① ［清］辜鸿铭：《中国牛津运动故事》，见《辜鸿铭文集》上，第388页。

第四种方式是最好的方式,因为这是一种以道德力量解决问题的方式。辜鸿铭感到伤心的是,他所说的中国的牛津运动最终不幸失败了。从辜鸿铭批评欧化和自强运动来看,他把物质实力和道德看成是完全不相容的对立物。这种对立,在他那里也表现为强权与公理的势不两立。辜鸿铭反对任何强权和强力性的东西,只承认公理和正义的价值。

辜鸿铭对欧洲近代文明的观察视角,也是非常独特的。他认为当时世界面临的真正敌人,一是群氓统治和群氓崇拜,再就是对强权的迷信和崇拜。英国是群氓崇拜的代表,德国是强权崇拜的代表。德国的强权崇拜根源于英国的群氓崇拜。德国人对正义的热爱、对分裂和混乱的痛恨,使他们不正当地使用了他们手中的利剑,使他们迷恋上了强力和战争,使他们在对外交往中蛮横和无礼。当辜鸿铭这样说时,他的德国朋友希望他举出例证。辜鸿铭很容易地提出了北京的克林德纪念碑问题,并指出欧洲战争也与德国的蛮横和无礼有关。不过,在辜鸿铭看来,世界的主要危险还不是德国的军国主义,而是同我们的自私与怯懦结合所产生的商业主义。照辜鸿铭的逻辑,商业主义造成了英国的群氓崇拜,并导致了德国的强权崇拜和军国主义,最终又引发了欧洲的战争。因此,解决问题的关键是消除商业主义。只有消除商业主义,才能削除群氓崇拜。要消除商业主义,就要牢记歌德所说的礼义,这种礼义恰恰也是中国良民宗教的核心。辜鸿铭说:"不以暴抗暴,而应诉诸义礼。事实上,要想清除强权及这个世界上一切不义的东西,都不能依赖强权,而只能靠我们每个人优雅得体的举止。以礼来自我约束,非礼毋言,非礼毋行。"① 辜鸿铭坚定不移地相信,在控制人的情欲方面,比起物质力量来,道德力量则更强大和更有效。中国所具有的以公理、正义和道德责任感为中心的良民宗教,使中国人不感觉用物质力量来保护自己的必要。如果全世界都承认公理、正义

---

① [清]辜鸿铭:《中国人的精神》,见《辜鸿铭文集》下,第17页。

和道德责任感是高于物质的力量,那么世界也就不需要军国主义了。问题的关键是要人类确信公理和正义的功效:"我的观点依然是,如果中国能表明自己是一个君子之国,她就能赢得世界的敬重并能借此拯救自己。进而,我宣告,如果中国现在能展示其为一个君子之国,并能将友谊、法律、正义置于有用、利益甚至于个人的安危之上,那么,她不仅能拯救自己,甚至可以拯救世界和目前世界的文明。"① 同样,列强如果要中国人相信它们,它们就必须放弃强权,放弃物质实利主义,而把它们的道德精神显示出来。辜鸿铭说:"中国人,作为一个民族,其文明的基础决定了他们更赞赏、尊崇和畏惧道德力量,而不是物质力量。像外国列强那种肯定出于知识不足的愚昧无知的物质力量,只能使中国人道德沦丧,陷入混乱。因此,如果外国列强或他们在中国的高级代理人真渴望和平解决中国问题,他们运用真实、智慧和道德的力量越早越好。目前,最为亟需的,是要使中国人民相信欧美人真的不是'魔鬼',而是像他们一样有心肝的人类。"② 可以看出,辜鸿铭基于"道德力量"的"公理主义",彻底抵制基于物质和商业实利的"强权主义"。辜鸿铭反对中国参加协约国作战的立场,也是以正义和道德为根据的:一是多数国家围攻一个国家,不合君子之道,不合英国的游戏规则;二是师出必有名(古老国际法),中国师出无名;三是要把"友谊""正义"放在"利益之上",要以德服人。

从公理主义观察世界秩序的人物,我们还可以举出一位革命家,朱执信。为了解释中国危机的根源并渴望自强,有人用一个很形象的比喻,说中国遇到困境,是因为中国人曾经处于一种沉睡状态之中,但聪明的中国人一旦醒来,他们将不可阻挡。③ 更有趣的是,为了说

---

① [清]辜鸿铭:《呐喊》,见《辜鸿铭文集》上,第524页。
② [清]辜鸿铭:《尊王篇》,见《辜鸿铭文集》上,第36页。
③ 曾纪泽曾撰有《中国先睡后醒论》(《德臣西字报》1887年2月8日),这是近代中国"睡醒论"较早的有代表性的文字。

明中国有巨大的潜力,中国被比喻为一头沉睡的雄狮,它一旦醒来,就会让全世界惊恐。人们不知不觉接受了这个比喻,相信一头沉睡的"雄狮"就要"醒了"。然而,朱执信认为这个比喻有严重的问题,他的公理主义世界秩序观也主要是对此而提出的。他肯定说,睡的人醒了,是再好不过了;但他不能理解的是,为什么醒了不去做人,却要去做狮子,让人去惧怕自己,难道说,一个人、一个民族、一个国家,其目的就是让别的人、别的民族和别的国家惧怕吗?当然不是这样。朱执信举出历史上和现实中的例子,强调做狮子是没有好结果的。譬如,提倡斯拉夫主义的俄罗斯和提倡大日耳曼主义的德国,都要当狮子去吃人,结果引发了残酷的欧洲战争,使世界付出了巨大的惨痛代价。在朱执信看来,正是当狮子的危害,使人们觉察到了"民族自决"的意义。所谓"民族自决"就是互相不做狮子使对方惧怕。还有一种说法叫作"武装平和",这个说法并不教导人当主动吃人的狮子,不过需要自己是狮子,目的是当他遭到其他狮子的进攻时,他能够抵挡,甚至打败那头进攻他的狮子。按照"均势论",如果每个国家都成为一头雄狮,它们之间因彼此势均力敌而互相惧怕和互相约束,结果就会形成一种稳定的国际秩序和关系。但是,对于朱执信来说,"武装平和"的逻辑也是错误的。因为当每个国家都以武装力量来求和平的时候,和平就成了招牌,目的只是发展武装,还是要做吃人的狮子。

从反对任何意义上的狮子来说,朱执信是要人与人、民族与民族及国家与国家的关系,都从互相恐惧和争斗的状态中走出来,走向互爱和互助的关系。这可能吗?朱执信从人类的进化过程出发,相信这是可能的。在动物世界中,有喜欢争斗的像狮子那样的动物,但作为人类近亲的猿猴、猩猩,它们都主要以树果为食。人类摆脱动物性,进化为万物之灵,最根本的特征就是人类具有智慧,懂得互助,不以力量与狮子、老虎等论高低。朱执信说:"人之祖先,固不曾磨牙吮血的争斗。就是人类的近亲猿猴、猩猩之类,也是吃果子度日。到人类更把互助的精神发挥出来，成立人类社会，所以人自己说是万物之灵。试问万物之灵，好处在那里？不过多了一点智识，晓得互助。……惟其论智不论力，所以贵互助不贵争斗。一个人晓得争斗不如互助，就是论智的结果。人人相互扶助，就是好争斗的狮子、虎、豹，也敌不过人。人为万物之灵，把别的动物不放在眼里。为什么做了人类，已经几百万年，倒转去仰慕起狮子来了，不把自家当人，却把自家当做狮子，岂不是大上其当？"①在朱执信看来，人类建立起社会组织，目的是让人互助、互爱。对于民族与民族、国家与国家之间因彼此利益冲突而不能互爱这种观点，朱执信反驳说，民族和国家都是由人组织起来的，如果国民觉醒了，认识到做狮子是不对的，应该以人道相处，那么建立起互爱并非不可能。中国传统文化的主导精神是主张人文教化、反对强权："宋儒推广孟子行一不义，杀一不辜，得天下不为，这种理论，简直没有征服的事可以承认的。只有拿着文化去开导人，柔远怀迩，舞干苗格，便算做守在四夷。这种理论，到明末还没有改。所以中国未睡以前，学说上全然反对侵略，没有恭维过狮子。"②但是，受欧洲强权主义思想的影响，中国人也开始主张和提倡强权主义，朱执信说这是接受了一种废料和毒药："到近年来，欧洲学说输入中国，半面的物竞天择，与自暴自弃的有强权无公理，流行起来，比鼠疫还快。仕宦不已的杨度，便倡起金铁主义，似乎一手拿把刀，一手拿个元宝，便可不必做人了。……新的学说，没有完全输进，而且人家用过的废料，试过不行的毒药，也夹在新鲜食料里头输进来了。这就是军国主义、侵略政策、狮子榜样了！"③总之，朱执信的结论是："一个国对一个国，一个人对一个人，要互助，要相爱；不要侵略，不要使

---

① ［清］朱执信：《睡的人醒了》，见《朱执信集》上集，中华书局1979年版，第324～325页。
② 同上书，第328页。
③ 同上书，第328～329页。

人怕；要做人，不要做狮子。既然从苔鲜起进化成一个人，便有人的知识，有两不相侵、两不相畏的坦途。在这个时代，还要说我是狮子，那就同变老虎去吃亲哥的公牛哀一样。"①朱执信所坚持的人类和国家之间关系的互助和互爱理想，无疑是美妙和动人的，如果真能这样，那确实是人类天大的福祉。

朱执信的公理主义世界秩序观，从他看待相连的两个具体问题上也能够看出。这两个问题是我们开始涉及的，一个是有关中国对德宣战。当时的一些知识精英②，还有段祺瑞政府，都主张对德宣战，他们提出的理由之一是德国代表了强权，英国则代表了公理。与此相反，朱执信反对参战。他的理由是，德国固然是强权，但英国、俄国何尝不也是强权。他质问说，英国夺取香港，强行销售鸦片，又在中国划占自己的势力范围，此种行为"据何公理"；俄国吞并满洲，离间中国外蒙，"又据何公理"。朱执信力排众论，认为如果论公理，协约国亦是所说的"有强权而无公理"。因此，依据"公理"对德宣战是不成立的，"数十年前，英国能用其强权以行无公理之事……而自讳其从前之曾用强权。……如使今日有人果为护持公理而战者，必先与英、法、俄战，不先与德、奥战也"③。另一个是有关巴黎和会对中国山东问题的处置方式，其中有所谓"委任统治"。朱执信强调指出，这种统治与民族自决是不相容的，实际上是对中国主权的侵犯。正如我们上面讨论到的，对于巴黎和会的结果，人们都以"强权"和有背公理加以谴责。朱执信撰写的《侵害主权与人道主义》辨析说："中国人论及此层，往

---

① [清]朱执信：《睡的人醒了》，见《朱执信集》上集，第329页。

② 《公言报》是当时主张对德宣战的报纸之一，此报的社评相信对德宣战就是公理向强权宣战。如署名地雷的作者在《信道不可不笃》一文中说："今人皆曰，天下有强权无公理矣。然自我观之，强权、公理竞争剧烈之时，最后之胜，必归公理。譬之于水，固有过颡在山之时，而其归必在大海。今之欧战者，强权、公理之竞争也。我之与人断绝国交，依乎公理，以求于国，尚有利者也。"（《公言报》1917年3月24日）

③ [清]朱执信：《中国存亡问题》，见《朱执信集》上集，第259页。

往以为有强权无公理,不复追究其所以然。其迷者不过仍欲蓄其武力,俟有机会以我强权,代彼强权。而怠惰者则又以为人道终必战胜强权,我辈惟当诉之于人道,此皆悖也。民族自决之主义,根于人道。侵害主权之口实,亦未尝不在人道。患在授人以人道上之口实耳,患人之不以人道相待也。果使在人道无许人侵害主权之口实,则无论早晚,必有回复其当然应享之利益之日。以武力得之可也,不以武力得之亦可也。否则虽有武力,虽倡人道,固无益也。欲讥人有强权无公理,自己先须无强权有公理。"① 朱执信的逻辑是,真正的人道主义是为全人类尽义务,因此,各民族所拥有之自然恩惠和资源,也应该提供出来作为全人类发展之用。后进国家如果主张自己的所有权和主权,反对外国占有,自己不对其进行开发,也反对他国开发,以此主张民族自决,恰恰不合人道主义。在这种人道主义公理之下,殖民主义的行为就是合理的和正当的。当然,朱执信也强调,如果真要保护主权,就必须自身进化,改革自己的内政,使殖民主义者无机可乘。朱执信说:"尽其对世界人类之义务,然后可以主张人道主义。使其国家随于世界之进步以为改良,然后可以禁人侵害我之主权。而改良内治,即为对人类义务之一种。主张人道主义,亦为防卫主权之一法。两者交相依倚,在于现世之社会,未有能取一而舍一也。"②

从以上的考察中我们可以看出,不管是严复、辜鸿铭,还是朱执信,他们都是基于公理也就是正义、人道来理解和看待世界秩序与国际关系。对于强权,他们或者使之隶属于公理之下(如严复),或者完全加以拒斥(如辜鸿铭、朱执信)。他们不为残酷的国际强权主义现实所左右,坚定地捍卫正义和人道的理想,谴责强权和物力征服,无疑,他们都属于世界秩序与国际关系中的乐观主义者。与此对立的则是一

---

① [清]朱执信:《侵害主权与人道主义》,见《朱执信集》上集,第396页。
② 同上书,第404页。

种基于强权也就是霸权、军事征服来理解和看待世界秩序与国际关系的思维方式。这种思维方式，在晚清民初也有其典型的表现。下面我们就来具体看一看。

二 "唯力论"和"强权主义"论式

我们从维新变法派的领袖康有为开始这一话题。就主张大同理想、消灭一切界限和不平等来说，康有为是极其理想主义的。但康有为清楚地意识到，在时间之流中，这种理想是属于人类的未来；在当下相互以力量竞争的世界秩序和国际关系中，需要坚持与此相应的一种现实主义立场。

自称遍游亚洲十一国、欧洲十一国和美洲的康有为，1905年发表了一篇长文《物质救国论》，以游历东西方的经历现身说法，认为从同、光之初到戊戌变法之后，中国所进行的自以为行之有效的变法和富强之道，如技艺、学校教育、革命、自由等都没有把握住西方何以富强的根本，因而也不能从根本上解决中国的问题。在康有为看来，西方富强的根本在于国民学和物质学。数年来中国虽然也知道发明国民之义，但只是以一国论强弱。中国衰弱的真正病因在于忽略了"物质之学"。中国文明一直注重道德哲学，最缺乏的是物质之学。康有为所说的物质之学，就是我们现在所说的"科学技术"："夫工艺兵炮者，物质也，即其政律之周备，及科学中之化光、电重、天文、地理、算数、动植生物，亦不出于力数形气之物质。然则吾国人之所以逊于欧人者，但在物质而已。物质者，至粗之形而下者也，吾国人能讲形而上者，而缺于形而下者，然则今而欲救国乎？专从事于物质足矣。"[①]康有为的判断是很奇怪的，洋务运动强烈主张效法的西学不正是生光化

---

① [清]康有为:《物质救国论》，见《康有为政论集》上，第568～569页。

电之学吗？这些恰恰都是物质之学，怎么说物质之学被忽略了呢？康有为认为中国具有优越的道德，这一判断也与洋务派类似。问题的实质是，经历了变法而面临着"革命"之势的康有为，反过来又要求物质之学，一方面是反对包括革命在内的其他解决中国问题的方式，另一方面是他认为决定世界秩序和国际关系的力量，不是道德而是强力和强权。康有为非常清楚地表明了他的这一立场：

> 势者，力也；力者，物质之为多。故方今竞新之世，有物质学者生，无物质学者死。①

> 当竞争之世，霸国主义之时，国欲自立，而内无精练之陆军，外无相当之铁舰，则以子产、俾斯麦为外部大臣，庸有幸乎？夫国家者无道德，惟恃强力。既无强力，何以拒外，则惟有隐缩退让而已。夫国而隐缩退让为事，一切听命于人，则不得为国矣。②

照康有为这里的说法，在彼此残酷竞争的国际关系中，国与国之间是无道德和正义可言的，有力量和强权就能生存，否则就要被奴役或被消灭。很明显，这与以上我们所讨论的"公理主义"论式截然相反。

作为康有为的最著名的弟子，梁启超所拥有的异常丰富的思想观念使他成为晚清中国风云激荡的思想运动和社会变革过程前后相接的最重要的"桥梁"和"媒介"。他的进化论思想也远远超过了他所继承的严复和康有为的框架。他用进化主义武装起来的"强权主义"，强烈

---

① ［清］康有为：《物质救国论》，见《康有为政论集》上，第565页。
② 同上书，第586页。

而又复杂，这又使他成为晚清思想界这一主义的重要代表人物。还没有受到社会达尔文主义武装的王韬，在19世纪的国际关系和中国所受到的屈辱性掠夺中，就已经对"公法"和"强权"之间的冲突特别是"强权"秩序有了明确的觉察："盖国强则公法我得而废之，亦得而兴之；国弱则我欲用公法，而公法不为我用。呜呼！处今之世，两言足以蔽之：一曰利，一曰强。"① 以"生存竞争""优胜劣败"为中心并在社会中寻找类似的社会达尔文主义，本来就容易与"强权主义"合流，或者说"强权主义"本身就受到了社会达尔文主义的促进或刺激。相信社会达尔文主义的严复，虽然主张"德主力辅"，控制"力"的膨胀。但是，在他用进化主义来追求"自强"或"富强"的时候，在无意之中也诱发了"强权主义"，梁启超点燃了"火种"并使之成为燎原之火。在梁启超毫无顾忌地从"生存竞争""优胜劣败"社会达尔文主义法则出发而强烈提倡"合群竞争"的观念中，就包含着他对"强力"的信奉。何以要"合群竞争"？因为只有"合群"，才能形成一种最大的"合力"或整体性的"力量"，才能同帝国主义这一巨怪展开竞争并获得生存权。可以说，梁启超的"强权主义"与"合群竞争"具有内在的关联。

在梁启超的思想中，"强权主义"绝不是一个孤立的东西，除了与"合群竞争"的民族主义（或国家主义）关联之外，它与梁启超的种族主义、帝国主义观念也都相辅相成，或者说，它们之间已经没有一条分明的界限。梁启超接受了种族主义的基本前提，即不同的种族具有优劣上的差别以及优胜种族对劣等种族的强权，他接受了西方种

---

① ［清］王韬:《洋务上》，见《弢园文录外编》卷二，第81页。王韬在《驳日人言取琉球有十证》中亦说："呜呼！海外万国，星罗棋布，各谋其私，大制小，强凌弱，夺人之国，戕人之君，无处无之，虽有公法，徒为具文。"（《弢园文录外编》卷六，第243页）

族主义者对优胜种族（白人，特别是条顿族）的"认定"。①但是，他在《论中国之将强》《论中国人种之未来》等论著中，像他的老师康有为和人们往往以自己的民族为优越民族的做法那样，认为"黄种"绝不是"劣等"种族，而是与"白种"一样或基本接近的"优等"种族，并相信南美和非洲将来一定要成为"黄种"的殖民地。他还像他的老师那样，把黑、棕、红三色之种族，看成是"劣等"种族（还从生理学上找根据）加以蔑视，说他们既愚蠢又懒惰。②梁启超相信以国家为单位展开激烈生存竞争的帝国主义已经成为新的时代特征，新的国际秩序也将在以"强权"为主导的冲突和斗争中形成。梁启超甚至以"强权"为标准来设定世界进化的三大阶段，并乐观地相信，"强权"的发达最终将导致人类的平等：

> 第一界之时，人人皆无强权（惟对于他族而有之耳），故平等；第二界之时，有有强权者，有无强权者，故不平等；第三界之时，人人皆有强权，故复平等。要之，以强权之有无多寡，以定其位置之高下文野。……虽然，此就一群之中言之耳。若此群对于他群，而所施之强权之大小，又必视两群之强权以为差，必待群群之强相等，然后群群之权相等，夫是谓太平之太平。③

即便我们相信这种以"强权"为尺度来划分世界文明进程的方式

---

① 梁启超在《就优胜劣败之理以证新民之结果而论及取法之所宜》(《新民说》第四节,《新民丛报》第2号）中，把地球上的种族分为五种，认为白种最优，并解释说："非天幸，其民族之优胜使然也。"在《论民族竞争之大势》中，梁启超更充分地讨论了种族优劣问题。

② 参见梁启超《就优胜劣败之理以证新民之结果而论及取法之所宜》(《新民丛报》第2号）和《论民族竞争之大势》(《新民丛报》第2号至第5号）。

③ [清]梁启超:《自由书·论强权》，见《饮冰室合集·专集》第2册，第32～33页。

以及对人类平等新秩序的期望是可靠的,我们也不会感到有什么鼓舞。因为梁启超所说的平等最多也只不过是"狼与狼"之间的平等。它比霍布斯所说的"自然状态"也好不了多少。但是,我们必须注意梁启超在这里强调的通过"强权"来形成世界秩序的观念。

西欧近代民族主权国家是在同罗马帝国以及基督教世界共同体和封建领主等中世纪社会势力的双重对抗中诞生的。这些主权国家依据国际法,一方面追求本国的利益,另一方面又维持国际秩序。"这样的'国际社会'(international community)几乎在 17 世纪的欧洲就已经形成,一般被称为西欧国家体系(the Western State System)。在那里,具有主权国家平等的原则和势力均衡(balance of powers)这两根基本支柱。"[①] 但是,以近代主权国家为单位的国际秩序观念和历史,也在经历着变化。19 世纪之后兴起的以种族主义、强权主义为基础的国际秩序观念显然有悖主权平等的国际秩序观念。国际法一方面被强化,另一方面又被"强权政治"虚拟化。国际秩序中的强权与正义这两种力量交织在一起,变得格外复杂。"一般强权都最小限度地具有自己行使强权的所谓理由。所以决不能把道德、理想、意识形态等单纯解释为'权力'的粉饰或反映。政治权力本身具有矛盾的性格。在理念上,'强权便是正义'是极其危险、可恨的原理。但'正义就是力量'的原理实际上软弱无力,这又正是政治社会特别是国际社会的可悲现实。为此,立志向国际社会推行正义的国家,往往不得不以'伴随权力的正义'(right with might)为原理。"[②] 但本身就潜藏着恶魔性的"权力",也有超出正义之外被使用的危险。梁启超对欧洲民族国家的兴起过程并没有清晰的意识。他的国际秩序观念主要是以社会达尔文主义法则为核心,并受到了种族主义、强权主义思想、现实国际竞争秩序以及中国现实的

---

① 〔日〕丸山真男:《近代日本思想史中的国家理性问题》,见《日本近代思想家福泽谕吉》,区建英译,世界知识出版社 1997 年版,第 160 页。

② 同上书,第 145 页。

强烈刺激。如在谈到强权主义同达尔文优胜劣败法则之间的关系时,梁启超论述说:"前代学者,大率倡天赋人权之说,以为人也者,生而有平等之权利,此天之所以与我,非他人所能夺者也。及达尔文出,发明物竞天择、优胜劣败之理,谓天下惟有强权(惟强者有权利谓之强权),更无平权。权也者,由人自求之、自得之,非天赋也。于是全球之议论为一变。各务自为强者,自为优者,一人如是,一国亦然。苟能自强、自优,则虽翦灭劣者、弱者,而不能谓为无道。何也?天演之公例则然也。我虽不翦灭之,而彼劣者、弱者,终亦不能自存也。以故力征侵略之事,前者视为蛮暴之举动,今则以为文明之常规。……兹义盛行,而弱肉强食之恶风,变为天经地义之公德,近世帝国主义成立之原因也。由此观之,则近世列强之政策,由世界主义而变为民族主义,由民族主义而变为民族帝国主义,皆迫于事理之不得不然。"① 面对世界性强权主义这一现实,梁启超抓住"势力均衡"原则,相信通过强权和激烈的国家竞争能够建立起新的世界秩序,从根本上否认了以"正义"和"平等"为基础的世界秩序观。但是,梁启超的强权主义世界秩序观,恰恰又是在"正义"与"强权"或"公理"与"强权"的关系中建构起来的。表面上看,他并没有完全否认"正义""公理"的价值,但他用两种不同的逻辑把"正义"和"公理"消解在"强权"之中。下面是他有关这一问题比较典型的两段话:

  自有天演以来,即有竞争,有竞争则有优劣,有优劣则有胜败,于是强权之义,虽非公理而不得不成为公理。民族主义发达之既极,其所以求增进本族之幸福者,无有厌足,内力既充,而不得不思伸之于外。故曰:两平等者相遇,无所谓权力,道理即

---

① [清]梁启超:《论民族竞争之大势》,《新民丛报》第 2 号至第 5 号,1902 年 2 月至 4 月。

权力也；两不平等者相遇，无所谓道理，权力即道理也。①

　　灭国者，天演之公例也。凡人之在世间，必争自存，争自存则有优劣，有优劣则有胜败。劣而败者，其权利必为优而胜者所吞并，是即灭国之理也。……由是观之，安睹所谓文明者耶？安睹所谓公法者耶？安睹所谓爱人如己、视敌如友者耶？西哲有言："两平等者相遇，无所谓权力，道理即权力也；两不平等者相遇，无所谓道理，权力即道理也。"彼欧洲诸国与欧洲诸国相遇也，恒以道理为权力；其与欧洲以外诸国相遇也，恒以权力为道理。此乃天演所必至，物竞所固然。夫何怪焉！②

　　这里所说，从表面上看，它包含着"正义即强权（力量）"与"强权即正义"这两个截然对立或矛盾的判断。撇开梁启超的思想前提，这两个判断的确是在强权与正义上所做的完全相反的立场选择，即一个是"正义"的立场，另一个是相反的"强权"立场。但是，在梁启超那里，这两个判断或立场却具有惊人的一致性，即归于强权主义。梁启超所依据的优胜劣败（他所谓的优劣之别就是强弱之别）的社会达尔文主义原则，首先就使他不可能具有真正的正义观念。他所谓的平等也不是正义之下的平等，而只是强权之下的平等，因此，当两个平等的"强权者"相遇时因彼此顾虑而互不相犯的正义仍是强权的正义。正义不仅存在于力量相等者之间，它更存在于力量不相等者之间，力量不相等者之间互不侵犯更能充分显示出"正义性"。当两个不平等者相遇时，强者消灭弱者，如果说强者就是正义的（"强权即正义"），这不只是用正义粉饰了强权，而且也完全改变了正义的性质。因此，

---

①　[清]梁启超：《国家思想变迁异同论》，见《梁启超选集》，上海人民出版社1984年版，第191页。

②　[清]梁启超：《灭国新法论》，见《梁启超选集》，第172～173页。

梁启超在正义与强权上所做的两个看似对立的判断，根本上并不矛盾，它贯穿着一致的强权逻辑，并由此把正义完全消解到了强权之中。这一点，从梁启超用强权理解自由和权利的论述中，也很容易看到。梁启超轻率地就把权力与权利混为一谈，他不认为有什么以正义或公正为基础的个人或国际关系中的权利秩序，而认为只有以强权（权力）为基础的权利秩序。这从他对强权和权利的界定中可以看出："强权云者，强者之权利之义也，英语云 the right of the strongest。此语未经出现于东方，加藤氏译为今名。何云乎强者之权利，谓强者对于弱者而所施之权力也。自吾辈人类及一切生物世界乃至无机物世界，皆此强权之所行，故得以一言蔽之曰：天下无所谓权利，只有权力而已，权力即利也。"① 在《新民说·论权利思想》中，梁启超也明确以"强权"和"竞争"来解释"权利"："权利何自生，曰生于强。"同样，自由也来源于强权，没有强权就没有自由。侵人自由与人放弃自由相比，后者更罪大恶极。因为在物竞天择的世界中，没有人放弃自己的自由，就不会有人侵犯自由。在梁启超那里，放弃自由，就是放弃扩展自己的强权。自由并没有在法律和道德上不许侵犯他人的界限，因为按照优胜劣败的进化主义法则，每个人都求胜求优，无限地扩张自己的自由权利，这就势必侵犯他人之自由权利。只有人人都具有了势均力敌的强权，人人才会有自由。梁启超强词夺理地说："言自由者必曰：人人自由而以他人之自由为界。夫自由何以有界？譬之有两人于此，各务求胜，各务为优者，各扩充己之自由权而不知厌足，其力线各向外而伸张。伸张不已，而两线相遇，而两力各不相下，于是界出焉。故自由之有界也，自人人自由始也。苟两人之力有一弱者，则其强者所伸张之线，必侵入于弱者之界，此必至之势，不必讳之事也。"② 更有甚

---

① ［清］梁启超：《自由书·论强权》，见《饮冰室合集·专集》第 2 册，第 29 页。
② ［清］梁启超：《自由书·放弃自由之罪》，见《饮冰室合集·专集》第 2 册，第 23～24 页。

者,梁启超明确地把"自由权"等同于"强权",相信只要有了"强权"就有了"自由权":

> 强权与自由权,决非二物昭昭然矣。……谓自由权与强权同一物,骤闻之似甚可骇,细思之实无可疑也。……诸君熟思此义,则知自由云者,平等云者,非如理想家所谓天生人而人人畀以自由平等之权利云也。我辈人类与动植物同,必非天特与人以自由平等也。康南海昔为强学会序有云:天道无亲,常佑强者。至哉言乎!世界之中,只有强权,别无他力。强者常制弱者,实天演之第一大公例也。然则欲得自由权者,无他道焉,惟当先自求为强者而已。欲自由其一身,不可不先强其身;欲自由其一国,不可不先强其国。强权乎!强权乎!人人脑质中不可不印此二字也。①

梁启超的这种没有掩饰和露骨的"强权主义"("世界之中,只有强权"),比起西方的那些强权者一点也不逊色。照梁启超以上的说法,他显然把人类社会中存在的以强凌弱的事实完全合理化了,甚至是道德化了,他还相信只有人人皆强才能形成自由秩序。梁启超对强权缺乏界限和约束的放纵性使用,只能导致国家理性的堕落。正如丸山真男所分析的那样:"在强权政治中,如果对强权政治本身具有自我认识,并把国家的利害关系作为国家利害的问题本身来认识,那么,一般会同时对那种权力的行使和利害的争夺具有'界限'意识。但若与之相比,将其看作道德伦理的实现本身,用道德的言辞来表现之,那么上述的'界限'意识便会淡薄下去。因为,'道德'的行使是不可能

---

① [清]梁启超:《自由书·论强权》,见《饮冰室合集·专集》第2册,第31页。

有'界限',不需要作抑制的。"① 而且梁启超所要求的人与人、国与国皆具有"势均力敌"的强权,也只是一种空想。这种空想实际上也与法律和道德秩序不相容。法律和道德秩序虽然与人性的缺陷相关,但它们并不把人性的缺陷合理化,它们恰恰要抑制因人性缺陷而诱发的行为,特别是以强凌弱的行为,佑护社会中的弱者。梁启超所认定的"世界之中,只有强权",比社会达尔文主义还社会达尔文主义——达尔文还承认动物世界中有"互助"行为。

从梁启超的"强权主义"中,我们已经能够看到,他所说的"强权",就是"强力"。因此,他的"强权主义",也可以说是"强力主义"或"力本位"。② 从形式上看,梁启超还继续使用严复所强调的"智""德""力"概念,似乎并没有忽略"德"。③ 然而,正如我们以上所谈到的那样,梁启超所说的"德",整体上已经偏向到以"合群"为中心的"德目"上。与"力"结合起来看,梁启超所需要的那些"德性",都是服务于"强力"扩展的东西,如"进取""冒险""铁血主义""民气民力""尚武""英雄豪杰人格"等。同样,梁启超强调"智"的提高,也不在于它的认知功能和知识的增加,而在于它所带来的现实"力量"。如他把"智力"看成是人类演进到文明阶段的突出特征:"在动物至野蛮世界,其所谓强者全属体力之强也。至半文半野世界(又有称为半开世界),所谓强者体力与智力互相胜也。文明世

---

① 〔日〕丸山真男:《近代日本思想史中的国家理性问题》,见《日本近代思想家福泽谕吉》,第165页。当然,真正讲来,高限度的、没有约束的道德要求也会带来灾难。想一想在乌托邦和仁爱的名目之下产生的暴力,便可清楚。因此,道德的要求也需要界限。

② 张灏对梁启超的"力本论"有一定的讨论(参见张灏:《梁启超与中国思想的过渡(1890—1907)》,江苏人民出版社1995年版,第126~133页),但他忽略了梁启超的"力"观念与"强权主义"之内在关联。

③ 在梁启超的著述中,仍有一些"智""德""力"并举的说法。

界,所谓强者即全属知力之强也。"①以梁启超所说的"民气"为例,除了支撑"民气"的"民力"是注重"力"之外,"民智""民德"也是以如何发挥出最大的"合力"为转移,从他列举的"民德"("坚忍之德""亲善之德"和"服从之德")和"民智"的目的(服务于竞争和战争)即可看出。为了寻求"力量"的源泉,梁启超认为中国春秋战国时代就具有"尚武"的"武士道"精神,并相信这是中国民族最初之天性。可悲的是,在秦之后的统一专制体制之下,这种"尚武"精神被打消了,遂有了"不武"之第二天性。为了拯救岌岌可危的国家,迫切需要的就是复兴作为中华民族第一天性的"尚武"精神。②在梁启超那里,"尚武"就是"尚力",因为它必须具备的都是"力"("心力""胆力"和"体力")。梁启超对"力"的狂烈拥抱,表明他对中国现实"软弱无力"的极度焦虑。但是,对于那些悲观者来说,这种"软弱性"是一种历史的宿命,必须作为"既定物"来接受。但是,对于乐观主义和唯力主义的梁启超来说,根本没有什么"命运","吾以为力与命对待者也,凡有可以用力之处,必不容命之存立。命也者,仅偷息于力以外之闲地而已。故有命之说,可以行于自然界之物,而不可行于灵觉界之物"③。人治的根本特性,就在于是否能与"天行"相对抗:"人治者,常与天行相搏,为不断之竞争者也。天行之为物,往往与人类所期望相背,故其反抗力至大且剧,而人类向上进步之美性,又必非可以现在之地位而自安也。于是乎人之一生,如以数十年行舟于逆水中,无一日可以息。又不徒一人为然也,大而至于一民族,更大而至于全世界,皆循此轨道而且孜孜者也。"④在几乎是彻底铲除"命

---

① [清]梁启超:《自由书·论强权》,见《饮冰室全集·专集》第2册,第29~30页。
② 参见[清]梁启超:《中国之武士道·自叙》,见《饮冰室合集·专集》第6册。
③ [清]梁启超:《子墨子学说》,见《饮冰室合集·专集》第10册,第15页。
④ [清]梁启超:《新民说·论毅力》,中州古籍出版社1998年版。

运"的《国家运命》一文中,梁启超一方面抨击"由他力所赋以与我,既已赋与,则一成而不变者"的命运论,否定安排命运的造化之主的存在;另一方面,他相信事物之间的因果联系,并把达尔文的遗传观念同佛教的"业报论"结合起来,承认所受之报乃是所造之业的结果。既然没有"天命"的存在,既然"业者"乃是"人"之所"自造",那么,一切通过"事在人为"的"人力"都可以改变[1],就像我们造就历史一样。"生平向不持厌世主义"的梁启超,否认命,自然也否认不可改变的所谓国家"命运",坚信"力"能够复兴衰弱的中国。[2]在强调"力"和用"非命论"为中国复兴寻找理论根据时,梁启超同欧洲的种族主义者分道扬镳。欧洲的种族主义者把种族的"优劣性格"看成是一个命定论的东西,这很适合他们的种族优越论和奴役其他种族的需要。[3]从这一点说,它又是反进化主义的。但是,梁启超并不把"种族"特性视为固定不变的宿命。他相信种族的优劣是可以变化的,是竞争和适应的结果。由此,中国种族"劣败"的命运,就完全可以改变。从可变性来说,梁启超的种族观念,合乎达尔文没有固定不变生物的"进化"观念。但是,对达尔文来说,生物进化是一个自然的过程,并不是一个人为的过程。达尔文也绝没有"应该"进化或"必须"进化的逻辑。但是,对梁启超来说,种族进化是"必须"的和"应该"的,人完全能够"驾驭"进化,甚至是创造进化,而不应听从任何所谓"命运"的安排,不应无所事事地消极应付。梁启超在论述到似乎是"命"的自然进化法则同人力的关系时这样说:"物竞天择一语,今

---

[1] [清]梁启超:《新民说·论毅力》,第166页。

[2] 如梁启超说:"业报云者,则以自力自造之而自得之,而改造之权常在我者也。"(《梁启超哲学思想论文选》,北京大学出版社1984年版,第224页)

[3] 如梁启超说:"质而言之,则国家之所以盛衰兴亡,由人事也,非由天命也。"(同上书,第224页)"夫现在全国人所受之依报,实由过去全国人共同恶业之所造成,今欲易之,则惟有全国人共同造善业。"(同上书,第223~224页)

世稍有新智识者，类能言之矣。曰优胜劣败，曰适者生存。此其事似属于自然，谓为命之范围可也。虽然，若何而自勉为优者适者，以求免于劣败淘汰之数？此则纯在力之范围，于命丝毫无与者也。……故明夫天演之公例者，必不肯自弃自力于不用而惟命之从也。"①这样，达尔文的"自然进化主义"就被梁启超改造成了适合民族国家振兴需要的以"人力"创造进化的"人工进化主义"。

从以上所说来看，在梁启超的进化主义中贯穿着以"力"为后盾的强权主义，梁启超所说的"优劣""适与不适"，完全是用"强弱""有力无力"为标准来衡量的，并赋予了"适者""不适者"道德和应该价值。梁启超的强权主义具有欧洲强权政治原则的基本内涵。②在"强权战胜公理"还是"公理战胜强权"这两种针锋相对的不同信念之间，他坚定地站在了前者一边，他所信奉的也就是克罗齐的"强权即公理""正义即胜利"的逻辑，他推崇的是俾斯麦的"铁血主义"。因此，浦嘉珉（Pusey）把梁启超的"合群竞争"看成是"反帝国主义"并不准确。③准确地说，他自己采用的就是帝国主义的逻辑。梁启超与严复明显不同，梁启超不喜欢诉诸国际"公理"或"正义"来谴责或反击帝国主义、强权。他用来对抗"帝国主义"的逻辑本身就是"帝国主义"，他相信中国只有进入"帝国主义"才能与"帝国主义"较量，尽管中国还处在劣势之中，但只要它迅速觉醒，它很快就能强盛。正是为了鼓励和推动中国像日本那样尽快进入帝国主义，梁启超提倡了一套适合强权主义的"新道德"；为了使人们相信激烈的生存竞争是

---

① ［清］梁启超：《子墨子学说》，见《梁启超全集》第六册，第3165页。

② 对于强权主义的意义，伯恩斯（E. M. Burns）解释说："强权政治也有这个意思，即许多民族或许多独立国家并存的世界是一个由狼群组成的世界，个个都蓄意损害其余以取得好处。没有控制它们的法律，因为不存在一个近似唯一能制定这种法律的国际最高权力。除了相互惧怕彼此的武器而外，再没有别的约束。"（〔美〕爱·麦·伯恩斯：《当代世界政治理论》，曹炳钧译，商务印书馆1983年版，第468页）

③ James Pusey, *China and Charles Darwin*, pp. 236–243.

人类社会的常态，梁启超把人类的历史看成是一部充满着血腥的生存竞争、弱肉强食的历史，使历史成为社会达尔文主义法则的注脚。浦嘉珉把梁启超的"合群竞争"同"互助"联系到一起，也不恰当。梁启超的"合群"所注重的凝聚力恰恰是以生存竞争为前提并服务于生存竞争，而不是像克鲁泡特金那样，强调人类的互助，恰恰是要否认达尔文主义的人类生存竞争原则。梁启超虽然为中国引入了民族主义和国民国家的概念，并相信中国已从"自竞争"的"中国之中国"、"与亚洲民族竞争"的"亚洲之中国"进入了"与西方竞争"的"世界之中国"①，但由于他的世界秩序观念是通过强权来建立起来的，因此，他没为中国带来一种以国际法为基础的世界主权国家秩序。

在中国传统文化与梁启超之间很容易看到一个重大变化。贯彻社会达尔文主义并以强权主义者和种族主义者面貌出现的梁启超，完全是自觉地向中国传统文化特别是儒家文化发出了挑战，其颠覆性甚至比五四新文化运动还要严重。虽然在中国文化中有"王道霸道""德力"之间的冲突，但占主导性的观念则是儒家的"王道""德治""仁政"理想。儒家假定了"人性善"，它关注的是人类的"同情心""仁爱之心"等善良德性的扩展。儒家整体上是一种人文主义或文化主义，它反对赤裸裸的"物质主义"或"霸道"。但是，对于梁启超来说，儒家的这些道德原则和价值都必须被抛弃，因为它们是不适应生存斗争的"旧道德"。如上所说，梁启超所提出的"新道德"，都是围绕着"强权"和"力量"转动的。道家的道德观念被梁启超否认更在意料之中。梁启超对儒家和道家道德观念的"死刑"判决，就像是尼采对基督教伦理和道德所做的判决。这两位差不多处在相同时代却在不同空间的社会达尔文主义者，所要求的"新道德"有许多相似之处。② 至少

---

① 参见［清］梁启超:《中国史叙论》，见《饮冰室合集·文集》第3册。
② 参见〔美〕爱·麦·伯恩斯:《当代世界政治理论》，第38页。

在梁启超思想最活跃的时期，他与传统的人文教化主义形成了难以弥合的巨大鸿沟。如果像勒文森所说的那样，梁启超把传统的文化主义转换成国家主义是一种贡献的话，那么这种贡献的代价过于昂贵，以至于能否把它看成是贡献就成了疑问。梁启超牺牲普遍的文化立场，牺牲了"公理""正义"和"人道"，因此，他也不可能形成一种合理的世界秩序观念。

梁启超的"强权主义"和"尚力主义"令人震惊。不论如何，他是具有儒家文化教养的知识精英。他为什么那么容易地就放弃了儒家的伦理道德理想，而皈依于与中国传统文化格格不入的社会达尔文主义，皈依于西欧思想观念的"怪胎"强权主义呢？他何以走得如此远呢？这是一个复杂的问题，是许多因素共同发酵的结果。尝试言之，第一，世界秩序中的帝国主义兴起以及中国被纳入这种秩序过程中的残酷强权主义背景，使梁启超相信中国除了用"强权""强力"与之对抗外，没有其他有效的手段。后进资本主义国家德国和日本的迅速强盛，加强了梁启超的信念。第二，与此相连，欧洲政治思想和观念从19世纪末开始，在各种因素（如进化主义）影响下，民族主义像一匹不受约束的野马，向帝国主义、强权主义等危险方向靠拢。① 梁启超多次诊断说，世界历史已从18世纪的"民权主义"转到了19世纪末的"强权主义"，这是民族主义与帝国主义相交替并开始走向民族帝国主义的时代，是"社稷为贵、民次之、君为轻"的时代。② 对世界政治思想趋势具有如此认识的梁启超，很容易以此作为思考问题的出发点。第三，作为一个强有力因素，梁启超的强权主义是他流亡日本后所受到的影响。对梁启超来说，日本既是一座桥梁，由此他广

---

① 参见〔美〕史壮柏格：《近代西方思想史》，蔡伸章译，桂冠图书公司1995年版，第571～693页。

② 参见［清］梁启超：《国家思想变迁异同论》（见《梁启超选集》，第189～193页）和《论民族竞争之大势》（《新民丛报》第2号至第5号，光绪二十八年）。

泛地接触到了18世纪以来西方的社会政治思想;日本本身又是一种土壤,它在相当程度上塑造了梁启超的观念形态。在19世纪末,日本社会政治思想观念已从明治启蒙主义转到了明治绝对主义,在这一过程中,加藤弘之于1882年发表的《人权新说》,扮演了"思想尖兵"的角色。① 加藤《人权新说》的根本,是用科学外衣之下的进化主义,反驳"天赋人权论",宣扬生存竞争、优胜劣败的社会达尔文主义,把竞争看成是"权力"的竞争,认为优胜劣败由"权力"的大小来决定,"权利"来源于"权力"。② 如他说:"我相信,我们的权利,其根源都出于权力(强者之权利)。""在人类社会所发生的一切生存竞争中,为强者之权利而进行的竞争是最多而又最激烈的,而且这种竞争不只为了增大我们的权利自由,而又为促进人类社会的进步发展所必需。"③ 把这里的观念同梁启超的比较一下,我们也就不怀疑梁启超自己也承认的所受加藤的影响。梁启超有时也流露出一点"天赋人权"的思想,但以进化主义为基础的强权主义最终占了上风,并且左右了他。他自道的"梁启超居东,渐染欧、日俗论,乃盛倡褊狭的国家主义",绝非信口言之。④ 第四,梁启超的强权主义也根源于他对"人性"的理解。梁启超思想的深层基础是以无止境追求自身利益的自私自利的"人性"为出发点的,生存竞争就是出于这种"人性"的自私欲望。第五,梁启超具有极其丰富的感情,他相信情感对伟大

---

① 参见近代日本思想史研究会:《近代日本思想史》第1卷,商务印书馆1983年版,第107~119页。
② 参见〔日〕加藤弘之:《人权新论》,见《西周 加藤弘之》,中央公论社昭和五十九年版。
③ 〔日〕加藤弘之:《强者的权利竞争》,见《近代日本思想史》第1卷,第114页。有关梁启超受加藤弘之的影响,参见张朋园:《社会达尔文主义与现代化》,见《中国近代现代史论集》第十八编《近代思潮》下,台湾商务印书馆1986年版,第709~711页。
④ 参见梁启超:《清代学术概论》,见《梁启超全集》第五册,第3103页。

事业的感召力①，他的强权主义与他的浪漫性情感和非理性也有一定的关联。总之，梁启超的以"强权主义"和"力本位"为特征的民族主义或国家主义，应该是多种因素造成的。

最后有必要指出，具有中国"大同"和"道德"乌托邦文化背景的梁启超，并没有把世界主义的理想抛弃得一干二净。梁启超通过拉开理想与现实在时间上的距离，一边把现实所需要的强权合理化，一边又为未来理想的世界主义留下了余地，并以此来安慰人们并满足他自己的理想性。对梁启超来说，在"救亡图存"的紧迫关头，只能把理想暂时搁置起来。有人对他奉行强权的国家主义提出疑问说："子非祖述春秋无义战、墨子非攻之学者乎？今之言何其不类也。"对此，梁启超回答说："有世界主义，有国家主义。无义战、非攻者，世界主义也；尚武敌忾者，国家主义也。世界主义，属于理想；国家主义，属于事实。世界主义，属于将来；国家主义，属于现在。今中国岌岌不可终日，非我辈谈将来道理想之时矣。"②但是，梁启超所肯定的未来世界主义理想，在他的强权主义逻辑中，是不可期望的。梁启超的强权主义土壤滋生不出他幻想的未来的世界主义。强权主义与世界主义两极不能兼容，就像强权主义与中国儒家价值理想不能兼容一样。但是，晚年的梁启超突然又从他高峰期的强权主义中退却了，他来了个大转弯，从似乎是不可救药的强权主义中急速地向他的世界主义理想偏转，向被他判了死刑的儒家传统偏转。他相信世界主义在过去和将来都是中国成功的根本，提出了兼顾国家和世界的"世界主义国家"。③克鲁

---

① 有关情感因素对梁启超的影响，参见张朋园：《梁启超与清季革命》，台湾"中央研究院"近代史研究所1964年版。
② [清]梁启超：《自由书·答客难》，见《饮冰室合集·专集》第2册，第39页。
③ 参见[清]梁启超：《历史上中华国民事业之成败及今后革进之机运》，见《梁启超哲学思想论文选》，第288～297页；[清]梁启超：《欧游心影录》，见《饮冰室合集·专集》第5册。

泡特金的"互助论"和柏格森的"创化论",开始受到梁启超的注意。"旧道德"又被重新审视,梁启超开始寻根了。这就是一般所说的晚年的梁启超又回归了中国传统。一战这一惊心动魄的残酷事实,中国社会政治现实的无序和混乱,都是促使梁启超回归的因素。梁启超在《欧游心影录》中开始反省他曾经热血沸腾地崇拜过的西方文明。西方人对自身文明的怀疑和笼罩在欧洲上空的悲观情绪,加强了梁启超批判性地对待西方文明的"新立场",同时也激发了他重新发现中国传统文化价值的自觉意识。问题已不单是中国如何享受西方文明的恩惠,同时也是如何用中国文明去"补充"西方文明,承担起世界的责任。

调整高峰期的观念和回归中国传统文化的价值绝不是一件简单的事。勒文森看到了梁启超在"中西文化"上的矛盾立场,"由于看到其他国度的价值,在理智上疏远了本国的文化传统;由于受历史制约,在感情上仍然与本国传统相联系"[①]。梁启超对两种文化价值的立场和态度,确实存在着矛盾。但是,不能认为梁启超晚年加强他同中国文化的联系,只是一种"感情"上的反映。实际上,它仍是梁启超整个"理智"过程中的一个阶段。勒文森说:"没有任何一个其理性来自中国历史的人,愿意看到中国历史的终结。"[②]中国知识精英的普遍"态度"和"信念",都是希望一个新的"民族国家"的诞生。他们的差别和对立,更多地体现在实现这种信念的方式上。不管是高峰期对西方文化的信赖,还是晚年对传统价值的重新发现,复兴民族国家的目标在梁启超那里是一贯的。梁启超思想观念的前后变化,特别是在进化主义法则和强权主义认识上的变化,难道是一种轻松的游戏,就像是小孩子拆装他们的玩具吗?不。这种变化充分反映了时代的剧烈冲

---

① 〔美〕约瑟夫·阿·勒文森:《梁启超与中国近代思想》,刘伟、刘丽、姜铁军译,四川人民出版社 1986 年版;英文版: Joseph R. Levenson, *Liang Ch'i-ch'ao and the Mind of Modern China*, Cambridge, Harvard University Press, 1959。

② 同上。

突，也反映了梁启超面对这种冲突不甘心"败下阵来"的"苦斗"历程。这种"苦斗"历程，确实像勒文森所说的那样具有"戏剧性"，但绝不是"绝望的"。梁启超从来没有绝望过，因为他具有一种不知疲倦的"浮士德精神"，他还具有坚固的、更多的是来源于中国传统的乐观主义心灵。

不管如何，清末民初主张强权主义的还有他人。在多变上与梁启超有点类似的杨度，也提倡一种守护性的强权主义。说到杨度的强权主义，我们首先注意到的是他的"金铁主义说"。俾斯麦宣扬一种纯粹以军事力量为主宰的强权主义，一般称之为"铁血主义"，杨度称之为"黑铁赤血之谓"。在他的意识中，这种完全以军事力量来思考和建立世界秩序的铁血主义，是19世纪中期经济战争还不激烈的产物。但是，世界新的潮流已经开始走向经济战争，并以经济为中心而展开竞争，如果再单以军事和兵力为本位，那就不相适合了。以中国而论，情形就更是如此。因为中国若仅以军事为本位同世界竞争，那么它就没有能力应对其他国家的经济战争。况且，即使中国也采取铁血主义，以军事和兵力为本位，实际上它还赶不上半文明的普鲁士，最多不过像历史上的斯巴达，而且势必造成国民智慧和道德的衰退，牺牲国民。牺牲了国民，国家又如何可以保全呢？

杨度不赞成俾斯麦赤裸裸的"铁血主义"，他另提一个说法，叫作"金铁主义"。这是一个形象化的说法。作为一般概念，杨度使用的是"世界的国家主义"，他也称之为"经济的军国主义"。对杨度来说，"世界的国家主义"意味着中国与世界其他文明国家共处于野蛮世界之中，展开竞争，以求优胜。在此，一方面中国要同过去那种以中国为世界或世界即中国的观念区分开，另一方面它又要从各国以中国为世界各国的中国这种困境中摆脱出来。换言之，中国既要从传统的自我中心主义中走出来，又要从当下的帝国主义划分势力范围和瓜分的状态下走出来，与世界各国建立一种平等的竞争关系。杨度称这样的

"世界的国家主义"为"经济的军国主义"。正如这个说法直观上显示的,它是经济和军事国家的统一体。如上所述,杨度认为,单纯的军国主义已经不合乎世界各国竞争的整体趋势了,因为在世界的竞争中,经济的因素开始占据更重要的地位:"吾之所以定此主义者,则以今日各强国所挟以披靡世界者,有二物焉:一曰经济之势力,二曰军事之势力。当其常时,经济势力为军事势力之先锋,经济势力深入之后而军队随之矣。"[1]当然,军事力量仍然是需要的,因为在野蛮的世界关系中避免不了战争。这种合经济势力和军事实力二者为一的经济军国主义杨度又形象化地称之为"金铁主义"。他解释说:"我特于吾所谓经济的军国主义,为创造一新名词以括之曰金铁主义。金者黄金,铁者黑铁;金者金钱,铁者铁炮;金者经济,铁者军事。欲以中国为金国,为铁国,变言之即为经济国、军事国,合为经济战争国。"[2]可以看出,杨度的金铁主义,是以经济和军事来展开竞争的强权主义。杨度没有主张用强权去征服其他国家或者去征服世界,因此他的强权主义不是进攻性的,而是守护性的,他希望通过这种强权或强力使中国在竞争的世界之中立于不败之地。为了达到他的这种目的,他提出了通向金铁主义的道路,这就是他对内对外的一个具体设想,即对内:富民-工商立国-扩张民权-有自由之民;对外:强国-军事立国-巩固政权-有责任政府。但国内的发展,最终要适应对外的竞争。

　　杨度何以会提出金铁主义呢?这与他所接受的两个前提有关。这两个前提,一个是原理性的,一个是现实性的。从原理上说,杨度信奉一种简单化了的优胜劣败、适者生存的进化公理,并认为人类社会和世界各国都不能逃避这一普遍的公理:"自达尔文、黑胥黎等以生物学为根据,创为优胜劣败、适者生存之说,其影响延及于世间一切之

---

[1] 杨度:《金铁主义》,见《杨度集》,第222页。
[2] 同上书,第225页。

社会，一切之事业。举人世间所有事，无能逃出其公例之外者。"① 在杨度那里，所谓优劣并不是善与恶之分，而只是适与不适之别。所谓适与不适，是以是否达到经济和军事上的富强来判断的。从现实上说，杨度断定国际关系和世界秩序还处在野蛮的状态之中，世界还不是文明的世界。说世界是野蛮状态，不是说世界上的国家都是野蛮的，而是说它们对外都是野蛮的，是类似于霍布斯所说的"狼与狼"的状态。杨度承认，世界上确有不少国家是文明国，但它们的"文明"都是对内而言。杨度说："自吾论之，则今日有文明国而无文明世界。今世各国对于内则皆文明，对于外则皆野蛮；对于内惟理是言，对于外惟力是视。故自其国而言之，则文明之国也；自世界而言之，则野蛮之世界也。"② 杨度做出这种判断，根据的是国内法与国际法的不同。文明国的国内法，都以自由平等为原则并加以实践，"无恃强力以从事者"。但是，国际法的情形则与此相反，在此唯有强力是视。当两个强国相遇之际，因彼此的力量对对方都具有威慑性而不得不遵守国际法；当一强一弱两国相遇之际，那么弱者就不能通过国际法而得到保护。特别是，在国际关系中，还没有最高的统治权力和裁判者。有人根本不承认国际法为法律，认为不过是"先例"，而且又都是强者决定的先例。据此，杨度断定现实国际关系中的国际法，既不是正义性的，也不能维护和保护弱国的利益，国与国之间尚处在一种以强权决定一切的野蛮状态之中。正是基于原理性和现实性这二重前提，杨度提出了为中国求得生存权的"金铁主义"主张。

作为强权主义的另一群典型代表，我们讨论一下晚清之后民国出现的"战国策派"。20世纪40年代（主要是1940年至1942年），在世界处于二战状态和中国处于日本帝国主义侵略的形势下，寻求中国

---

① 杨度：《金铁主义》，见《杨度集》，第220页。
② 同上书，第218页。

自立自强的一部分文人学者，主要是任教于云南大学、西南联大的林同济、雷海宗、陈铨等[①]，自觉地信奉以强权、军事、战争、意志和力量为中心的观念，并以发表、传布他们学说和言论的《战国策》杂志及《大公报·战国副刊》而聚集在一起，形成了一个松散而又有共同取向的学术阵营，即所谓"战国策派"。"战国策派"的强权主义思维方式，在理论上程度不同地信奉优胜劣败、弱肉强食、自然选择、适者生存的社会达尔文主义信条，信奉人的高等、低等二元之分。他们既不假定和信奉任何人类共同的美好理想，也不相信道德、国际法和人类理性，他们是完全从现实主义立场来思考国际关系和世界秩序的。

"战国策派"如何构建他们的强权主义的世界秩序观呢？第一，他们把战争完全正当化和合理化。正像"战国策"中的"战国"这一醒目字眼那样，"战争"（还有"战斗""战士"）被"战国策派"奉为最高的法则和原则。对他们来说，战争就是目的，就是最高的和最好的美德。如林同济宣称，"战国时代"的意义就是一个"战"字，是不停地、无情地发泄其战争的威力。战国之战的独特性和伟大性在于，整个国家都被动员起来投入战争之中，战争成为国家生活的中心，即"人人皆兵，物物成械"，"一切为战，一切皆战"；而且战争的目的既不在于和平，也不在于获得赔偿，而是彻底地消灭掉敌人。林同济判断说，世界正处在"战国式的火拼"之中，而且"这个火拼，不是三年五年便可了事，它乃是代表着一个旷古'强有力'的文化在演展路程中所势必表现的主要阶段"[②]。世界当下的火拼，正以两种形式进行着，一是强国对于强国的决斗，一是强国对于弱国的并吞。林同济提醒说，在这种严峻的形势之下，中国人一定要认识到的是：(1)一个

[①] 有关"战国策派"人物的一些背景知识，参见江沛：《战国策派思潮研究》，天津人民出版社2001年版，第11～17页。

[②] 林同济：《战国时代的重演》，见温儒敏等编：《时代之波——战国策派文化论著辑要》，中国广播电视出版社1995年版，第56页。

国家不能战就不能生存;(2)必须建设一种完全适应战争的国家;(3)摆脱大同及无危机感的大一统意识,通过战争以得到和平的资格。在强权主义中,如此讴歌战争虽非偶然,但也并不多见。"战国策派"从尼采那里找到了战争的思想根据,认为战争是人类进步的根本力量。因为战争使强者生存,使弱者淘汰:"战争可以使人类进化。自然是进化的。它摧残弱者、病者和没有征服环境不能适合环境的生物,它使强者、健康者和有征服环境适合环境能力的生物,继续生存。这样逐渐淘汰,逐渐进化,人类不是'量'的方面,乃是'质'的方面才可以改良发达。假如世界和平,拙劣的分子都有生存的机会,那么人类就会逐渐退化。……战争最大的意义,就是淘汰平庸的份子,创造有意义的生活。"①

第二,他们把"力"完全正当化和合理化。为了寻找力量的源头,"战国策派"对中国传统和历史进行了检讨。按照雷海宗的判断,中国秦以前是有兵的文化,而秦以后却变成了无兵的文化,据此,他要求中国重新建立起有兵的文化。在林同济看来,"士"的演变既是一个从"士大夫"到"大夫士"、从技术之士到宦术之士的过程,也是一个从勇武士蜕变为人文士的过程,结果士失去了英武性和战斗性,造成了中国的文弱。基于此,林同济认为重塑具有勇武之气并能够作战的"士大夫",是中国迫切的时代课题。战争说到底是力量的角逐,是力量的竞争,这种力量主要是军事力量和经济力量。与杨度的强权主义注重经济和军事力量相比,"战国策派"的强权主义所注重的则主要是伟大的力量本身和有力的人格("力人")。林同济从字源上追求"力"的本义。他根据《说文》把"力"解释为筋和像人筋之形,认为中文的"力"字是从人体的劲健肌筋产生出来的,这与古希腊人体雕塑作

---

① 陈铨:《尼采的政治思想》,见温儒敏等编:《时代之波——战国策派文化论著辑要》,第268页。

品的美妙而有力如出一辙。在林同济看来，"力"是生命的本质，生与力原是一体不分的。他说："力者非他，乃一切生命的表征，一切生物的本体。力即是生，生即是力。天地间没有'无力'之生，无力便是死。"① 这种与生结合在一起的"力"，不含有道德意义和人为性。因为"力"即使从人体的筋力转变成抽象的精神（如《韵会》所说的"凡精神所及皆曰力"），也仍然是宇宙间的一种客观现象，是生命的一种劲头。林同济还从"动""功""勝（胜）""勇"等字，还有"男"字，都从"力"，来说明有活动、有效力、能战胜的东西都离不开"力"；男子之所以为男子，也是由力量决定的。相反，"劣"就是无力或少力。陶云逵还提出了"力人"的概念。"力人"就是自主、自动的主人型人格，与此相反的"无力的人"就是被动的奴隶型的人。有力的人不一定就是有能的人，因为力与能不同，生存是能的问题，只要能够生存就是能，陶云逵为"能"赋予了圆滑和苟且偷生的意味。但英文的权力（power）概念，恰恰来源于拉丁文的"能力"（potestas 或 potentia）概念，原为施予他人或物以影响的能力。对陶云逵来说，力人主要不是环境的产物，而是人种优生的结果："要想把'力'发扬光大，最重要必从遗传入手。唯有这一条道才是基本大道，才是一劳永逸之举。所谓从遗传入手就是选择力人，使他们多生殖，反之，无力人当少生殖。"② 中国之所以能够延续，正是依靠了偶然出现的几个力人。但中国文化却压抑和淘汰力人，对力人采取一种反自然选择的程序。为了复活"力"，"战国策派"批评传统文化对"力"的抑制和偏见，要求把"力"从不善的道德尺度下解放出来。他们采取的方法，是以"力"为客观的对象，使之超出善与不善的价值范围。他们批评

---

① 林同济：《力!》，见温儒敏等编：《时代之波——战国策派文化论著辑要》，第177页。

② 陶云逵：《力人——一个人格型的讨论》，见温儒敏等编：《时代之波——战国策派文化论著辑要》，第190页。

五四人物对"公理"的偏信,推崇"有力之理":"五四运动恰当巴黎和会之秋,我们多少都中了大家'公理战胜''精神克服'的一套宣传,遂贸贸然趾高气扬妄认此后大同的世界只须由那三五个'合理'条约、'非战'宣言来包管维持。如今我们觉悟了!公理是不能脱自力而存在的。力乃一切生物之征,无力便是死亡。力是一切行动之原,无力便无创造。力的本身,原无善恶,它是超道德、非道德的现象。力而有善恶,乃全由其所应用的对象而分别。中国人受了祖传德家的思维习惯之影响,一提及'力',便大骂'无理'。我们现在的看法,提起'理'必须主张'有力'。有理不必有力。有力才配说理。如何趁这个苦战求生的时刻,把力的真正意义认清,建立一个'力'的宇宙观,'自力'的人生观,这恐怕是民族复兴中一桩必须的工作。"① 这不正是梁启超意识中的"力"="理"构造吗?

第三,他们把具有巨大力量的特殊人格和特殊意志及精神合理化。特殊人格如尼采所说的"超人",如一般所说的"英雄";特殊意志如尼采的"权力意志",如所说的"浮士德精神"。"战国策派"十分欣赏尼采的"超人"观念。林同济认为尼采的"超人"有两个特质:一是具有最高度的生命力,二是具有大自然施予的德性。具有最高度的生命力,就能够无限地进行创造。由自然所赋予的、施予的德性,是内在于无限的创造力,而不是一般所说的同情和怜悯。相对于一般的"大众人"或"群众",尼采的"超人"是高贵的"新人类"。尼采谴责任何意义上的谦卑、懦弱甚至是宽容,更是对奴隶的品性深恶痛绝,他欣赏高贵的主人的品格。这都深深吸引着"战国策派"。"战国策派"接受了尼采的道德观和法律观,这种道德观和法律观认为,道德和法律都是弱者和平庸者为了保护自己、为了对付强者而设立的。与歌颂

---

① 林同济:《廿年来思想转变与综合》,见温儒敏等编:《时代之波——战国策派文化论著辑要》,第339页。

"超人"一致,"战国策派"同样提倡"英雄崇拜"。在陈铨看来,人类的意志是历史演进的中心,而英雄又是人类意志的中心。一方面,英雄能够充分体现和代表人类的意志,由此进行发明、创造;另一方面,英雄又可以引导和启发大众的意志,带领大众奋斗和前进。从生存意志和生存权利来说,人们是平等的。但是从智能来说,人们是不平等的。英雄的与众不同之处在于他们的超绝才能,他们是天才。英雄崇拜不是强迫的结果,而是人们的惊异;他们惊异英雄的神秘伟大,惊异英雄的美和超凡脱俗。这种类似于宗教信仰的对英雄的崇拜,是发自内心的一种真诚的、纯洁的感情,是忘记自我的、没有功利考虑的皈依。"战国策派"也赞赏尼采的"权力意志"的人生观。按照这种人生观,人生不是追求生存,而是追求权力意志,追求统治和控制。"人生的意义,既然在发展权力意志,那么生活就等于是一种战争。在战争中间,强者才配生存,弱者自然消灭。这一种淘汰的过程,虽然残忍,然而却是不可逃避的现象。世界人类,如果还要进步,只有靠这种淘汰的过程。"①"战国策派"还推崇"浮士德精神"。在陈铨那里,"浮士德精神"是对世界和人生的永不满足,是不断地努力和奋斗,是不顾一切地勇往直前,是感情激烈和浪漫。总之,可以说是一切力量的源泉。

第四,他们把提供强权的心理和意识合理化和正当化。"战国策派"不只是推崇那些直接性的强权和力量,为了获得深厚和深远的强权基础,他们还着眼于建立支撑强权的心理素质,颠覆和解构那些与此不相容的道德观念和心理意识。如林同济号召人们培养"嫉恶如仇"的仇恨心理。因为只有具备这样的心理,一个人才会勇敢地、义无反顾地进行战斗、报复,所谓宽大、爱人如己、老好先生,结果都是不抵抗、不斗争。"战国策派"还主张以恶报恶,反对"报怨以德"。

---

① 陈铨:《尼采的道德观念》,见温儒敏等编:《时代之波——战国策派文化论著辑要》,第272页。

从以上讨论来看,"战国策派"特别注重意志坚定、力大无比和战无不胜的人格。从这种意义上说,"战国策派"的强权主义也可以说是一种武士道主义和英雄主义,这与杨度的强权主义侧重经济力量和军事力量不同。但正如强权主义一般都排除道德、法律和理性那样,"战国策派"也拒绝道德观念及其事物,反对法律秩序和理性。

其一,"战国策派"谴责与强力对立的道德主义,林同济称之为"德感主义"。按照他的说法,德感主义不仅主张应当以道德感动人,而且相信道德必定感动人。德感主义者不仅具有用德来衡量历史的唯德史观、为政以德的政治观,而且还有一种唯德的宇宙观,即把宇宙间一切事物的本质都看成是德,事物间的一切关系也都是德:"整个宇宙的结构与运行,既然全靠'德'来维持,则'力'之一物,根本无地位。换言之,在'德'的秩序中,只有'德约因果关系'而力反走不通的。所以穆王伐犬戎而荒服不至,远人不服,必须修文德以来之。德感主义,按其内在逻辑,必定要自然而然地向轻力主义、反力主义的路线走的。"① 德感主义是从野蛮到文明所经阶段的另一个阶段,是不同于充满创造力这种"自表"阶段的"自觉"阶段。"自觉"是对创造出来的许多表征进行追问和反思,是在所有存在中寻找出应当存在或不应当存在,这是道德的观念。道德的产生一方面是进步,但另一方面也产生了从它出发去评判宇宙和世界中的"事物"的倾向。这就把主观的价值引申到客观的事实里,把本来纯客观、无所谓善与不善的现象,也用道德上的应当或不应当加以评判;把主观的价值当成客观的实在,不管客观上有没有,从道德上应当有或不应当有出发,相信实际上也一定会有或一定无。在陈铨看来,为了克服德感主义对力的压抑,中国需要从"自觉"的道德再进到"他觉"的创造力的阶段,

---

① 林同济:《力!》,见温儒敏等编:《时代之波——战国策派文化论著辑要》,第181页。

需要回到哥白尼所说的"力的宇宙观"中。

其二，从强者和弱者的二分出发，"战国策派"否定道德伦理的价值和法律的作用，认为道德、法律都是弱者、无力者用来对付强者的手段。陈铨指出，道德观念没有神圣的起源，用宗教为道德提供神圣性论证是没有证据的假设。道德也不起源于自然，因为在自然领域中盛行的是与道德格格不入的弱肉强食，道德只是弱小无能的人为了保护自己而寻找的代名词。陈铨还引用尼采有关鹰和羊具有不同的善恶观，来说明强者是不需要道德和法律的，只有弱者才需要道德和法律："鹰当然不需要善恶的道德观念，来拘束他吃羊的行动。只有柔弱的绵羊，才需要一个禁止的规律，假如没有这个规律，他们也会创造一种规律，来保护他们。所以真正需要道德观念的人，不是强者，乃是弱者，不是主人，乃是奴隶。真正的超人，决不受任何人为的道德规律的束缚，他的行动，超出善恶之外。他照自然的条理，发展自己的力量。道德的世界，不能压制自然的世界。"①陈铨说这样的思想早在古希腊时期就有了，当时的诡辩哲学家卡里克里斯就主张强者的权利，反对限制强者的弱者的道德和法律："法律是弱者、愚者和多数的人造的，来保护自己，反对强者。一切法律道德的规律，都是不自然的枷锁。强壮的人毫无顾忌，一点没有良心谴责，随时可以撕破，来满足他自然的意志。"②尼采和他的东方信徒，都不加掩饰地信奉自然的法则，相信本能，相信原始冲动，相信强者是"自然力"和自然之声的化身，而道德和法律都是破坏自然的，破坏力量和生命的。如果说需要一种道德的话，那只能是主人的道德和强者的道德："所谓'善'的观念，本来是指'高贵''伟大''勇敢'；所谓'恶'的观念，本来是指'弱小''谦让''柔顺'。……真正合乎自然的道德，就是权力意志

---

① 陈铨:《尼采的道德观念》，见温儒敏等编:《时代之波——战国策派文化论著辑要》，第273页。

② 同上书，第276页。

的伸张，强者行动，弱者服从，道德就是庞大的力量，不顾一切的无情和勇敢。"① 陈铨还否认"良心"与人类道德意识和行为的关联，认为良心是后天的产物，而且没有统一的标准（不同时代的人有不同的良心），因此不能把良心作为道德的基础。陈铨热衷于海因泽的小说《阿尔丁海洛与幸福岛》的精神，并称道说："人生是本能自身表现。感情，淫欲，罪恶，是生存必需的形式。或者可以说，在根本意义之下，无所谓罪恶。真正的罪恶，就是懦弱；真正的道德，就是'力'；最高尚的'善'，就是'美'，就是'力的表现'。"②

与此相连，其三，"战国策派"具体谴责了他们所认为的不合乎力和强权的传统道德观念，如宽容、谦卑、爱人、调和等。他们接受了尼采对基督教道德的颠覆，认为传统的道德观念怜悯、同情、爱邻居、人我合一、谦让、柔顺都是违反自然、压倒强者的道德和说教，都是"奴隶道德"。尼采反对怜悯，因为他认为怜悯削弱人的灵魂。陈铨认为怜悯不是值得肯定的道德品性，因此用它来反对战争也是无效的。

其四，"战国策派"反对理性尺度，诉诸情感、意志、本能和非理性。陈铨批评五四知识分子相信理智，他们不知道意志不仅可贵、可敬而且更为可靠。他还认为，五四知识分子认错了时代特征，误把非理智主义时代认作理智主义时代。在欧洲已不是新花样的理智主义虽然在中国是新的，但不合乎新的时代和需要。陈铨认为五四理智主义是肤浅的，有许多东西不是通过理智工作所能实现的，如民族主义、战斗精神、英雄崇拜等，它们是一种情感、一种意志，而不是逻辑、不是科学，把它们纳入理智的框架之下，它们都将冰消瓦解。"战国策派"称赞德国的狂飙时代，因为它主张个人的自由奔放，推崇天才，

---

① 陈铨:《尼采的道德观念》，见温儒敏等编:《时代之波——战国策派文化论著辑要》，第 272～273 页。
② 陈铨:《狂飙时代的德国文学》，见温儒敏等编:《时代之波——战国策派文化论著辑要》，第 356 页。

强调人的情感，要求回到自然。正如歌德所说的"感情就是一切"，"战国策派"相信感情是最伟大的力量和动力。

总之，在"战国策派"那里，我们听到了以信奉战争、力量、"超人"和英雄为中心的强权主义声调，我们不妨也倾听一下伯恩斯所描述的西方强权主义："强权政治的传统观念似乎指的是：战争和准备战争是各国间典型的正常行为；作战有愈合和再生的作用；当战斗爆发的时候，'胜利就是一切'。即使肆意蹂躏，如果它可导致迅速胜利，一般认为也是无可厚非的。强权政治的教义一般认为是起源于日耳曼人。英国和美国的学生早就知道卡尔·冯·克劳塞维茨关于战争是外交使用其他手段的继续的教导；早就知道冯·毛奇陆军元帅的虔诚信念：'战争是上帝敕定的世界秩序中的固有成分'；早就知道特赖奇克的警告：'软弱必然要被谴责为最有灾难性和最可鄙的犯罪，政治上最不可宽恕的罪孽'；也早就知道德皇威廉二世对义和团起事时派赴中国的一团士兵的训诫：'要使用你们的武器，让一千年后也没有一个中国人敢于藐视德国人'。但是英国人和美国人或许还不那么熟悉他们本国人类似的说法。……约翰·罗斯金宣称，他发现所有的伟大国家都'是从战争中得到滋养，在和平中虚度岁月；从战争中受到教育，在和平中受到欺骗；从战争中受到锻炼，在和平中遭到背叛'。英国最有名的军事作家之一莫德上校说，除非'战争是用来调整环境的神定手段，直到在伦理上"最适合的"和"最优良的"等同起来，人类前途就可怜得无以言喻了'。海军大臣约翰·费希尔爵士提供了一句同样有趣的话：'战争的实质是强暴。在战争里讲温和是白痴。……你一定要残忍无情、毫不放松并毫不后悔。'"① 如果"战国策派"听到这里的强权名言，他们也肯定会兴奋不已吧！

---

① 〔美〕爱·麦·伯恩斯：《当代世界政治理论》，第 468～469 页。

经过以上冗长的讨论，我们终于可以就清末民国中国认知以及看待国际关系和世界秩序的两种基本方式——"公理主义"与"强权主义"做一个总结了。

第一，以"公理主义"与"强权主义"这种两极性的思维方式认知和观察国际关系及世界秩序，是从20世纪初开始一步步凸显出来的。随着19世纪中后期之后被强行纳入世界体系之中以及华夷秩序的解体，中国却没有能够与外部世界建立起一种平等和谐的国际关系。晚清帝国并非不愿意这样做，它试图塑造出一种新的国际形象，使自己平等地并立在国际大家庭中，但外部世界的力量则变本加厉地把它们的意志强加给帝国，使它不断遭受到不平等的屈辱。人们愈有亡国、亡种、亡教的危机意识和焦虑感，他们的期望也就愈强烈，他们就愈想找到建立世界秩序的一种普遍原理和方式，以改变和取代帝国所处的现实的国际关系；19世纪晚期兴起的包含着多重普遍意义的"公理"，恰恰就适应了这一需要。但残酷的国际关系现实则使一些人迈向务实的道路，他们把残酷争夺的国际现实恰恰看成是一种常态，他们不仅不要求取代这种现实，相反他们要求中国也以竞争者和角逐者的身份加入这种现实之中，他们所找到的是既能够理解这种现实又能够引导人们行动的"强权"。这样，作为对立物被设置和运用起来的"公理"与"强权"，在清末民国就演变和泛化为一种相互对立的意识形态和思维方式，并与此前的世界秩序观形成了对比。

第二，从"公理主义"与"强权主义"的对立设置和运用本身来看，二者带有浓厚的理想主义与现实主义色彩。从19世纪90年代开始凸显的公理观念，从作为普遍的法则和原理来使用，到升华为普遍的理想和价值标准，它越来越被普适化、理想化，成了一种普遍的世界观。当它被作为建立世界秩序和处理国际关系的理想准则加以运用时，与它紧密结合到一起的是正义、平等、道德、人道、自然法等纯粹美好的人类价值和法则；它越理想，它距离现实世界秩序的距离就越遥远，它与现实的关系就越紧张。对理想的过于乐观，就容易在现实的挫折面前一转而成为现实主义。五四前后围绕着一战的胜利和巴黎和会的结果，中国公众在短暂的期间做出的两种截然不同的反应方式——从信奉和歌颂"公理"，又很快转入认同和肯定"强权"——可以说就是从世界秩序和国际关系中的乐观理想主义立场迅速滑向了现实主义立场。看起来，这两种不同的反应方式都是现实事件引发和刺激的结果，但把这两个事件其中的一个看成是公理的胜利，把另一个看成是强权的胜利，都是高度简化的产物。即使说第二个事件是国际社会对中国事务的非正义性安排，带有很强的强权性，也不能仅凭这一事件就说整个世界的现实就是强权主义或者说强权已经完全战胜了公理。同样，在第一个事件中，即使世界大众（包括中国公众）希望协约国胜利，也不能据此就说"公理战胜了强权"，况且很难说协约国就代表了公理。中国公众对一个事件的反应方式是一种理想的期望。与公理的乐观性和理想性相反的强权观念，则是偏离并非贬义的"权力"观念而越滑越远，日益与霸道、战争、暴力、控制、掠夺、征服、弱肉强食等人类非善或恶的东西结合到一起。一般来说，"权力"并不等于恶，它可以是人们合法拥有的决定某种事务或支配资源的力量及手段。在国际关系中，依据国际法而获得的权力及其行使，也不能说就是恶。如果没有正当和合法的来源或者被滥用，这样的权力当然是恶的。但"强权"一语，则完全成了"正义"和"人道"的否定性东西。它越被现实化，它就越邪恶。主张和肯定强权的人，并不认为强权就是善。他们只是强调强权是一个恶的现实，面对这样一个恶的现实，你如果要生存，用正义和道德来对抗它是无用的，你必须也用强权来应对它，即所谓以恶报恶、以毒攻毒，否则你就要被强权所消灭。① 由此来看，清末民国的公理与强权两极性立场和思维方式，同时

---

① 参见拙著《进化主义在中国》，首都师范大学出版社 2002 年版。

也可以说是理想主义与现实主义的两极性的对立和冲突。

第三，从清末民国"公理主义"与"强权主义"两极性思维所依据的理论来看，二者都与进化主义有较多的关联。进化主义是一个包含了许多东西的复杂的观念共同体，人们从它那里各取所需并把它运用于不同的目的。在19世纪末以前的欧洲，在19世纪末以后的中国，进化主义实际上资助着一切"事业"，这些"事业"甚至是彼此敌对的。在清末民国，作为普遍原理和真理的"公理"，它的主要所指就是进化主义的普遍性；作为征服和掠夺意义的"强权"，它主要也是用进化主义所说的"优胜劣败""弱肉强食"来界定的。公理主义者用进化论建构理想的世界秩序，注重的是"进化"的进步意义，即恶的不断消退和善的不断积累及扩展，是人类和世界直线式地朝着完美境界迈进。对"优胜劣败"和"弱肉强食"观念，公理主义者所采取的逻辑，一是认为它是人类进化阶段上的一个必然阶段，以此来警告中国必须通过进化以自我保存；二是认为"强"和"优"绝不只是指物质和军事上的富强（"力"），它也是"智"和"德"的"强"和"优"。如在严复以"民智""民德"和"民力"三者为中心来追求的进化目标中，"民力"只是其一。受其影响，曾任京师大学堂讲习的王舟瑶也以"智"和"德"为强，他还像韩非那样以"力""智""德"三者来界定不同的历史阶段："所谓自强者，强以力，强以智，强以德也。大抵据乱世竞力，升平世竞智，太平世竞德。孟子所谓天下有道，小德役大德，小贤役大贤。所谓以德服人者，指太平世言也。其所谓天下无道，小役大，弱役强。所谓以力服人者，指据乱世言也。孟子用太平世主义，故教时君行王政，尚仁义，重德不重智力。然兵争之力，机巧之智，太平世不尚。若体育以强其种，智育以致其知，则太平世未尝不与德育并重。盖智育、德育、体育三者，精而言之，即《中庸》所谓智、仁、勇三者，天下之达德也。故治化之进退，与民力、民智、民德三者相比例。三者进则治化进，而其国无不盛；三者退则治化退，而其国无不衰。古今一辙，无或爽也。"①从观念上看，19世纪以来中国以"自强""富强"为中心的守卫文明和进化的思维方式，很容易被等同于"富国强兵"的实用主义战略。但实际上这只是问题的一个方面。强权主义就是强化这一个方面并要求中国也要成为弱肉强食竞争之中的强食者。

第四，清末民国的"公理主义"与"强权主义"两极性思维，并不是孤立于中国历史和传统思想之外的东西，它与传统的德与力、王道与霸道二元世界秩序观具有关联性和类似性。这种二元对立，在儒家（以孟子为中心）与法家（以韩非为中心）的冲突中得到了集中的体现。②在孟子的心目中，王者是不需要广大的土地和人民的，他在一个非常小的范围内就可以实现令人心悦诚服的统治，因为他靠的不是力量压服，而是靠美德的感化。我们知道，孟子对战国诸侯国家的血腥征服和残酷兼并进行了强烈的谴责和控诉，如他说："五霸者，三王之罪人也；今之诸侯，五霸之罪人也；今之大夫，今之诸侯之罪人也。"③又说："今之事君者曰：'我能为君辟土地，充府库。'今之所谓良臣，古之所谓民贼也。君不乡道，不志于仁，而求富之，是富桀也。'我能为君约与国，战必克。'今之所谓良臣，古之所谓民贼也。君不乡道，不志于仁，而求为之强战，是辅桀也。"④孟子这样做，就是出于他的"王道"理想。在战国时代，孟子所追求的王道世界秩序没有得到执政者的响应，但我们不能不肯定他不为时代所移的道德勇气和正义精神。法家韩非典型代表了强权主义的路线，他相信追求强大的

---

① 王舟瑶：《京师大学堂经学科讲义·自强篇》，见《京师大学堂伦理学、经学讲义初编》。按照韩非对历史阶段的划分法，顺序恰恰是颠倒的：上古是以道德来竞争，中古是以智慧来竞争，当今是以力量来竞争。（参见《韩非子·五蠹》）

② 有关这一方面，参见拙文《从"德治"到"力治"：历史推演与"焚书坑儒"》，见《国际儒学研究》第六辑，中国社会科学出版社1999年版。

③ 《孟子·告子下》。

④ 同上。

"力量"是明君的首要任务,因为"当今之世"完全是靠力量来展开竞争的,没有力量就要屈从于他国。用韩非的话说就是"力多者则人朝,力寡者则朝于人"。现实主义的法家,追求直接和当下的目标,如广大的领土、众多的人口和丰富的财物,简单地说就是富国强兵,他们对道德毫无兴致,因为在他们看来,道德毫无用处。

战国时代试验强权主义的基地是秦国,强权术("力术")使它迅速强盛,但也使它很快覆灭,因为它缺乏道德和正义("义术")。秦国的教训使王充清楚地认识到,道德和力量对于国家来说一个都不能少:"治国之道,所养有二:一曰养德,二曰养力。养德者,养名高之人,以明能敬贤;养力者,养气力之士,以明能用兵。此所谓文武张设、德力具足者也。事或可以德怀,或可以力摧。外以德自立,内以力自备,慕德者不战而服,犯德者畏兵而却。徐偃王修行仁义,陆地朝者三十二国,强楚闻之,举兵而灭之。此有德守,无力备者也。夫德不可独任以治国,力不可直任以御敌也。韩子之术不养德,偃王之操不任力,二者偏驳,各有不足。偃王有无力之祸,知韩子必有无德之患。"① 其实在"大国畏其力,小国怀其德"这个更早的说法中②,就可以看到"德力"结合的明确意识。

我们把视线转到民国,经过一战和二战的胡适,超越了他早期以憎恶力量和武力为特征的消极不抵抗主义③,转而相信只有通过力量才能维护和平、人道和世界正义秩序。在此,他的《强力,国际法治与世界和平的后盾》一文值得关注。④ 胡适在思想上的变化,不是否定他

---

① 《论衡·非韩》。
② 《左传·襄公三十一年》载:"《周书》数文王之德曰:'大国畏其力,小国怀其德。'"
③ 有关胡适早期的"反力"思想及不抵抗主义思想经历,请参阅他的《武力解决和解决武力》(《胡适文集》第12册,北京大学出版社1998年版)、《胡适口述自传》(华东师范大学出版社1993年版,第55~59页)。
④ 参见安徽大学胡适研究中心编:《胡适研究》第三辑,安徽教育出版社2001年版。

先前接受的"不抵抗主义"和老子的"柔弱论",而是重新加以解释。按照他的新解释,不抵抗主义不是他以前所理解的对任何强力和武力的拒绝,而是要么意味着在一定情况下以一种更加有效的方式进行抵抗,要么意味着把抵抗的权利交给一个公正的、更高的强力来定夺。老子主张柔弱,也不是教人退缩忍让,而是相信柔弱有时比刚强更有威力,如柔弱的水攻坚强者莫之能胜。老子和耶稣都信奉和歌颂一种冥冥在上的正义力量。正是因为人们有这种信念,在需要的时候他们就毫不犹豫地诉诸武力进行反击。胡适还十分信服杜威的强力观念和法律观念,他认为二者对于建立世界新秩序都是有益的。按照杜威的观念,强力有不同运用,一是善用,一是恶用。人们反对强力是因为它被不正当地运用,但强力作为一种能量,对于实现人类的有益目标来说是必需的。法律也需要强力来维持,如果没有组织起一种集体的强力,和平及正义的国际秩序就是空谈。由上所说,胡适确实采取了拥护强力的新立场,但他又绝不是拥护强权主义,因为他所说的强权都服务于一种人类和平、正义和道德的目标。

第四章
"新知识阶层"的诞生及角色

中国"新知识阶层"是相对于作为"士"或"士大夫"的传统知识阶层而言的。围绕20世纪中国新知识阶层问题，海内外学人已经从不同的角度或侧面进行了许多有益的研究。[①]在此，我想就其转变及其所扮演的学术角色做些讨论。[②]"学术角色"是知识阶层的基本角色之一，而韦伯则干脆认为知识阶层是"以学术为业"的那一类人。但是20世纪中国知识阶层在担当这一基本学术角色的过程中，却产生了一些困惑，不管这些困惑是来自外部社会环境，还是根源于知识阶层自身的限制。

[①] 如顾昕的《意识形态的创造者、传播者与维护者——关于中国近代知识分子的思考》(见《知识分子》，辽宁人民出版社1989年版)、余英时的《中国知识分子的边缘化》(《二十一世纪》1991年8月号)、许纪霖的《智者的尊严》(学林出版社1991年版)、刘创楚的《中国知识社群的现代转变》(《二十一世纪》1995年4月号)、黄平的《当代中国大陆知识分子的非知识分子化》(《二十一世纪》1995年4月号)等。

[②] 知识阶层的角色，就我所采取的简化的方式来说，它至少包括"社会关怀和良知"及"知识创造和学术担当"两个方面。此处所说的"学术角色"，是从广义上讲的，它涵盖了"知识角色"和"思想角色"等。

一　从传统"士大夫"到"新知识阶层"

按照丸山真男的说法，在东西方，传统或现代以前的知识阶层都具有一种共同的特征。不管他们是僧侣（西方），还是神官（日本）和士大夫（中国），他们都是在社会体制中具有一定身份和官职的"体制知识阶层"，他们担当着正统世界观解释者和授予者的角色。① 由此出发，丸山认为，"现代知识分子"的诞生，恰恰就是要从"身份制度"的体制中解放出来，再就是从正统世界观的解释和授予的任务中解放出来。这两种解放是现代自由知识阶层诞生的前提。多种多样的世界观解释，就像市场上的商品一样展开着自由竞争。思想的自由度当然有程度上的差异，但至少要从权力和制度的保护中分离出来。

从一般意义而论，丸山的说法也适用于现代中国新知识阶层的诞生过程。像我们一般所了解的那样，中国传统"士大夫"是具有一定"身份"和"官职"的"体制知识阶层"，他们是正统世界观（主要是儒家意识形态）的"解释者"和意义的"赋予者"，他们持续不断地为社会和政治秩序提供着合法性论证。当然，中国传统"士大夫"的身份，并不像印度的婆罗门那样是世袭的，在很长的历史时期中，它一直是通过科举考试而获得的。1905 年，科举制度的废除整体上瓦解了产生"士大夫"身份的基础，使"官职知识阶层"失去了体制的支撑。洋务派甚至戊戌维新派知识分子，之所以还不算新知识阶层，还是传

---

① 丸山真男所说的"世界观解释"，主要是指对我们生活着的世界、对社会赋予意义和价值："给这种'意义赋予'提供基础的概念框子或坐标轴，这是传统社会知识分子的任务。把天地开创的神话，或'十戒''五伦五常'等基本的伦理范畴向世间的人传授，这是'体制知识阶层'的工作。"（〔日〕丸山真男：《日本近代思想家福泽谕吉》，第14页）

统意义上的"士大夫",是"体制知识阶层"①,就是因为他们还生存在科举体制之下。但科举制废除之后,情况就发生了变化。未来的知识阶层要通过新的渠道来产生。另外,从传统"士大夫"到新知识阶层的转变还依赖于正统世界观和传统意识形态的解体。儒家作为传统意识形态,一直是正统世界观和意义的基础,是政治合法性的根据,并且反过来又受到政治权力的维护,享受着不被质疑的特权。丸山真男所说的从正统世界观解释和授予中解放出来这一层面,中国主要是在五四新文化运动中出现的。五四知识阶层解构了与权力和制度联系在一起的儒家正统世界观和政治意识形态,与之相伴的是思想言论的自由竞争和多元选择。林毓生消极地把这称为"中国意识的危机"。的确,从儒家丧失意识形态地位和功能的意义上说,它是一种危机,但是从现代性的思想、学说的自由竞争和多元选择角度来说,它恰恰又是一种积极的进步。五四新知识阶层固然有不少特殊性,但整体上他们是不同于传统"士大夫"的现代型知识分子,他们是通过丸山所说的"两个解放"的前提而实现的。

中国新知识阶层的转生过程,不仅具有知识世界变化中的共同性的东西,还带有身处后进国家所伴随的特殊性层面。这种特殊性主要表现在它既是一种"自发性"过程,也是一种"他发性"过程。我们即使不能设想中国如不被迫开国,它最终就不能"自发地"走向现代性转变,但可以设想,一个具有"高度自足性"的中国要通过自发性达到现代性转变,其时间肯定要大大延迟。就在这种自足和封闭性中,像"两面兽"一样的西方世界,强行把中国纳入了世界统一体中。"开国"对中国所带来的影响无疑是多方面的。从与中国新知识阶层的关

---

① 当然,他们的身份和职能已经变得模糊。一些人开始进入与洋务有关的各种技术学校或出国留学。容闳与严复可能是这方面比较典型的例子。他们不是通过科举考试而获得身份、官职的知识分子,虽然严复曾几次试图这样做。不过,当时通过科举考试获得官僚学者的身份,仍是主导性价值观念和人们实际上追求的目标。

系说，它使中国新知识阶层具有了通过"外来性"来实现自我的这种"特殊性"品格。从中国的"现代教育体制"（特别是大学教育体制）、"现代学术专业"和"现代留学经历"这三个彼此相连的方面中，都可以充分看到中国新知识阶层所带有的强烈的"外来性"的特性。五四新知识阶层，大都具有留学西方或日本（作为西方的桥梁）的经历。[①]比较有代表性的，如胡适、陈独秀、李大钊、蔡元培、周作人、鲁迅等。可以肯定，在 20 世纪 50 年代以前，"洋产学者"构成了中国新知识阶层的主体。同样，中国现代教育制度及现代学术专业，在很大程度上也是移植的产物。以北大为例，在蔡元培主持北大之前，它很难称为现代意义上的大学。经过蔡元培对北大的一系列改革（从具体的专业学科设置到具有原则性的大学理念和目标），北大才逐渐变成了现代意义上的大学。中国现代学术内容，除了所谓"国学"或"汉学"那一部分（研究方法也发生了很大变化）外，从自然科学到社会科学和人文学科，新知识阶层所传授的东西，基本上都是舶来品。这是极其明显的，不需要多说。

后进性除了使中国现代知识体系具有明显的"外来性"特征外，还使中国知识阶层的学术角色失调。如前所述，中国新知识阶层从"官僚学者"的身份中解放了出来，这同时意味着传统"仕"和"学"这种一身二任双重身份的"分离"。从事"知识"和"学术"工作，成了新知识阶层的专门职业，即韦伯所说的"以学术为业"。那么，把"学术"作为一种专门职业或"以学术为业"，对新知识阶层究竟意味着什么呢？在职业高度分化的现代社会中，知识阶层选择学术和学问职业，首先是选择了一种生活方式和生活手段，同时也是选择了一项愿意为之奋斗的事业。除非他已经具备了生活的条件，他才不

[①] 有关中国近代以来的留学问题，请参见汪一驹的《中国知识分子与西方：留学生与近代中国（1872—1949）》（枫城出版社 1978 年版）和〔日〕实藤惠秀的《中国人留学日本史》（谭汝谦、林启彦译，香港中文大学出版社 1982 年版）。

需要"靠"学术而生存。① 学术被职业化后，可能产生某些问题，如为了"受雇"或为了"奖赏"和"利益"而削弱学术良知和学术诚意。②这种情形，往往发生在那些仅仅或主要"靠"学术而生存的知识分子身上。但对于那些主要是把学术作为一项愿意为之献身的事业（即为"学术"而生存）并希望通过此而获得超越的知识分子来说，学术的职业化并不会影响其学术的真诚性，反而使他们得到了安心于学术的充足时间保证。仅从谋生的手段或者谋取利益的手段来说，学术这项职业可能不是理想的。在现代学术日益分化的现实中，学术的职业化就意味着学术的专业化，传统的"通才"或"全能人"基本上已成为我们对昔日的美妙回忆。事实上，在现代各种学术领域中，做出惊人成就的知识分子，恰恰都是高度专业化的结果。在这种意义上，韦伯的说法仍然需要强调："无论就表面还是本质而言，个人只有通过最彻底的专业化，才有可能具备信心在知识领域取得一些真正完美的成就。……只有严格的专业化能使学者在某一时刻，大概也是他一生中唯一的时刻，相信自己取得了一项真正能够传之久远的成就。今天，任何真正明确而又有价值的成就，肯定也是一项专业成就。因此任何人，如果他不能给自己戴上眼罩，也就是说，如果他无法迫使自己相信，他灵魂的命运就取决于他在眼前这份草稿的这一段里所做的这个推断是否正确，那么他便同学术无缘了。他绝不会在内心中经历到所谓的科学'体验'。没有这种被所有局外人所嘲讽的独特的迷狂，没有这份热情，坚信'你生之前悠悠千载已逝，未来还会有千年沉寂的期待'——这全看你能否判断成功，没有这些东西，这个人便不会有科

---

① 有关自由职业与付酬职业的区分问题，参见〔德〕卡尔·曼海姆：《知识阶层：它过去和现在的角色》，《社会学与社会调查》1992年第1期，《国外社会学》1992年第2期。

② 参见〔德〕卡尔·曼海姆：《知识阶层：它过去和现在的角色》，《社会学与社会调查》1992年第1期，《国外社会学》1992年第2期。

学的志向，他也不该再做下去了。因为无论什么事情，如果不能让人怀着热情去做，那么对于人来说，都是不值得做的事情。"① 要在学术上取得惊人的"成就"和"创见"，还需要韦伯所说的机遇和才能。但"专业化"以及对此所具有的一种近似"痴情"和"迷狂"的热情，则是追求学术成就的知识分子所必不可缺的条件，它甚至能弥补才能方面的不足。"专业化"可能产生弊端，但也许并不像萨义德（Edward W. Said）所说的那样严重。萨义德从根本上不满意知识阶层的专业化取向。在他看来，"专业人"或"专长"不仅到头来几乎与知识不相关，更主要的是他们丧失了知识分子所应具有的社会关切，丧失了"批判性"和"独立性"，他们为利益所驱使，自私而又狭隘。他相信"业余者"，认为"业余者"能避免"专业人"的严重缺陷。他说："所谓的业余性就是，不为利益或奖赏所动，只是为了喜爱和不可抹煞的兴趣，而这些喜爱与兴趣在于更远大的景象，越过界线和障碍达成联系，拒绝被某个专长所束缚，不顾一个行业的限制而喜好众多的观念和价值。"② 萨义德对"专业化"的批评，"整体上"并不恰当。像韦伯所说的那些"为"学术专业而生存的人，也正是因为发自内心的喜爱和兴趣，而不是为了得到奖赏和利益。萨义德所向往的"业余者"，实际上是那种接近于全能的对什么都可以提出批评的知识分子，他关心的主要是知识分子的社会良知角色。但为此而"完全"否定作为现代学术主体的"专业人"或"专业化"，则超出了必要性的意义。我坚持认为学术是知识分子的基本角色，分工精细的"专业人"比传统全能型知识分子更能推进知识和学术的成长和积累。当然，这并不意味着知识阶层自然就失去了他们的社会良知和社会关怀角色，他们能够分别通

---

① 〔德〕马克斯·韦伯：《学术与政治》，冯克利译，生活·读书·新知三联书店1998年版，第23～24页。
② 〔美〕萨义德：《知识分子论》，单德兴译，生活·读书·新知三联书店2002年版，第67页。

过各自专业上的优越性履行社会良知的角色。中国新知识阶层转变中所遇到的问题之一是，他们对内忧外患的社会政治危机的焦虑，他们对巨大的中国现代社会角色担当的承诺，使他们难以在专业学术角色和社会良知角色之间找到一个恰当的平衡点。只要看看中国现代新知识阶层对学术与政治、学术与实用关系的处理方式，我们对此也许就能有所理解了。

二 "学"与"政"

正如以上所说，中国近代社会的后进性既为现代性学术提供了空间，同时又限制了现代性学术。这种限制之一是来自社会、政治方面的。这里的社会和政治当然不是指社会学和政治学意义上的社会和政治，因为如果这样，它们也是学术的一部分。对现代中国学术构成严重限制的社会、政治，是从现实社会、政治来要求知识阶层和学术。这绝不是知识阶层和学术是否与社会、政治发生关系的问题，关系总是有的，问题是限度和发生关系的方式。

知识阶层对不合理的现实社会、政治保持监督和批评（即所谓的"议政"），是知识阶层社会良知和社会关怀的一种体现。不少现代中国知识分子都是程度不同的议政者。还有一部分知识分子是"参政型"的，而且在"参政"和"学术"之间摇摆不定。知识分子是否应该"参政"，这是一个他们讨论过的与他们直接相关的问题之一。金岳霖反对知识分子"参政"，因为参政容易失去知识阶层的独立性。他的推论是，为了政治理想而"参政"，首先就要获得政治权力这一手段。获得政治权力这一手段在现实政治中并不容易，时间一久，手段就变成了目的，当获得政治权力之际，政治理想也许早就被遗忘了。再者，知识分子一旦进入现实政治之网中，为了做事就需要保住权力，结果久而久之，保持权力又成为首务，实现政治理想所需要的独立性慢慢就被权力腐蚀了。金岳霖坚持认为,知识分子如果要对政治进行有效的监督和批评并使之得到改进,首先要做的就是确立和保持其独立性,具体条件有:一是有比较独立的经济来源,二是不以做官为职业,三是不以发财为目的,四是建立一个以志同道合为基础的独立的环境。[1]

没有必要反对知识分子参政。只是,知识分子一旦选择了从事政治的职业,他实际上就等于放弃了从事学术职业及其对学术的追求。一个知识分子很难同时追求政治和学术两种理想而又都能取得真正的成就。现代中国一些知识分子一直在"议政""参政"和"学术"之间犹豫徘徊。以胡适为例,1917年,刚从美国回来的他发誓二十年"不谈政治",但到了不足五年的1921年,他就提倡"好政府主义",拉开了谈论政治的序幕。对此,他做出的解释是:"我等候了两年零八个月,实在忍不住了。我现在出来谈政治,虽是国内的腐败政治激出来的,其实大部分是这几年的'高谈主义而不研究问题'的'新舆论界'把我激出来的。"[2]于是,胡适开始"议政"而不"参政":"我所希望的,只是一点思想言论自由,使我们能够公开的替国家思想,替人民说说话。我对于政治的兴趣,不过如此而已。我从来不想参加实际的政治。这亦非鄙薄实际政治,只是人各有能有不能,我自有我自己的工作,为己为人都比较有益,故不愿抛弃了我自己的工作来干实际的政治。"[3]胡适曾以"无能力""保持独立"和"说公平话"的理由拒绝过实际的政治,但这一承诺他亦并未坚持,他从"议政"又走向了"参政"[4],并且在"政治"和"学术"之间左右摇摆。"政治"中的他留恋着学术,"学术"中的他又想着"政治"。[5]这是何故呢?可以

---

[1] 参见金岳霖:《优秀分子与今日的社会》,《晨报副镌》1922年12月4日、5日。
[2] 胡适:《我的歧路》,见《胡适文存》第二集,第332页。
[3] 胡适:《致李石曾》,见《胡适来往书信选》中册,中华书局1979年版,第95页。
[4] 胡适后来当过驻美大使。
[5] 有关胡适在"政治"和"学术"之间的苦恼选择,参见陈平原:《中国现代学术之建立——以章太炎、胡适之为中心》,北京大学出版社1998年版,第134~137页。

说是传统"士大夫"的心态和"学术理想"之间的冲突。胡适是受过现代学术训练并肯定现代学术价值的人,他希望在学术领域中获得成就;但传统的"士大夫"心理,又使他看重参与政治的重要性。在这一点上,严复也是一个有趣的例子。他是受过系统英国式教育的新式中国知识分子。他对学术的价值①、对教育的重要性都有充分的认识,并对"学而仕"的科举制度和"官本位"也做过批判:"夫中国自古至今,所谓教育者,一语尽之曰:'学古入官已耳!'"②"中国重士,以其法之效果,遂令通国之聪明才力,皆趋于为官。"③但是,严复也不安心于"学术",不安心于他认为最重要的开民智的教育工作。从 1885 年到 1893 年,他先后四次参加了后来他痛加批判的科举考试,结果都以失败而告终。照他的说法,他这样做的动机是希望通过科举入官,以求改善"政治"。④ 他一直有"仕宦不达"、怀才不遇的抱怨,相信只要获得相应的官职就能实现自己的"远大"抱负,他在一首诗中写道:"四十不官拥皋比,男儿怀抱谁人知?药草聊同伯休卖,款段欲陪少游骑。……当年误习旁行书,举世相视如髦蛮。"⑤ 可以说,现代中国知识分子很难摆脱"官本位"的影响。这里所说的"官本位",不仅意味着

---

① 如严复高度评价西方学问家路德、康德、笛卡尔、卢梭、洛克、达尔文等人的贡献,认为虽政治家亦无以复加。参见《〈原富〉按语》见《严复集》第 4 册,第 908 页。

② [清]严复:《论今日教育应以物理科学为当务之急》,见《严复集》第 2 册,第 281 页。

③ [清]严复:《〈法意〉按语》,见《严复集》第 4 册,第 1000 页。

④ 严璩《侯官严先生年谱》载:"自思职微言轻,且不由科举出身,当日仕进,最重科举,故所言每不见听。欲博一第入都,以与当轴周旋。既已入彀中,或者其言较易动听,风气渐可转移。"(《严复集》第 5 册,第 1547 页)

⑤ [清]严复:《送陈彤卣归闽》,见《严复集》第 2 册,第 361 页。在这一点上,日本的福泽谕吉同严复构成了鲜明的对比。福泽痛恨日本传统把一切都寄托在"当官"上的官本位价值倾向,并坚决拒绝"当官",以"独立自尊"为信念,一心从事"学术"和"教育"事业。参见《福泽谕吉自传》,马斌译,商务印书馆 1980 年版,第 295~286 页。

获得官职,而且也意味着这样一种思维方式,即把改善政治的愿望寄托在官职和参政上。但是,也许正如金岳霖所说,知识精英改善政治的最佳渠道,恰恰是在"政治"之外,而不是在"政治"之中。

学术受到政治的制约,还表现为来自政治方面的对学术的干涉和统御。其最典型的表现,就是通过政治力量把学术意识形态化。在20世纪50年代以前,国民党为了控制大学和学术,在大学中设立训导处,开设"训育"课程(如"三民主义"和"党义"),建立政治组织(如区党部、三青团等),并要求担任行政职务的教授加入国民党。这是通过教育部的一套"部订"规章制度来进行的。① 这种以党治校、把教育党化的做法,受到了一些大学不同方式的反对和抵制,如西南联大教务会议曾对教育部控制大学课程设置的训令提出异议②,但基本上没有什么效果。50年代后,在相当一段不正常的时期,政治意识形态的符号和语言,充斥在学术之中。在此已经基本分不清什么是学术,什么是意识形态。学术被政治化、被意识形态化的过程,经过"反右倾"斗争到"文革"时期达到顶点。结果是知识分子被"非知识分子化","学术"被"非学术化"。知识分子的学术良知、真诚、独立和规范受到了严重的摧残。在改革开放新时期中,政治上的宽松为知识分子提供了恢复学术活力的空间,知识分子也开始反省学术良知的不幸丧失。巴金和冯友兰是其中的两位。巴金要求说"真话",冯友兰要求"修辞立其诚"③,实际上都不过是要求保持学术自律和尊严的一个最基本条件。

---

① 具体来说,如"部颁"大学课程表、"部订"教科书、"部颁"教师资格审查、"部定"大学行政组织要点(主要是规定各校必须设立控制学生思想的训导处)等。参见《清华大学校史稿》,中华书局1981年版。

② 参见《西南联合大学教务会议就教育部课程设置诸问题呈常委会函》,见《清华大学校史资料选编》第三卷下,清华大学出版社1994年版,第191~192页。

③ 有关巴金和冯友兰的反省,请参见巴金的《随想录》(生活·读书·新知三联书店1987年版)和冯友兰的《三松堂自序》(《三松堂全集》第一卷,河南人民出版社1985年版)。

三 "学"与"用"

这里涉及的是"学术"与"实践"和"应用"的关系问题。我想没有人会否认学术在实践和应用方面的意义。学术或者能够改善我们的物质生活条件，或者能够丰富我们的精神生活。学术实际作用的大小，往往与我们的直接需要和间接需要相关；完全没有作用的学术，也许就像完全没有意义的事物那样，可能是不存在的。培根的"知识就是力量"，是对学术知识实践意义的一种极其乐观的态度。近代以来科学和技术应用的巨大成就，又加强了这种乐观态度，并相应地扩大了人们对学术实践意义的胃口和渴望，使评价学术的尺度更加往实用的方向发展。人们期待学术能够给我们带来实际上的作用和意义，学者在从事学术之前带有某种价值的动机，我不认为这有什么不合适。我的意思是说，学术除了这种"外在的"（如果可以这样说的话）动机和目标外，它是否具有自身"内在的"动机和目的？知识分子在从事学术的时候，他首先关心的是什么？"功用性"和"实用性"是否可以成为学术自身的首要目标？人们是否应该单从"功用"和"实用"去要求学术、从是否"有用"去看待和审视学术？

如上所说，伴随着近代以来学术特别是科学在应用和改造世界方面的巨大成就，也产生了一种习以为常的甚至被认为是正当的偏向，即往往从"实用"和"功利"这种价值取向或思想方式去衡量和理解学术。作为科学家的布朗（Robert Hanbury Brown）揭示了这一倾向："我们学会了把以科学为基础的技术看作是科学最重要的面孔，并且把科学几乎完全等同于科学的运用。我们步弗兰西斯·培根之后尘，把科学真理的价值与科学的有用性等量齐观，但是，我们却没有像他所作的那样，把人类的改善视为对上帝的颂扬！科学还有另一副面孔：与其说它关心改变世界，毋宁说它关心认识世界。自从科学变得如此有用以来，这副面孔确实有点未曾相识。"① 在布朗所说的"基础研究"和"应用研究"两类中，前者的目的是增加我们对我们自身和我们周围世界的知识，即所谓"好奇取向"（curiosity-oriented）；后者的目的是达到明确认识到的实际目标，即所谓"任务取向"（mission-oriented）。这种区分要求我们不要从"功用"上去要求以"认知"世界为根本目的的基础研究。布朗指出，现代科学基础的许多最重要发现，如物质的原子本性和相对论等，它们都只是"企图认识和理解"的结果，而不是从狭隘的"应用"目的出发所能达到的结论。② 只有不为科学设置具体的应用目标，我们才能发现许多我们"无知的领域"。使科学囿于"实用"的范围内，就无法广泛地探索它并得到意外的发现。在此，值得回味一下贝利（S. Bailey）在《意见的形成与发表》（*Essays on the Formation and Publication of Opinions*, London, 1821）序文中的一段意味深长的话："在通晓有益吾人之诸多事象以前，须学知许多无用之事物，此似为'人文科学'之必要条件。在经验以前，欲获知吾人之成就之价值实不可能，人类欲获知知识之一切价值，舍就每一可能的方向，从事研究外，无途可循。热切的希望每一步骤获致显著的效果，乃进步之最大障碍，每一个人之努力将有效益，盖可断言，然过度地急求近功，则非明智。每一科学均有待于充实，为达成此一目的，吾人必须获致甚多细节，初视之，似无若何价值。但吾人应知：微末的、表面上无用的成就，乃导致新发现的重要准备。"③ 在《自由的宪章》一书的注释中引用这段话的哈耶克，肯定贝利的说法并引申说："即使在那种最刻意探求新知识的领域，亦即科学领域，也无人能预见其工作的各种后果。事实上，

---

① 〔德〕汉伯里·布朗：《科学的智慧——它与文化和宗教的关联》，李醒民译，辽宁教育出版社 1998 年版，第 41 页。

② 参见〔德〕汉伯里·布朗：《科学的智慧——它与文化和宗教的关联》，第 114～121 页。

③ 〔英〕哈耶克：《自由的宪章》，周德伟译，台湾银行 1973 年版，第 76 页。

人们已日益认识到，甚至那种试图将科学的目标刻意设定为达致实用性知识（a useful knowledge）（即达致那种人们能够预见其在将来的效用的知识）的努力，也可能滞碍进步。"[1]可以肯定，如果把学术"限制"在被认为是能够带来"有用"价值或实际效果的那些领域中，不仅难以实现其所希望的具体价值，而且更严重的是将会扼杀掉通过自由研究可能会带来的始料不及的广泛价值。学术的巨大进步有时恰恰要在无实用目的之中来获得，或者正是其无实用性动机反而能够达到最大的实用性（实际价值和效果）。总之，学术作为知识阶层的一项事业，它具有自身的内在目的性，这就是认知世界，求得真实可靠的知识和真理，用韦伯的话说就是"除魅"和不断地"理智化"。普通所谓"为学术而学术""为知识而知识"也就是强调学术自身的内在目的性。与此相连，学术的外在目的性是客观上它能为我们带来物质和精神上的实际和应用价值。

从以上对学术自身目的的理解出发来观察现代中国学术，我们很容易发现它所受到的"实用取向"的制约。学术首先是作为一种宏大目标的工具而存在的，学术的正当性不在于它自身的标准，而在于它能够为伟大的目的提供服务。学术被实用化和工具化之后，往往会遇到两方面的问题：一是学术自身内在的"好奇取向"同其外在的"任务取向"之间的矛盾。知识阶层如果一开始就完全是从"任务取向"去研究或从事学术，那么他们所关注的就只会是那些具有直接应用性和实用性的领域，而不关心那些没有直接功用的基础性学术领域。如，中国近代开国以后，首先关注的就是与"船坚炮利"直接相关的技术和应用领域，人们相信它们能够使中国迅速富强。巨大的危机感使知识分子可能比任何时候都强烈地受着价值取向的引导。这种情形程度不同地一直持续着。一门学术是否值得从事，就看它有没有实用性，

---

[1] 〔英〕哈耶克：《自由秩序原理》，第44页。

是否有用成了考验学术是否有价值的最高尺度。与此相应，从"好奇取向"出发而进行的基础研究，往往被认为是无用的。更有甚者，是要求从事学术研究的知识阶层，直接去从事改造世界的任务。但是，知识阶层一旦抛弃解释和理解世界的天职，一旦不再提供知识，从观念人物变为行动人物，他们也就失去知识阶层的角色了。在极端的"文化大革命"时期，中国知识阶层遇到了整个学术甚至是他们自身丧失意义的严重问题。它与改革开放以来知识和科学身价百倍形成了难以想象的反差。知识和科学技术之所以重要，是因为它们有用；知识分子之所以重要，是因为他们能够提供知识和技术。学术和知识就从最无用一转而成为最有用。学术和知识受到推崇总是一件好事，但如果过于从实用或急功近利的角度来对待它们，客观上也会产生我们主观上所不希望的限制学术的局面。

学术被实用化和工具化容易产生的另一个问题是知识阶层对普遍真理的追求与"特殊需要"之间的矛盾。作为常识，学术的任务是认知世界，是探索和追求普遍真实性的知识和真理；而现实的特殊需要和实用要求主要考虑的是，是否有满意的结果，是否与人的主观愿望相适合，一句话，即从"利害"出发考虑问题。由于出发点不同甚至冲突，学术的真实性就不必与"实际利益"或特殊需要相一致。学术上的"真"，可以符合我们的特殊要求，也可以成为我们特殊要求的障碍。实际上，学术所揭示的许多事实，很可能是令人不愉快的，也完全可能同我们的价值信念相冲突。如果我们注重"特殊需要"，我们就只得放弃某些学术上的客观事实。韦伯清楚地指出了这一点："对于那些不在乎事实本身，只以实际立场为重的人，科学的成就便是毫无意义的吗？大概如此。但无论如何，有一件事情是可以做的。无论是谁，只要他是一名正直的教师，他的首要职责就是教会他的学生承认'令人不舒服的'事实，我是指那些相对于他们的党派观点而言不舒服的事实。对于一切党派观点来说，都有些十分令人不舒服的事实，对我也是如此。"① 从党派的特殊利益和特殊需要出发，就需要回避和放弃那些"令人不舒服的事实"，这与"有用的就是真的"这种实用主义的信条，都构成了自由探索学术和真理的障碍。

中国现代学术受到实用主义的制约，是就一个基本倾向而言。中国现代学术取得的进步是不可否认的（如建立起了现代学术和知识体系），知识阶层对学术独立、对学术与实用界限的意识也是不可否认的。严复明确把"学"与"术"区别开来②，他认识到了"学"与"术"的基本不同以及"学"比"术"所具有的基础性地位③，特别是认识到了"学"的根本是求真知，它超越利害关系④。正是由于"学"具有超越利害的普遍性，它才有广泛的适用性，才能为我们带来强大的实践功用。章太炎和王国维都根本反对把"学术"同"用"联系在一起。章太炎认为"学术"的目的在于"求真知"，而不是"致用"："学在求是，不以致用。"⑤ "学者在辨名实，知情伪，虽致用不足尚，虽无用不足卑。"⑥ 这种纯学术的立场是彻底的，它是对"学以致用"学术实用主义的抗拒。这种抗拒在王国维身上也同样强烈。他认为对"学"的严重误解之一，是分"有用之学"与"无用之学"。在他看来，"学问"是技术的基础，"无学"即"无术"。凡"学"皆有用，皆无用。论学

---

① 〔德〕马克斯·韦伯：《学术与政治》，第39页。
② 参见［清］严复：《〈原富〉按语》，见《严复集》第4册，第885页。
③ 参见［清］严复：《政治讲义》，见《严复集》第5册，第1248页。
④ 如他说：学"初不设成心于其间，但实事求是，考其变相因果相生而谨记之。初不问何等草木为良草木，何等虫鱼为良虫鱼。无所谓利害，无所谓功过"（《政治讲义》，见《严复集》第5册，第1248页）。
⑤ ［清］章太炎：《与钟君论学书》，见《文史》第二辑，中华书局1963年版，第279页。
⑥ 《章太炎全集》第四卷，上海人民出版社1985年版，第151页。在章太炎看来，判断"学"与"用"的价值标准根本不同："学说和致用的方术不同，致用的方术，有效就是好，无效就是不好；学说则不然，理论和事实合才算好，理论和事实不合就不好，不必问他有用没用。"（《论教育的根本要从自国自心发出来》，见《章太炎政论选集》，中华书局1977年版，第507页）

不仅要知道有用之用，也要知道无用之用。①梁启超这位对政治具有高度热情的人物，也坚信对于从事学术的人来说，学术本身即目的，不可把学问作为求"实用"的手段："凡真学者之态度，皆当为学问而治学问。夫用之云者，以所用为目的，学问则为达此目的之一手段也。为学问而治学问者，学问即目的，故更无有用无用之可言。"②"凡学问之为物，实应离'致用'之意味而独立生存，真所谓'正其谊不谋其利，明其道不计其功'。"③在梁启超看来，晚清"新学家"在学术上"失败"的根源之一就是"不以学问为目的而以为手段"。胡适这位关心社会现实的人物，也坚持学术自身的目的和自律。当有人把"学"同"民族主义"和培养"民族精神感情"联系在一起时，他拒绝这种联系："我不认中国学术与民族主义有密切的关系。若以民族主义或任何主义来研究学术，则必有夸大或忌讳的弊病。我们整理国故只是研究历史而已，只是为学术而作工夫，所谓实事求是是也，从无发扬民族精神感情的作用。"④

这种超利害诉求的学术意识和观念，何以难以成为中国新知识阶层的普遍意识和行为方式呢？何以学术整体上恰恰反而要受到利害关系的深深纠缠呢？需要澄清的是，把学术孤立在社会之外，使之成为一尘不染的、与社会实际需要毫无关系的"超然存在"，"把个体知识分子当成完美的理想，像是身穿闪亮盔甲的武士，纯洁、高贵得不容怀疑会受到任何物质利益的诱惑"⑤，是不明智的。古代那种在闲暇和业余之中为了求知而自由自在地从事学术的知识阶层，在以学术为"职

---

① 参见［清］王国维：《〈国学丛刊〉序》，见《王国维文集》第四卷，中国文史出版社1997年版，第367～368页。
② ［清］梁启超：《清代学术概论》，见《梁启超论清学史二种》，复旦大学出版社1985年版，第40页。
③ 同上书，第80页。
④ 《胡适来往书信选》上册，第497页。
⑤ ［美］萨义德：《知识分子论》，第61～62页。

业"的现代社会只能是一种奢望。亚里士多德所说的只是为探索哲理而无任何实用目的的哲学①，对于今天"职业化"的哲学家来说，不能否认它也为我们提供着生活的基本条件，而不是在生活需要满足之后的一种纯粹的"闲情雅致"。②但这绝不意味着学术自律就只能是一句空话。究竟是什么分散了我们的"学术痴迷"呢？中国古代士大夫阶层对"社会"担当的过高承诺，作为一般价值观的"经世致用"，在一定程度上构成了中国现代知识分子移情本职之外而过度亢奋的意识根源之一。在观念上具有学术自律意识的严复，晚年在一首诗中感叹道："辛苦著书成底用？竖儒空白五分头。"③中国传统的"经世致用"价值观因现代中国内忧外患的危机而被大大加强。传统服务于"治国平天下"的学术，在现代怎么就不能成为"国家""民族"和"政治"的服务工具呢？在国家最需要实用和功利的时候，学术何以不能为此而献身呢？这的确是一种带有强烈责任感的质疑。一般把后进国家的现代化看成是直接"目的意识"的现代化。具有明确的直接"目的意识"并不都是坏事，它也许正是所谓"落后者的特权"。但由于这是一种以"急迫""急需""急用"为特点的"目的意识"，所以人们就容易从对眼前的"目的"是否直接"有效"的立场来看待和要求事物，而那些一时难以显示出直接作用的事物，就可能被忽视。从这种意义上说，现代中国学术缺乏伟大的原创性是不奇怪的。"后进性"需要通过"现

---

① 亚里士多德这样说：哲学家"探索哲理只是为想脱出愚蠢，显然，他们为求知而从事学术，并无任何实用的目的。这个可由事实为之证明：这类学术研究的开始，都在人生的必需品以及使人快乐安适的种种事物几乎全都获得了以后。这样，显然，我们不为任何其它利益而找寻智慧；只因人本自由，为自己的生存而生存，不为别人的生存而生存，所以我们认取哲学为唯一的自由学术而深加探索，这正是为学术自身而成立的唯一学术"（《形而上学》，吴寿彭译，商务印书馆1981年版，第5页）。

② "天真地做哲学游戏"的哲学家金岳霖，也不否认我们从事学术的复杂动机。参见《金岳霖学术论文选·序》，中国社会科学出版社1990年版，第470页。

③ 《严复集》第2册，第414页。

代性"而改变,但它往往又成为"现代性"的障碍。现代中国充满着各种危机和冲突,"内忧外患"像十字架一样背负在知识分子身上,使他们"焦虑不安"和"越位"。具有社会良知和社会关怀,是知识阶层所应具有的品格,但以学术为职业的知识分子,必须充分地保持自律和独立于各种一时的价值需要,必须经受住外部世界的各种诱惑。最后,我想引用韦伯的一番忠告结束这里的讨论:"我们应当去做我们的工作,正确地对待无论是为人处世的还是天职方面的'当下要求'。如果每个人都找到了握着他的生命之弦的魔鬼,并对之服从,这其实是平实而简单的。"①

---

① 〔德〕马克斯·韦伯:《学术与政治》,第49页。

第五章
化解"义利"的紧张
——经济伦理观的一个案例

严复是中国近代最著名的知识人之一,在不少方面都具有自己的"鲜明个性"。但是,他与和他同时代的许多人一样,也把"富强"作为中国追求的根本目标。① "富强"的追求,是通过财富和经济的力量来达到国家的强大,这同帝国传统所强调的以"德"和"义"实现治平的理想途径并不合拍,甚至是冲突的。因此,当严复强调发展经济利益的时候,就不得不面对这样的问题,注重经济利益具有充分正当的根据吗?它与儒家传统的伦理道德观念(如"仁义")如何相容?

一 "富强":国与民

中国近代的危机空前深重,它所面对的是西方工业化之后实现了高度发展的众多列强的侵略和威胁。为了把帝国从困境和危机中拯救出来,仍有人主张把立足点放在"人心"的转移和道德理想的重建上。但是,包括一些洋务派人士在内,不少人认为它们的充分有效性已经打了折扣。他们的眼光开始转向非正统的路线,即认为只有通过"富

---

① 史华慈先生把严复的思想和行动的方向,概括为"寻求富强",可以说是抓住了问题的中心。不过,在严复那里,"富强"绝不是像他所说的那样基本上只是指"国家"的"富强"。

"强"才能扭转帝国所处的难局。这一点，在很大程度上，成为当时知识分子的基本共识。对严复来说，"富强"是首要的目标，没有"富强"，就不能在严峻的物竞天择中获得生存权，也不能"保国""保种"和"保教"。通过出国留学的直接观察，严复对西方的富强惊叹不已。在《〈原强〉修订稿》一文中，他这样说："东土之人，见西国今日之财利，其隐赈流溢如是，每疑之而不信。追亲见而信矣。"① 当他回观中国的时候，它的"贫弱"和"落后"，又使他痛心疾首。这带给他的最强烈冲动和愿望就是改变这种反差，使中国也像西方那样富强起来。何以才能达到富强呢？受过科学知识严格训练并深得科学精神之旨的严复，当他思考富强之道的时候，他首先想到的是科学。正如他把西方不同领域的发展都同科学联系在一起一样②，他也把西方的富强同经济学直接对应起来："晚近欧洲富强之效，识者皆归功于计学。计学者，首于亚丹·斯密氏者也。"③ 在严复的意识中，科学是普遍有效的，它适合于所有不同国家的时空。既然西方的富强得益于科学的"经济学"，那么，同理，中国的富强也不得不依赖于科学的"经济学"，它不仅关系着中国的贫富，而且也关系着中国的盛衰：

> 夫计学者，切而言之，则关于中国之贫富；远而论之，则系乎黄种之盛衰。④

---

① [清]严复:《〈原强〉修订稿》，见《严复集》第1册，第29页。
② 严复对科学的功用这样强调说："制器之备，可求其本于奈端；舟车之神，可推其原于瓦德；用电之利，则法拉第之功也；民生之寿，则哈尔斐之业也。而二百年学运昌明，则又不得不以柏庚氏之摧陷廓清之功为称首。学问之士，倡其新理，事功之士，窃之为术，而大有功焉。"（[清]严复:《〈原强〉修订稿》，见《严复集》第1册，第29页）
③ [清]严复译:《天演论》，第34页。
④ [清]严复:《译斯氏〈计学〉例言》，见《严复集》第1册，第101页。

因此，严复花费大量精力翻译亚当·斯密（Adam Smith）的《原富》（An Inquiry into the Nature and Causes of the Wealth of Nations），并不奇怪。他认为，此书言之成理，持之有据，具有实证科学的严密性。严复从多方面说明了在西方众多的经济学著作中，他何以选中了斯密的《原富》：

> 计学以近代为精密。乃不佞独有取于是书，而以为先事者，盖温故知新之义，一也。其中所指斥当轴之迷谬，多吾国言财政者之所同然，所谓从其后而鞭之，二也。其书于欧亚二洲始通之情势，英法诸国旧日所用之典章，多所纂引，足资考镜，三也。标一公理，则必有事实为之证喻，不若他书勃窣理窟，洁净精微，不便浅学，四也。①

严复希望通过翻译此书，能把中国的经济发展带向科学的轨道上。但是，科学本身并不能自发地产生力量，对它的运用和实践，不仅要把抽象的理论和观念变成一套可操作的程序，而且需要合适的社会条件和土壤，这一点严复也意识到了。他强调提高"民智、民德和民力"，强调社会渐进式改革，都是要为科学发挥强大的实践功能提供基础。

自由民主在近代被提升为主要的政治意识，因而国家与个人往往也被加以明确的区分。与此相关，在国家利益同个人利益之间，何者应置于"优先"地位，引起了激烈的争论。就中国近代对富强的追求来看，一般来说，所谓富强就是指"国家"的富强。但是，在经受过英国自由主义洗礼的严复那里，问题并不如此简单。在这一点上，史华慈实际上是对严复有所误解，而不是他所说的严复从根本上修改了

---

① [清]严复：《译斯氏〈计学〉例言》，见《严复集》第1册，第98页。

斯密的概念。照史华慈的说法，斯密的《原富》是把立足点放在最大多数人的最大幸福上，首先注重的是个人的利益，但严复真正关心的则是"国家"的富强，而不是个人的"利益"。这充分表明了严复对斯密观念核心的扭转：

> 我们在《原富》译著本中，不断地遇到国家富强这个熟悉的紧迫问题。……虽然不必假定严复对于把最大多数人的最大幸福作为最终目的完全不感兴趣，但是，群（"社会有机体"）和国（"民族－国家"）这些词已深深含有以国家政权本身为目的的涵义。假如对于斯密来说，"国民财富"首先是指构成民族－社会全体个人的财富，那么，对于严复来说，"国"的财富，则首先是指民族－国家的财富，从而也指其实力而言。……这样，我们从研究严复的《原富》中得出一个压倒一切的结论：在斯密著作中发展了的，并由维多利亚英国这个活生生的例子所证实了的经济自由主义体系，是一个为国家富强而非常巧妙地设计出来的体系。①

又说：

> 在此，我们又一次看到，亚当·斯密的目的是纯经济的，他的最终目的是为了个人的幸福。而严复则认为，经济自由所以是正确的，显然是因为它会使国家"计划"的扩大成为可能。严复的这一论点也许与斯密的学说极其出乎意料的相背。②

---

① 〔美〕史华慈:《寻求富强：严复与西方》，叶凤美译，江苏人民出版社1996年版，第104～106页。

② 〔美〕史华慈:《寻求富强：严复与西方》，第109页。

但是，根据我们的研究，严复所说的富强，不只是指"国家"的富强，同时也指"个人"的富强。如果我们要明确地找出严复究竟是把"国家"富强还是把"个人"富强置于"优先"考虑的位置上，我们宁可说他选择的往往恰恰是后者。这取决于他对国家的理解。对他来说，国家是以个人为基础而建立起来的集合体："今夫国家非他，合亿兆之民以为之也。"①因而个人如何，国家也将如何。国家既然是由众多的个人组成，那么，国家的所有权就不再属于"帝王"，而是属于组成它的民众。严复说："今日之国，固五族四万万民人之国也；今日之政府，固五族四万万民人之政府也。"②但是，国家与个人并不因为具有整体与部分的关系，而没有利益上的冲突。况且，国家也不是个人的一种简单累加，它们都分别具有不同的性质。在严复看来，国家是一种"有机体"，这种有机体取向如何，基本上取决于组成它的原子——个人生物有机体。基于对国家与个人关系的这种理解，个人的富强也就优先于国家的富强；没有个人的富强，也就没有国家的富强。对此，严复多次强调说：

> 国何以富？合亿兆之财以为之也。国何以强？合亿兆之力以为之也。③

> 处今而言救贫之事，其所忧者常在民，忧民实贫，而吾国乃以不救，此今昔大异之点也。④

> 天下之物，未有不本单之形法性情以为其聚之形法性情者也。

---

① ［清］严复：《〈原富〉按语》，见《严复集》第 4 册，第 917 页。
② ［清］严复：《原贫》，见《严复集》第 2 册，第 293 页。
③ ［清］严复：《〈原富〉按语》，见《严复集》第 4 册，第 917 页。
④ ［清］严复：《原贫》，见《严复集》第 2 册，第 293 页。

是故贫民无富国，弱民无强国，乱民无治国。①

夫所谓富强云者，质而言之，不外利民云尔。然政欲利民，必自民各能自利始；民各能自利，又必自皆得自由始。②

从严复以上的这些言论来看，我们很难说他把斯密对民富的注重转到了对国富的强调上。实际上，他并未远离斯密的观念。

二　经济行为的动机

不管直接目标是国家的富强，还是个人的富强，人类对它们的追求都是一种经济行为。现在的问题是经济行为的动机或根源究竟是什么？它是出于一种道德的愿望呢，还是来自纯粹的对个人利益的深切关怀？

按照斯密的理论③，人们的经济行为或对财富的谋求，说到底只是对个人利益的关心，或者是每一个人为了改变自身的处境而做的自发性努力。追求自身利益是人的本能，经济秩序就是在千百万个人的这种本能的强大冲动中形成的。对于人为什么要积累财富，斯密解释说："促使人们储蓄的原动力，是要改善自身处境的欲望，这种欲望，虽然一般是心平气和不动感情的，但却是从娘胎里带来的，在我们进入坟墓以前，决不会离开我们。……增加财产是大部分人要求和希望改善

---

① ［清］严复：《〈原强〉修订稿》，见《严复集》第 1 册，第 25 页。
② 同上书，第 27 页。
③ 斯密在《道德情操论》中认为，人们的行为大都是因为希望得到别人的赞同而发生的。追求财富主要不是为了自身生存的需要，而是为了满足虚荣心。在此，斯密把道德愿望看成是人类行为的动机。

处境的手段。"① 对斯密来说，经济行为的出发点绝不是为了实现道德价值或伦理目标。如果我们不是以互利的目的从事经济交易活动，而是希望别人从仁慈和善良出发使我们获利，那肯定是要落空的。斯密分析道：

> 人类几乎经常需要别人的帮助，但如果希望别人仅仅由于仁慈而给予帮助，那是办不到的。倘能利用他们的利己心理达到有利自己的目的，使他们相信，为他做他所要求于他们的事是符合于他们自己的利益的，则他更有可能获得成功。不论是谁，如果他要和别人作交易，他应该这样提议：请给我以我所要的东西吧，这样你也可以得到你所要的东西。这句话是一切交易的通义；只有这样，我们才能相互得到自己所需要的绝大部分帮助。我们所以有饭吃，不是因为卖肉者、酿酒者或面包商的仁慈，而是因为他们要考虑自身的利益。我们不对他们的人性说话，只对他们的利己心说话，切不可对他们谈我们自己的需要，只可以谈他们的利益。②

依此，人的经济行为纯粹是出于利己的计算，而不是出于善良的道德动机或道德价值。

严复对经济行为动机的看法，与上述斯密的观念基本是一致的。他反对斯密早年在《道德情操论》(*The Theory of Moral Sentiments*) 中把人组成社会的期望说成是"人心之相感通"的论点，认为促使人"由散入群"的原初动机是"安利"。它与人的其他动机没有什么差别，并不是为了得到人的好评。同样，人对经济利益的追求的本初动机是自私

---

① 〔法〕夏尔·季德等：《经济学说史》上册，徐卓英等译，商务印书馆1986年版，第90页。

② 同上书，第88页。

自利，而不是为了别人。社会公共利益的达成，是人的经济行为的一种无意识的结果，并非人事先所抱的就是这种期望。严复引用斯密的理论说：

> 吾闻斯密氏少日之言矣，曰："今夫群之所以成群，未必皆善者机也。饮食男女，凡斯人之大欲，即群道之四维，缺一不行，群道乃废。礼乐之所以兴，生养之所以遂，始于耕凿，终于懋迁；出于为人者寡，出于自为者多；积私以为公，世之所以盛也。"此其言借令褎衣大袑者闻之，不尤掩耳而疾走乎？①

对严复来说，自得是人求生的一种基本的本能冲动，没有这种冲动，人就不能存在。人对自己利益的考虑，往往优先于他者，不管这个他者是其他人，还是团体或者国家："人人之自为计，必重于其为一国计。"② 哪里有利益，人们自然就朝向哪里，这就如同水之就下一样。因为，政治行为如果要有利于公众，那么，就要从公众皆能追求自己的利益开始。在此，严复与斯密一样，没有把人的经济行为的动机归结为伦理道德价值，相反，他恰恰是从非伦理道德价值——自私心来看待人的谋利活动的。韦伯所说的出于"天职""救赎"和"禁欲"的动机③，在斯密和严复那里，都看不到什么影响，而且对严复来说，出于自利的经济行为动机，恰恰又成了礼乐道义和社会公众价值的基础。这种把自利合理化和正当化的观念已相当典型。

严复的说法，很容易使我们想起韩非。与儒家对人性抱有乐观主义的态度（"性善"）不同，韩非强调的是人性的阴暗方面（"恶"）。对

---

① ［清］严复：《译斯氏〈计学〉例言》，见《严复集》第1册，第100～101页。
② ［清］严复：《论中国救贫宜重何等之业》，见《严复集》第2册，第295页。
③ 参见〔德〕马克斯·韦伯：《新教伦理与资本主义精神》，于晓、陈维纲等译，生活·读书·新知三联书店1987年版。

韩非来说，人性是自私的，人与人之间的关系都是一种利害关系，不仅人的经济活动完全是出于对个人利益的追求，而且父子之间也没有纯粹的慈爱之心。如，造车的人希望人富贵，造棺材的人欲有人死，这并非造车者仁慈、造棺者邪恶，因为人富贵才能买车，人死棺材才能卖掉，二者都是出于对自己利益的考虑。父母对于自己的子女，生男的庆贺高兴，生女的则杀之，所考虑的也是他们的长远利害："故父母之于子也，犹用计算之心以相待也。"① 当然，严复的观念并不像韩非这样极端。韩非把人与人之间的关系完全化约为利害关系，但是严复还为道德伦理价值留下了存在的空间，这在下面我们就可以看到了。

与上述严复对人的经济行为的自私性的解释相关，从他那里，我们还能发现他把对快乐的追求视为人的强烈欲望，禁欲主义被他抛到了九霄云外。严复以极其肯定的口气说："世变无论如何，终当背苦而向乐。此如动植之变，必利其身事者而后存也。"② 当有人问他人道是以苦乐还是以善恶为究竟时，他的回答是"以苦乐为究竟"，而善恶则是对苦乐的价值评判。对严复来说，在社会历史进化尚未达到理想状态的情况下，苦乐与善恶价值并不一致。也就是说，个人的幸福和快乐，并不等于善的道德价值，痛苦也不一定不具有道德意义。如为了自己的幸福和利益而损害他人，或者相反，为了别人的幸福和利益而做出牺牲就是这样。但是，等社会进化到理想境界时，快乐和痛苦与善恶就具有了完全的对等性。在此，快乐追求与经济追求一样，也被正当化了。

三　经济与伦理的关系

用自私和自利来解释人的经济行为的动机，在严复那里是否就意

---

① 《韩非子·六反》。
② 严复译：《天演论》，第41页。

味着在人的经济活动中唯个人利益是从，道德伦理价值（如"仁义"）没有任何存在余地呢？严复从未做出过这种结论。不可否认，严复在肯定自利是经济行为的根源这一事实的同时，确有把它正当化的一面，也就是说，他肯定了自利有其合理性的层面。但是，严复决不认为在经济活动中可以只顾自己的利益而不管他人的利益，可以只要利益而不要仁义。实际的情况是，严复对"利己主义"保持着高度的警觉，他唯恐它会把人带向新的歧途（与"以义压利"相比）。当他翻译《原富》一书时，有人就曾有这样的担心："以谓如计学家言，则人道计赢虑亏，将无往而不出于喻利。驯致其效，天理将亡。"① 对此，严复的回应是，一方面强调科学所关心的主要是真假是非，而不是是否合乎仁义；另一方面他肯定经济学讲经济，并不隐含着人道只限于利益。在严复那里，我们清楚看到的是，对于经济与伦理、义与利，他从不试图做出单一的选择，或者以主从轻重对待其一，他要平衡二者，把二者统一起来。但是，经济与伦理真的能统一起来吗？义与利的紧张能够完全化解吗？

回观一下中国传统，义与利的关系一直是思想家关心的问题。从已有的思想资源来看，固然时有强调利益的声音②，甚至还有人把物质利益看成是实现伦理道德价值的基础，如所说的"仓廪实而知礼节，衣食足而知荣辱"是很典型的。但是，把财富利益同仁义对立起来的观念也许更为强大有力。从孟子的"何必曰利"和董仲舒的"正其谊不谋其利，明其道不计其功"，到宋明理学的"存天理，灭人欲"，利益往往都被作为否定"义"的对立物来看待。这给严复的印象是深刻的。而且，对严复来说，不只是中国传统，就是西方旧有的主要观念，

---

① ［清］严复：《译斯氏〈计学〉例言》，见《严复集》第1册，第100页。
② 如《周易·系辞》说："崇高莫大乎富贵。"《史记·货殖列传》说："天下熙熙，皆为利来；天下攘攘，皆为利往。"《明夷待访录》说："向使无君，人各得自私也，人各得自利也。"

也是把经济利益同仁义伦理道德截然对立起来。他带着深为不满的语调说:

> 民之所以为仁若登,为不仁若崩,而治化之所以难进者,分义利为二者害之也。孟子曰:"亦有仁义而已矣,何必曰利?"董生曰:"正谊不谋利,明道不计功。"泰东西之旧教,莫不分义利为二涂。此其用意至美,然而于化于道皆浅,几率天下祸仁义矣。①

> 大抵东西古人之说,皆以功利为与道义相反,若薰莸之必不可同器。而今人则谓生学之理,舍自营无以为存。但民智既开之后,则知非明道则无以计功,非正谊则无以谋利,功利何足病?问所以致之之道何如耳。故西人谓此为开明自营,开明自营,于道义必不背也。②

照严复所说,把仁义与经济利益对立起来,重义轻利,不仅不能保证仁义,其结果恰恰是破坏仁义。严复并没有具体解释对仁义的注重何以会走向其反面。从前面所谈到的他对自利经济行为与道义的关系看,也许能够理解这一点。既然自利是成就道义的基础,那么,反对自利或功利,不就是有损于道义的成长吗?义利不能分,但两个性质不同的事物,怎样才能统一起来呢?怎样才能和平共处、并行不悖呢?在严复看来,按照斯密和斯宾塞的"合理利己主义"(严复称之为"开明自营"),就能实现义利或经济与伦理的统一。所谓"合理利己主义",就是在利己与利他之间保持相对的平衡,使二者都得到兼顾。在

---

① [清]严复:《〈原富〉按语》,见《严复集》第4册,第858页。
② [清]严复译:《天演论》,第92页。

斯宾塞看来，虽然人的本性是利己主义先于利他主义，但是在社会中，利他主义也是必要的。他说："既然个人最高的完善和幸福是理想，利己主义必然先于利他主义：每一生物将因其由遗传下来或后天获得的本性而得到好处或遭受祸害。但是利他主义对生活的发展和幸福的增进都是必要的，而且自我牺牲和自我保全同样是亘古就有的。……纯粹的利己主义和纯粹的利他主义都是不合理的。"① 显然，斯宾塞是要对利己主义和利他主义做出双重选择。如上所说，在斯密看来，个人对于利益的追求，根源于自己自发的对其利益的关心，因而应为此提供充分的自由空间。但是，斯密也没有忘记社会的利益，没有承诺个人可以为所欲为地追求自己的利益。他一方面认为，每个人自发的、对个人利益的追求，"往往能更有效地促进社会的利益"，为国家带来繁荣和富强；另一方面他认为，个人在追求自己利益的时候，要使自己的行为保持在法律所允许的范围之内。而这两方面，对他来说，都是"正义"和"公正"。

对于这种"合理利己主义"的新观念，严复欣喜若狂。他把"合理利己主义"解释为"利"即"两利"、"损"即"两损"的双向性互动，并认为这是具有普遍性的"公理"：

盖未有不自损而能损人者，亦未有徒益人而无益于己者，此人道绝大公例也。……嗟乎！使公而后利之例不行，则人类灭久。②

有最大公例焉，曰大利所存，必其两益；损人利己，非也，损己利人亦非；损下益上，非也，损上益下亦非。其书五卷数十篇，大抵反复明此义耳。……嗟乎！今然后知道若大路然，斤斤

---

① 〔美〕梯利：《西方哲学史》下卷，葛力译，商务印书馆1979年版，第317页。
② 〔清〕严复：《〈原富〉按语》，见《严复集》第4册，第892～893页。

于彼己盈绌之间者之真无当也。①

为了适合自己的意图和愿望，严复甚至把斯密《原富》一书视为都是对这一观念的阐述和说明："其书五卷数十篇，大抵反复明此义耳。"②但实际上并非这样。严复之所以如此看重这种"合理利己主义"的观念，是因为对他来说，正是这种观念使一直对立和紧张的经济利益与伦理道德（"义""利"与"仁""富"）统一起来，严复把这视为经济学家对人类的一个最伟大功绩：

> 自天演学兴，而后非谊不利、非道无功之理，洞若观火。而计学之论，为之先声焉。斯密之言，其一事耳。尝谓天下有浅夫，有昏子，而无真小人。何则？小人之见，不出乎利。然使其规长久真实之利，则不与君子同术焉，固不可矣。人品之下，至于穿窬极矣。朝攫金而夕败露，取后此凡所可得应享之利而易之，此而为利，则何者为害耶！故天演之道，不以浅夫、昏子之利为利矣，亦不以谿刻自敦滥施妄与者之义为义，以其无所利也。庶几义利合，民乐从善，而治化之进不远欤！呜呼！此计学家最伟之功也。③

大抵东西古人之说，皆以功利为与道义相反，若薰莸之必不可同器。而今人则谓生学之理，舍自营无以为存。但民智既开之后，则知非明道则无以计功，非正谊则无以谋利，功利何足病？问所以致之之道何如耳。故西人谓此为开明自营，开明自营，于

---

① ［清］严复译：《天演论》，第34页。
② 同上。
③ ［清］严复：《〈原富〉按语》，见《严复集》第4册，第858～859页。

道义必不背也。①

但是，严复对义利统一关系的理解，在理论上是有困难的。因为"两利"，说到底都是利益关系。但如果利己本身并不是"义"，而只是"利"，那么，"义"的存在，就只能是"利人"了。但是，经济关系中的"利人"，在斯密那里，完全是一种无意识的结果，即它不是经济人追求的目的。经济人只是在追求自己的利益时，意外地为社会或他人带来了利益。对这种出于追求自己利益而结果也为别人带来某种利益的做法，很难给予一种"义"的道德评价。照严复的说法，"利人"实际上成了"利己"的手段。因为"利于人"，对己也有利。这种为了"利己"而去"利人"，也很难说是"义"。按照对中国传统"义"的一般理解，"义"应是为了他人利益而对自己利益做出牺牲。严复认为，只要"利人"就利于己，这是一种过于乐观主义的看法。实际上，从纯经济的角度说，利人的"义"对于自己的"利益"很可能不利，至少是有利也有不利。而且，即使严复所说的"义利"统一在理论上能够成立，仍然会遇到实际上的问题。也就是说，观念上"义利"一致，并不能保证实际经济活动中就能做到义利兼顾。对此，严复把"义利"统一寄托在"民智"的开化上，认为只要人们能够认识到利必两利、损必双损，认识到经济利益往往伴随着伦理道德这种普遍的"公理"，在经济行为中自然就会做到"利"而"义"、"仁"而"富"。但这也是一种带有乐观主义的期待。因为在现实中，除了知而行外，还存在着大量的知而不行的行为，即只考虑自己的利益而损害他人。在这种情况下，又如何使人的经济行为与伦理道德价值统一起来呢？在此，严复只看到了认知对道德成长的作用，而忽视了伦理道德价值的履行更多地取决于主观的意志。在现实中，知而行固然不乏其例，但知而不

---

① ［清］严复译：《天演论》，第92页。

行也许更为普遍。

尽管严复对经济与伦理的统一过于乐观，在理论上也有困难，但他通过引入新的观念，力求化解中国传统中"义利"的对立和紧张，无疑在中国近代观念转型中具有启示和引导作用。

第六章
科学合理主义

在近代中国的思维和认知中,有一种强烈的"科学合理主义"倾向。[①]为了建立和发展格致学、科学,改变与此不适应的旧的思维和观念,人们进行了各种各样的正当性、合理性论证。随着格致学、科学被正当化和合理化,反过来,格致学、科学又开始成为衡量一切事物的普遍准则和尺度。结果,使科学正当化的根据,反过来又成了人们需要遵循的规范和准则。一般所说的中国的"科学主义"(或"唯科学主义"),我想称之为"科学合理主义",既包括了前者,更包括了变得越来越突出的后者。近代中国的"科学合理主义",既是近代中国科学发展和建立的催化剂,又是近代中国最有影响力的思想文化思潮之一。人们从不同方面和角度对近代中国"格致学""科学"和"科学主义"概念进行了许多探讨[②],这里我提出近代中国的"科学合理主义"概念,是想从一些不同的方面看看人们是如何为科学进行合理性和正当性论

[①] 晚清人士使用的类似于"科学"的词汇主要是"格致学"。"科学"一词从民国初期开始流行并成为百年中国思想文化最关键的词汇之一。为了讨论的方便,我们主要使用"科学"作为引导词。但在具体的语境中,则既使用"格致学",也使用"科学"。

[②] 有关这方面,请参见〔美〕郭颖颐的《中国现代思想中的唯科学主义(1900—1950)》(雷颐译,江苏人民出版社1995年版)、杨国荣的《科学的形上之维——中国近代科学主义的形成与衍化》(上海人民出版社1999年版)等。

证的,看看人们是如何为科学赋予了规范性角色的。

一 "格致学":"古已有之"和"西学中源"

近代中国的"科学合理主义"一开始应叫作"格致学合理主义",因为在晚清人们主要是使用"格致学"而不是"科学"进行言说的。为了使中国社会自上而下接受"格致学",人们使之合理化和正当化的方式之一,是认为它原本就是中国的学问,认为西方的"格致学"源于中国。既然如此,移植和效法西方的"格致学",就不是简单地效法"夷狄"的事物,而不过是学习自己固有的东西,学习自己曾经有而后来失传但却在异域被传承下来的东西。

人们之所以会用这样的看法来论证接受格致学的合理性,催使中国移植格致学,首先基于中国历史中根深蒂固的一种思维方式,即先人创造的东西就是好的东西。久而久之形成了厚古薄今的倾向,事物合理不合理,首先要看有没有先例,要看是不是祖宗之法。在这种思维仍具有支配性的情况下,要在当下的社会中寻求改变并接受一种东西,人们首先就需要为它寻找历史的根据,看它是不是祖宗之法。因此,既然格致学原本就是我们先人发明的,是属于我们自己固有的东西,现在再去效法它,它就是正当的和合理的。这是"托古改制"思维在格致学建立上的一个运用。但问题的复杂性在于,人们现在直接面对的是西方的格致学。在历史上的"华夷之辨"和"严华夷之防"思维方式改变之前,接受外部世界的东西就是"以夷乱华"[①],这当然不被允许。因此,为了使中国直接从西方接受格致学,也要有合理的和正当的根据。魏源的"师夷之长技以制夷"的说法,已巧妙地为"师

[①] 晚清抵制西学的顽固不化人士采用的大致相同方式,一是坚持认为为政的根本是强化王道和端正人心,而器用都是王道和人心的腐蚀剂;二是"严华夷之防",认为接受西学就是"用夷变夏",就是违背圣王之教"用夏变夷"的原则。

夷"提供了根据：一是"夷狄"并非一无是处，它们也有自己的某种"长处"，借鉴一种"长处"应该是一个好的选择；二是"夷狄"用它们的长处祸害中国，中国借鉴它们的长处就是对付它们的最好方法。同这种思考有所不同，说西方格致学源于中国（"西学中源"），一则同"古已有之"的思维统一了起来，二则又同"礼失求诸野"的意识一致。这样，直接从西方移植格致学就同"华夷之辨"没有矛盾。

陈炽就是通过古已有之和西学中源说来为移植西方格致学赋予正当性和合理性的人物之一。在陈炽看来，格致学是中国固有之学，虽然它同西方用的名称不一样，其发展程度也有不同，但西方格致学无疑都是源于中国，都是在中国格致学的基础上发展出来的。① 既然格致学是中国固有之学，人们即使可以鄙视西夷和西法，那也不能鄙薄中国和中法；既然西方格致学源于中国，那就不能排斥它（排斥它就等于排斥自己），而要借用它。借用它就等于是使用中国自己的东西，是让原本中国的东西重新回到它阔别的故土。对于中国格致学为什么会失传，它又是如何被传到西方的，陈炽解释说："中国大乱，抱器者无所容，转徙而至西域。彼罗马列国，《汉书》之所谓大秦者，乃于秦汉之际，崛兴于葱岭之西，得先王之绪余而已足纵横四海矣。"② 这一解释当然没有什么说服力。虽然中国古代技术特别是人们常说的几种伟大的发明确实传到了欧洲并对欧洲文明产生了一定的影响，但说欧洲近代兴起的科学技术和器用文明都是起源于中国，显然不能成立。③

---

① 参见［清］陈炽：《精技艺以致富说》，见赵树贵、曾丽雅编：《陈炽集》，第336～337页。
② ［清］陈炽：《庸书》，见赵树贵、曾丽雅编：《陈炽集》，第7页。
③ 对此严复当时就批评说："谓西学皆中土所已有，羌无新奇。如星气始于叟区，勾股始于隶首；浑天昉于玑衡，机器创于班墨；方诸阳燧，格物所宗；烁金腐水，化学所自；重学则以均发悬为滥觞，光学则以临镜成影为嚆矢，蜕水蜕气，气学出于亢仓；击石生光，电学原于关尹。哆哆硕言，殆难缕述。"（［清］严复：《救亡决论》，见《严复集》第1册，第52页）

晚清知识分子实际上并不真正关心中国格致和器用文明同欧洲的关系，也不真正关心欧洲是如何接受中国的格致和器用文明的，他们关心的是中国如何通过西学再重新获得和拥有器用文明。陈炽也是这样，他真正关心的是中国应该移植流传到西方的格致学。中西交通现在已经打开，他说这正是让格致学回到中国的"天赐"良机。①西方借助中国的东西来侵害中国，看起来是上天在祸害和厌弃中国，但实际上这是上天在恩惠中国和爱护中国，关键是我们要顺应天命，把握住这一难得的机会："天将以器还中国，而以道行泰西，表里精粗，交易而退，人情之所便，天意之所开，虽圣人复生，其能拂人情、违天意，而冥行独往、傲然其不顾哉！故知彼物之本属乎我，则无庸显立异同；知西法之本出乎中，则无俟概行拒绝。"②据此，中国移植和接受西方格致学，已超出了古已有之和西学中源的根据，它还被上升为"天运"和"天命"的必然性："方今万国通商五十余载，见闻日广，光气大开，顺天者存，逆天者亡，天与不取，反受其咎……我恶西人，我思古道，礼失求野，择善而从，以渐复我虞夏商周之盛轨。揆情审势，旦暮之间耳。故曰：西人之通中国也，天为之也，天与我以复古之机，维新之治，大一统之端倪也。"③

晚清格致学的古已有之论和西学中源论，说是附会也好，说是为了满足人们的虚荣心也好，它们对遭受挫折的中国人来说确实起到了一定的心理上的安慰作用，尤其是为中国接受西方格致学提供了一种合理性和正当性论证。

---

① 参见［清］陈炽：《庸书》，见赵树贵、曾丽雅编：《陈炽集》，第7页。
② 同上书，第8页。
③ ［清］陈炽：《〈盛世危言〉序》，见赵树贵、曾丽雅编：《陈炽集》，第305页。

二 富强、器用与格致学和科学

近代中国知识精英面对西方的强权和中国的无力及虚弱产生了深深的危机意识，说这是中国千古未有之大变局（虽然仍有人沉睡在老大帝国的梦中而无动于衷）。人们强烈渴望中国富强起来，认为只有富强才能防御西方的强权，也才能改变中国的虚弱。如何才能使中国实现富强呢？对当时的开明人士来说，西方之所以具有强权，是因为它拥有坚船利炮等器用和器物这类东西，是因为它具有发明和制作这些器物的格致学，而中国则缺乏这些。同样，中国要富强也很简单，就是建立格致学。从晚清到民初，中国经历了很多变化，人们关注的革新也有很大的不同，但富强一直是中国人的强烈诉求，而格致学和科学则被看成是中国实现富强的根本途径之一。从学术本身来说，从事格致学和科学的人，追求知识和真理本身就是他的目的。但在近代中国，建立格致学或科学主要是因为它能带来富强，它具有强大的实用性，这是人们将它正当化和合理化的方式之一。往更大处说人们将这叫作"科学救国论"。①

说格致学是中国自身固有的，说西方格致学源于中国，更多的是要以此来缓和移植西方格致学同华夷之辨的冲突，为建立中国的格致学铺平道路；认为西方格致学能够带来富强，认为它具有很强的实用性，这主要是基于格致学的特性和中国的需求来肯定它的正当性。富强和实用是我们迫切需要的，而格致学正是实用性的东西，正是能够带来富强的东西。强调制度革新和价值革新的严复，同样强调格致学的重要，认为中国的贫弱在于没有科学，认为西方富强的根本原因在于格致学的作用："必言近因，则惟格致之功胜耳。何者？交通之用必

---

① 参见蓝兆乾：《科学救国论》，《留美学生季刊》1915年第2卷第2号。

资舟车,而轮船铁路,非汽不行,汽则力学之事也。地不爱宝,必由农矿之学,有地质,有动植,有化学,有力学,缺一则其事不成。他若织染冶酿,事事皆资化学。故人谓各国制造盛衰,以所销强水之多寡为比例。"①因此,要使中国富强和强大,就一定要建立科学:"继今以往,将皆视物理之明昧,为人事之废兴。各国皆知此理,故民不读书,罪其父母。"②

虽然在严复那里一个国家的富强是指民德、民智和民力的全方位发展,但晚清中国的富强观念,主要是指实用性的技艺和器物文明,而不包括人的精神和伦理道德价值。晚清的"中体西用"文化模式清楚地反映了这一点,而这又是人们论证格致学合理性的一个重要根据。晚清开明人士认为文明和学问都有体用、道器两个方面。只是,中国主要发展了根本的体和道的方面,而西方则主要是发展了它的用和器的方面。他们所说的体和道,主要是指伦理道德价值、教化和信仰,所说的用和器主要就是西方格致学等。既然有道就要有器,有体就要有用,那么中学就要用西学发展出来的器和用来补充。这样的想法和看法在当时很普遍,不管是当政者,还是知识精英,他们为了论证借用西方格致学的必要性,都将它作为同体和道相应的用和器来加以肯定。如梁启超指出:"甲午丧师,举国震动,年少气盛之士,疾首扼腕言'维新变法',而疆吏若李鸿章、张之洞辈,亦稍稍和之。而其流行语,则有所谓'中学为体,西学为用'者,张之洞最乐道之,而举国以为至言。"③不只张之洞"乐道之",首先梁启超就乐道之。在《〈西学书目表〉后序》中,梁氏就说:"要之舍西学而言中学者,其中学必为无用。舍中学而言西学者,其西学必为无本。无用无本,皆不足以

---

① [清]严复:《论今日教育应以物理科学为当务之急》,见《严复集》第2册,第283页。
② [清]严复:《救亡决论》,见《严复集》第1册,第48页。
③ [清]梁启超:《清代学术概论》,见《梁启超全集》第五册,第3104页。

治天下。"① 他代拟的《代总理衙门奏拟京师大学堂章程》中写着："夫中学，体也；西学，用也。二者相需，缺一不可，体用不备，安能成才？"②

中西之学是体用、道器之学，同时也是主辅、本末之学。尽管中国之学是主和本，西学是辅和末，但后者也是必需的。如陈炽说："广储经籍，延聘师儒，以正人心，以维风俗……并请洋师，兼攻西学。庶几体用兼备，蔚为有用之才。"③ 又如冯桂芬在《校邠庐抗议·采西学议》中说："如以中国之伦常名教为原本，辅以诸国富强之术，不更善之善者哉？"④ 虽然中学与西学有主辅之分，但由于中学是有体而缺用，西学是有用而缺体，所以两者一方面各有长处，另一方面又各有短处。如1896年，沈寿康在《万国公报》（第75期）上发表的《匡时策》中说："夫中西学问，本自互有得失，为华计，宜以中学为体，西学为用。"既然承认中学也有缺失，西学也有其长，那么要弥补中学的缺失就只能来借用西方格致学了。

从李鸿章的说法中可以看出，中国接受西方器用之学，不只是接受西学之长来弥补自己，而且是能促使世界成为一个共同体的做法。说起来也许奇怪，当时中国正遭受着西方帝国强权的征服，面临着亡国、亡教、亡种的大变局，在自保自存都不易的情况下，却又去想象世界共同体，不免好高骛远，不切实际。但不只是李鸿章，王韬等也去预测这种可能。他认为世界有不同的教化（"异"），是因为人类彼此处在相互隔离的状态中。如果世界能够被联系起来，人类的教化也能

---

① 《梁启超全集》第一册，第86页。
② [清]梁启超:《〈饮冰室合集〉集外文》上册，夏晓虹辑，北京大学出版社2005年版，第34页。
③ [清]陈炽:《庸书·学校》，见赵树贵、曾丽雅编:《陈炽集》，第30页。
④ [清]冯桂芬:《校邠庐抗议·采西学议》，中州古籍出版社1998年版，第211页。

实现统一("同")。西方的器物之学就能够把世界联结起来,使人类达到人道的统一:"今日欧洲诸国日臻强盛,智慧之士造火轮舟车,以通同洲异洲诸国,东西半球足迹几无不遍,穷岛异民几无不至,合一之机将兆于此。夫民既由分而合,则道亦将由异而同。形而上者曰道,形而下者曰器。道不能即通,则先假器以通之,火轮舟车皆所以载道而行者也……盖人心之所向,即天理之所示,必有人焉,融会贯通而使之同。故泰西诸国今日挟以凌侮我中国者,皆后世圣人有作,所取以混同万国之法物也。此其理,中庸之圣人早已烛照而券操之。其言曰:天下车同轨,书同文,行同伦。而即继之曰:天之所覆,地之所载,日月所照,霜露所坠,舟车所至,人力所通,凡有血气者莫不尊亲,此之谓大同。"①这是预测,也是渴望。也许正是强烈的危机感,又使人们表现出强烈的渴望感吧。

三 转向"大地之书":从"人事"到"自然"

从富强之道、体用和道器来论证格致学对中国的重要性,这是从它的功能和作用对它做出的认定。其中认为中学缺乏西方格致学这种短处,在人们的进一步反思中又被认为这同中学中更深一层的缺陷有关,即中学缺乏对自然的兴趣、认知和利用。这正是造成中学缺乏格致学的重要原因。因此,要建立中国的格致学,弥补中学的缺陷,人们就需要转向阅读宇宙和大地之书,即"转向自然"。西方之所以具有格致学,恰恰是因为率先转向了"自然之学",而中国却一直拘泥于人文之学。因此,格致学的合理性和正当性又在于它是面对自然之学,是充分认识自然和利用自然之学。

在晚清知识人中,严复是反思中国缺乏自然之学的代表性人物。

---

① [清]王韬:《原道》,见《弢园文录外编》卷一,第36页。

他认为自晚周以来，中国学问整体上都集中在人文领域，对"自然"兴趣不大："盖我国所谓学，自晚周秦汉以来，大经不离言词文字而已。求其仰观俯察，近取诸身，远取诸物，如西人所谓学于自然者，不多遘也。"① 严复说朱子"以即物穷理释格物致知，是也"，但"以读书穷理言之，风斯在下矣"②。在西方科学技术已经有了惊人发展的情况下，赫胥黎还严厉批评它漠视"自然"，强调只有大地和"自然之书"才是真知的源泉。在严复看来，赫胥黎的批评更适合中国，毋宁说他是对中国的学术缺陷而发："'天下之最为哀而令人悲愤者，无过于见一国之民舍故纸所传而外，一无所知。既无所信向，亦无所持守。徒尚修辞，以此为天下之至美；以虫鸟之鸣，为九天之乐。'嗟乎！赫氏此言，无异专为我国发也。"③ 赫胥黎强调自然和大地是知识的一手书，而人类的书册只是二手书，只有面向自然，才有真知，获得的学问也才是真学。严复在其他地方又引用赫胥黎的话来规劝人们转向自然："故赫胥黎曰：'读书得智，是第二手事，唯能以宇宙为我简编，民物为我文字者，斯真学耳。'此西洋教民要术也。"④ "赫胥黎言：'能观物观心者，读大地原本书；徒向书册记载中求者，为读第二手书矣。'"⑤

---

① ［清］严复：《〈阴阳先生集要三种〉序》，见《严复集》第2册，第237～238页。在严复之前，开明的自强新政人士比较中西格致学的不同，程度不同地认识到两者的差异在于是不是面对自然。如古绍衣在《问格致之学泰西与中国有无异同》中指出："中国之格致虚言心性，非深通理，学者不能知。即或知之，要亦不切于实用，而又分其力于训诂辞章，萦其情于功名富贵。则其为学亦若存若亡而已。"（见朱维铮编：《万国公报文选》，生活·读书·新知三联书店1998年版，第527页）

② ［清］严复：《〈原强〉修订稿》，见《严复集》第1册，第29页。

③ ［清］严复：《论今日教育应以物理科学为当务之急》，见《严复集》第2册，第282页。

④ ［清］严复：《〈原强〉修订稿》，见《严复集》第1册，第29页。

⑤ ［清］严复：《西学门径功用》，见《严复集》第1册，第93页。严复还引用培根的话说："倍根言：'凡其事其物为两间之所有者，其理即为学者之所宜穷。所以无大小，无贵贱，无秽净，知穷其理，皆资妙道。'此佛所谓墙壁瓦砾，皆说无上乘法也。"（同上）

历史上人们缺乏认识自然的兴趣，进一步追问的话，又要回答这是为什么。对此，严复的回答是，它同中国人治学的目的和价值观有关。在他看来，历史上中国人治学纯粹是为了"得科第"，而得科第又是为了入仕求官，为了治人。有关中国人对科第的向往，严复描述说："父兄之期之者，曰：得科第而已。妻子之望之者，曰：得科第而已。即已之癖寐之所志者，亦不过曰：得科第而已。"①有关教育的目的，严复指出："夫中国自古至今，所谓教育者，一语尽之曰：学古入官已耳！"②有关治人，严复强调："中国前之为学，学为治人而已。至于农、商、工、贾，即有学，至微，谫不足道。是故士自束发受书，咸以禄仕为达，而以伏处为穷。"③这种治学观和价值观，决定了人们只去学习科举考试所需要的人文和文字知识。因此，建立科学既是建立自然之学（"吾人为学穷理，志求登峰造极，第一要知读无字之书"④），同时又是改变人们的学问观和价值观。

在胡适看来，中国学问之所以缺乏自然之学，之所以没有产生出格致学，不在于它没有格致学和科学的方法，而在于它没有将这种方法恰当运用在自然上，而是将它局限在人文领域中。他说朱熹和清代

---

① ［清］严复：《论治学治事宜分二途》，见《严复集》第1册，第88页。传教士利玛窦对这种情形已有描述。他说："在这里每个人都很清楚，凡有希望在哲学领域成名的（指通过科举作官——中译者注），没有人会愿意费劲去钻研数学或医学。结果是几乎没有人献身于研究数学或医学……钻研数学和医学并不受人尊敬，因为它们不像哲学研究那样受到荣誉的鼓励，学生们因希望着随之而来的荣誉和报酬而被吸引。这一点从人们对学习道德哲学深感兴趣，就可以很容易看到。在这一领域被提升到更高学位的人，都很自豪他实际上已达到了中国人幸福的顶峰。"（《利玛窦中国札记》上册，何高济、王遵仲等译，中华书局1983年版，第34页）孟宪承将"科举"看成是中国上流社会的迷信，认为这是阻碍中国科学发展的主要原因之一。参见孟宪承：《科学与迷信》，《约翰声》1914年第25卷第2期。

② ［清］严复：《论今日教育应以物理科学为当务之急》，见《严复集》第2册，第281页。

③ ［清］严复：《大学预科〈同学录〉序》，见《严复集》第2册，第292页。

④ ［清］严复：《西学门径功用》，见《严复集》第1册，第93页。

的考据学家都具有格物致知的科学方法，但他们都不去用这种方法探索自然之理，而始终只是用它去追求伦理价值，用它去考察文字和历史文献。胡适说："他们失败的大原因，是因为中国的学者向来就没有动手动脚去玩弄自然界实物的遗风。程子的大哥程颢就曾说过'玩物丧志'的话。他们说要'即物穷理'，其实他们都是长袍大袖的士大夫，从不肯去亲近实物。他们至多能做一点表面的观察和思考，不肯用全部精力去研究自然界的实物。久而久之，他们也觉得'物'的范围太广泛了，没有法子应付。所以程子首先把'物'的范围缩小到三项：（一）读书穷理，（二）尚论古人，（三）应事接物。后来程朱一派都依着这三项的小范围，把那'凡天下之物'的大范围完全丢了……十七世纪以后的'朴学'（又叫作'汉学'），用精密的方法去研究训诂音韵，去校勘古书。他们做学问的方法是科学的，他们的实事求是的精神也是科学的。但他们的范围还跳不出'读书穷理'的小范围，还没有做到那'即物穷理'的科学大范围。"① 胡适比较最近三百年东西方之间的差异所在，就是西方在科学的许多领域中都开花结果，而中国主要还是沉溺于文字和文献的研究中，没有去倾听自然的声音。②

一个多世纪以来，人们一直追问中国为什么没有产生出近代科学。严复和胡适等都认为这是因为在中国历史上人们不关心对自然的认识和知识；严复又进一步揭示说，人们之所以这样做，又是因为科举制度决定了人们的学问观和价值观。后面我们还会看到对这一问题的其

---

① 胡适：《格致与科学》，见《胡适全集》第八卷，安徽教育出版社2003年版，第81～82页。在《治学的方法与材料》中胡适也说：清代朴学的"方法虽是科学的，材料却始终是文字的。科学的方法居然能使故纸堆里大放光明，然而故纸的材料终久限死了科学的方法，故这三百年的学术也只不过文字的学术，三百年的光明也只不过故纸堆的火焰而已"（《胡适文存》第三集，第94～95页）。

② 此外，胡明复和任鸿隽都批评中国传统学术的这种缺陷，认为中国传统学术泥于陈言古训，一直在故纸堆中求生活。参见胡明复的《科学方法论（一）》（《科学》1916年第2卷第7期）和任鸿隽的《科学精神论》（《科学》1916年第2卷第1期）。

他回答。问题的原因可以是多重的,问题本身更应该是为什么西方能够率先实现从传统学术到现代学术的转变。

四 科学:真理、真实、事实之学

科学为什么是合理的,近代中国知识人认为这是因为它是真理、真实和事实之学,相应地,他们认为传统学术产生的不是事实之学,不是实证之学,不是真实之学,一句话,不是科学之学。因此,建立中国科学,就是建立真理、真实、事实之学,建立实证之学,同时也意味着克服中国传统的虚学和虚妄之学。这样的看法在自强新政时期就提出了,后来更是被科学主义者所强调。

历史上中国本身就有实学与虚学之别,这种区分多以学术是否具有经世济民的作用来认定,但晚清以来,实学与虚学的区别越来越从是否具有科学上的真实性和物质上的实用性来判定。如徐寿在《拟创建格致书院论》中区分中西格致学的不同时就是依据这种标准:"中国之格致功近于虚,虚则常伪;外国之格致功征诸实,实则皆真也。"[①]严复是对学问做出新的区分的重要人物,他既区分学与教的不同,又区分学与术的不同,认为教在于事神,将人带到不可知的领域,没有是与非之分;学则是事民,使人可知,有是有非:"'教'者所以事天神,致民以不可知者也。致民以不可知,故无是非之可争,亦无异同之足验,信斯奉之而已矣。'学'者所以务民义,明民以所可知者也。明民以所可知,故求之吾心而有是非,考之外物而有离合,无所苟焉而已矣。"[②]学是求知、求是,也是求真、求诚:"独不知科学之事,主

---

① 〔清〕徐寿:《拟创建格致书院论》,《申报》第574号,1874年3月16日(同治十三年正月二十八日)。

② 〔清〕严复:《救亡决论》,见《严复集》第1册,第52页。

于所明之诚妄而已。其合于仁义与否，非所容心也。"①严复认为西方的技术和器物文化的命脉"不外于学术则黜伪而崇真"②。严复有"公理普遍主义"的倾向，在他那里，科学的真理主要是"公理"和"公例"："夫公例者，无往而不信者也。"③"科学所明者公例，公例必无时而不诚。"④学同教不同，同术也有区别。学主要是为了求理，术主要是为了求功用、求行："学者考自然之理，立必然之例；术者据既知之理，求可成之功。学主知，术主行。"⑤"学者，即物而穷理，即前所谓知物者也。术者，设事而知方，即前所谓问宜如何也。然不知术之不良，皆由学之不明之故；而学之既明之后，将术之良者自呈。"⑥

同严复类似，新文化运动中的科学主义者都强调，科学和科学精神是为了追求真理，追求真实，信奉事实。如胡适说："科学的根本精神在于求真理……只有真理可以使你自由，使你强有力，使你聪明圣智；只有真理可以使你打破你的环境里的一切束缚。"⑦又说："科学精神在于寻求事实，寻求真理。科学态度在于撇开成见，搁起感情，只认得事实，只跟着证据走。"⑧如任鸿隽认为科学的精神是追求真理（是是就一定非非，两者界限分明）。在他看来，真理有两个明显的特征，一是"崇实"，二是"贵确"。"崇实"就是以事实为根据，从事实出发。但自然界无穷，真理无穷，不断去探究真理就是去发现尚未被发现的事实。⑨"贵确"就是充分探究事情的底蕴，求得确实可靠的知识：

---

① ［清］严复：《译斯氏〈计学〉例言》，见《严复集》第1册，第100页。
② ［清］严复：《论世变之亟》，见《严复集》第1册，第2页。
③ ［清］严复：《〈老子〉评语》，见《严复集》第4册，第1093页。
④ ［清］严复：《译斯氏〈计学〉例言》，见《严复集》第1册，第100页。
⑤ ［清］严复：《〈原富〉按语》，见《严复集》第4册，第885页。
⑥ ［清］严复：《政治讲义》，见《严复集》第5册，第1248页。
⑦ 胡适：《我们对于西洋近代文明的态度》，见《胡适文存》第三集，第4页。
⑧ 胡适：《介绍我自己的思想（〈胡适文选〉自序）》，见《胡适文存》第四集，第463页。
⑨ 参见任鸿隽：《何为科学家》，《科学》1919年第4卷第10期，第917～924页。

"科学家之所知者,以事实为基,以试验为稽,以推用为表,以证验为决,而无所容心于已成之教。"① 又如,胡明复认为科学方法的唯一精神在于"求真",在于"立真去伪",在于唯真是从:"故习于科学而通其精义者,仅知有真理而不肯苟从,非真则不信焉。此种精神,直接影响于人类之思想者,曰排除迷信与妄从。"② 此外,造五强调科学的价值在于它是实理的,而非空想的,因为科学由理想与事实组成。③ 黄昌毂强调,科学有两个重要的特性,一者它是根据事实来求真理,不从虚设的玄想出发;二者它肯定求知求用的宗旨,并努力实践。④

人们只要是从事学术,不管是什么领域的学术,他们大概都会说这是为了追求真理,追求真实性,都会说尊重事实。近代中国知识人强调追求的真理主要是有关自然的真理,探寻的事实也主要是有关自然的事实。因此,就像他们批评中国传统学术主要不是面对自然那样,他们同样也批评传统学术追求的真理不是自然的真理,探寻的事实也不是自然的事实,认为东西方在学术上的不同,一个是在文字文献上做工作,一个是在自然事实上做工作。如胡明复说,过去人们"泥于陈言古训,寻章摘句,今则以自然之真为维一标准"⑤。任鸿隽说中国传统学术是"重文章而忽实学……士唯以虚言是尚……而无复研究事实、考求真理之志"⑥。当然,也有人认为科学特点主要不在于它的取材方面,而在于它研究事实的方法。从取材方面说,一切领域都可以成为科学研究的对象。但要从这些材料中求得真理,就必须采取科学的方法。如陈独秀等认为,不仅社会而且人生都可以成为科学的对象,可

---

① 任鸿隽:《科学精神论》,《科学》1916年第2卷第1期,第2页。
② 胡明复:《科学方法论(一)》,《科学》1916年第2卷第7期,第722页。
③ 参见造五:《科学之价值》,《东方杂志》1915年第12卷第7期,第1页。
④ 参见黄昌毂:《科学与知行》,《科学》1920年第5卷第10期,第960页。
⑤ 胡明复:《科学方法论(一)》,《科学》1916年第2卷第7期,第723页。
⑥ 任鸿隽:《科学精神论》,《科学》1916年第2卷第1期,第6页。

以做出科学的研究。

从知识论上说，真理、真实和事实都是既重要又复杂的概念，当时人们大都将它们作为自明的概念来使用而未加深究，但也有人对此提出进一步的说明。如华林认为人对自然有已知和未知之分，已知的又有是与不是之分。是的就是真的，不是的就是假的。对于真假，人们又有喜爱与厌恶之分。① 如李书华指出，不管科学如何复杂，它的组成的部分不外乎事实、定律及理论三个方面。定律在于说明各种事实的关系，理论则是解释事实的当然或所以然，它常常表现为理想的假定。按照这种说法，科学的真理就是科学的定律。又如李书华将事实区分为简单的和复杂的，认为科学研究的只是简单事实。但简单事实也非常多，我们不可能都对其进行研究，因此，对于简单事实也需要选择取舍，并通过研究一种事实而推及其他事实。②

五 科学和科学方法

在对科学合理性和正当性的论证中，科学方法及其有效性被看成是最重要的根据之一，它不仅被认为是科学之所以为科学的主要特性，也是科学主义者信奉科学的主要原因。尽管严复还有胡适等认为中国传统中也具有一定的科学的方法，尽管李约瑟等认为中国历史上也有某种科学，但人们不能不承认科学方法整体上仍是西方近代科学和哲学的产物，中国传统中之所以没有产生出近代科学，同它缺乏科学方法有很大关系。如在任鸿隽看来，中国没有科学主要同它缺乏科学方法有关。他引用哈佛大学校长爱里亦脱（C. W. Eliot）的话说："关于教

---

① 参见华林：《何为科学方法》，《旅欧周刊》1920年第21期，第1～2页。
② 参见李书华：《科学定律与事实》，《东方杂志》1920年第17卷第21期，第57～58页。

育之事吾西方有一物焉，是为东方人之金针者，则归纳法（inductive method）是也。东方学者驰于空想，渊然而思，冥然而悟，其所习为哲理、奉为教义者，纯出于先民之传授，而未尝以归纳的方法实验之以求其真也。西方近百年之进步，既受赐于归纳的方法矣……吾人欲救东方人驰骛于空虚之病，而使其有独立不倚、格致事物、发明真理之精神，亦唯有教以自然科学，以归纳的论理、实验的方法简炼其官能，使其能得正确之智识于平昔所观察者而已。"① 爱里亦脱今译艾略特（1869—1909），他对哈佛大学的转型和发展做出过卓越的贡献。任鸿隽认为艾略特的说法十分正确，他对中国为什么没有产生出近代科学提出了恰当的解释。

对科学主义者来说，科学及其知识根本上是它的方法的结果，没有科学的方法就没有科学和知识。如严复喜欢用培根的话强调说："是学为一切法之法，一切学之学；明其为体之尊，为用之广。"② 西方的惊人发展，"西学之所以翔实，天函日启，民智滋开，而一切皆归于有用者，正以此耳"③。丁文江认为不管研究什么，只有用科学方法得出的结论才是可靠的知识："因为我相信不用科学方法所得的结论都不是知识；在知识界内科学方法万能。科学是没有界限的；凡百现象都是科学的材料。凡是用科学方法研究的结果，不论材料性质如何，都是科学。"④ 科学的本质不在于材料，而在于方法，只要使用正确的方法，就能得到科学知识："在知识界里科学无所不包。所谓'科学'与'非科学'是方法问题，不是材料问题。凡世界上的现象与事实都是科学的材料。只要用的方法不错，都可以认为科学。"⑤ 胡明复说，科学的根本在于特

---

① 任鸿隽：《说中国无科学之原因》，《科学》1915 年第 1 卷第 1 期，第 9～10 页。
② [清] 严复：《〈穆勒名学〉按语》，见《严复集》第 4 册，第 1028 页。
③ 同上书，第 1047 页。
④ 丁文江：《我的信仰》，《独立评论》1934 年第 100 号，第 10 页。
⑤ 丁文江：《科学化的建设》，《独立评论》1935 年第 151 号，第 10 页。

异的方法，而不在于取材。①任鸿隽也强调，科学的本质不在于物质，而在于它的方法。现在的物质还是数千年前的物质，为什么现在有科学而古代没有，原因很简单，就在于现在使用了科学的方法，而古代没有。如果真正掌握了方法，那么所看到的事实无非科学。②

近代中国强调的科学方法，从逻辑学上说主要是归纳和演绎。严复说中国传统虽然也有归纳和演绎的某种方法，不幸的是两者没有得到应有的发展和运用。与之不同，西方则充分发展了这两种方法："及观西人名学，则见其于格物致知之事，有内籀之术焉，有外籀之术焉。"③为此他翻译了《穆勒名学》（上半部）与耶芳斯的《名学浅说》，并在不少场合阐释归纳、演绎的性质和意义。只是当时他将归纳和演绎翻译为内籀和外籀（或内导与外导），而清末之后人们则普遍接受了日本的归纳和演绎的翻译。严复解释归纳说："内籀云者，察其曲而知其全者也，执其微以会其通者也。"④与此不同，"外籀云者，据公理以断众事者也，设定数以逆未然者也"⑤。强调实证和证据的胡适认为归纳和演绎是科学必不可少的两种方法："近来的科学家和哲学家渐渐的懂得假设和证验都是科学方法所不可少的主要分子，渐渐的明白科学方法不单是归纳法，是演绎和归纳相互为用的，忽而归纳，忽而演绎，忽而又归纳；时而由个体事物到全称的通则，时而由全称的假设到个体的事实，都是不可少的。"⑥胡明复强调归纳和演绎方法是科学的特异之处，认为演绎是从一事一理推及他事他理，它所根据的事理是已知

---

① 参见胡明复：《科学方法论（一）》，《科学》1916 年第 2 卷第 7 期，第 720 页。
② 参见任鸿隽：《说中国无科学之原因》，《科学》1915 年第 1 卷第 1 期，第 13 页。
③ ［清］严复：《译〈天演论〉自序》，见《天演论》。
④ 同上书。"内导"是"合异事而观其同，而得其公例"（［清］严复：《西学门径功用》，见《严复集》第 1 册，第 94 页）。
⑤ 同上书。"外导"是"据已然已知以推未然未知"（［清］严复：《西学门径功用》，见《严复集》第 1 册，第 94 页）。
⑥ 胡适：《清代学者的治学方法》，见《胡适文存》第一集，第 280 页。

的或假设的，所推得的事理则是已知事理的变体或属类。归纳是从观察事变、实事入手，比较审查、分析归类，从中求得事变、实事中的常理。但纯粹的归纳也不能成为科学，因为它虽然基于事实，但它是有限的归纳，它提供的真理仍带有假设的特性。要使科学真理更可靠，就要使归纳与演绎结合起来，形成一个从归纳到演绎、从演绎到归纳的复杂运动："先作观测，微有所得，乃设想一理以推演之，然后复作实验，以视其合否。不合则重创一新理，合而不尽精切则修补之，然后更试以实验，再演绎之；如是往返于归纳、演绎之间。归纳与演绎既相间而进，故归纳之性不失，而演绎之功可收，斯为科学方法之特点。"①任鸿隽强调归纳是实验的，它最能带来知识的进步，没有归纳就没有科学。②

人们除了从逻辑学上强调归纳与演绎方法之外，还从一般意义上谈论科学方法。如丁文江认为科学方法是对事实和现象进行分类，并从中求得法则："所谓科学方法是用论理的方法把一种现象或是事实来做有系统的分类，然后了解它们相互的关系，求得它们普遍的法则，预料它们未来的结果。"③如何兆清认为科学方法有观察、实验、分类、分析、总合、假设、创设学说和定律等，他还对这些方法一一做了解释。整体上近代中国倡导科学方法的人，都注重观察、实验等实证的方法。如严复说："一理之明，一法之立，必验之物物事事而皆然，而后定之为不易。其所验也贵多，故博大；其收效也必恒，故悠久；其究极也，必道通为一，左右逢源，故高明。"④严复认为，西方科学的惊人发展同严于验证密不可分："而三百年来科学公例，所由在在见极，

---

① 胡明复：《科学方法论（一）》，《科学》1916年第2卷第7期，第721~722页。
② 参见任鸿隽：《说中国无科学原因》，《科学》1915年第1卷第1期，第10~13页。
③ 丁文江：《科学化的建设》，《独立评论》1935年第151号，第10页。
④ ［清］严复：《救亡决论》，见《严复集》第1册，第45页。

不可复摇者，非必理想之妙过古人也，亦以严于印证之故。"①如在胡适看来，科学的方法说来其实很简单，只不过是"尊重事实，尊重证据"，只不过是"大胆的假设，小心的求证"②。"科学方法只是'大胆的假设，小心的求证'十个字。没有证据，只可悬而不断；证据不够，只可假设，不可武断；必须等到证实之后，方才奉为定论。"③从强调实证、经验和反对形而上学说，胡适是中国科学主义和实证主义的代表性人物，而严复则不是，因为他还肯定形而上学和超自然现象。

六　科学与人生和伦理

1923年发生的"科学"同"玄学"或"人生观"论辩，是一些人文主义者同科学主义者的一次正面交锋。由于当时中国的科学（包括技术）水准整体上还比较低下，这正是科学主义者致力要改变的现实，因此，当人文主义者试图给科学划界并限制它的应用范围时，立即就引起了科学主义者的不满。胡适对此感到十分惊讶，他认为中国根本上还没有享受到科学的福祉，现在竟然就有人站出来说要限制科学，这实在是无的放矢。丁文江将限制科学的人士称为"玄学鬼"，对他们冷嘲热讽。但对人文主义者来说，世上没有什么完美的事情，而且按照科学的怀疑精神，对任何事情都可以质疑并进行检查，这当然也包括科学在内。何况一战的残酷现实，让欧洲人不仅对科学而且对自身的整个文明的信心都动摇了，在这种情况下，即使现在中国的科学水准还比较低，仍然需要充分发展科学，但吸取欧洲的教训，检查科学的适用范围，提前预防或避免它带来不利的东西，那也合情合理。张

---

① ［清］严复：《〈穆勒名学〉按语》，见《严复集》第4册，第1053页。
② 胡适：《治学的方法与材料》，见《胡适文存》第三集，第93页。
③ 胡适：《介绍我自己的思想（〈胡适文选〉自序）》，见《胡适文存》第四集，第463页。

君劢等人的看法程度不同地都受到了这种背景的影响。梁启超的《欧游心影录》就是这种思虑的典型产物。人文主义者大都是文化保守主义者，他们对传统和伦理价值保持着同情和不同程度的认同，而科学主义者大都又用科学去批判和否定传统文化，这也是人文主义者不满科学主义者的原因之一。人文主义者整体上并不否定科学，实际上，他们对科学都有相当的肯定。正如梁启超所指出的那样，他说欧洲科学破产，指的是科学万能论的破产。他只是批评科学万能论，而不是否认科学。① 这是许多人文主义者的共识。他们只想限制一下科学的范围，抵制科学主义的话语霸权。②

但科学主义者没有耐心倾听和接受人文主义者对科学的任何限制，更别说质疑。胡适指出，现在中国正需要发展科学，人们要为它的发展助力而不是去泼冷水，等到中国科学发达起来以后再去检查科学的不足仍不迟。对他们来说，人文主义者现在站出来质疑科学正是他们扩大科学的地盘、让科学主义世界观和价值观大获全胜的时机。科学与人生观还有与其他方面究竟是什么关系，这正是科学合理主义的部

---

① 1922年，梁启超在中国科学社年会上讲演，认为中国确实还没有得到科学的好处，中国人仍非科学的国民。原因在于国人对科学的态度有三点根本不正确：一是把科学看得太低了、太粗了；二是把科学看得太呆了、太窄了；三是把科学看得太势利了、太俗了。"中国人对于科学这三种态度，倘若长此不变，中国人在世界上便永远没有学问独立，中国人不久必要成为现代被淘汰的国民。"（[清]梁启超：《科学精神与东西文化》，《科学》1922年第7卷第9期）

② 照胡适的评估，当时科学已具有很高的权威性："这三十年来，有一个名词在国内几乎做到了无上尊严的地位；无论懂与不懂的人，无论守旧和维新的人，都不敢公然对他表示轻视或戏侮的态度。那个名词就是'科学'。这样几乎全国一致的崇信，究竟有无价值，那是另一问题。我们至少可以说，自从中国讲变法维新以来，没有一个自命为新人物的人敢公然毁谤'科学'的。"（胡适：《〈科学与人生观〉序》，见张君劢等著：《科学与人生观》，山东人民出版社1997年版，第10页）张君劢也说："盖二三十年来，吾国学界之中心思想，则曰科学万能……一言及于科学，若临以雷霆万钧之力，唯唯称是，莫敢有异言。……国人迷信科学，以科学为无所不能，无所不知，此数十年来耳目之习染使之然也。"（张君劢：《再论人生观与科学并答丁在君》，见《科学与人生观》，第61～63页）

分问题。在科玄论战之前，科学主义者对此已有说明，论辩中他们对人文主义者的批评是对已有观点的延伸和扩大。

为了使科学正当化和合理化而竟说科学是万能的，即使是一种策略那也很容易授人以柄。胡适是声称"科学万能"的主要人物之一。他说："我们也许不轻易信仰上帝的万能了，我们却信仰科学的方法是万能的，人的将来是不可限量的。"① 不像他的"全盘西化"主张，胡适这样说已超出了策略性的考虑，这是对科学的虔诚信仰。1915年，造五在《科学之价值》中解释他的"科学万能论"说："凡经人一言科学，即有自然科学之观念，殊不知政事有政事之科学，道德有道德之科学。古代道德政治之书，科学包含之而有余。现在及未来之学问，科学阐明之而无不可。但人智有限，尚未达于极域耳……吾之言科学万能，所以注重道德政治者，为我国学者言，为我国一部分之学者言耳。"② 1918年，蔡元培为科学社筹款，写了一个《中国科学社征集基金启》，他说现在是科学万能时代，而中国仅仅只有一个科学社，这是国家的耻辱。③ 科学主义者所说的"科学万能"一是指所有现象和事实可以成为科学的材料，而且根据科学方法对它们进行研究的结果都可以叫作科学。丁文江认为，科学能知晓世上可知的一切。人生观现在没有统一是一件事，永久不能统一又是一件事；即使现在无是非真伪之标准，也不能说就是无是非真伪之可求。分别是非真伪，除了科学方法还有什么方法？④ 科学主义者所说的"科学万能"二是指科学及其方法适用于一切领域。在科玄争论中，人文主义者认为科学的方法不适用于人生，不适用于人的精神和情感等领域。但科学主义者认为它们都可以用科学方法进行研究。如唐钺认为，虽然科学方法的种类很

---

① 胡适：《我们对近代西洋文明的态度》，见《胡适文存》第三集，第7页。
② 造五：《科学之价值》，《东方杂志》1915年第12卷第7号，第1~2页。
③ 参见《蔡元培全集》第三卷，第231页。
④ 参见丁文江：《玄学与科学》，见张君劢等著：《科学与人生观》，第42页。

多,不同的领域也有各自的方法,但科学有它们的共同方法,如心理学同物理学就有共同的观察、实验的方法。①胡明复认为,科学方法之影响远远超出它自身的发展,科学知识有功于人类思潮和道德等。科学的求真精神,能够帮助人们克服迷信和盲从,使宗教和道德理念更纯粹;科学精神的明事理和明是非,使人们产生廉耻之心;科学精神的唯真理是从,最能培养国民之资格和公共之心。如果说人的心性和良善都是后天培养出来的,那么良好的科学教育就能造就出良好的人格。②为了论证科学对人的道德的影响,唐钺专门发表了《科学与德行》。唐钺承认科学与德行有它们不同的界限,科学亦非直接产生道德,但科学对于人的德行的发展有不亚于美术的作用:"科学固无直接进德之效,然其陶冶性灵、培养德慧之功,以视美术,未遑多让。"③

从以上考察可知,近代中国的科学合理主义及其论证,包括了彼此相关的一些方面:一是基于古已有之和西学中源,二是基于科学能够带来富强和中学也有缺失需要西学来补,三是基于科学是面向大地和自然之书,四是基于科学是求真、求实之学,五是基于科学具有严格的方法,六是基于科学及其方法具有普遍的适应性。凡此种种造就了近代中国的科学合理主义(或科学主义),造就了近代中国最有力的社会和文化思潮之一。

---

① 参见唐钺:《科学的范围》,见《科学与人生观》,第 290~291 页。
② 参见胡明复:《科学方法论(一)》,《科学》1916 年第 2 卷第 7 期,第 719~726 页。
③ 唐钺:《科学与德行》,《科学》1917 年第 3 卷第 4 期,第 403 页。

第七章
"公理"普遍主义的诉求及其泛化效应

观察19世纪末20世纪初的中国知识界，我们可以发现这样一个基本事实，即在知识分子的话语系统中，确立起了一个表达普遍性的新的关键词——"公理"。尽管知识分子的知识结构并不相同，所叙述、讲解的社会政治理念、学说甚或相反，但他们在诉求新的合法性的知识和价值尺度——"公理"上具有惊人的一致性。那么，知识分子是如何诉求于"公理"的呢？"公理"为何具有如此的魔力而赢得了人们的普遍认同呢？这种认同，其历史效应又如何呢？这些是我们要关心和讨论的问题。

一 公理图像素描

从名词上说，"公理"在古汉语中早就有了，最早使用这一词语的是《管子·形势解》，其言曰："行天道，出公理，则远者自亲。"《三国志·吴志·张温传》亦言："专用私情憎爱，不由公理。"这里的"公理"，具有双重的意义，一是普遍性的准则，二是公正或正义。"公理"一词虽早就出现了，但在中国传统思想观念中，它并不是一个重要的词汇，出现这种情形，很可能是由于它被与它在意义上接近的词"天道""天理"和"公"补偿了。

然而，从19世纪末开始，"公理"一词在中国知识界逐渐活跃了起来，到20世纪初，它更是大出风头，获得了无上的权威，是在"科学"一词占统治地位之前人们通常接受的代表普遍知识和最高价值标准的通用语。在近代，谁最早使用这个词，我们还不能断定，但康有为的使用看起来是比较早的。据《康南海自编年谱》所载，光绪十一年（1885年），康有为二十八岁，"从事算学，以几何著《人类公理》。……手定大同之制，名曰《人类公理》"。这说明康有为此时已经比较重视"公理"一词了。就"从事算学，以几何"等字眼看，康有为此时所用的"公理"，应是英语"axiom"的译语。当时人们在翻译和介绍西方自然科学书籍特别是数学书籍时，已经把"axiom"一词译成为"公理"了。严复对"公理"的使用也比较早，如1895年，他在所发表的《救亡决论》一文中说："今固不暇与明'学'为天下公理公器。"① 与使用"公理"相比，严复更多的是使用"公例"一词，偶尔也使用"大例"。但是，在他那里，这三个词完全是一个意思，都相当于"axiom"。② 总之，在维新人士所开创的风气影响之下，"公理"（还有"公例"）开始在中国知识界流行，很快获得了中心词的地位，形成了一幅幅公理图像，令人眼花缭乱，目不暇接。

既早且影响较巨的要算"进化"这一"公理"了。这是由严复翻译《天演论》及其大力宣扬"进化"观念带动起来的。严复翻译的是赫胥黎的书，但他在书中所加的按语中，却主要是介绍和传布斯宾塞的"进化"观，把斯宾塞的理论视为"公理"。在为此书第一篇所加的按语中，严复说："自有达尔文而后生理确也。斯宾塞尔者，与达同

---

① 《严复集》第1册，第53页。
② 如严复在《译斯氏〈计学〉例言》中说："标一公理，则必有事实为之证喻。"（同上书，第98页）这里的"公理"与他所说的"公例"（可以印证）是一回事。如所译《穆勒名学》，其中的"axiom"被译为"大例"，书后编者加的《译名表》言："大例 axiom，按称公理。"

时，亦本天演著《天人会通论》，举天、地、人、形气、心性、动植之事而一贯之，其说尤为精辟宏富。其第一书开宗明义，集格致之大成，以发明天演之旨；第二书以天演言生学；第三书以天演言性灵；第四书以天演言群理；最后第五书，乃考道德之本源，明政教之条贯，而以保种进化之公例要术终焉。呜呼！欧洲自有生民以来，无此作也。"在严复看来，赫胥黎的许多论断，如"以物竞为乱源""人治不可期"等都不是"公理"，与此相反的斯宾塞的论断才是"公理"。照斯宾塞的说法，全体国民通过依照规则的自由竞争能够达致社会的理想；而要在国与国的竞争中立于不败之地，就需要社会群体的合力。严复非常欣赏这两点，因此，他认为有秩序的个人自由竞争是"公理"，合群是"公理"。①

在严复的提倡下，竞争进化成为至高无上的"公理"并被知识界广泛地接受。维新派代表人物梁启超在宣扬进化公理上不遗余力，他屡有论述："盖生存竞争，天下万物之公理也；既竞争则优者必胜，劣者必败，此又有生以来不可避之公例也。"②又说："日进而趋于多数也，是天演之公例不可逃避者也。……夫物竞天择，优胜劣败，此天演学之公例也。"③基于对进化公理的肯定，梁启超以之推演他的其他思想观念，如他说："循物竞天择之公例，则人与人不能不冲突，国与国不能不冲突，国家之名，立之以应他群者也。"④不仅维新派把进化论视为"公理"，革命派和一些新文化运动人士也都把进化论当作"公理"，并从中推导出其他的"公理"，如提出："'无穷尽'进化之公例也"⑤，

---

① 参见[清]严复译：《天演论》，第34、44页。
② [清]梁启超：《自由书》，见《梁启超选集》，第100页。
③ [清]梁启超：《政治学学理摭言》，见《梁启超选集》，第330～331页。
④ [清]梁启超：《新民说》，见《梁启超选集》，第219页。
⑤ 真：《进化与革命》，见张枬、王忍之编，《辛亥革命前十年间时论选集》第二卷下册，生活·读书·新知三联书店1963年版，第1042页。

"思想进化非人之所能为,亦非人之所能阻,此即进化之公例也"①。

但是,当"互助论"传入中国后,它也被当作"公理"。显然,以"竞争"为核心的"进化论"同以互相帮助和协力为主的"互助论",在理论旨趣上恰恰是对立的两极,两者的立论不可能同时都是"公理"。但中国知识分子对二者的处理方式非常有趣,在一定程度上,他们试图把二者统一起来。如刘师培相信"互助"为"公理",同时又承认"竞争"也是"公理",他论证说:"吾辈行于荒野山林,研察动物,相争夺者固不乏,而互相扶助者则尤众。故竞争为物象之公例,互助亦为物象之公例。"②但是,在"互助"和"竞争"这两个"公理"之间,刘师培并没有保持完全的不偏不倚立场,他更倾向于"互助"公理:"然竞争、互助虽同为物象之公例,若就宜于群类言,则尤以互助为适宜。"③为了确立"互助"这一对人类更适宜的"公理",他还从达尔文那里寻求根据,认为达尔文的《物种起源》不仅是以"竞争"为进化的动力,而且也把"合作"看成是动物进化的原因。只是,赫胥黎误解了达尔文的意思,只强调"竞争"和"优胜劣败",忽略了"互助",结果把世界引向了殖民主义的强权统治中。李大钊一方面把进化论与互助论结合起来,强调互助进化的真理性,同时又把阶级竞争作为必然的法则,他指出:"我们试一翻 Kropotkin 的'互助论'('Mutual Aid'),必可晓得'由人类以至禽兽都有他的生存权,依协合与友谊的精神构成社会本身的法则'的道理。我们在生物学上寻出来许多证据。自虫鸟牲畜乃至人类,都是依互助而进化的,不是依战争而进化

---

① 真:《进化与革命》,见张枬、王忍之编,《辛亥革命前十年间时论选集》第二卷下册,生活·读书·新知三联书店1963年版,第1044页。

② 申叔:《苦鲁巴特金学术述略》,见《中国哲学》第1辑,生活·读书·新知三联书店1979年版。

③ 同上。

的。……这是我们确信不疑的道理。"① 只是，在我们现在的社会中，阶级竞争还没有消灭，还不能逃避它，不过它只是最后的竞争，经过这一最后的竞争，社会将进入全新的互助理想境界。

中国近代是一个从传统社会向新的社会类型转变的时代，为了推动这一转变，知识分子特别强调与进化相关的变化观念，认为"变"是"公理"，维新派在此是很典型的。梁启超专门写了《变法通议》，讨论变法维新的许多问题。在他看来，天地间的一切事物无所不变，"变"是古今天下的"公理"："法何以必变？凡在天地之间者，莫不变。……故夫变者，古今之公理也。……上下千岁，无时不变，无事不变，公理有固然，非夫人之为也。"② 又说："变者，天下之公理也。"③ 梁启超从"变"这一"公理"出发，论证变法维新的必然性和合理性。但是，在变化问题上，有"渐变"和"激变"之争，具体到社会政治领域，就是所说的"改良"与"革命"的不同。维新派所需要的是"渐变"，所以他们把"渐变"当作"公理"。在严复那里，社会历史"其演进也，有迟速之异，而无超跃之时。故公例曰：万化有渐而无顿"。④ "宇宙有至大公例，曰：'万化皆渐而无顿。'"⑤ 与此相反，革命派所需要的是"激进"的变革，是对旧世界的彻底摧毁，所以他们把"革命""破坏"视为不可抵抗的"公理"。"革命军中马前卒"邹容说得最直截了当："革命者，天演之公例也。革命者，世界之公理也。"⑥

---

① 李大钊：《阶级竞争与互助》，见《李大钊选集》下，人民出版社1984年版，第16～17页。
② [清]梁启超：《变法通议》，见《梁启超选集》，第3页。
③ 同上书，第10页。
④ [清]严复：《政治讲义》，见《严复集》第5册，第1265页。
⑤ 同上书，第1245页。
⑥ [清]邹容：《革命军》，见张枬、王忍之编，《辛亥革命前十年间时论选集》第一卷下册，第651页。

陈天华断言:"终古无革命,则终古成长夜矣。"① 孙中山也驳斥"渐变论"说:照万物只有渐进的观点来看,"则中国今日为火车萌芽之时代,当用英美数十年前之旧物,然后渐渐更换新物,至最终之结果乃可用今日之新式火车,方合进化之次序也。世上有如是之理乎?人间有如是之愚乎?"② 维新变法失败后,梁启超东渡,其思想一度也转向了"激进"革命,与革命派一样,也认为"革命"和"破坏"是公理:"吾不欲复作门面语,吾请以古今万国求进步者独一无二、不可逃避之公例,正告我国民。其例维何?曰破坏而已。"③"新民子曰:革也者,天演界中不可逃避之公例也。"④

一般来说,民族和国家的独立和统一,既是现代化的目标之一,又是实现其他领域现代化的条件。对中国近代的社会发展来说也是如此。中国追求独立和统一的政治秩序过程,就为民族主义和国家主义理论在中国的传播提供了活动的空间。一些知识分子站出来传播民族主义和国家主义,认为二者是牢不可破的"公理"。在这一点上,维新派和革命派具有某种程度的一致性。孙中山自不待言,其他提倡民族主义的也大有人在。他们论述说:"夫胡越之人,不能相为忻戚,天性然也,故民族主义者,生人之公理也,天下之正义也。有阻遏此主义使不得达者,卧薪尝胆,矛炊剑淅,冀得一当而已矣,公理然也,正义然也。"⑤ 又说:"夫人之爱其种也,必其内有所结,而后外有所排,故始焉自结其家族,以排他家族,继焉自结其乡族,以排他乡族,继焉自结其部族,以排他部族,终焉自结其国族,以排他国族。此世界

---

① 陈天华:《中国革命史论》,见石峻等编,《中国近代思想史参考资料简编》,生活·读书·新知三联书店1957年版,第739页。
② 孙中山:《驳保皇报书》,见《孙中山全集》,第1卷,第236页。
③ [清]梁启超:《新民说》,见《梁启超选集》,第239页。
④ [清]梁启超:《释革》,见《梁启超选集》,第369页。
⑤ [清]杨笃生:《新湖南》,见张枬、王忍之编,《辛亥革命前十年间时论选集》第一卷下册,第632页。

人种之公理，抑亦人种发生历史之一大原因也。"① 在此，民族主义之"公理"，是从种族的自然相爱中推演出来的。

从理论上说，国家主义是对国家及其相关事物的注重和强调，而无政府主义恰恰是要消解国家及其相关事物。因此，如同进化论和互助论的关系一样，如果说"国家主义"是"公理"，那么与此相对立的"无政府主义"就不能同时也是"公理"。但是，对于无政府主义者来说，"无政府主义"则是不可怀疑的"公理"，它具有普遍的有效性："最近社会学，多因进化学发明，然考西哲社会家诸书，于原人之初，均确定其无组织，则卢氏以原人为平等、独立之民者，固为学术上不易之公理矣。"②

其他诸如西方一系列的政治智慧——"自由""平等""民主"等被推为"公理"③，"大同论""共产制"也被推为"公理"④。总之，只要西方有什么理论，这些理论就是"公理"；只要中国应该拥有什么，这些应该拥有的东西和价值就是"公理"；只要知识分子认同什么，这些被认同的就是"公理"。我们无须再做进一步的描述，以上的抽样举证，已经使我们可以看到中国近代知识分子诉求"公理"这一具体场景。

二 作为普遍原理的公理

从认知意义上说，人们对一种观念的诉求，必然伴随着他们对这

---

① [清]邹容：《革命军》，见张枬、王忍之编，《辛亥革命前十年间时论选集》第一卷下册，第668页。

② 高军编：《无政府主义在中国》，第111页。

③ 如云"民权乃公理"(《康南海自编年谱》，第107页)，"自治之界说曰：自治之制天理也，公例也"(张枬、王忍之编，《辛亥革命前十年间时论选集》第一卷下册，第954页)。

④ 参见《天演大同辨》，见张枬、王忍之编，《辛亥革命前十年间时论选集》第一卷下册，第872～874页。

一观念本身的意义的理解。也就是说，他们在运用一种观念于具体事物时，他们对观念的义理，不管如何，总应该已经有所把握。中国近代知识分子对"公理"如此广泛的诉求，当然依赖于他们对"公理"的认知。

"公理"（axiom）一词，源于希腊文，它表示一种肯定性的评价，特别是对有效性的认可。其应用领域，最初主要是在逻辑和数学中。在亚里士多德那里，"公理"是不可求证的第一原理，是一知识体系借以推演的初始概念或原则。在欧几里得的《几何原本》中，第一原理分为公设和常用概念，公设是几何学的原理，而常用概念与亚里士多德所说的"公理"相同。但对于普罗克洛斯来说，"公设"与"公理"是同义词。近代以来，"公理"仍主要是逻辑和数学领域中的概念，对以"公理"为基础的"公理化"系统概念有不少讨论，如在"公理化"系统中，"公理"与其他陈述的区别在于前者不是从本系统中导出的；"公理"（规律）与规则（规定）有明显的不同。当然，随着近代科学的发展，"公理"也被运用在物理学等领域，出现了"公理化"的物理理论。而且，"公理"也开始与归纳逻辑甚至哲学联系了起来，如在培根和斯宾诺莎那里就是如此。①

中国近代的"公理"诉求，对"公理"主要基于一种什么意识和理解呢？对使用"公理"的大部分知识分子来说，"公理"是一种普遍的原理，它超越时间和空间的限制，具有普遍的有效性。在这一点上，严复的说法比较典型，我们可以引用他的几段话看看："科学所明者公例，公例必无时而不诚。"②"自然律令者，不同地而皆然，不同时而皆合。"③"格致之事，一公例既立，必无往而不融涣消释。若可言于

---

① 参见〔德〕J.M. 鲍亨斯基：《当代思维方法》，童世骏等译，上海人民出版社1987年版，第77～78页。

② ［清］严复：《译斯氏〈计学〉例言》，见《严复集》第1册，第100页。

③ ［清］严复：《〈穆勒名学〉按语》，见《严复集》第4册，第1036页。

甲，不可言于乙；可言其无数，而独不可言于其一端。凡此者，其公例必不公而终破也。"① 很明显，这几段话都强调了"公理"没有时地的限制，它是普遍性的真理。

在强调"公理"的普遍性上，谭嗣同的说法也非常典型，他以排比的句式阐述说："公理者，放之东海而准，放之西海而准，放之南海而准，放之北海而准。东海有圣人，西海有圣人，此心同，此理同也。犹万国公法，不知创于何人，而万国遵而守之，非能遵守之也，乃不能不遵守之也。是之谓公理。且合乎公理者，虽闻野人之言，不殊见圣；不合乎公理，虽圣人亲诲我，我其吐之，目笑之哉！"② 谭嗣同把"公理"与"自理"区分开，他所说的"自理"是每一领域中普遍而又不能求其所以然的"理"，大概是所谓"先天必然"（或"先验必然"）之理，这种理先于"公理"，但它又必须通过"公理"来加以验证："夫公理，犹验诸人事者也。至于公理之出，出于自理，自理则非人所能知矣。不能知，又不能不知，所谓日用之而不知也。犹几何学之公论界说。……皆颠扑不破之自理也。而问其所以然，则未有能知之者矣。要之先有自理，而后有公理，亦必有公理，而后能证其果为自理与否？"③ 与以上严复和谭嗣同意识中的"公理"普遍接近，《游学译编》所载《教育泛论》一文亦说："西人有恒言曰：人人有应得之权利，人人有应尽之义务。斯言也，实颠扑不破之真理，放之四海而皆准者也。"④ 而且，对有的人来说，"公理"是本有的实在之理，作为实在之理，它具有一种先验的确定性，因而经验事实不能逃离它："夫公理者，先天而天弗违，后天而天从之。发明云者，不过开其幕，使人

---

① ［清］严复：《〈原富〉按语》，见《严复集》第4册，第871页。
② 蔡尚思、方行编：《谭嗣同全集（增订本）》上册，第264页。此段引文的标点略有改动。
③ 同上书，第264页。
④ 张枬、王忍之编：《辛亥革命前十年间时论选集》第一卷上册，第401页。

人明晓耳，公理未尝以发明而始生也。"①

"公理"作为一种普遍的原理、法则和科学知识，是要通过认知来把握的。但是，通观起来，中国近代知识界对"公理"的认知问题，整体上并不关心；许多运用这一知识符号的人，只是肯定"公理"是普遍的原理、真理就止步了，至于"公理"的认知问题就完全处在他们视野之外。但是，这并不排除个别人在此问题上能够提出自己的见解。在此，仍要提出严复，他是思考过这一问题的少数人之一。他继承了欧洲近代以来经验主义和实证主义的哲学进路，把"公理"知识的获得与归纳对应起来。一方面他认为，"公理"皆要通过科学的归纳方法而得到："公理无往不由内籀。"②"内导者，合异事而观其同，而得其公例。"③另一方面他认为，通过归纳而得到的"公理"，还要不断进行验证，验证的次数与"公理"的可靠性成正比："印证愈多，理愈坚确也。"④"三百年来科学公例，所由在在见极，不可复摇者，非必理想之妙过古人也，亦以严于印证之故。"⑤

但是，归纳所得到的"公理"，不管如何不断地去验证，都不能穷尽所有的事例。换言之，事例再多，仍是有限的，因而所得到的"公理"就是以有限事例为基础的概然性命题。严复虽然注意到了事例的多少与"公理"的真的程度有关，但他最终所相信的不是一个没有普遍性的"公理"（真理）。

尽管科学知识、"公理"具有其应用或实践价值，但立足于认知本身而言，它排除了任何功利性的考虑和影响，只允许问是非、真假，

---

① 敢生：《新旧篇》，见张枬、王忍之编，《辛亥革命前十年间时论选集》第一卷下册，第852页。
② ［清］严复：《〈穆勒名学〉按语》，见《严复集》第4册，第1050页。
③ ［清］严复：《西学门径功用》，见《严复集》第1册，第94页。
④ 同上。
⑤ ［清］严复：《〈穆勒名学〉按语》，见《严复集》第4册，第1053页。

而不允许问善恶、好坏。也就是说,在认知领域中,事实与价值是互不相干的。如说:"吾以主义之是非立说,本于公道、真理,而无所偏与私也。……吾之于人说也,惟以公道、真理为衡,观其立说之是非,不问其党派之异同,尤不问其作者为何如人也。"① 严复也说:"科学之事,主于所明之诚妄而已。其合于仁义与否,非所容心也。"②

从中国近代知识分子对"公理"的意识来看,可注意者有如下方面。一是,他们具有一种强烈的知识统一理想。对他们来说,自然现象与社会现象都具有齐一性,因而,都可以运用相同的科学"公理"来处理。对社会和人文现象的认知,与对自然现象的认知一样,也完全可以达到普遍可靠性的知识——"公理"。这样,他们把一切社会政治思潮都归入"公理",也就毫不奇怪。由于强调自然现象与社会现象的统一,中国近代知识分子还自然而然地运用自然科学的"公理"知识,来建立社会科学的"公理"。但是,社会政治领域的认知,尚远远没有达到自然领域认知的严密性和准确性。自然科学的"公理"也不能运用到社会领域中。二是,中国近代知识分子基本上是把"公理"作为一种实证性的知识加以对待的。本来,在西语知识系统中,"公理"主要与数学和逻辑学相关,在认知中,它是一种不可求证的公设、演绎的前提或初始概念。但是,到了中国知识分子的手里,"公理"被认为是代表一切知识和学术的符号,数学、逻辑学有"公理",物理学、化学、生物学有"公理",社会学、哲学、政治学、历史学也都有自己的"公理"。"公理"贯穿在一切认知、一切学科中。这就像五四新文化运动之后"科学"成了一切普遍知识的代表一样,在此之前,"公理"则是普遍知识的代名词。

---

① 高军编:《无政府主义在中国》,第161页。
② [清]严复:《译斯氏〈计学〉例言》,见《严复集》第1册,第100页。

三 作为普遍规范和价值的公理

一般而言，知识一方面是认知领域自身的事，另一方面是外在的实际效能。从认知领域自身来说，它关心的只是知识的客观性和真理性；从实际的效能来说，它关心的是知识的应用价值。如上所说，中国近代知识界把"公理"作为普遍的原理，作为科学法则，所关心的就是知识和学理自身的真理尺度。但是，事情并没有到此为止，中国近代知识界在诉求"公理"的时候，还强烈地把"公理"作为一种普遍的规范和价值，关心其实践功能，如梁启超说："夫所以必求其公理公例者，非欲以为理论之美观而已，将以施诸实用焉，将以贻诸来者焉。"①

观察一下西方近代以来的发展就会发现，科学技术这一工具理性，无疑扮演了举足轻重的角色。从工业文明的兴起到社会政治的变革，往往基于科学知识和新的观念。当中国近代知识分子接触到西方这一近代化文明时，他们自然就把这一文明看作科学知识和新观念的直接结果，"学理明则其进也必速，学理误则其进也必缓，或且凝滞不进者有焉矣。西人惟悟此学理也，故数百年来，常循自然之运而进行"②。既然科学知识能为西方带来惊人的发展，那么对于许多中国知识分子来说，中国要进化发展，也不能不依赖于科学知识。中国近代知识分子对"公理"一往情深，在很大程度上就是基于这样一种信念，即"公理"乃是力量的源泉，它能改变中国的落后状态。

但是，知识并不是一种直接的现实力量，它只有通过实际的操作和运用，才能发挥出自身的威力。正如所说："科学知识本身并不导致

---

① [清]梁启超：《新史学》，见《梁启超选集》，第287页。
② [清]梁启超：《政治学学理摭言》，见《梁启超选集》，第330页。

对外部自然的'控制'。权力的概念（至少在其通常用法的意义上）在这里也是不合适的，除非说的是现代科学的工作是一切先进技术的不可缺少的前提条件。……科学知识现在影响人的实践只是通过它的技术应用。"①社会政治观念同样，如果它只停留在思想的领域中，它就一无所能，只有当它被人们认同和接受，才具有一种动员力量并化为一种具体的行动，达到改变现实的效果。对于这一点，严复十分清楚。他明确地把科学和技术加以区分："学者，即物而穷理，即前所谓知物者也。术者，设事而知方，即前所谓问宜如何也。然不知术之不良，皆由学之不明之故；而学之既明之后，将术之良者自呈。"②又说："学者考自然之理，立必然之例；术者据既知之理，求可知之功。学主知，术主行。"③照严复这里所说，科学知识主要在于求知，而技术主要在于求用。没有科学知识，技术就失去了基础；没有技术应用，科学知识就不能发挥作用。

革命派在这一点上也比较自觉。在他们看来，如果只是宣扬"革命公理"，而不诉诸革命的行动，"革命公理"就不能实现："科学公理之发明，革命风潮之澎涨，实十九、二十世纪人类之特色也。此二者相乘相因，以行社会进化之公理。盖公理即革命所欲达之目的，而革命为求公理之作用。故舍公理无所谓为革命，舍革命无法以伸公理。"④面对科学的"公理"，面对西方帝国主义的强权和清朝的专制主义，当时的革命派充分意识到了"公理"与"强权"的紧张和对立，要求以"公理"对抗"强权"。他们的要求绝不只是道义上的和口头上的，而

---

① 〔加〕威廉·莱斯：《自然的控制》，岳长龄译，重庆出版社1993年版，第108页。
② ［清］严复：《政治讲义》，见《严复集》第5册，第1248页。
③ ［清］严复：《〈原富〉按语》，见《严复集》第5册，第885页。
④ 《新世纪之革命》，见张枬、王忍之编，《辛亥革命前十年间时论选集》第二卷下册，第976页。

是直接诉诸革命行动的力量:"革命凭公理,而最不合公理者,强权,故革命者,排强权也。"①他们认识到"公理"如果不借助革命之力,就不能战胜"强权",因为"公理无势,口舌无力,竞争世界,徒讲道理,断不可以动人也"②。更有甚者,梁启超这位一时的激进革命者,看到国际竞争优胜劣败这一无情事实,认为"强权"虽非"公理"但实际上却可以化为"公理",一下子把"公理"与"强权"的对立关系变成了同类关系。如他说:"自有天演以来,即有竞争,有竞争则有优劣,有优劣则有胜败,于是强权之义,虽非公理而不得不成为公理。"③因为在他看来,"公理"只有在力量均等者之间才有效,强者往往并不虚心倾听弱者的"公理"诉求:"两平等者相遇,无所谓权力,道理即权力也;两不平等者相遇,无所谓道理,权力即道理也。"④这也就是所说的"秀才遇见兵,有理说不清",因为秀才的道理再多,也不能直接对抗士兵的武力。

与此不同,有的知识分子对"公理"却抱着盲目的乐观主义。他们认为,只要有"公理",一切问题都将迎刃而解:"自格致学日明,而天予神授为皇帝之邪说可灭;自世界文明日开,而专制政体一人奄有天下之制可倒;自人智日聪明,而人人皆得有天赋之权利可享。"⑤在民国初年,中国知识界流行着"公理战胜强权"的论式。对一些人来说,"公理"本身就拥有一种直接的力量,它能使强权者闻风丧胆。他们认为,一战中协约国的胜利,就是"公理"对于"强权"的胜利,

---

① 《普及革命》,见张枬、王忍之编,《辛亥革命前十年间时论选集》第二卷下册,第1022页。
② 《拟抵制禁例策》,见张枬、王忍之编,《辛亥革命前十年间时论选集》第一卷上册,第353页。
③ [清]梁启超:《国家思想变迁异同论》,见《梁启超选集》,第191页。
④ 同上。
⑤ [清]邹容:《革命军》,见张枬、王忍之编,《辛亥革命前十年间时论选集》第一卷下册,第674~675页。

而未来世界秩序的维持，也完全要靠"公理"、正义和公道。① 在互助论的影响下，有人认为，生存竞争、优胜劣败的进化法则，就要被"互助""互爱"的法则所取代了。如李大钊说："看呵，从前讲天演进化的，都说是优胜劣败、弱肉强食，你们应该牺牲弱者的生存幸福，造成你们优胜的地位，你们应该当强者去食人，不要当弱者，当人家的肉。从今以后都晓得这话大错，知道生物的进化，不是靠着竞争，乃是靠着互助。人类若是想求生存，想享幸福，应该互相友爱，不该仗着强力互相残杀。"② 这都是对"公理"本身力量的一种过高期望。

在中国近代知识界，"公理"不仅具有指导行动、产生实践效果的作用，它还为一切观念、行为和社会变革要求提供合法性的辩护。中国近代是从传统社会向现代社会转型的时代，在这一过程中，不仅需要新的知识、新的观念，同时还需要一系列社会政治变革行动。但是，这些要求不能自然得到满足和实现，只有把社会资源充分调动起来并投入这些目标的时候才有可能。要充分调动起社会的资源，动员人们积极参与，就需要为适应社会转型和变革的要求提供合法性论证。也就是说，只有使人们认识到这些要求都是正当的、合理的，人们才会积极投入。"公理"恰恰就是中国近代知识界论证一切要求合法性的根本范式。何以要提倡科学知识和科学方法，何以要主张进化、自由、民主，因为它们都合乎"公理"。如说："自由者，天下之公理，人生之要具，无往而不适用者也。"③ "人人有自主之权，为地球之公理文明之极点，无可訾议者也。"④ 何以要反对和拒斥传统的知识和观念，因为这些传统的知识和观念不合乎"公理"。如传统中的三纲观念就是如

---

① 参见冯友兰:《三松堂全集》第四卷，第232～234页。
② 李大钊:《新纪元》，见《李大钊选集》上，第607页。
③ ［清］梁启超:《新民说》，见《梁启超选集》，第223页。
④ 沈翔云:《复张之洞书》，见张枬、王忍之编，《辛亥革命前十年间时论选集》第一卷下册，第766页。

此:"中国自古迄今,惑于三纲之邪说,君制其臣,父制其子,夫制其妇,以空理杀人,盖较酷吏为大毒。而三纲之中,又以夫妇之间为最苦。盖中国古代之礼制,均浴重男轻女之风。后儒本古代之礼制,定之为理。而所谓理者,舍是非而论尊卑,背于公,拂于人情,权势所在,理即随之,盖皆三纲之流毒也。"①又说:"惟明于男女不平等,由于古代以女子为俘囚,则知男女不平等由于强迫使然,不得谓之合公理矣。"②正是由于这些观念不合乎"公理",没有合法性的根据,所以可以毫不留情地加以抛弃:"苟不合乎公道真理,则摈斥之,无容假借。"③

被合法化的不仅是价值理想,而且也是现实行为和社会政治的具体改革。在维新派那里,变法这一社会政治改革要求之所以正当,是通过"公理"得到其合法性论证的。同样,在革命派那里,革命和暗杀之所以正当,也是因为"公理"所给予的最具权威的支持。如一位署名真的,在谈到暗杀的正当性时说:"吾独一之目的为'公理',凡可达吾目的者,得而用之。吾辈之反对兵,非因激烈而去之,实因其不合公理也。故吾之主张革命暗杀,不因激烈而避之,因其有益于公理而用之也。"④在此,暗杀完全是"公理"所允许的。另一位署名民的也是用相同的论证方式:"暗杀也者,为除害而非为徇私也;为伸公理,而非为名誉也;为排强权,而非为报复也。"⑤如此等等,"公理"

---

① 亚公:《唐铸万先生学说》,见《天义》第二卷,1907年6月25日。
② 申叔:《无政府主义之平等观》,见张枬、王忍之编,《辛亥革命前十年间时论选集》第二卷下册,第923页。
③ 《伸论民族、民权、社会三主义之异同再答来书论"新世纪"发刊之趣意》,见张枬、王忍之编,《辛亥革命前十年间时论选集》第二卷下册,第1006页。
④ 《驳新世纪丛书"革命"附答》,见张枬、王忍之编,《辛亥革命前十年间时论选集》第二卷下册,第996页。
⑤ 《普及革命》,见张枬、王忍之编,《辛亥革命前十年间时论选集》第二卷下册,第1030页。

成了行动绝对正当的最高权威和保护神。

四　历史效应

　　从以上论述可知,"公理"在中国近代知识界得到了广泛的认同,它是表述一切知识体系、价值和合法性根源的最具象征性的符号。从这一符号在中国近代知识界的登场及其表演来看,它无疑引导带动了中国传统向现代性的转换。一般而论,现代性和传统的一个基本不同点,在于知识的大规模更新和新的各种社会政治思潮及观念的兴起。不言而喻,这一历史进程首先发生在西方。中国作为一个后进国家,它的知识现代性根源不是自发产生的,而表现为对西方已有现代性遗产的直接承继。但是,面对中国传统的知识体系和观念,新的现代性知识和观念需要为自己的成长争得生存权。也就是说,要借助于一种能体现新知识优越性的新的观念形态,来为新知识的传播开道。"公理"正是适应中国近代知识界向现代性转换而出现的一个核心观念。从它出现以后,它很快就获取了多重身价:它既是一切新的各种知识和学说的同义语,又是能彰显新知识、新学说共同特征和优越性的象征;它既是社会资源的动员力量,又是政治变革行动合法性的基础。无疑,"公理"的这种多重身价,非常有利于它展开自己的活动。它解构了已有的那些陈旧的知识和观念,推动了现代性知识和观念的传播;它把知识建立在实证和试验的基础上,转换了社会政治要求合理化的基础和论证方式,并起到了启蒙作用。

　　但是,任何知识符号都有其自身的限度和约束性,一旦这种限度和约束性被冲破,它就会无所顾忌地开始在自己的领域之外到处活动。在西语知识系统中,"公理"本来是知识领域中的事,它有其自身的界限。但是,在中国近代,"公理"已大大超出了其自身的知识界限,从侧重演绎的数学、逻辑学,扩展到注重实证的自然科学(物理学、化学和生物学等），从自然科学又扩展到人文科学和社会科学中，通行无阻地被泛化为一切知识和学说的代名词。而且，它还被提升为一种价值信念，人们所需要的任何行动都以它为合法性的保证。由于"公理"既是普遍的原理，又是普遍的规范和价值，所以，如果把自己所宣扬的学说和行为冠以"公理"，那么，它们自然就具有了"普遍性"和"至上性"的品格，处于一种不可怀疑的位置上。由此，我们就不难理解，"公理"何以会被知识界无限度引用。但正是在这种无限度引用中，"公理"开始向"非公理"的深渊沉沦，"合理主义"开始向"非合理主义"靠近。因为，科学本来具有怀疑和反省的态度，而对"公理"的超越诉求，最后却走向了独断和盲信。① 人们不禁要问，那些被冠以"公理"的学说真的都是"公理"吗？它们真的都具有实际的功能或实现的可能吗？但中国知识界的整体，对此却缺乏深刻的反省和怀疑态度。他们没有从严格的知识立场，论证一种学说是否真的为"公理"，更没有反省一种学说在中国是否具有可试性和可行性的条件，用抽象的理论轻易地去整合现实，把"公理"的批判功能同现实行动混为一谈。如无政府主义，它根本上是因对现实不满而发出的一种乌托邦情调，发明这种观念的西方，没有其实践经验，而中国就更没有其实现的可能，它所能起到的作用，只能是对现实不合理状态的批判。正如伽达默尔所说："乌托邦不是目的对行动的规划。相反，乌托邦之有特色的因素是，它并不恰到好处地引出行动的要素，即'就在此时此刻着手进行工作'。一个乌托邦是由这样的事实确定的，即（像我曾有机会称呼它的）它是从远方来的一种暗示的形式。它本质上不是一种行动的规划，而是一种对现实的批判。……乌托邦通常把洞察调整

---

① 如其极端者说："废尽天下不合公理之书籍报章。"（去非子译述：《破坏社会论》，《天义》第一卷，1907 年 6 月 10 日）

到现在，并利用变形为奇特形状的图画调整其缺陷。"①但是，中国的无政府主义者把无政府主义作为"公理"的时候，既没有从严格的科学或知识立场对它进行验证，同时也没有考虑中国的现实需要，就迫不及待地相信它能够付诸实践，似乎把它作为"公理"它就成了"公理"，期望它实现它就会实现。

由于中国近代知识界无限地诉求"公理"，所以当一种学说被冠以"公理"的时候，被绝对化的就不只是学说，而且是"公理"本身。说起来，科学公理与信仰的分离，是近代思想进步的标志。但是中国近代对科学公理的过度推崇，反过来又使科学公理成为一种信仰，于是科学公理与信仰又结合在了一起。在中国新文化运动时期，中国知识界的中心词已从近代的"公理"转换为"科学"。一般认为，"科学"在新文化运动中获得显位，是中国知识界的一场突破，但实际上并没有如此远大，它只不过是近代"公理范式"的翻版，只不过是把"公理"的一切象征都移到了"科学"的头上罢了。

"公理"一旦变为"公理主义"或"公理论式"（绝对化），就会引起对"公理"本身的拒斥和轻视，尽管在当时的中国知识界这只是一只孤掌。1908年，章太炎在《民报》第22号上发表了《四惑论》，把"公理"作为当时知识界的"四惑"之一加以声讨。他这样说："昔人以为神圣不可干者，曰名分。今人以为神圣不可干者，一曰公理，二曰进化，三曰惟物，四曰自然。有如其实而强施者，有非其实而谬托者。要之，皆眩惑失情，不由诚谛。"章太炎把"公理"与宋明理学的"天理"联系起来，认为理学家泛化天理，结果使天理绝对化，把人的一切都束缚住了。近代言"公理"，同样使之成了束缚人的工具，而且有过之，"然则天理之束缚人，甚于法律；而公理之束缚人，又几甚于

---

① 〔德〕伽达默尔：《科学时代的理性》，薛华等译，国际文化出版公司1988年版，第70页。

天理矣"。从章太炎对"公理"的批判中,我们不能不思考这样的问题,即中国近代以"公理"为象征符号的知识现代性转换,何以却伴随着深深的非现代性,这是传统本身的制约呢,抑或是历史发展本身永远就包含着二重性?

第八章

"新旧"观念的衍化及其文化选择方式

——从清末到新文化运动

一 清末"新旧"观念的产生及其形态

任何一种思想史上的观念或范式,哪怕它非常抽象化和一般化,都不会无踪迹可查,它或多或少都与现实的或历史的土壤具有相关性。据此来说,晚清思想史中出现的"新旧"观念,也不是平白无故的,它是历史与现实双重作用的结果。说起来,"新旧"并不是中国古代思想史中的观念,它实际上是在中国古代思想史的观念之外。但是,这并不意味着它与中国古代思想观念没有关联。后来之观念与先前之观念的关联,具有不同的方式,或是平直的,或是曲折的;或形似而意别,或意近而形异。"新旧"同中国古代思想观念的关联,具有间接性或曲折性。明言之,它曲折地同中国古代思想史中的"华夷"和"古今"观念具有一定的连带性。

不同的社会群体,在其历史时空中,往往都要遇到两方面的问题,一是群体内与群体外的关系问题,这是在不同群体之间发生的空间上的横的关系;二是群体历史过程中的先后问题,这是同一群体在历史时间上的纵的前后关系。中国社会对这两种关系具有特别的感受力和强烈的意识(尽管从现在的评判标准来看这不太合理),它集中体现在"华夷"和"古今"这两对观念中。也就是说,中国古代思想是用"华夷"和"古今"这两对观念来理解和处理上述两种关系的。"华夷"观念是基于"华夏"（中国）和"夷狄"（周边蛮貊地区）的异质意识来截然划分群体内外的界限。其"异质性"，主要不在于所处的地理环境不同，也不在于人种肤色的差异，而在于是否具有"文化"或"文明"。"华夷"观念坚持认为，"华夏"之所以为华夏，在于它是"文明的"，在于它是"礼乐教化"之邦，除此之外的群体之所以是"夷狄"，在于它是"野蛮的"。因此，在"华夷"这一内中国与外夷狄这种表层界限背后的东西则是"文明与野蛮"的截然对立。① 这种观念源远流长，一方面与中国古代文明的先进性相关，另一方面与对外部世界特别是遥远的外部世界的无知相关。当这种观念被意识形态化之后，它就与"自我中心主义"心理意识结为一体，并成为拒绝外部事物的合法性根据。而这反过来又强化了成为它的原因的自身文明的优越感和对外部世界冷漠无知的心态。由此，我们就不难理解，19世纪当西方直逼这个古国的时候，何以不少人仍用"华夷"观念来理解和处理内外关系。但随着冲突的加剧和迅速扩展以及在这种冲突中中国所处的劣势和困境，非常牢固的"华夷"观念在非常严峻的危机面前就受到了根本性的动摇，"中国=华夏=文明"与"西方=夷狄=野蛮"的优劣差别观念不久整体上就被转换成了"中-西"对等（至少从形式上看）的观念，并随之出现了"中学"与"西学"相对应的观念。"西方"根本上不再是"夷狄或野蛮"的同义语，它自身也具有文明，具

---

① 在儒家经典中，虽然也有"天子失官，学在四夷""礼失求诸野"的说法，但它并没有成为观察和处理内外关系的准则，通行的是"内华夏外夷狄"的意识和行为方式。因此，以下的说法仍然是成立的："在中国人看来，中国不是亚洲的一部分，更不是'远东'的一部分；它是指体现文明本身的中心王国。这种以中国为中心的思想起因于这一事实：中国幅员辽阔，力量雄厚，历史悠久，而又资源丰富；这一切使得它成为东亚世界的自然中心。中国人与非中国人的关系便染上了这种中国中心主义的思想和中国人优于其它民族的偏见。"〔美〕费正清编：《剑桥中国晚清史》下卷，中国社会科学出版社1994年版，第171～172页）

有学术。① 洋务运动与这一转换过程互为表里。从"华夷"观念转换到"中西"观念，就为晚清"新旧"观念的出现奠定了客观现实的基础。因为只要承认了西方不是野蛮之邦，它也具有文明，那么"中西"的关系就成了不同文明之间的关系。由于晚清对西方文明的认识，首先是从"船坚炮利"等技术层面开始的，所以西方文明就被认为是"器物"文明；又由于这种"器物"文明对中国之"旧"有者来说，是"新"的，因此，通过空间性所显示的"中西"关系，也就不难显示为具有时间性的"新旧"关系了。此外，中国传统是用"古今"来理解和处理历史过程中的先后关系及其问题的。传统的"古今之辨"往往集中在内部。但是，在因近代"大变局"而被突出出来的"中西"关系中，"古"仍是传统的，"今"就更多地同"西"和"新"联系在一起。严复说的"由今之道"，实际上也就是由"西之道"或"新之道"。因此，近代以来仍然存在的"古今之辨"，就与"新旧之辨"密切相连。

但是，晚清的"新旧"观念，主要是与"新学"与"旧学"联系在一起的。而且颇为吊诡的是，与"旧学"相对的"新学"之名，却是对康有为的《新学伪经考》中所使用的"新学"一词的转用。② 它原是康有为用来指称刘歆所伪造的过去所没有的古文经学及汉学。③ 但很快被保守人物用来指涉康、梁的维新"新学"，并又被转为"西学"的同义语。如果要对此提出解释，这很可能是康、梁的"新学"在很大程度上与西学密切相连的缘故。④ 作为"西学"意义上的"新学"之名

---

① 参见〔美〕费正清编：《剑桥中国晚清史》下卷，第222页。
② 参见丁伟志等：《中西体用之间》，中国社会科学出版社1995年版，第189～190页。
③ 有关"新学"之义，康有为在《新学伪经考·序目》中有明确的界定。
④ 梁启超的以下说法，提供了这方面的某种信息："光绪间所为'新学家'者，欲求知识于域外，则以此为枕中鸿秘。盖'学问饥饿'，至是而极矣……康有为、梁启超、谭嗣同辈，即生育于此种'学问饥荒'之环境中，冥思枯索，欲以构成一种'不中不西即中即西'之新学派，而已为时代所不容。"（〔清〕梁启超：《清代学术概论》，见《梁启超论清学史二种》，第79页）

确立后，相应地就有了作为"中学"意义上的"旧学"了。张之洞对此做出的区分最为典型："新旧兼学。四书、五经、中国史事、政书、地图为旧学，西政、西艺、西史为新学。"① 在张之洞那里，"新学"就是"西学"，"旧学"即"中学"，《劝学篇》交替使用着异名同谓的这两对名词。

从"具体"和"有所指"的"新学""旧学"来谈论"新旧"，在晚清非常普遍。也就是说，晚清的"新旧"观念，主要是从"新学"和"旧学"的意义上来把握和运用的，而缺乏抽象和一般意义上的讨论。这一点不管是洋务派，还是维新派，都是一样的。但问题的复杂性在于，如果说作为"中学"意义上的"旧学"就是指中国传统固有的学术和思想文化，那么，作为"西学"意义上的"新学"，就应该是指有异于中国传统的西方整个学术思想文化。但由于人们对"西学"认识上的差别，因而在不同的人那里，不仅"新学"所包括的内容各不相同，而且人们对"新学"和"旧学"所赋予的意义和价值也不同。如上所说，在以张之洞为代表的洋务派那里，"新学"主要被限定在"器物"（"西艺"）领域中。② 而"器物"，按照中国传统的价值观念来衡量，它是与伦理之"道"相对立的属于枝尾末节的东西。这样，"旧学"与"新学"的关系，在洋务派那里，很容易就被纳入传统的"道器"对立关系（这种关系还以"本末""主辅"特别是"体用"等形式出现）中来把握。这种关系设定，既满足了洋务派保持"旧学"价值主导性地位的心理，同时也适合了他们要求"有限地"接受"新学"的需要，使"旧学"与"新学"的关系得到一种安排。可以再以张之洞的说法为例来看一下。张之洞对"旧学"与"新学"的冲突深

---

① [清]张之洞：《劝学篇·设学》。
② 张之洞所说的"新学"，虽然也包括"西政"，并且认为"西学亦有别，西艺非要，西政为要"（《劝学篇·序》），但这里的"西政"绝不是指现代西方政治的核心"自由""民权"和"民主"，而是指"议院""设学""学制"和"办报"等内容。

感不安:"图救时者言新学,虑害道者守旧学,莫衷于一。旧者因噎而食废,新者歧多而羊亡。旧者不知通,新者不知本。不知通则无应敌制变之术,不知本则有非薄名教之心。夫如是,则旧者愈病新,新者愈厌旧,交相为愈,而恢诡倾危乱名改作之流遂杂出其说以荡众心。学者摇摇,中无所主,邪说暴行,横流天下。敌既至,无与战;敌未至,无与安。吾恐中国之祸,不在四海之外,而在九州之内矣。"①张之洞又说:"今日新学旧学,互相訾謷。若不通其意,则旧学恶新学,姑以为不得已而用之;新学轻旧学,姑以为猝不能尽废而存之。终古枘凿,所谓疑行无名、疑事无功而已矣。"②可以说,张之洞正是为了要化解"旧学"与"新学"之冲突,使"旧学"与"新学"各得其所,提出了"新旧兼学""旧学为体,新学为用,不可偏废"的选择模式。

但是,以"旧体新用"(或"中体西用""中道西器")为形态的"旧学""新学"关系选择模式论,对于那些拒绝任何意义上之"新学"的顽固保守派来说,意味着"用夷变夏"和破"夷夏之防",但对于要求广泛摄取"新学"的"维新"人士来说,则无异于"画地为牢",肢解"新学"。按照严复所谓"中西学"(亦即"新旧学")各有"体用""分之则并立,合之则两亡"的观念③,"新学"的内容就不应只是生于西方的"用",而且也必须有与此相应的生于西方的"体"。换言之,即对"新学"的移植,不能只是移植"用",同时也必须移植"体"。严复有一个始终都坚信但不太被注意的"今之道与今之俗"的论式。这个论式认为,如果我们只是盯着西方的"技艺",想让它在本土开花结果,而不改变本土之"俗",即它生长所需要的合适"土壤",结果只会是"淮橘北枳",难得其效。用严复的说法就是"中国由今之

---

① [清]张之洞:《劝学篇·序》。
② [清]张之洞:《劝学篇·会通》。
③ 参见[清]严复:《与〈外交报〉主人书》,见《严复集》第3册,第559页。

道，无变今之俗，存亡之数，不待再计而可知矣"①。如何"变今之俗"，就是"于除旧，宜去其害民之智、德、力者；于布新，宜立其益民之智、德、力者"②。"益民之智、德、力者"，就是"新学"，但关键是也要把"西体"放在"新学"之中，并把它移植到本土中来，使"新学"之"体"与"新学"之"用"相得益彰。在此，贯穿着严复的"文化有机体"或"文化整体主义"观念。按照这种观念，文化的各部分是有机地联系在一起的，不能人为地强行把它们分割、截取。③这是否意味着严复在"新旧学"之间，只是选取了"新学"而对"旧学"一概拒斥呢？事实上并非如此。严复对"旧学"的拒斥，只是针对那些在他看来有害于"智、德、力"的部分，并不是"整全性"的。如在教育改革问题上，对于他自己的设问——"尽去吾国之旧，以谋西人之新欤？"他做了这样的回答："英人摩利之言曰：'变法之难，在去其旧染矣，而能择其所善者而存之。'方其汹汹，往往俱去。不知是乃经百世圣哲所创垂，累朝变动所淘汰，设其去之，则其民之特性亡，而所谓新者从以不固，独别择之功，非暖姝囿习者之所能任耳。必将阔视远想，统新故而视其通，苞中外而计其全，而后得之，其为事之难如此。"④ 从这里所说来看，严复显然是主张"新旧兼摄"。这种立场并不限于教育一域，也不是一时性的策略，它已成为严复处理"新旧"关系的基本态度。稍微注意一下他的《主客平议》，便可清楚。作者采取

---

① ［清］严复：《与梁启超书》，见《严复集》第3册，第514页。
② 同上。
③ 如严复说："尝谓吾国今日之大患，其存于人意之所谓非者浅，而存于人意之所谓是者深；图其所谓不足者易，而救其所自以为足者难。一国之政教学术，其如具官之物体欤？有其元首脊腹，而后有其六府四支；有其质干根荄，而后有其支叶华实。使所取以辅者与所主者绝不同物，将无异取骥之四蹄，以附牛之项领，从而责千里焉，固不可得，而田陇之功，又以废也。晚近世言变法者，大抵不揣其本，而欲支节为之，及其无功，辄自诧怪。"（《严复集》第3册，第559～560页）
④《严复集》第3册，第560页。

了新颖活泼的对话形式，使各执一词、尖锐对立的"新者"和"旧者"分别陈述了立场，然后以"大公主人"之口对"新旧"做了"超越两极"的"兼容性"回应，强调"新旧"的共存，不仅是"新旧"互补之所需，而且共存本身还体现了令人向往的"自由"价值。严复说："窃谓国之进也，新旧二党，皆其所不可无，而其论亦不可以偏废。非新无以为进，非旧无以为守；且守且进，此其国之所以骏发而又治安也。……旧者曰：'非循故无以存我。'新者曰：'非从今无以及人。'虽所执有是非明暗之不同，要之其心皆为国有深爱。惟新旧各无得以相强，则自由精义之所存也。"① 这是从"新旧"各有其自身"不可替代"的价值来论证"新旧"共存的正当性。

仅从"新旧兼摄"这种原则性的"态度"和"立场"上来看，作为维新派的严复与张之洞似乎是一样的，但正如我们以上所说，由于他们在"新学"的理解上存在着深深的鸿沟，因此，在形式上同是"新旧兼摄"的背后，其"兼摄"的具体内容则相差很大。特别是，对受过"开放"和"进化"观念根本洗礼的严复来说，原则上的"新旧兼摄"并不等于"新旧平摊"，就像张之洞的"新旧兼摄"实际上存在着"旧重新轻"一样，严复的"新旧兼摄"则存在着颠倒过来的"新重旧轻"的层面。这种情形，在梁启超那里，有着某种类似（当然他走得更远）。从一方面来说，梁启超要求"新旧互补"，认为求"新"并不意味着完全舍"旧"，明确主张"新旧调和"。如他在《新民说·释新民之义》中对"新"解释说："新民云者，非欲吾民尽弃其旧以从人也。新之义有二：一曰，淬厉其所本有而新之；二曰，采补其所本无而新之。二者缺一，时乃无功。先哲之立教也，不外因材而笃与变化气质之两途，斯即吾淬厉所固有、采补所本无之说也。"②

---

① 《严复集》第 1 册，第 119 页。
② 《梁启超选集》，第 211 页。

但是，另一方面，与严复相比，在观念上，梁启超"重新轻旧"的倾向更为突出。他对"新"的热烈拥抱，溢于言表："今日之世界，新世界也：思想新，学问新，政体新，法律新，工艺新，军备新，社会新，人物新，凡全世界有形无形之事物，一一皆辟前古所未有，而别立一新天地。美哉新法！盛哉新法！"①与"革命"和"破坏"等观念相连，梁启超对"新"的"崇尚"，使他唯新是求。他强调"求新""布新"，必须通过"除旧"来实现："凡改革之事，必除旧与布新两者之用力相等，然后可有效也。苟不务除旧而言布新，其势必将旧政之积弊，悉移而纳于新政之中，而新政反增其害矣。"②"处今日而犹惮言破坏者，是毕竟保守之心盛，欲布新而不欲破旧，未见其能济者也。"③

由于梁启超思想本身的"跳跃性"强，在他那里，这种"除旧布新"两极对立观念，未必就是根深蒂固的。但是，其传播后所产生的影响，却不是他能轻易改变的，即使他想改变。与"重新轻旧"相连的"除旧布新"，在两个不同的方向上对思想界产生作用。一是它刺激出同情和复兴"旧"的呼声，助长了"国粹主义"思潮及其作为具体实践的"国学"研究。二是它激发了"新旧不兼容""舍旧求新"的趋势，并在五四时期达到高潮。就前者而论，政治立场迥异的章太炎、罗振玉和王国维，却因共同的文化"保守"或"守旧"立场而构成了同一阵线。说起来，"国粹主义"者并不拒绝"新"，也不是一味地"复旧"，他们的承诺是双重的，即"新知固当启迪"和保存旧东西

---

① ［清］梁启超：《灭国新法论》，见《梁启超选集》，第172页。
② ［清］梁启超：《戊戌政变记》，见《梁启超选集》，第81页。
③ ［清］梁启超：《十种德性相反相成义》，见《梁启超选集》，第163页。梁启超还通过"生活"的比喻，来论证"革新"必须"除旧"："凡革新者不能保持其旧形，犹进步者必当捐弃其故步。欲上高楼，先离平地；欲适异国，先去故乡。此事势之最易明者也。……譬有千年老屋，非更新之，不可复居。然欲更新之，不可不先权弃其旧者。"（《过渡时代论》，见《梁启超选集》，第169页）

中的优良部分——"国粹"。①但他们往往实际上更倾向于"旧"的方面（甚至包括他们的信念），相应地，"新"也就容易被"虚拟化"。②就后者而言，署名"民"者所作的《好古》一文是一个典型的例子。

总体来说，晚清的"新旧之辨"，除了个别的一味"尚旧"者之外③，主要体现在以"西学"和"中学"具体所指的讨论中，从形式上虽然表现出某种"新旧兼摄"的特点，但实际上往往显示出"新旧"或表或里的不兼容或不平衡的冲突。需要指出的是，在这种主调之外，还有一种似乎是取消问题但却不无所见的声音。王国维根本上否定"学术"上的"新旧"等分别，他以极具自信的口吻说："学之义，不明于天下久矣！今之言学者，有新旧之争，有中西之争，有有用之学与无用之学之争。余正告天下曰：学无新旧也，无中西也，无有用无用也。凡立此名者，均不学之徒，即学焉而未尝知学者也。"④支持王国维这种"大胆"宣称的是他对"学"的理解。他把"学"分为"科学""史学"和"文学"三大类，并分别界定其义，据此认为，主张"学"有"新旧古今"之说者，是因为不知"科学"和"史学"之相关性。他说："治科学者，必有待于史学上之材料，而治史学者，亦不可无科学上之知识。今之君子，非一切蔑古，即一切尚古。蔑古者出于科学上之见地，而不知有史学；尚古者出于史学上之见地，而不知有科学。即为调停之说者，亦未能知取舍之所以然。此所以有古今新旧之说也。"⑤王国维从"科学"和"史学"的相关性解构"新旧"

---

① 参见［清］罗振玉：《集蓼编》，见《贞松老人遗稿》。
② 王国维可能有些不同，他把许多精力用到介绍外来思想上。
③ 如江庸《趋庭随笔》载："光绪季年，日本名词盛行于世。张孝达自鄂入相，兼官学部。凡奏疏公牍有用新名词者，辄以笔抹之，且书其上云：'日本名词。'后悟'名词'两字，即'新名词'，乃改称'日本土话'。"这只是拒绝接受新事物和变化的保守主义的一个小小的侧面。
④ ［清］王国维：《〈国学丛刊〉序》，见《王国维文集》第四卷，第365页。
⑤ 同上书，第366页。

之分未必有力,如果从"学"只有真理或是非之分入手也许更有分量。在一定程度上,的确出现了从这种意义上对"新旧"的解构。一位人们可能不熟悉的敢生,强调世界只有"普遍性"的"公理",而没有对待而立、虚幻不实的"新旧"之分,如他在以"新旧"本身作为文章之名的《新旧篇》中说:"世界惟有公理而已,何分乎新旧!"①不管敢生从"新旧"的相对性出发完全否定"新旧"之分是否妥当,但作为例外,他在晚清就开始从抽象意义上讨论"新旧",这是值得注意的。

二 五四的"新旧"之争及其态势

晚清的"新旧之辨"并没有因其时代的转折而终结,它从既是遗产又是"后遗症"这种双重意义上存留了下来,在之后的现实环境刺激下演变为五四时期的显题或主题。这一点我们可能意想不到。我们已经习惯了五四身上重重的"科学和民主"的印记,对其复杂矛盾冲突往往熟视无睹,似乎"五四新文化运动"就只是"新文化"在独唱独舞。如果说五四是一个多元时代,那么各种不同甚至对立的思想和观念之"自由地"竞争消长和相互激荡正是这种"多元性"的突出体现。从能反映这种"多元性"的根本范式来说,应该就是"新旧"了。遍布五四文本中的关键词,并不是"科学"和"民主",而是"新"和"旧"。我们把崇高性和神圣性都寄托在对"新旧"的极其廉价的使用中,似乎我们一旦使用了"新旧",一切问题就能迎刃而解。人们不仅用"新"和"旧"来指称他们所要指的一切事物和对象,而且围绕"新旧"观念本身展开了激烈的论辩。从纵向演变上来看,从晚清的

---

① 敢生:《新旧篇》,见张枬、王忍之编,《辛亥革命前十年间时论选集》第一卷下册,第853页。

"新旧"论到五四的"新旧"之争,无论在外延上还是在内涵上都发生了始料不及的明显变化。

正如以上所提到的那样,五四几乎把"新旧"范式泛化到一切方面或者说是各个具体的领域和事物中。我们把来自西方的或要提倡的东西,都名为"新",把本土上所固有的,或要反对或要守护的东西都称为"旧"。语"新"者,有"新文学""新诗""新道德""新教育""新青年""新女性""新思潮""新思想""新政""新生活"和"新时代"等语;与此相对,称"旧"者,则有"旧文学""旧诗""旧道德""旧教育""旧青年""旧女性""旧思潮""旧思想""旧政""旧生活"和"旧时代"等语。对此,汪叔潜深有感触地说:"吾何为而讨论新旧之问题乎?见夫国中现象,变幻离奇,盖无在不由新旧之说淘演而成。吾又见夫全国之人心,无所归宿;又无不缘新旧之说,荧惑而致。政有新政、旧政,学有新学、旧学,道德有所谓新道德、旧道德,甚而至于交际酬应,亦有所谓新仪式、旧仪式。上自国家,下及社会,无事无物,不呈新旧之二象。吾人与事物之缘,一日未断,则一日必发生新旧问题。新新旧旧,杂陈吾前,吾果何所适从耶?"①据此,我们可以得知"新旧"在五四时期的大规模泛化现象。特别是,"新旧"之名本身就出现在许多文章的题目中。②对很多人来说,"新旧"是那个时代所无法回避的问题。

从总体上指称"新旧"内容的用语来看,晚清所习惯的"新学"与"旧学"的对应称谓,也转换为外延更广的"新文化"与"旧文化"对应语。用语上的转换,同时也意味着人们思想上的移位。"新"完全

---

① 汪叔潜:《新旧问题》,见《回眸〈新青年〉·哲学思潮卷》,第291页。
② 如李大钊的《新的!旧的!》《新旧思潮之激战》,朱谦之的《新旧平议》《新旧之相反相成》,伧夫的《新旧思想之折衷》,孤桐的《新旧》,蒋梦麟的《新旧与调和》,潘力山的《论新旧》,胡适的《新思潮的意义》,远生的《新旧思想之冲突》,等等。

超出了"西艺""西政"的范围,而是全面指涉"西方文化"——从具体的各种理论、学说到具有普遍意义的价值和精神。"旧"也不再限于"道"和"体",而是扩展到中国传统的一切东西,包括语言文字、心理意识和习惯。如所谓"新思潮"用语,绝不限于某种主义或学说,在一些人看来,它所代表的是一种普遍的"精神""态度"或"价值"。胡适根本就没有把"新思潮"限定到"实用主义"或"进化论"中,不管这两种思潮在他那里多么富于真理性。他更关心的是超出这种具体"学理"之外的"新思潮"的"普遍精神"。他的一篇影响深远的文章《新思潮的意义》,其对"新思潮"的解释,至今都令人回味。他指出,陈独秀所说的《新青年》的"两大罪案"——拥护"德先生"和"赛先生",实际上就是对"新思潮"意义的一个简明解释,但太显笼统。在他看来,"新思潮"的"根本的"和"共同的"意义,只是一种"新的态度",即"评判的态度",用尼采的话说,就是"重新估定一切价值",对一切认为是"天经地义"的东西加以怀疑和重新进行审查。"新思潮"的手段是"研究问题"和"输入学理"——介绍西洋的新思想、新学术、新文学、新信仰;对于旧文化,"新思潮"的态度"在消极一方面是反对盲从,是反对调和;在积极一方面,是用科学的方法来做整理的工夫"(即"整理国故")。更为珍贵的是,胡适把"新思潮"的目的确定为"再造文明",而不是仅仅停留在"评判"上。① 但是,胡适所说的"共同意义",并没有达到"共同"的程度。蒋梦麟意识到,"新思想"不能从所输入的西洋思想和时代来定。与胡适类似,他把"新思潮"确定为一种"态度",但不是胡适所说的"评判的态度",而是"朝向进化"的态度。而"旧"则是与此相反的态度。他说:"照我的意思看来,新思想是一个态度,这一个态度是向那进化一

---

① 一些人一直指责五四新文化运动只是主张"破",这对胡适有失公允,对陈独秀的《本志宣言》亦复如是。

方面走。"① 而"'旧'是对于这新态度的反动,并不是方法,也不是目的"②。照寓公的说法,"新"是指"适应",故"新思潮"就是适应的思潮。③ 对远生来说,"新旧"的不同,不在"技艺",不在政法制度,它们皆非本源所在,本源在于"思想"。具体就是"一尚独断,一尚批评;一尚他力,一尚自律;一尚统合,一尚分析;一尚演绎,一尚归纳;一尚静止,一尚活动"。前后分别指"旧思想"和"新思想"。④ 从以上几位人物的主张来看,他们所说的"新思潮"或"新思想",都是指一种"一般的态度",尽管具体所指并不相同。与此相对,所谓"旧思潮"或"旧思想"等,也往往从其所固有的思想方式、价值取向、心理意识等一般性倾向来把握,而超出了"具体的"学术或学问领域。蔡元培对"新旧生活"界定说:"什么叫旧生活?是枯燥的,是退化的。什么叫新生活?是丰富的,是进步的。"⑤ 这表明五四时期对"新旧"的理解,已经进入了思想文化的深层意识中。从这种意义上说,近代的观念形态"整体上"从晚清的"技艺""政教"到五四的"思想文化"(特别是"思想方式")这种变迁大势,的确反映了人们理解的深化。

一般来说,观念的发生往往从具体问题开始,一旦通过"具体"难以获致问题的解决时,就容易进入"原则"和"抽象"领域。与大量具体问题联系在一起的五四"新旧之辨",势必要求人们对"新旧"进行抽象之讨论。那么,对没有进入传统思想史领域中而主要是我们日常生活中所使用的"新旧",人们是如何理解的呢?对有的人来说,

---

① 蒋梦麟:《新旧与调和》,见陈崧编:《五四前后东西文化问题论战文选》,中国社会科学出版社1985年版,第188页。
② 同上书,第190页。
③ 参见寓公:《新思潮我观》,见辽宁大学哲学系编:《中国现代哲学史资料汇集》第一集第一册(非正式出版)。
④ 参见远生:《新旧思想之冲突》,《东方杂志》第13卷第2号,1916年1月。
⑤ 蔡元培:《我的新生活观》,见《蔡元培全集》第三卷,第454页。

"新旧"既是时间上的,同时也是空间上的。因为时间的前后是相对的,所以"新旧"也具有相对性。如潘力山论辩说:"新、旧两个字,是从时间上发生出来的。要是没有时间,新、旧两个字,就无从发生。有了时间,那吗,从后者而言前者,前者就是旧的;前者而言后者,后者就是新的。也有那里已经旧了的东西,这里现在才晓得,就这里的人说,也算新的;这里已经旧了的东西,那里现在才晓得,就那里的人说,也算新的……总之,新、旧是依时间而起,也有因空间的关系。对于同一事物,在同一时间内,或认为新,或认为旧。这类的例,是很多的,然而无疑其一为新、一为旧。何以无疑呢?因为新、旧两字,本非绝对,因旧立新,因新立旧……新、旧本是假立,然而实在有假立之必要。"① 章士钊从时间的连续性和绵延性出发,认为"新旧"之间没有截然分明的界限。他说:"宇宙之进步,如两圆合体,逐渐分离,乃移行的而非超越的。"② 这种观点,强调"新旧"的杂糅和并存。在伧夫看来,"新旧"与时间相关,自然包含有时代关系。时代不同,"新旧"的意义也不同。这是从每一时代都有其不同的"新旧"来论证"新旧"的相对性。李大钊从"进步"与已有"秩序"相互依赖出发,认为"新旧"只有量上之差别,并无实质上之对立,据此,他说"新云旧云,皆非绝对",企图截然划分"新旧"之界,"推原其故,殆皆不明新旧性质之咎也"③。

---

① 潘力山:《论新旧》,见《回眸〈新青年〉·哲学思潮卷》,第 368 页。
② 章行严:《新时代之青年》,《东方杂志》第 16 卷第 11 号,1919 年 11 月。对章行严的观点,张东荪提出了不同看法,张东荪认为"移行"只是因,"突变"是果。(参见《突变与潜变》,《时事新报》1919 年 10 月 1 日)但章行严坚持自己的意见。他在《新旧》中仍说:"新时代一语,往往易生误解,以为新之云者,宜是崭新时期,与往古绝不相谋。……新时代云者,决非无中生有、天外飞来之物,而为世世相承,连绵不断,决然无疑。"(《甲寅》第一卷第八号,1925 年 9 月)
③ 李大钊:《调和之法则》,见高瑞泉编选:《向着新的理想社会——李大钊文选》,上海远东出版社 1995 年版,第 147 页。

与这种从时间上理解"新旧"有所不同,还有人从"新旧"与"事实"和"价值"的关系来把握"新旧"。这种视角的出现,本身就与五四无形、有形中为"新旧"赋予的价值方式密切相关。当然,晚清的"新旧之辨",在有意与无意之中,已经为"新旧"打上了"价值"的烙印,虽然人们为二者所赋予的价值等级不同,如在张之洞等人那里,"旧"的价值高于"新"的价值;在严复和梁启超那里,"新"的价值则高于"旧"的价值。在五四时期,"新旧"不仅被赋予"价值",而且整体上"新"的价值开始对"旧"的价值占据强势地位。这是提倡的结果,也是自然选择的产物。"新"更多地意味着"合理性""真理性";与此相连,它也意味着"价值"和"应该"。人们为"新"赋予了"合理性"和"价值性",反过来又使它成为判断事物的价值性和合理性的标准。于是"新"与信仰和权威结为一体。虽然一些人尽量肯定"旧"的价值,但是,在"进化历史观"主导之下,"旧"总抵挡不住"新"的强势。对于把"价值"赋予"新旧"的不同派别,陈大齐进行了辨析。他把"新旧"同"是非"(也就是"价值",如好坏)完全区分开,使之与"事实"联系在一起。也就是说,在他看来,"新旧"从性质上说,不是价值上的,而是事实上的:"新旧是事实上的性质,是非是价值上的性质。说某事物是'新的'或'旧的'是事实判断;说某事物是'是的'或'非的',是价值判断。"[1]"新旧"既然不是"是非"或价值上的性质,因而也就不能作为判断"好坏"的标准。"新旧"的普通意义,既然是就事实上的性质而言,因此如果为它们赋予其他意义,如"适应环境""重估价值",就容易引起误会。但是,陈大齐恰恰为通常与事实判断密切相关的"是非",赋予了"价值"的意义。

---

[1] 陈大齐:《新旧和是非》,《东方杂志》第 20 卷第 14 号,1923 年 7 月。

然而，从系统性和深入性来看，五四时期人们对"新旧"的抽象讨论仍是有限的。这并不奇怪。因为五四对"新旧"的抽象讨论，并不是为了满足纯粹"理智"上的需要或进行"思辨"的试练，它只是为解决"具体的"新旧关系寻找理论上的支持。现在我们就来谈论这一点。从理论上来说，"新旧"的性质被相对化，把它运用到处理"新旧文化"中，就容易采取一种折中调和的立场，即容易承认"新旧文化"的互补性，不把二者看成是完全对立的两极。的确，那些强调"新旧"相对性的人，更多的是主张"新旧文化"的"调和"。这种主张，在五四时期有一定的市场，我们没有必要一一列出他们的名字。被认为是保守主义代表的章士钊、杜亚泉、梁漱溟、吴宓等，在"新旧文化"上，大都采取了"调和主义"的态度。① 对他们来说，"新文化"和"旧文化"绝非完全不兼容，而是可以兼容和互补的。如章士钊说："旧者根基也。不有旧，决不有新，不善于保旧，决不能迎新。……新机不可滞，旧德亦不可忘，挹彼注此，逐渐改善，新旧相衔，斯成调和。"② 章士钊还在《评新文化运动》一文中，以意大利文艺复兴和英国之王政复古为例，强调"即新即旧，不可端倪"。有趣的是，实际上更倾向于"新文化"的李大钊，原则上对"新旧"也采取了"调和"的方针。他批评"伪调和"，主张一种真正的调和："盖调和者，两存之事非自毁之事。两存则新旧相与蜕嬗而群体进化，自毁则新旧相与腐化而群体衰亡。"③ 李大钊坚信，只有通过"新旧"两种思

---

① 要注意的是，在"调和论"之名下，如何"调和"仍有分歧。陈嘉异是一个很有说服力的例子。参见他的《我之新旧思想调和观——为质张东荪与章君行严辩论而作》，《东方杂志》第16卷第11号，1919年11月。

② 章士钊：《新时代之青年》，《东方杂志》第16卷第11号，1919年11月。

③ 李大钊：《辟伪调和》，见高瑞泉编选：《向着新的理想社会——李大钊文选》，第103～104页。

潮的相互刺激和竞争，才能促进宇宙的进程和社会的进化。① 由此，他要求"新旧"两方既要"自信独守"，又要互相宽容。在李大钊看来，"调和"是值得向往的境界，但要达到"调和"并不容易。他提出的建议具体而又广泛②，在"调和论"中也不多见。

说起来，"新旧调和论"的产生，在很大程度上，是对"新旧两极论"的"回应"和"调解"。但这不仅没有迎来"新旧论"的积极认同，反而增加了问题的复杂性，对立和冲突从"新旧"两派之间扩展到了与"调和论"之间。从作为五四新文化运动主力阵营的"新派"来说，它面对的不仅是"旧派"，而且还有"新旧调和派"。"新派"健将如陈独秀、鲁迅、胡适、傅斯年、钱玄同等，在坚持"破旧"的同时，展开了同"调和论"的论争。在"新派"看来，"新旧"之间绝没有调和的余地（哪怕"新旧"从其本性上讲是相对的），要确立"新文化"，就要反对"旧文化"。最典型的莫如陈独秀的一句"非此即彼"的论式了："要拥护那德先生，便不得不反对孔教、礼法、贞节、旧伦理、旧政治；要拥护那赛先生，便不得不反对旧艺术、旧宗教；要拥护德先生又要拥护赛先生，便不得不反对国粹和旧文学。"③ 这种两极对立的逻辑，并不因"新派"具体说明上的差异而有所改变。我们可以再看一下汪叔潜对"新旧"不可"调和"的论断。他这样说："二者根

---

① 如李大钊在《新的！旧的！》一文中说："宇宙进化的机轴，全由两种精神运之以行，正如车有两轮，鸟有两翼，一个是新的，一个是旧的。但这两种精神活动的方向，必须是代谢的，不是固定的；是合体的，不是分立的，才能于进化有益。"（高瑞泉编选：《向着新的理想社会——李大钊文选》，第133页）在《新旧思潮之激战》中，他重申了他的这种见解。（参见上书，第182页）

② 具体来说有四项，即"言调和者"，一是"须知调和之机，虽肇于两让，而调和之境，则保于两存也"；二是"须知新旧之质性本非绝异也"；三是"须知各势力中之各个分子，当尽备调和之德也"；四是"当知即以调和自任者，亦不必超然于局外，尽可加担于一方，亦未必加担于一方，其调和之感化，乃有权威也"（《调和之法则》，见高瑞泉编选：《向着新的理想社会——李大钊文选》，第145~148页）。

③ 陈独秀：《本志罪案之答辩书》，见《回眸〈新青年〉·哲学思潮卷》，第339页。

本相违，绝无调和折衷之余地……旧者不根本打破，则新者绝对不能发生；新者不排除净尽，则旧者亦终不能保存。新旧之不能相容，更甚于水火、冰炭之不能相入也。"①对陈独秀来说，即使实际上最终有"新旧"调和的自然结果，但也不能作为主观的愿望来主张，因为这是人类惰性的作用，是文化史上的不幸现象。这种完全从消极面看待"调和"的论式，反过来又成为"新派"主张"矫枉过正""偏激""取法乎上"的根据。从这种意义上说，"新派"现在多被认为是"激进主义者"，并不过分。但这并不意味着他们完全是"无谓的精神亢奋"。

更主要的是与"新派"对立的"旧派"，即所谓"食旧不化"者，以当时"新旧"激烈冲突的北大为例，比较典型的有辜鸿铭、刘师培、黄侃、马叙伦等。辜鸿铭这位拒绝任何"新"事物的"旧派"人物，把"旧"的一切合理化，其令人惊讶的言论（当然还有行为），如果在这里列举，就等于是一本正经地引用那只能作为"谈助"使用的东西。北大之外的"旧派"非难北大之内的"新派"，甚至采取了人身攻击和借助当政的卑劣手法。林琴南就是代表之一。看看他名为《荆生》的小说和他的《致蔡元培函》，便可清楚。

总之，五四时期对于"新旧"的"态度"和"立场"，大体上说有三种：一是"崇新"，二是"尚旧"，三是"新旧调和"。前两种形态，旨趣相反，但其思想逻辑都是从"新旧不兼容"的前提出发而立论的。试图站在"新旧"之间的"调和论"，其出发点则是建立在"新旧"可以"兼容"的基础上。五四新文化运动总体上就是在"新旧"这三种不同的立场和态度之下展开的。其冲突亦复如是，但更集中在"崇新"阵营同"尚古""新旧调和"阵营之间。这可能表明，五四"崇新派""在运用自己的理智上"，有着十足的勇气和自信。这不是来自"新"的强势语言，而是凭借"现代性"作为后盾。

---

① 汪叔潜：《新旧问题》，见《回眸〈新青年〉·哲学思想卷》，第292页。

至此，我们对五四时期的"新旧之辨"做了一个实际上仍是梗概性的讨论。回过头来，"新旧之辨"从晚清走到五四，我们能看到什么变化呢？第一，无论是在外延上还是在内涵上，"新旧"都有了大大的扩展。"新旧"被泛化到广大的领域和对象中。与"学"紧密相连的"新旧"，变得同似乎是无所不包的"文化"密不可分；基本上是"具体"的"新旧论"，获得了"抽象性"的层面。第二，从它在五四时期的影响力和左右力来说，在很大程度上，它扮演了意识形态的角色，"科学和民主"的符号都没有它引人入胜。只要是事物被赋予"新的"性质，它同时就获得了合理性和正当性。在"理论"和"事实"的另一边，横卧着"崇新"或"尚旧"的价值信仰。是因真而信还是因信而真，这之间的界限已难分辨。第三，"新"获得了对"旧"的优势，"新"不容"旧"开始占据上风。与此相应，出现了"新旧调和"的第三者，它试图化解冲突，但更多的是被拒绝。

三 "新旧之辨"：历史所与性及文化选择

我们可以不接受把思想观念只是看作客观社会现实和历史条件反映的僵硬立场，但不能不承认后者对前者往往具有的某种制约或连带性。"新旧之辨"作为观念形态从晚清到五四的推演，在来自观念自身的相互作用之外，还存在着它同那个跨时代的社会政治等现实条件和环境之间的关联。从晚清到五四，这是一个什么样的社会政治现实呢？从19世纪60年代左右开始的洋务自强运动，在1894年的中日甲午战争的考验中被认为是"失败"；继之所开始谋求的政治改革，在1898年达到高潮的戊戌变法中被颠覆，丧失掉了通过非暴力改良政治的"机遇"；但被认为是只有通过"革命"和"暴力"才能解决政治问题的辛亥革命，并没有像期待的那样产生出一个稳定的和具有整合力的"现代性政治"，反而陷入了意想不到的政治困境中。"复辟"与"反复辟",像走马灯一样使人眼花缭乱。一再的政治混乱和无序,使人无所适从。这是从内部说的。从与外部世界的关系上说,帝国列强对中国的一系列"殖民化"过程,使它在走向现代民族国家的过程中,都与"战败"和大量的不平等条约联结在一起,所承受的"历史耻辱",在"后发性"国家的现代化过程中,可能是少见的。这些来自内外的似乎总是伴随着"危机"和"痛苦"的经历,如果不影响到思想家和社会精英的观念形态,那将是奇怪的。从晚清到五四的"新旧之辨",当然也不例外,在一定程度上可以说是社会政治现实的"所与物"。

"新旧之辨"从晚清有限的"新旧学"(以"技艺性"和"政教性"为主)到五四无限的"新旧文化"(以伦理道德价值和心理意识为主),从基本上的"新旧兼容"取向到"新旧不容"及"新旧调和"选择,大体上体现了中国自强和社会政治改革的历史轨迹。这一轨迹所具有的历史"进步性",促使"新旧之辨"在认识上的深化以及内涵和外延的扩展;但中国自身总是摆脱不了的"危机"和"困境",则使"新旧之辨"的冲突不断加深,大体上可以作为一个过程描述的前后相连的三个阶段——"旧道新艺"-"旧道新政"-"旧道新道",表明冲突已经进入了"文化的深层结构"中。如"新派"要解构为一切提供合法性论证的儒家意识形态及其信念,而"旧派"则试图恢复其权威,"新旧"较量进入了最后的防线,并以"新"的强势而告一段落。

下面我想从"新旧之辨"的角度,对从晚清到五四的社会运动和政治改革以及思想观念变迁,提供一个"双向"理解方式,这也许能对"单向"的论断起到纠偏作用。在社会政治改革中,往往有着两种相反的力量在起作用,一是倾向于保守的力量(可以说代表了"旧"),一是倾向于革新的力量(可以说代表了"新")。如果这两种力量在社会改革中能够相互理解并达成妥协,那么这两种力量虽然"倾向"相反但却不妨有相成之效。但是,中国在从晚清到五四的社会政治改革过程中,基本上却是选择了相反而不相成的最为"不幸"的方式。海内外学术界现在多采用"激进主义"和"保守主义"术语来检讨中国近代以来社会政治和思想文化的变迁方式，但在测定是"保守主义太强"还是"激进主义太强"问题上所引起的争论异常激烈。① 在此我们不能展开讨论，而只是根据"新旧之辨"这一视角，对此略作回应。大体说来，"新旧之辨"中"新旧"两方分别代表了激进主义和保守主义两个阵营。从它们的对立和冲突来看，实际上是都不甘示弱。如果说激进主义太强，那是因为保守主义太盛；如果说保守主义太盛，那是因为激进主义太强。这互不兼容而又互相增长的两驾马车背道而驰，不仅使得晚清以来的社会运动和政治改革总是陷入"恶性循环"之中，而且使思想观念和文化选择也同样陷入不能互补的"恶性循环"中。在五四的"新旧"冲突中，"崇新破旧"的确是"激进"的，但这难道与"国粹主义""东方文化派"和"孔教运动"（特别是还以政治方式出现）这种保守主义的刺激无关吗？反过来，"新派"的激进主张，不也强烈地激怒了"旧派"吗？北大作为这种冲突的战场，颇具代表性。因此，我们在检讨五四"崇新派"的文化激进主义的时候，千万不要忘记"守旧派"的文化保守主义。从原则上来说，"新旧调和"可能是一个最好的选择。但晚清以来的"新旧调和"，在很大程度上都承袭着"中体西用"这种"僵硬"的思维模式。以此为基调的"调和"，缺乏因时因地而做出调整的"适应性"和"灵活性"。不幸的是，"新旧"难以兼容互补的困境，在五四之后，通过各种不同的形式表现出来，如30年代的"全盘西化与本位文化论战"，70年代的"破四旧立四新"（主要是政治性的），80年代以来的"传统与现代化论争"等。如果要寻找历史之"过失"的"责任者"，那么激进主义与保守主义的"态度"都是"责任者"；但要找出制约二者背后的"看不见的手"，那

---

① 参见姜义华的《激进与保守：与余英时先生商榷》和余英时的《再论中国现代思想中的激进与保守——答姜义华先生》（香港《二十一世纪》1992年4月号）。

就是贯穿在二者身上的解决问题的"单向度"的"全盘主义"或"全能主义"这种乐观的、乌托式的思维方式。换言之，也就是"两极化""非此即彼"的思维方式。从这种意义上说，相反的激进和保守两极，却非常接近。

然而，一般来说，文化激进主义与文化保守主义作为难以兼容的两极，不能得到合理的调适，固然不幸，但最大的不幸则是通过来自政治资源的"权力"或"暴力"把政治上的激进主义或保守主义贯穿在学术和思想文化中，使后者成为前者的附属品。如果文化激进主义或保守主义只是"自身领域的事"，与政治完全脱钩，都能以文化多元化和思想自由为原则，展开问题的讨论和争论，则仍是可贵的。从这种意义上说，五四的"新旧之辨"，不管冲突多么激烈，除了个别人（来自政、学两边）仍利用外在的"政治权力"干涉思想文化、使之受到影响外，总体上可以说是一场自由的、多元的思想文化论争。在这一点上，北大仍是典型的例证。一方面，实际上更倾向于"新"的蔡元培出任北大校长后，并不因自己的"具体"问题"立场"而采取"党同伐异"的思想文化态度，而是以"思想自由"和"兼容并包"作为思想文化的普遍原则和大学的崇高理念。值得再次回味一下他在《〈北京大学月刊〉发刊词》中的话："大学者，'囊括大典，网罗众家'之学府也。《礼记·中庸》曰：'万物并育而不相害，道并行而不相悖。'足以形容之。如人身然，官体之有左右也，呼吸之有出入也，骨肉之有刚柔也，若相反而实相成。"[①] 在《致〈公言报〉函并答林琴南函》中，他进一步强调说："对于学说，仿世界各大学通例，循'思想自由'原则，取兼容并包主义，与公所提出之'圆通广大'四字，颇不相背也。无论为何种学派，苟其言之成理，持之有故，尚不达自然

---

① 《蔡元培全集》第三卷，第 211 页。

淘汰之运命者,虽彼此相反,而悉听其自由发展。"① 这种思想自由原则在北大的推行,就为"新派"和"旧派"提供了共同的广大空间,使新文化运动呈现出多元和自由选择的整体态势,为中国思想文化的重建提供了各种思想资源。与思想自由完全不兼容的"独尊"和"罢黜"方式,在五四时期被宣告无效。如果我们要寻找五四的最大遗产,"思想自由"应该是它的最大遗产;如果我们纪念五四,这也许是最值得纪念的。

---

① 《蔡元培全集》第三卷,第271页。

第九章
"多元宗教观"
——新文化运动"多元性"的一个论域

对新文化运动的复杂性视野、多元性认知和反思正在超越和克服过去对它的一些单一描述和单向度化约。①产生这种转变的趋势有赖于人们眼光的扩大和新的方法的引入,但更主要是取决于新文化运动本身的多元性这一内在根据。不断展现的一些探讨表明②,新文化运动是一个多元和复杂的思想文化世界,不管是就它的局部方面说,还是就它的整体方面看,都是如此。这在新文化运动的"宗教观"中同样得到了印证。③新文化运动的"多元宗教观"或宗教观的多元性表现在诸多方面,它不仅指参加"宗教"论辩的人有着非常不同的立场和看法,

---

① 我倾向于用"新文化运动"而不是"五四运动"或"五四新文化运动"来称呼从1915年到1922年前后这场以思想文化、伦理等的革新为中心的复杂和多元的运动。将新文化运动看成是单一反传统或西化的运动都没有根据,它最多只是一种较大的倾向。将新文化运动同"文化大革命"相提并论的做法是荒唐的。

② 有关新文化运动的多元性,参见冯友兰的《中国现代哲学史》(广东人民出版社1999年版,第42~117页)、林毓生等的《五四:多元的反思》(香港三联书店1989年版)、郑大华的《五四新文化运动:多元的文化观念》(《史学月刊》2016年第3期)等。

③ 有关中国宗教的整体性研究,参见〔美〕杨庆堃:《中国社会中的宗教》(修订版),范丽珠译,四川人民出版社2016年版。陈荣捷对现代中国宗教观进行的整体性研究具有奠基性,其中有对新文化运动及其前后宗教观的考察,参见陈荣捷:《现代中国的宗教趋势》,廖世德译,文特出版社1987年版。另,何建明的《近代中国宗教文化史研究》(北京师范大学出版社2015年版)是新近的一个整体性研究。此外,更多的是在个案方面进行。

而且即使属于同一阵营、主要倾向上相近的人，他们在具体看法上也有差别，甚至同一个人的立场前后也有变化。促成新文化运动"宗教观"多元性、复杂性的原因，正如造就新文化运动多元性的原因那样是多重的。人们强烈的求知欲、对真理的热忱、独立思考精神、批判性思维、自由论辩及开放性竞争等因素，则发挥了关键性的作用。试想一下，如果围绕宗教没有自由的、开放性的讨论和论辩，如果人们的立论、立场没有对手，没有相互尊重、相互平等的争论和批评，当然就不会有新文化运动的"宗教观"的多元性，更不会有它的建设性。事实上，新文化运动中的"宗教观"是有深度、广度和高度的多元性，就像新文化运动绝不是单纯的否定，它同时又是多元的建设那样。① 在下面的具体讨论中，我将通过不同的方面呈现出新文化运动中"宗教观"的复杂性面貌和内涵，证明为什么说它是多元的，并借此扩大和深化对新文化运动"多元性"的认知。

一 对宗教的本性、功能和角色的各种判断

新文化运动知识人围绕宗教展开的讨论、争论和论辩有一些焦点，这些焦点的一部分现在属于宗教学中探讨的重要问题，比如宗教的本性、根源、功能和角色等。新文化运动的宗教观的"多元性"首先就表现在人们对这些问题的不同看法和论辩中。从宗教学的专门领域来说，当时参与争论和论辩的知识人大部分都不是从事宗教学研究的，他们自身也意识到了这一点。比如受邀参加《少年中国》组织的宗教讲演大会的人——王星拱、梁漱溟、李煜瀛等都非常谦虚地表示他们不是讨论这个问题的合适人选。他们是广义的知识分子并扮演着多重

---

① 对此陈荣捷有比较恰当的评论，参见陈荣捷：《现代中国的宗教趋势》，第279～298页。

角色。这些人对宗教有一定的了解也有自己的见解,但同时又很有限,因此他们对宗教本性、根源、功能和角色的看法也不能用后来的专业化标准来衡量。

当时参与讨论和论辩的知识人,对宗教不管是肯定、同情,还是否定和排斥,抑或是折中、调和,他们大都认为讨论宗教,首先需要对宗教做出界定,需要揭示它的本性或本质,这是考察它的其他问题的前提。他们做出的界定不那么严格,有的界定有很强的个性,有的是借用别人的。如作为科学主义者的王星拱(1888—1949)说,宗教是由两个元素组成的,一个是"信从",另一个是"崇拜",两者缺一不可。这不能算是对宗教的严格定义,而是揭示了宗教的某种特征。王星拱说的"信从",兼有相信和接受两个意义,它比一般所说的"信仰"两字的意义要弱。他认为如果问题只是涉及信从而没有涉及崇拜,那就不属于宗教问题而属于哲学问题。就宗教而言,那就不仅需要信从,而且需要崇拜。信从是产生崇拜的基础,没有信从就没有崇拜。信从主要是指相信有超人权力的存在,相信这种权力能够支配人的生活。崇拜就是从这里发生的,一方面它是心理的崇拜,一方面它是仪式的崇拜。王星拱强调说,崇拜是宗教的灵魂,"不但崇拜的心理,是宗教所必需的,并且崇拜的仪式,也是宗教所必需的。没有仪式的崇拜,就没有庄严静肃的情境,没有这些情境,就不能引起与保存崇拜的心理。崇拜的心理,所不能保存,则信从就要动摇了"[①]。

人文主义者梁启超,在新文化运动时期参与了宗教的辩论,也参与了"科玄"论战。按照他的定义,"宗教是各个人信仰的对象"[②]。这

[①] 《王星拱先生的讲演》,《少年中国》1921 年第 2 卷第 8 期。

[②] [清]梁启超:《评非宗教同盟》,《哲学》(北京)1922 年第 6 期。有关梁启超的宗教观,巴斯蒂(Marianne Bastid-Bruguière)有复杂的讨论。参见《梁启超与宗教问题》,见〔日〕狹间直树编:《梁启超·明治日本·西方——日本京都大学人文科学研究所共同研究报告(修订版)》,社会科学文献出版社 2012 年版,第 367~419 页。

种"对象"包括了形形色色的东西，人或非人、超人，主义或事情，只要人们信仰，它就是人的信仰对象；信仰是从人的情感而不是从人的理智中产生的；信仰是目的而不是手段；信仰纯粹是个人的，人们彼此不能相喻。梁启超强调信仰对象的广泛性，不限于一般所说的超自然神灵。人们之所以信仰这些东西，是为了满足他们的情感需要。但说人们的信仰完全不能相互理解，这是夸大其词。梁漱溟认为，人们精神上需要的东西不同于他们满足物理身体需要的东西，张三用了李四就不能用，它可以相喻和彼此分享。

具有佛教信仰同时又是儒家人文主义者的梁漱溟认为，世界上的具体的宗教形态虽然很多，但它们有一致的地方。这种一致的地方，就是它们的共同的必要条件。从这里出发，他定义宗教说："所谓宗教的都是以超绝于知识的事物谋情志方面之安慰勖勉的。"① 梁漱溟很自信地说，他对宗教的这一定义对已有的宗教都是适用的，没有一个能够例外，最多它只是对争讼不已的孔教，还有对新立意开辟的赫克尔的一元教、倭铿的精神生活论有些不合。根据这一定义，梁漱溟说宗教之所以为宗教有两个根本条件：一是宗教的目的在于安慰和勖勉人的情志；二是宗教的根据在于超越背反一般的知识。前者是让人得到一个安身立命之所，"质言之，不外使一个人的生活得以维持而不致于溃裂横决，这是一切宗教之通点。宗教盖由此而起，由此而得在人类文化中占很重要一个位置"②。后者可以说是超出、外乎理智的"神秘"和"超绝"。梁漱溟的说法也适用于哲学（伦理学和形而上学）。

人们对宗教的界定说明还有一种情形，即借用西方的说法或以此为出发点引申出自己的看法，如同是科学主义者的恽代英和周太玄（1895—1968）就是这样。恽代英从宗教的起源来界定宗教。他先

---

① 梁漱溟：《梁漱溟先生的讲演》，《少年中国》1921年第2卷第8期，第10页。
② 梁漱溟：《梁漱溟先生的讲演》，《少年中国》1921年第2卷第8期。

列出了几位西方人的解释，如西塞罗（Cicero）把宗教看成是回念一切属于崇拜的神祇，赫伯特勋爵（Lord Herbert of Cherbury）认为宗教的真谛是相信神的存在，马雷特（Robert Ranvlph Marett）认为宗教是对不寻常经验世界的追求，莱恩（Samuel Laing）认为宗教是将一切怪异的现象都归于超自然的原因，安德鲁·朗格（Andrew Lang）认为宗教是对大神和祖先的崇拜，斯宾塞认为宗教是从信奉肉体之外的灵魂等产生的。恽代英没有接受其中任何一个说法，他列出这些解释是想让人知道人们对宗教有不同的界定。他认为宗教是从恐怖、希望、误认、误解、美感和想象等六个原因中产生的。他说这六种原因"有起于本能的情感，有起于智识的暧昧。起于本能的情感的，今人与古人恰是一致……起于智识的暧昧的，今人虽远胜于古人，但因一方人智有所穷尽，一方情感多所引诱，所以虽大哲学家、大科学家，每仍跳不出宗教藩篱"①。

同恽代英的思路类似，周太玄也是先列出了西方对宗教的一些定义，然后为宗教的起源提出解释。这些说法来自莫勒（Max Müller）、韦耶勒（Réville）、达尔默斯德得（Darmesteter）、斯宾塞、居友（Guyau）、涂尔干（Emile Durkheim）等。他们的界定分别是：第一，宗教是解释那些不可解释的事物和满足那些不能满足的热望（莫勒）；第二，宗教是人类生活中一种感情绳索，它使人的精神和他所承认的宇宙力量达到一种神秘的冥合（耶韦勒）；第三，宗教包括了所有的非科学的知识和权力（达尔默斯德得）；第四，宗教是人用默许的教条和禁制来解释神秘并承认人类知识有达不到的普遍知识（斯宾塞）；第五，宗教是以神话、非科学的现象和系统的教条为象征来引起人的幻想和信仰（居友）；第六，宗教是一个有界别和禁例的神灵信仰和实行的联合体（涂尔干）。在这些定义中，周太玄认为居友和涂尔干的定义比较可取。他

---

① 恽代英：《我的宗教观》，《少年中国》1921年第2卷第8期。

像恽代英那样更倾向于从宗教的起源上来认识它。他认为宗教起源于四种东西,即神话、灵魂不死、象征物和仪式等。这些也是宗教的内容。在这些内容之外,促成宗教的因素还有人的苦与乐、恶念的强制、环境的索解等。宗教产生之后,它之所以能够存在和持续,人们信仰它,也是许多因素共同作用的结果。①

新文化运动知识人对宗教的界定和解释不同,在很大程度上就隐含着他们对宗教的功能和角色也将有不同的评判。上述几位参与宗教论辩的人是如此,其他没有谈到的人也有类似情形。恽代英、周太玄侧重于从宗教的起源来解释宗教,这为他们否定宗教的作用和消解宗教提供了一个前提。既然宗教的起源和产生都有原因和条件,如果这些原因和条件没有了,那么宗教将不复存在;既然促成宗教的条件有的原本就不是好东西,它怎么可能会产生好的结果,扮演好的角色。恽代英解释宗教的起源,其中两项说是由于"误认"和"误解",这是"知识的暧昧",由此他得出一个结论——"宗教是虚伪的信仰",说即使粗浅的物质主义不能满足人安身立命的需要,那也不能借助于充满迷信的宗教。肯定宗教的人强调宗教对人的安慰作用(如梁漱溟),但恽代英反驳说,用虚伪、迷信的东西去安慰人,那不是真正的安慰,真正能安慰人的东西是真实的东西,譬如真理。他说:"聪明的人不用宗教,亦能得着安慰;不聪明的人若只得着宗教的安慰,于文化人道又有许多坏处。我知道许多普通所谓聪明的人,因为问了几个'为甚么?'便发生了烦闷自杀的事。但是我想这不是说人类需要宗教,宁是说人类需要最澈底的真理。最澈底的真理,不但能指导人的路径,而且能安慰人去走这一条路。这话是可信么?就我的钝根,我都十分以为是可信的事。"②

---

① 参见周太玄:《宗教与人类的将来》,《少年中国》1921年第3卷第1期。
② 恽代英:《我的宗教观》,《少年中国》1921年第2卷第8期。

王星拱从宗教的"信从""崇拜"和"神秘"出发，认为这些态度不对，有很多坏处（如笼统的总解决、以不知为知、唯心的构造等）。所谓宗教鼓励人上进，减除人的苦恼，这也可以用教育和用美育来代替。王星拱还从决定论与非决定论这两个矛盾出发，认为宗教对人的期望都没有帮助作用。不少科学主义者整体上都不承认或否定宗教的积极作用，因为宗教是迷信，人们信奉的都是虚幻、神秘等不真实的东西。如果这些对人有作用，那也是坏的作用。持这种立场的还有西方人，如罗素等，他也参与了宗教论辩。罗素告诉中国人说，宗教在欧洲用以杀人和毒害，很幸运中国的历史上没有这样的毒害，当然正在迅速变化的中国也要避免产生这种毒害。① 罗素对宗教的极端性否定，影响了不少中国知识人。因为当时他在许多中国知识人的心中是一个偶像。

新文化运动中的人文主义者一般对宗教的价值都持肯定的立场，至少是持同情的立场。上述梁启超、梁漱溟、屠孝实等是这样，此外的方东美、田汉、周作人等也是如此。也有低调温和的科学论者，对宗教没有完全否定，如陆志韦。人文主义者普遍认为宗教能使人上进和奋发，能使人对生活充满乐趣和情趣，能使人达到超越。梁启超指出，宗教让脆弱的人在恐惧时有倚靠，在绝望时有安慰，这是下等宗教的作用，高等宗教绝不是如此，"我在我所下的宗教定义之下，认宗教是神圣，认宗教为人类社会有益且必要的物事；所以自己彻头彻尾承认自己是个非非宗教者……要而言之，信仰是神圣，信仰在一个人为一个人的元气，在一个社会为一个社会的元气"②。梁漱溟从宗教是用超绝知识的不可思议来安慰人来论证宗教的真正必要，这同时也就肯定了宗教对人的精神生活和情感的不可或缺性。只是，梁漱溟情有独

---

① 参见章廷谦：《罗素先生的讲演》，《少年中国》1921年第2卷第8期。
② ［清］梁启超：《评非宗教同盟》，《哲学》（北京）1922年第6期。

钟的是佛教的出世间理想。他说，一般所说的宗教的必要，如令人情感丰富热烈，令生活勇往奋发，令人有悲悯心和牺牲精神等，这可以叫作人有了宗教式的宇宙观。但这种东西不一定只有宗教能给人。宗教的真正必要是在佛教的出世间中，是在佛教的宇宙无常中适性、安情。这是一个主观性很强的说法。周作人通过考察文学和宗教两者的相似性来肯定宗教的价值和作用，说宗教同科学不合，但同文学有许多相近的东西，其中最重要的就是两者都有理想，"宗教上的'神人合一''物我无间'，其特性即在此"①。

对刘伯明（1887—1923）来说，宗教是在理想和现实这两个要素的冲突和矛盾中产生的。就像小说的故事有客观性、对人有意义那样，宗教追求理想和信仰，它当然也有它的价值。罗素说人类的一切文明都是昙花一现，地球最终将毁灭，人类将与之同归于尽。造物主只是将人类当玩物随意玩弄和支配，人生并无什么乐趣和意义。对于罗素的这种推论，刘伯明说上次罗素在南京时（1920年），他直接问罗素："你既相信世界终有消灭之一日，何以你还如此的努力，以求社会之改造？"②他说罗素不能回答。地球最终将毁灭当时已被人们承认，但是否从中就得出一个悲观的决定论则未必。刘伯明说："我以为我们对于宇宙之态度，须相信永无消灭，有继续的存在，有此理想，方可支持我们供献于社会之勇气，而求人类之进化！"③对宗教采取更为平允、客观立场的屠孝实认为，宗教的建立有两个重要的条件：一是人受自然的束缚和求解脱的心；二是人有直接的宗教体验。人一方面受自然和现实的束缚，一方面又不安于此，强烈地追求自由和无限，追求超越。人追求超越，就会有宗教经验，在感情上使自己同超越者产生相互联系的心境。佛教的禅定、耶稣教的恍惚状态等就是如此。

---

① 周作人：《宗教问题》，《少年中国》1921年第2卷第11期。
② 刘伯明：《宗教哲学》，《少年中国》1921年第2卷第11期。
③ 同上。

新文化运动时期人们对宗教的界定及其本性和作用的解释非常多，上述列举出的只是其中的一小部分，但这就足以反映出当时宗教观的多元性。宗教的本性及其作用是宗教学的首要问题，是人们讨论宗教学其他问题的前提，也是我们这里探讨当时宗教观多元性的一个出发点。下面我们就来考察新文化运动中宗教观多元性的另一个重要问题，即宗教同科学、知识和理性等的关系。

二 宗教与科学、知识和进化论

恐怕没有谁（包括宗教界人士）会否认现代文明中挑战和冲击宗教的最大力量是科学，人们也会承认，客观上科学又促进了宗教的变化、革新及适应。对宗教的否定论者来说，这大概是一个意外。事实上，正如怀特海所说，近代历史图案中有两个显著的事实："第一是科学与宗教之间经常存在着冲突；第二是宗教与科学两者都在不断地发展着。"[①] 而"宗教与科学的接触是促进宗教发展的一大因素"[②]。只是，宗教同科学的接触带有一定的被动性。随着科学和科学世界观在现代文明中的主导性地位的建立，宗教在同科学的论争中就常常处于守势。科学主义者咄咄逼人，他们相信正在并将很快摧毁宗教。实际的结果是，科学只是扩大了自己的地盘和影响力，相应地缩小了宗教的地盘和影响力，但宗教并没有被推翻，它依然坚持了下来并仍然具有影响力。现代中国特别是新文化运动时期科学与宗教的冲突和论辩，整体上是东西方中科学与宗教相互联系的一部分。在中国，陈独秀把"科学"作为新文化运动的两面旗帜之一，一呼百应，它很快成了最高真理、权威和衡量一切的标准。人们不仅充分肯定科学知识的价值，而

---

① 〔英〕怀特海:《科学与近代世界》，何钦译，商务印书馆1959年版，第174页。
② 同上书，第182页。

且将科学的方法普遍化，将科学的价值伦理化。①对科学持有这种立场的人，他们如何面对宗教我们可想而知。当然，具体到每个人，他们对宗教的态度也有某种差异。面对科学主义者对宗教的强势批判和否定，还有当时社会大众和社会舆论越来越强的反宗教情绪，人文主义者并没有退却，他们非常理性和冷静地回应科学对宗教的批判和否定，为宗教的正当性进行辩护。当时直接以"科学"与"宗教"为标题的论文就有不少，如朱宝会的《科学与宗教之相须》（《神学志》1918年第4卷第3期）、史济治的《科学与宗教》（《沪江大学月刊》1919年第8卷第2、3期）、陆志韦的《科学与宗教》（《少年中国》1921年第2卷第11期）、乃光的《所谓宗教与科学之冲突》（《南风》（广州），1921年第2卷第2期）、屠孝实的《科学与宗教果然是不两立么》（《哲学》（北京），1922年第6期）、公侠的《科学与宗教的平议》（《青年进步》1924年第72期）、李润章的《宗教与科学》（《少年中国》1921年第3卷第1期）等。当然，当时有关宗教与科学的论辩更多地见于其他论著中。

科学主义者以科学为标准批判和否定宗教，主要是认为科学建立在事实、观察、实验、求证和理性的基础之上，科学的知识和真理具有普遍的适用性和价值。相反，宗教信仰和崇拜的东西没有事实根据，它是神秘的、虚幻的东西，它是人们愚昧无知、迷信和非理性的结果。如胡适用"科学实验方法"否定宗教神，说之所以不能接受"上帝"的预设，是由于它不能为我们所证实，它没有经验事实上的根据："我们假使信仰上帝是仁慈的，但何以世界上有这样的大战，可见得信仰是并非完全靠得住，必得把现在的事情实地去考察一番，方才见得这种信仰是否合理。"②古代人为了得到情感上的安慰，完全牺牲了理智

---

① 科学本来是怀疑、批判、破除独断，不断追求新知，但科学主义者又将科学变成了独断甚至神话，似乎其他的东西都可以怀疑，唯独科学不在此列。

② 《胡适讲演》，中国广播电视出版社1992年版，第327页。

上的要求，一味依赖于信心、信鬼、信神、信上帝、信天堂、信净土、信地狱。这十分不幸。科学并不菲薄感情上的安慰，但科学只要求一切信仰需要禁得起理智的评判，需要有充分的证据。凡没有充分证据的，只可存疑，不足信仰。"①

在用科学及其方法否定宗教神灵和神秘事物上，陈独秀同胡适类似。他说人们用超自然的神灵及其主宰力解释宇宙和万物，这是宗教迷信存在的主要原因。他断定，烦琐的神学、传说、神灵等都是虚妄和欺骗："天地间鬼神的存在，倘不能确实证明，一切宗教，都是一种骗人的偶像：阿弥陀佛是骗人的；耶和华上帝也是骗人的；玉皇大帝也是骗人的；一切宗教家所尊重的崇拜神的神佛仙鬼，都是无用的骗人的偶像，都应该破坏！"②陈独秀特别否定基督教的"创世说""三位一体说"及各种灵异，认为这些东西大半都是古代的传说和附会。天文学、地质学和生物学的发展，已对宇宙和万物做出了科学解释，使宗教迷信失去了存在的根据。③他说："今且日新月异，举凡一事之兴，一物之细，罔不诉之科学法则，以定其得失从违；其效将使人间之思想云为，一遵理性，而迷信斩焉，而无知妄作之风息焉。"④陈独秀对宗教包括基督教的这种立场后来有某种变化，他说他之前对宗教的立场过激，宗教特别是耶稣的人格对人的情感有积极的作用。一方面他批评他的新文化运动的同道们，说他们否定宗教是一个大的错误，新文化中不能没有宗教；另一方面，他对他过去的言论表示认错。一些人批评宗教，说宗教是"他力"，说宗教只有相对的价值。陈独秀辩护

---

① 参见《我们对于西洋近代文明的态度》，见《胡适文存》第三集，第5～6页。
② 陈独秀：《偶像破坏论》，见《陈独秀文集》第一卷，人民出版社2013年版，第312～313页。有关陈独秀的宗教观的前后变化，参见郭文深：《"五四"时期陈独秀的宗教观》，《兰州学刊》2006年第9期。
③ 参见陈独秀：《随感录》，见《陈独秀文集》第一卷，第310页。
④ 陈独秀：《敬告青年》，见《陈独秀文集》第一卷，第95页。

说，人们使用知识、利用美术和音乐也是借助了他力，世界上没有什么绝对的价值。不过，陈独秀仍然否定"创世说"。

生物进化论和哲学进化世界观是科学主义者批判和否定宗教的一大武器。①他们从生物进化论出发，批评创世说和上帝造人说；从宇宙和社会的进化出发，否定宗教信仰的绝对性，认为随着各门科学的发展，宗教对世界的解释都将失去权威。如周太玄专门撰写了一篇论文——《宗教与进化原理》，强调人们认识自然界首先要懂得进化的观念，它使人知道人类的演变同自然界的人格观念不能并存。进化原理为我们提供了最宝贵的自然知识，"其最要的：如物种之变迁，本能与智慧，人种之来源，灵魂之构成，官能及生活力之由来，等等，都使我们能确知人在自然界的地位和变化的灿烂的生物世界之由来，于是一般的创造说、灵魂不死说以及其他超自然背真理的妄见，都渐渐不能立足"。②进化原理对否定宗教有巨大的作用，那些宗教家缺乏自然界的知识而又主见极深，他们"以情感代知识，实不啻以耳代目"③。又如，恽代英认为，知道了宇宙的运行受法则的支配，你就不能设想在一切事物的背后还有一个不可思议的绝对权力——上帝的存在："我们既经学了点宇宙的进化，自然不能信宗教创造世界的传说；我们既经学了点生物的进化，自然不能信宗教创造人类的传说。"④

对于科学主义者以科学、知识、理性等为标准批判和否定宗教的一元立场，人文主义者整体上并不接受。对他们来说，科学及其方法并不足以否定宗教的正当性和合理性。他们这样承诺，不是说科学本身和它的方法不能成立，也不是说科学知识没有重要作用。事实上，

---

① 有关现代中国的进化世界观，参见王中江：《进化主义在中国兴起：一个新的全能式世界观（增补版）》，中国人民大学出版社 2010 年版。
② 周太玄：《宗教与进化原理》，《少年中国》1921 年第 3 卷第 1 期。
③ 同上。
④ 恽代英：《我的宗教观》，《少年中国》1921 年第 2 卷第 8 期。

新文化运动时期的人文主义者，包括新儒家等，他们并不否认科学及其作用，相反他们承认科学及其方法的重要性，他们否认的只是科学独断论和科学万能论（如胡适所持）。①对他们来说，科学有它的适应范围，不能以它为唯一的标准去判断一切东西，这其中就有宗教。②这是人文主义者抵制科学主义者否定宗教的一个基本前提。他们强调说，科学与宗教各有自己的领域和适用范围，科学注重的是事实、实验和实证，是知识、理智和理性等；宗教注重的是体验、经验、非理性、神秘和信仰，是情感、伦理道德、神性和绝对。人文主义者说，同科学重在求知、求事实、求理性不同，宗教重在明德、皈依神灵、情感慰藉和精神解脱。宗教信奉和信仰的对象，宗教的情感体验，超出了科学知识及其方法的范围。宗教追求和达到的神人合一、宇宙与人合一的境界，既是人的精神超越和超脱，也是人的情感高峰体验。李石岑服膺施莱尔马赫（Friedrich Daniel Ernst Schleiermache，他译为诗来尔马哈）对宗教情感与科学理智的二分，并断定说："科学者理知之事也，宗教者感情之事也。科学所重在客观，宗教所重在主观，其归结皆为宇宙与人生之探究，以求最后之解决，固皆未可偏非也。"③当然，科学主义者不会接受人文主义者对科学理智与宗教情感的二分，余家菊指出："时人多谓科学是理智的，宗教是感情的，二者可并行而不相悖，且人生不可单事理性生活。若单事理性生活，将入于枯燥烦闷之一途而莫能自拔。是故感情生活实有并重的必要。"④余家菊反驳说，情感不是同理智不相干，它同理智有关系而且不可分离。在这种关系中，不

---

① 梁启超指出，他说的欧洲科学破产只是指科学万能的破产而不是科学本身的破产。比梁启超更早一点的严复，是称赞科学而又不否认宗教的一个例子。
② 1923 年的科学与人生观论辩，是哲学（形而上学、伦理人生观）对科学世界观的挑战和反思。
③ 李石岑：《宗教论》，《民铎杂志》1921 年第 2 卷第 5 期。
④ 余家菊：《基督教与感情生活》，《少年中国》1922 年第 3 卷第 11 期。

是理智要听从情感的驱使，而是情感要受驭于理智。

　　对于科学理智与宗教情感的二元说，一些温和的人尝试在两者之间进行折中调和，他们说，科学与宗教两者各有其长，同时又各有其短，两者都不要故步自封，应相互借鉴，相互补充。陆志韦、屠孝实、李润章、朱宝会、公侠等就这样认为。公侠在《科学与宗教的平议》中指出，科学与宗教被视为存在冲突和矛盾，或者是由于其中有未尽铲除的混合物，或者是由于误解了基本的事实。科学家们（更多的是科学主义者）要承认科学的限制，要关心科学同人生的关系，要注重人生的灵性价值；宗教家们要觉悟发生争论的缘故。公侠说，只要彻底解了科学与宗教的各自特性及关系，就会发现宗教与科学本来是一对孪生姊妹："他们俩双方在人类生活上各有其位置。科学的目的是要研究事实、法则和天然程序的知识，完全公开，没有成见。宗教的职务，是发展人类的良知、理想和志气。科学若没有宗教，不但不能造福人类，反要残害人类。若是受了宗教的支配，就可成为进化的钥匙、前途的希望。宗教没有科学，就产生武断、执迷、压迫、宗教战争，以及其他种种借宗教而杀人的灾祸。"①朱宝会认为科学和宗教各有不同的真理："盖科学重知，宗教重信。信为先天之知，知为后天之信。知而能信，方为真知；信而能知，方为真信……科学为物内观，宗教为物外观。二者相辅，乃能尽物之全。"②屠孝实规劝说，不要用科学去否定宗教，因为我们对于整个宇宙的态度不能以一种为限，科学和理智是一种，宗教也是一种。即使科学否定了宗教中对宇宙的不合理说明，它也无法完全否定宗教。因为宗教的本质是人的具体经验。同样，宗教要尊重科学知识，要尊重客观性的东西，要认识到人的具体宗教经验以主观为限，不要以它为前提任意去推论一切。③

---

① 公侠:《科学与宗教的平议》,《青年进步》1924 年第 72 期。
② 朱宝会:《科学与宗教之相须》,《神学志》1918 年第 4 卷第 3 期。
③ 参见屠孝实:《屠孝实先生的讲演》,《少年中国》1921 年第 2 卷第 8 期。

尽管新文化运动时期科学主义的世界观占有主导性地位，人们从科学出发对宗教展开的批判和否定更有影响力，但这仍只是一种立场。人文主义者为宗教进行辩护，限定科学真理及其方法的适用范围，确定宗教信仰和情感的范围和适用性，这也有相当的说服力和吸引力，这又是一种立场；站在科学与宗教之间，既强调两者的特点及界限和并存，又强调两者的互补和相辅，这是科学与宗教论辩的第三种立场。当时产生这一尖锐和激烈的争论，其中一个原因是中国迫切需要革新，科学被看成是文明的革命性力量，一切传统的价值都被重估，而宗教在历史上确实曾经阻碍过科学。

三　宗教的替代论和存废论——它的现在及趋势

伴随着人类和社会产生并持续存在下来的悠久宗教传统，按理说，只要人类和社会继续存在，它就不会轻易消失。当前的事实是，不仅已有的宗教没有消失，而且不同的地域还出现了许多新兴的宗教。但新文化运动时期，人们围绕宗教是不是会被取代，它有没有存在的余地，人类社会的现在、未来还需要不需要宗教，它是不是会消失，进行了不同的论辩和预测。一些人（主要是科学主义者，还有唯物主义者）相信宗教将被取代，设想了各种取代性方案，提出了不同的"新宗教"，预测宗教不再有任何存在的空间和余地，将会消失，永远成为过去之物。为此他们进行了论证。为宗教的存在和延续进行辩护的另外一些人（主要是人文主义者）则相信，宗教不可能被取代，它也永远不会消失。对此，他们也提出了相应的根据。这是新文化运动中宗教观多元性的又一突出表现。

人们承认人类的不同文明存在着宗教，而且认为它还很古老。但承认宗教是历史事实，同承认它在历史上有没有积极作用是两码事，同相信未来它会不会消失也没有必然的关系。否定宗教信仰和宗教价值的人，很难设想他对宗教在历史上的作用会有多少积极的评价，更难设想他会相信宗教将继续存在并发挥建设性的作用。事实上确实如此。科学主义者认为宗教在历史上扮演的都是或主要是负面的角色，它解释世界和万物的许多内容现在都被科学推翻了；它想扮演而没有扮演好的角色，现在也完全可以由其他相近的东西来取代，这是历史的趋势和未来的方向。在不同的宗教取代论中，蔡元培的"美育代宗教说"首先出现并引人注目，但最有力、影响也最深远的是"科学代宗教说"。此外还有"哲学代宗教说"等。蔡元培的"美育代宗教说"，主要是认为在历史上，美育、艺术同宗教混合在一起来满足人的情感需要，宗教一方面对艺术和美育的发展有促进作用，但又有很大的限制。在现代社会中，美育和艺术从宗教中独立出来不仅能促进其本身的发展，而且也能使它们更好地满足人的情感需要。蔡元培整体上是理智主义者，这使他在"美育代宗教说"之外，又主张广义的"哲学代宗教说"，断言宗教只是历史上一时的产物，没有永存的本性，将来的人类不再有拘束的仪式和对神的依赖。哲学上的各种主义都将是它的替代者。中国历史本来同宗教没有什么深切的关系，将来中国向新的和完美的方向发展，人人各有哲学上的主义和信仰，他们不再需要宗教。他说他对于宗教的这种看法在十年前的《哲学要领》中就表明了，现在也没有变化，他"始终认为宗教上的信仰，必为哲学主义所取代"[①]。

"科学代宗教说"大都同科学主义者相关，陈独秀、恽代英、王星拱、周太玄等都是如此。从他们用科学批判和否定宗教就可以知道，他们都是明确的或暗含的"科学代宗教论"者，也是"宗教消亡论"者。为了论证科学能够代替宗教，论证宗教在将来一定不复存在，

---

① 周太玄：《蔡子民先生关于宗教问题之谭话》，《少年中国》1921年第3卷第1期。

周太玄著述《宗教与人类的将来》《宗教与中国之将来》《宗教与进化原理》等，说宗教的信仰是普通信仰的一部分，它的神秘观察是宿命的和暗示的，它有强烈的固定性、独占性和排他性，它是一时的和有条件的，它不是人类的永久需要；神的存在和灵魂不灭已被科学解决；人不是宗教的产物，人类的将来没有宗教。中国人乐天、坚忍，他们不承认有全知全能，对神比较消极，天性同宗教本来很少契合，即使有人信神，他们对神也不存绝对的依赖之心，因此，"一句话说完：中国的将来是没有宗教"①。傅铜在《为何研究宗教？》中说，让宗教不存在的方法，一是消除人类对宗教的要求，二是用比宗教好的东西去代替它。前者很难实行，后者则是可行的。他先是分别说明了科学、道德、美术等为什么能代替宗教，然后又将它们合在一起来代替宗教。②李思纯说，他相信哲学的上帝，不相信宗教的上帝。科学与宗教的立足点不同，它取代不了宗教。宗教的真正替代者，只能从哲学和美术中去找。③

"新宗教说"包含的意思，一是主张宗教革新，一是"宗教替代论"的翻版。从宗教革新来说，人们尝试扩大宗教的内涵和外延，增加和补充新的宗教信仰。新的宗教信仰不必是神的信仰，它可以是"主义"信仰。陈独秀认识到宗教在旧文化中占了很大一部分，认识到当时社会上还需要宗教，只是消极地反对它没有什么用处，恰当的做法是用好的宗教来满足人们的需要，用好的宗教来取代不好的宗教："我以为新宗教没有坚固的起信基础，除去旧宗教底传说的附会的非科学的迷信，就算是新宗教。"④罗素认为马克思主义已变成了一种宗教

---

① 周太玄:《宗教与中国之将来》，见张钦士选辑:《国内近十年来之宗教思潮》，京华印书馆1927年版，第183页。
② 参见傅铜:《为何研究宗教？》，《哲学》（北京）1921年第1期。
③ 参见李思纯:《宗教问题杂评》，《少年中国》1921年第3卷第1期。
④ 陈独秀:《新文化运动是什么？》，见《陈独秀文集》第二卷，第3页。

信仰。同样，科学也可以变成信仰。胡适将它以科学为基础的信仰称为新信仰："我们若要希望人类的人生观逐渐做到大同小异的一致，我们应该准备替这个新人生观作长期的奋斗……宣传我们的'新信仰'，继续不断的宣传，要使今日少数人的信仰逐渐变成将来大多数人的信仰。"① 这一新信仰的具体内容即胡适的"科学的人生观"，他概括为十条，当时被基督教会称为"胡适的新十诫"。② 此外，胡适又将以"理智化""人化"和"社会化"为中心的信念叫作"新宗教"，说"新宗教"的第一个特色是"理智化"，也就是"科学化"："科学的发达提高了人类的知识，使人们求知的方法更精密了，评判的能力也更进步了，所以旧宗教的迷信部分渐渐被淘汰到最低限度，渐渐地连那最低限度的信仰——上帝的存在与灵魂的不灭——也发生疑问了。所以这个新宗教的第一特色是他的理智化。"③ 胡适说"新宗教"的第二个特色是"人化"。人只相信自己的能力，而不再相信"天命"和"上帝"；人的主人只能是人自己，而不再是靠不住的"神"："我们却信人格是神圣的，人权是神的。这是近世宗教的'人化'。"④ 最后，胡适说他的"新宗教"的第三个特色是"社会化"，功利主义的"最大多数人的最大幸福"是社会的目标，个人主义将为"社会化"的要求所取代。

不少人都认为宗教有革新的必要，宗教要适应社会的变化而变化，但他们不接受科学主义者或进步论者的许诺，不相信宗教会被其他什么东西取代，不认为宗教在现在和未来都没有存在的余地，它将在人类文明中消失，完全成为历史的陈迹。他们肯定宗教的独特价值和作

---

① 胡适：《〈科学与人生观〉序》，见《胡适文存》第二集，第150页。

② 与有"神"的宗教相对立，1918年，胡适开始尝试建立新宗教。此时，他还没有说他建立的是"新宗教"，也没有宣称它是一种"普遍的宗教"（被限制为"我的宗教"）。这个他自己的宗教，胡适名之为"社会不朽论"。提出这种"社会不朽论"的直接原因，是他母亲的逝世。

③ 《胡适文存》第三集，第5页。

④ 同上书，第7页。

用，相信宗教不仅是历史上的需要，现在和未来人类同样需要宗教，宗教不会消亡。如梁漱溟相信，佛学的出世间教是真正的宗教，它不仅不会消失，还是人类宗教发展的方向。科学虽破除了宗教中的某些不可靠的原理，但科学否定不了"超绝者"的存在；科学虽能满足人的理智的需要，但人的情感满足、神秘宗教体验（神人合一），科学满足不了，也绝非科学所能替代。

新文化运动中的科学主义者和进步主义者，具有新与旧、文明与野蛮、进步与落后等二元论，人们从前者出发认为宗教是陈旧的、落后的甚至是野蛮的东西，乐观地认为它已经失去了存在的意义和价值，它应该被取代，历史正朝着一个无宗教的新时代迈进。对于当时普遍渴望中国革新的人们来说，这样的承诺更有影响力。但它并不是决定性的，人文主义者对宗教存在的正当性的论证和辩护也有说服力和吸引力。他们不是宗教上的一成不变论者，他们主张宗教革新，使之适应不断变化的世界。实际上，这正是宗教能够存在下来的重要动力。

四 宗教与东西方传统——孔教、基督教

宗教一向就有各种各样的形态和信仰，它们有各自的教义、仪式、制度和组织等。回到新文化运动时期，当时人们论辩到的宗教主要是基督教，此外还有佛教等。人们承认它们是东西方两种不同的宗教形态。欧阳竟无声称"佛法"既非宗教又非哲学，这是罕见的。至于孔教（或儒教），问题就很不相同了，它是不是宗教这本身首先就成了一大疑问。因此，对孔教的激烈论辩一开始就在它是不是宗教上展开。①

---

① 有关孔教是不是宗教这一个问题，中国从 20 世纪 90 年代以来又展开了非常多的讨论。

"孔教"是不是宗教同人们对宗教这一概念的界定和理解有关，这个词源于西方并同上帝一神信仰紧密结合在一起；此外，它又同人们对孔子的学说和儒家的认识有关，人们普遍认为儒家对鬼神敬而远之，它关注的是礼乐和伦理等人文教化，所谓儒教的"教"并不是宗教的意思，而是教化的意思；还有，它同当时立孔教为国教的事件有关。既然孔教原本就不是宗教也不能成为宗教，所谓立孔教为国教也就无从谈起了。不承认孔教是宗教的有科学主义者，如蔡元培、陈独秀、胡适等。与此相反，也有人认为孔教是一种宗教。如一个署名 CZY 生的人说，狭义上说儒术本非宗教；但广义言之，也可说儒术是宗教。① 李思纯区分孔子与孔教，说孔子确非宗教教主，但孔教在中国历史上确是宗教。当然他认为这是中国的一个不幸。因此即使历史上它是宗教，现在也不能再立它为国教。②

肯定儒家价值的人文主义者，也像一些科学主义者那样认为儒教不是宗教，如梁启超、梁漱溟等。这是人文主义者同科学主义者难得的一个共同点，但也仅此而已。因为科学主义者说儒教不是宗教，虽然也包含了他们对儒教的认知，但他们主要是为了反对将儒教立为国教，他们没有改变在现代社会中儒教已经过时的评判。一些人文主义者认为儒教不是宗教，这是对儒教的肯定，认为这是儒教的高明之处，这样的儒教对中国人的精神生活来说仍是必需的。在这一点上，罗素同他们形成了共鸣。实际上，儒教是不是宗教，远非如此简单。这不仅是因为西方将儒教同耶教等相提并论，而且因为不管是狭义的还是广义的，在中国历史上儒教都称得上是一种宗教，至少它是国教。黄遵宪在《日本国志》中说日本把儒教类比为宗教："论宗教则谓敬事天主，即儒教所谓敬天；爱人如己，即儒教所谓仁民；保汝灵魂，即儒

---

① 参见 CZY 生：《宗教论》，《甲寅》（东京）1915 年第 1 卷第 6 期。
② 参见李思纯：《宗教问题杂评》，《少年中国》1921 年第 3 卷第 1 期。

教所谓明德。"①

新文化运动时期人们对基督教的论辩主要集中在现代和未来的中国如何对待它。基督教是外来的宗教（虽然它早就传到了中国），它同中国传统文化之间存在紧张；近代它在中国的传播同西方对中国政治和文化的征服有某种关系。这就使新文化运动中围绕它展开的论辩复杂而又激烈，其中的几个事件又使争论变得更为尖锐和对立。1920年，少年中国学会接受巴黎分会的建议，不接受信教者入会，并要求有宗教信仰者退会，在学会内部首先引起了分化，同时也引起了基督教阵营的应对。1922年4月，"世界基督教学生同盟"在清华大学召开大会，这又激发了人们对宗教包括基督教的反对，"宗教反对者大同盟"相应而生。组织化地反对宗教包括基督教，或者维护宗教包括基督教，都带有一定的情绪，它反映了当时人们对宗教包括基督教有着非常对立的两种态度。说到知识人之间的争论，他们的立场虽然也是相反的，但主要是理性的论辩。

胡适整体上是基督教的批判者。在美国留学时，他对基督教曾有过短暂的亲近，但后来还是同它"分手"了，成了"未经上帝感化的异端"。少年时就拒绝了佛教"神灵"的胡适，在新文化运动中同其他科学主义者一起批判基督教的"上帝"。胡适对中国佛教的批判不遗余力，说东汉之后中国接受佛教是中国文化的一大不幸。被胡适过滤了的实验主义一直是他批判"上帝"的武器。在胡适看来，之所以不能接受"上帝"的预设，是由于它不能为我们所证实，它没有经验事实上的根据。陈独秀对基督教的立场比较复杂，他一方面是批判，另一方面又有某种意义上的肯定，特别是赞颂耶稣的人格。

为基督教理性辩护的人，既有信仰者，也有非信仰者。周作人对基督教持开放立场，他说平常翻阅《圣经》，觉得基督教的精神是很好

---

① [清]黄遵宪:《日本国志》下卷，天津人民出版社2005年版，第800页。

的；要革新中国人的心灵，基督教是很适合的；虽然少数人可以通过艺术、科学或社会活动去代替他们的宗教要求，但对于大多数人来说这是不可能的。①张东荪说他的立脚点是人不需要宗教，但要是在中国提倡宗教，孔佛耶三者比较起来，还是耶教适合。佛教是向后的，孔子的思想缺乏奋斗精神。西方文化的根本精神是向前的，基督教是其中的一部分，它有很多地方可以矫正中国的习俗。②激烈反传统的钱玄同对基督教并不简单否定，他特别赞扬了基督的人格和精神："总而言之，我承认基督是古代一个有伟大和高尚精神的'人'，他的根本教义——博爱、平等、牺牲——是不可磨灭的，而且是人人——尤其是现在的中国人——应该实行的。"③钱玄同还引用陈独秀对基督人格的肯定，说陈独秀说的话也是他想说的。钱玄同补充说，对基督教当然也要有分析的眼光，不能完全照搬。

一些信仰者对基督教的辩护也是很理性的，他们不仅肯定基督教的意义和价值，而且还在基督教与新的思潮如共产主义、社会主义之间寻找共同点。如文南斗一方面指出不要将基督教同共产主义混为一谈，另一方面又认为基督教教义同共产思想有共同之处，如反对积累财富、主张互助等。④尤其是，基督教的信仰者不是一味地为基督教辩护，他们还非常积极地接受人们对基督教的批评。徐宝谦1913年加入了基督教，他本身是一位基督徒，在《基督教与新思潮》中他强调，基督徒对新思潮中对基督教的反对或赞成都应该欢迎。⑤尤其是，他在《基督教与新思潮》中认为基督教应该改革，人们对基督教的批评是基督教革新的契机，教会应当努力想办法在解决社会问题上做出贡献。

---

① 参见周作人:《我对于基督教的感想》，《生命》(北京) 1922 年第 2 卷第 7 期。
② 参见张东荪:《我对于基督教的感想》，《生命》(北京) 1922 年第 2 卷第 7 期。
③ 钱玄同:《答廷芳先生》，《生命》(北京) 1922 年第 2 卷第 8 期。
④ 参见文南斗:《基督的共产观》，《生命》(北京) 1921 年第 2 卷第 3 期。
⑤ 参见徐宝谦:《基督教与新思潮》，《生命》(北京) 1920 年第 1 期。

尽管他们每人的意见也许不同，但他们的目标只有一个，"就是从个人说，——作更好的基督徒。——从团体说，——改革教会，作我们一种更好的工具，去建造天国"①。又如，柴约翰解释说，基督教同中国新思潮的目标完全一致，新思潮的目的是改造中国社会，这也正是基督教所希望的；新思潮绝不是反对基督教，它的重要方面同基督教是相合的。为了实现基督教改造社会的目标，基督教应该接受批评并自我审查："论我个人的意见，我们基督徒应该欢迎他们对于基督教严格的审查。今日在中国的基督教，似乎需要一种活泼的生机，新思潮似乎可以给他奋兴的作用。就是基督自己对于当日的生活，也有这样严格的审查。"②

宗教的一元论或独断论往往标榜某种宗教是正统，将其他的宗教视为异端，这样的立场和做法越来越被宗教对话和宗教多元论所取代。事实上，只有不同的宗教而没有"标准的宗教"。幸运的是，当时参加宗教论辩的人没有将某一种宗教"绝对化"。理性的基督徒没有将基督教当成一个封闭的堡垒，他们具有自我反思意识，包容批评并接受积极性的建议，期望自身不断更新并保持活力，这也特别难得。人们对孔教的论辩虽然涉及国家立法的问题，但他们对孔教是不是宗教的争论也是基于理性，而且也有不同的和复杂的立场。这反映了新文化运动在具体宗教论辩上的多元性。

五　宗教论辩与西方各种宗教观

最后，新文化运动中宗教观的多元性表现在对西方主要是现代西方不同宗教观的选择取舍中。新文化运动时期中国文化和思想空前开

---

① 徐宝谦：《基督教与新思潮》，《生命》（北京）1920年第1期。
② 柴约翰：《基督教与中国的新思潮》，《生命》（北京）1921年第2卷第1期。

放、自由和多元，它的一个重要见证是现代西方各种哲学、主义、思潮潮水般地输入中国，让人眼花缭乱，目不暇接，这本身就是新文化运动多元性的一个表现。同样，现代西方的不同宗教观也传到了中国，它既是新文化运动人物能够多元看待宗教的原因之一，也是新文化运动中宗教观多元性的体现。当时西方最著名的两位哲学家杜威和罗素先后来到中国，他们直接带来了他们的哲学和宗教主张，虽然这两位都是宗教（天主教、新教等）的否定者[①]，特别是罗素，他直接参与了当时的宗教论辩并影响了许多人。

西方不同宗教观为新文化运动宗教观带来的多元性，可以从不同方面来说。首先它涉及许多人物。这里不说西方宗教界、基督教人士，仅就哲学、思想和文学界的人士而言，除了罗素、杜威和上述的西塞罗、赫伯特勋爵、马雷特、莱恩、安德鲁·朗格、斯宾塞、莫勒、韦耶勒、达尔莫默斯德得、居友、涂尔干，还有施莱尔马赫、席勒、尼采、詹姆士、柏格森、倭锵、海甫定（Harold Hoffding）、赫尔曼·高特（Hermaun Gorter）、罗曼·罗兰、马克思、蒲鲁东、保罗·卡鲁斯（Paul Carus）、托尔斯泰等。但这仍是其中的一部分。这些人物中有的很著名，有的不那么有名。新文化运动中持有不同宗教观的人，程度不同地跟这些人物有关。

其次，这些人物来自不同的国家，他们的宗教观多种多样，而且同他们的哲学和思想倾向有关，是他们的"主义"的一部分。斯宾塞代表的是进化论，尼采代表的是意志主义，罗素代表的是分析哲学和新实在论，杜威和詹姆士代表的是实验主义，托尔斯泰代表的是不抵抗主义，马克思代表的是唯物主义，蒲鲁东代表的是社会主义和无政府主义。他们的主义不同，他们的宗教观相应也不同，他们或是批判

[①] 有关杜威的宗教观，参见赵秀福：《评杜威的宗教观》，《理论学刊》2002年第3期。

和否定宗教，或是同情和肯定宗教。当然问题也有复杂性，同是实验主义者的杜威和詹姆士，他们的宗教观就不同；分属于不同主义的，他们的宗教观也有类似的地方，如杜威的与罗素的。新文化运动的知识人分别受到这些不同主义的影响，同时也接受了不同的宗教观。

最后，新文化运动知识人以不同方式传播西方不同的宗教观。他们或者通过引用——这种情况最多，或者通过翻译，或者通过专门著述，直接而又系统地移植和传播西方多样的宗教观。直接翻译的如《宗教》(陶斯泰著，伯良译，《旅欧杂志》1916年第7期)、《宗教与思想》(勃拉克讲，莘田记，《哲学》(北京)，1921年第1期)、《中国宗教之将来》(庄士敦著，汪心渠译，《昌明孔教经世报》1922年第1卷第1期)、《宗教与科学》(恽德尔著，张剑初译，《益世主日报》1924年第3卷第1～26期)、《唯物史的宗教观》(赫尔曼·高特著，李达译，《少年中国》1921年第2卷第11期)等。这只是几个例子，其中的宗教观很不相同甚至对立。

专门讨论西方宗教观的论文，有方东美的《詹姆士底宗教哲学》(《少年中国》1921年第2卷第2期)、刘国钧的《海甫定宗教经验观》(《少年中国》1921年第2卷第11期)等。这两篇论文分别对詹姆士的宗教哲学、海甫定的宗教经验观念做了比较细致的考察，尤其是前者。方东美说詹姆士区分制度宗教与个人宗教，他注重的是个人宗教。对詹姆士而言，宗教是人在岑寂时发生的情感动作、经验以及觉悟到了自己同神发生了关系。这种关系可以是道德的，也可以是仪式的。宗教的经验是庄严的经验。刘国钧解释海甫定的宗教经验观念说，他首先是区分人的生活中的不同的经验。宗教经验不同于普通经验，其不同主要在于前者是一种宗教感情，它是人对宇宙的生动感情。这种感情来源于人的宗教信心，即人坚持将最高价值与实在统一起来的斗志。价值不灭的信心，是宗教的根本要素。可以看出，詹姆士和海甫定的宗教观，都强调了宗教经验和宗教信念。

西方不同宗教观跟新文化运动时期宗教观的多元性有非常复杂的关系，这里只能做简略的甚至是形式化的说明。但可以肯定，新文化运动宗教观的多元性，确实同西方的不同宗教观有关，这同新文化运动中多元西方思潮的输入和运用整体上是吻合的。

　　简要总结一下的话，我们可以说新文化运动是多元的，其中的宗教观也是多元的。当时宗教论争的主要问题，一是宗教的本性及其功能和角色；二是宗教与科学、知识、理性以及艺术的关系；三是宗教是否可以被取代，是否还有存在的必要和余地，是否会消失；四是孔教究竟是不是宗教，对于基督教应该如何看待和对待。围绕这些问题，人们展开了各种论辩，不管是立场和方法，还是观点和看法，都是多种多样的，充分显示出了新文化运动在宗教观上的多元性。此外，这一论争涉及了西方不同的宗教观，人们从中选择取舍，这也是它的多元性的一个表现。这场论辩的结果，虽然不能像陈荣捷评判的那样，宗教打赢了这一战斗，但确实可以说宗教没有被打败，而科学也不是胜利者。

总结语
近代中国思维方式演变趋势总论

1901年，梁启超在《中国史叙论》中，从"竞争的世界性范围"这一角度把"近代中国"界定为"世界之中国"，它相对于古代自竞争和与亚洲国家竞争意义上的"中国之中国"和"亚洲之中国"。[①]"世界之中国"作为中国历史图式中的一个新阶段，与其说是近代中国的状态，不如说是梁启超的一种强烈期望。事实上，这种期望反映了那个时代知识人的普遍心态。在由新生强势帝国所宰制的新的世界体系中，"世界之中国"一方面意味着传统中国之世界体系（即宗藩和朝贡体系）的逐渐瓦解，另一方面也意味着中国必须在新的世界体系中重新确立自己的国家身份（即民族国家）和国际关系。晚清人士常常把晚清中国的局势称为"大变局"[②]，就是因为他们认识到晚清中国遇到了一个高度的"异质文明"和空前未有的挑战，认识到必须用一种超常的方式和途径加以面对，这是强烈忧患意识和危机感的自我陈述，也是唤起国人自觉的整体性精神动员。晚清时局发生的许多剧变，产生了许多意想不到的新问题。外来的新事物需要接触和了解，传统的旧

---

① 参见梁启超:《饮冰室合集·文集》第3册。
② 有关近代中国对"时局"和"变局"的认识，参见孙邦华:《西潮冲击下晚清士大夫的变局观》，载香港《二十一世纪》2001年6月号；张岱年等:《中国观念史》，中州古籍出版社2005年版。

事物需要重新审视，现实的巨大危机必须摆脱，国家必须富强，等等，这一切都构成了近代中国思维的"对象"。"对象"的变化也伴随着思维所运用的范式、方法和立场的变化，伴随着建立新秩序和为新事物赋予合理性方式的变化，伴随着思考和认识结果的变化。这里，我是在广义上使用"思维方式"一语的，而不限于特别像知识论和逻辑学领域一般所说的认知和思维方法的狭隘意义。作为以不同方式解释世界的世界观，作为认识事物方式的认知方法，作为建立社会政治秩序方式的秩序观和使之正当化的合理观，作为为事物赋予意义的价值观等，如果常常以类型化、普遍化和一般化（群体或集体性意识）的形态来表现，都可以说是"思维方式"（亦可称为"思维模式"）。①

从一些能够明确指认和描述的东西来说，近代中国确实有一种"近代式"的"思维方式"②，它是在近代中国的历史时空中经过演变而显示出来的，具有属于自己的某些突出特性③。有关从整体或局部描述和揭示近代中国转变的研究可以说已经很多了，人们提出的说法甚至是范型，不免是某种视角之下的结果（如果这确实是一种独特的视角的话），因此不可避免地带有在适用性上的"限制"，从这种意义上说，柯文主张的"中国中心观"自有其某种正当性。④ 现在仍然有人喜欢用

---

① 有关思维方式的理解，参见〔德〕卡尔·曼海姆：《意识形态与乌托邦》，第1～5页。

② 从一般意义上揭示传统社会与现代社会的不同，特别是像发生在西欧国家中的从传统社会到现代社会的变迁，引起了大量讨论，很多人提出了许多解释模式。

③ 处在先发型国家强制之下的中国，它的发展一方面与外部世界之间构成了复杂的关系，另一方面它也具有自身内在的逻辑。

④ 柯文的《在中国发现历史》（中华书局1989年版）检讨了几种影响较大的说法并提出了质疑，他主张在中国自身内部寻找近代中国转变轨迹的"中国中心观"，在发现问题的同时，在方法论上假定了一些人没有深入中国自身内部。但我们如何保证深入内部，以中国为出发点，这又不是简单承诺的问题。实际上，这是转换问题和视角。对于观察中国来说，把"内发型"与"外发型"变成非此即彼的二元对立是不能成立的，中国是一种"内外结合"的"复合性"或"混合性"的转变，因为在相当的程度上近代中国是被外部世界强行纳入世界体系的。

"现代化"或者"传统"与"现代性"这种范型来描述和理解近代中国发生的转变，但这不是没有疑问的。从"世界之中国"的意义上说，近代中国的转变是一种"世界性现象"，它有不能脱离近代世界体系来理解和解释的必要性，但由于中国自身拥有一个巨大的文明和文化体系，由于近代中国是西方列强通过武力将它纳入世界体系而又加以控制的一个"存在"，由于所说的"现代"恰恰又是由西方来代表的，因此，近代中国的转变就具有十分复杂的特征，即使是用加上了限定的"后进"的、"目的意识"的"现代化"也很难说是确切的。整体上说，近代中国的转变是以追求"自强"为根本目标的，这是贯穿其中的一条"主导性"的轨迹和机制。人们普遍相信对抗外部世界和解决中国危机只能取决于自身的强大，面对露着凶狠爪牙的西方雄狮，中国这一头巨大的但一直沉睡的雄狮也必须迅速振作起来。[1]近代中国思维方式的转型和衍生，充满着诡异性，它不是线性式的，虽然历史观已经变得越来越具有直线性。我们试图通过一些方面来揭示近代中国思维方式演变的某些走向和特性，并试图揭示其中心模式以及它所造成的限制。

一 "世界秩序观"的变化与"万国公法"和"中国意识"

19世纪以降，从"内外关系"的变化以及理解和处理这种变化的方式中演变出了近代中国意义上的"世界秩序观"和"中国意识"。用

---

[1] 硬要用"现代化"的话，从一定程度上恰恰又是反"现代化"和把"现代性"工具化的过程。这种做法在为"现代化"提供了某种动力的同时，因把"现代化"狭隘化，结果又导致了对"现代化"的"限制"，使"现代化"变成了一种单向度的甚至是与传统完全对立起来的"现代化"。"传统"成为"拒绝现代化"的"传统"，而"现代化"又成为"反叛传统"的"现代化"。

来解释近代中国转变的"帝国主义"模式一直是作为"外部世界"的力量来运用的，它忽视甚至掩盖了清帝国本身就是一个"帝国体系"，这一体系是以"宗主国对藩邦"为基本构架、以"怀柔对朝贡"为机能的体系和秩序，清帝国位于这一体系的中心并作为上方之国扮演着"天下共主"的角色。因此，外部世界的帝国主义与晚清帝国之间从一开始所展开的国际关系，实际上就是"两种帝国主义"都试图垄断国际权力而进行的争夺。在鸦片作为导火线引起的中英战争之前，晚清帝国一再坚持，它奉行的国际准则是"天朝定制"之下的"一视同仁"，限制在广州的对外关系和贸易制度已经是帝国对外关系和秩序的最好安排，任何想改变这种关系和制度的要求不仅违背了它的"一视同仁"的国际准则，而且更违背了天朝的定制（有很多具体的内容）。① 晚清帝国拒绝英国的一些要求，就是基于满足英国的要求就会破坏"一视同仁"的普遍性准则。严格来说，晚清帝国宗藩世界体系的有效范围，基本上限于东亚属国。但对晚清帝国有贸易需求的西方国家，开始时一般都接受了广州的贸易制度，乃至默认把它们作为宗藩体系之下的远方的朝贡国。即使英国坚持它不是朝贡国，但中国官员还是在马嘎尔尼运送礼品到达北京的车辆上都插上了象征着朝贡礼车的旗帜。② 不管在什么意义上，晚清帝国与西方国家的贸易制度和国际交往都有很强的单边主义色彩，因此，英国认为这是一个"不平等"的贸易制度和国际关系。但晚清帝国坚持认为，广州开放的贸易是对好利的西方人所施予的"恩惠"，接受它的贸易制度和所要求的交往方式是其应尽的义务，这就可以理解为什么晚清帝国常常以贸易封锁和闭关的方式来迫使西方国家就范。晚清帝国的常情常理是，它丰富的物产能够满足它所需要的一切，西方国家是为了自己的利益而求助于

---

① 参见〔美〕马士：《中华帝国对外关系史》第一卷，第60、79、172页。
② 同上书，第60页。

它的。帝国有权利对贸易做出各种限制，也有权利随时中止贸易关系。在现在的主权国家间的国际关系中，国家之间断绝关系是自己的权利，对当时的晚清帝国来说这更是自然的。当然，对于要求开辟世界市场的国家甚至是殖民主义者来说，一个国家是没有权利闭关锁国的，它有义务开放自己的市场以通商互利。以英国为首的西方帝国体系在接受和默认晚清帝国的贸易制度和交往方式的同时，一直与晚清帝国存在着摩擦甚至是冲突。从两种帝国主义的特性来说，晚清帝国禁止鸦片贸易只是中英冲突的一根导火线，它背后反映的是西方新帝国体系与晚清老帝国体系不同的世界秩序观和国际交往观，更深层的原因可以说是两种不同文明体系的冲突：一个是以新工业技术武装起来的近代军队，是由新兴的民族国家和以欧洲国际法来维持的国际关系，是以市场为主导的商品经济制度；另一个则仍然是未经分化的以农业为中心、自给自足的国家，是传统延伸下来的中心对边缘的宗藩国际关系。但英国对华的鸦片贸易无疑是非法的（这是连英国人也承认的），而且是不人道的，因此，晚清帝国禁止鸦片是合法的和正当的，林则徐当时就从有限的国际法知识中寻找到了合法性的根据。但一旦诉之于战争，英帝国与晚清帝国的关系如何，最终就由军事上的强弱来决定了。鸦片战争是一条分界线，自此晚清帝国就丧失了根据自己的世界秩序观来维持宗藩世界体系的"主导性"（或"主动性"）。按照欧洲的国际法（林则徐从中寻找根据实际上是承认它的有效性，后来它成为中国面对的一个复杂问题），如果说之前晚清帝国把一些片面的"不平等"性制度施之于西方帝国，那么之后就是西方帝国变本加厉地不断把"不平等"的条约强加给晚清帝国。中英《南京条约》是大量不平等条约出现的开始而不是结束，虽然在这个条约中彼此都宣示永久友好，晚清帝国更喜欢把这个条约称为"万年和约"，希望从此一劳永逸地解决与外部帝国（特别是与英帝国）的冲突。但事实上，由于老帝国一味地守护既成的秩序而不能适应新的世界大势、果敢有效地应对巨大的挑战，由于外部新帝国列强本身的冒险性、进攻性和征服性，晚清帝国中心对边缘的传统宗藩世界秩序，就在内外两个方向上开始动摇甚至是瓦解。一是帝国内部的国家主权的"分割"，最突出的表现就是一般所说的"最惠国待遇"和"治外法权"，其他诸如传教活动、海关和贸易、军事等许多内部事务也不能完全"自决"，失去了控制权，演变到最后甚至到了整个帝国将被"瓜分"的局面；一是作为帝国外围的它的属国或藩邦如琉球、越南、缅甸和朝鲜等，一一都脱离开其所依附的旧的世界体系，而被列强强行编入它们的新世界体系的版图之中。从世界史来看待晚清帝国的近代转变发人深思。欧洲近代以君主制为特征的民族国家的建立，是一个从罗马统一世界帝国分离出来和摆脱封建制的过程；欧洲新的世界秩序和体系，就建立在这些君主国家的彼此主权独立而又相互承认国际法的基础之上。相对于此，晚清帝国本来就是一个权力高度集中的"君主制"国家，它走向近代民族国家的过程，却是一个丧失"大一统"秩序和它的世界体系的过程，是西方近代新生的民族国家通过军事和"条约制度"进行控制而晚清帝国进行反控制的过程。

处在帝国旧世界秩序急速变迁过程之中的晚清开明士大夫，反思帝国发生巨变的性质，积极引导和重构帝国新的世界秩序和主权体系。他们认识到不能再简单地用"华夷之防"和"华夷之辨"来解释和说明晚清帝国与外部世界的关系。因为西方帝国本身也拥有自己的文明体系，这一认识随着人们对西方了解的扩大而加深。指称西方和西方的事物从"夷"和"夷物"变为"泰西"和"西学"是直观性的例证。这一过程也许比人们期望的要长，不过如果想到这一传统模式的悠久性，再考虑到西方列强对晚清的军事征服和利益掠夺，就不会感到惊讶了。晚清帝国的官方文书一直坚持用歧视性的"夷"字称呼西方国家，并发明了一种方法，在西人的中文译名上都加上"口"字偏旁，这看上去就像是一串密码，失去了中文语义所能引起的任何美感。

"夷"的称谓在官方文书中禁止使用，是列强作为条约中的一项内容提出的。《筹办夷务始末》的编者，继续坚持使用"夷（务）"字，而不是当时已开始使用的"洋（务）"字。在文化和人们的心理意识中，其消退的过程当然更为缓慢。不过开明的士大夫和文化精英相信，"华夷之辨"已经不能客观地反映出中西文明的实际情况了，它不是文明对野蛮的关系，而是不同文明之间的关系。伴随"文野"固定界限的变化而出现的另一个变化，是"中心"对"边缘"固定界限的变化，即原来作为"文明"中心的中国，越来越被边缘化。这两种彼此相连的变化，既为接受西方新事物提供了正当性的根据，客观上也要求晚清帝国把自己作为世界秩序和国际关系中与其他国家平等的一员。实际上的复杂性在于，晚清帝国的统治者并不轻易放弃自己的世界秩序观，至少在一些形式上，它拒绝与其他国家的平等关系，如晚清帝国一直拒绝西方国家往北京派驻使节的要求，认为这是天朝最根本性的秩序，而列强则一直在向晚清帝国要求这方面的"国际平等"。与此同时，列强通过军事力量和"不平等"条约严重破坏了晚清的内外秩序。

对于开明的晚清士大夫来说，内外秩序的重建，要求晚清帝国转变意识以适应变化着的实际情况和需要。《万国公法》的引入和转化构成了晚清帝国重建内外秩序的一个重要尺度和框架。它首先是作为一部国际法著作被引入的，而且是由总理衙门恭亲王奕䜣奏请批准而由同文馆教官丁韪良主持翻译的，它远远超出了一部书的意义，虽然后来翻译了一系列国际法著作。《万国公法》是近代中国认识、接受和转化国际法的转折点，为晚清提供了理解国际合法性的一个出发点。但这一过程同时又是把"万国公法"合理化和正当化的过程，因为"华夷之辨"把它视为"夷物"。"万国"和"公法"这两个译名本身就意味深长。超出原来地域范围的"众多国家"观念有助于一个国家意识到它的"界限"，用"公"来指称国家间的法律容易把它普遍化和客观化。事实上，这正是晚清开明人士把国际法合理化的一个方式。他们首先相信"公法"的可借鉴性和有效性,进而相信它是普遍公正的,相信它是国际关系中的"公理"。在"公理"与"公法"结合到一起时,"万国公法"的普遍公正就成了它的广泛有效性的前提。在为"万国公法"寻找合理性的方法上,晚清人士也诉诸传统。在他们看来,"万国公法"或者就是类似于古代春秋战国时代各诸侯国家的公法。这基于他们的这样一种判断,即春秋战国的国际格局及局势与近代欧洲国家是高度近似的。一般把这视为近代中国"西学中源说"的一个表现,或者把它作为一种"附会论"[①],而没有注意到它也有正当的一面,因为一是理解和解释任何事物都离不开它已有的"先见",二是不能说春秋战国时代的公法与近代欧洲的国际法之间没有任何可比性。合理化和正当化之下的"万国公法",反过来就成为判断国际关系的根据和准则。如上所说,作为约束中外国际关系的晚清"条约",它是晚清帝国与其他国家间共同签订的规范彼此交往的法律,它应该被当事国双方互相遵守,但这些条约所规定的权利和义务关系是极不对称的,它的一些条款恰恰违背了"万国公法",严重损害了晚清帝国的国家主权。正是"万国公法"使人们认识到了中外"条约制度"的严重问题,人们纷纷运用"万国公法"暴露条约的"问题性",并从"万国公法"寻求解决问题的根据和途径,甚至重建世界秩序和大同的可能性。但是,面对西方列强在华的强权行为和不平等条约,也出现了怀疑"万国公法"的看法。对他们来说,处理国家间的关系单靠国际法是不够的,还需要强权。有人甚至根本上就否认国际法的合理性,相信国际社会完全是由强权决定的世界,强权即正义和公理。这是弱肉强食、优胜劣败的社会达尔文主义法则在国际社会中的运用。这种运用是现实主义的,旨在以国际竞争的残酷性来激发国民的精神和活力,以自

---

① 参见佐藤慎一(1996)『近代中国の知識人と文明』.東京:東京大学出版会.pp.72～73.其中的第一章"文明与万国公法"。

己的强权参与到国际社会的角逐之中。但它的困境在于,如果把强权完全合理化,那么列强对待中国的一切强权行为都是合理的;特别是,实际上处在贫弱状态的中国,如果被列强征服了,那也只能说是活该,虽然对于一些人来说,他们并不相信处在守势和劣势的中国真的会被淘汰。以"三亡"("亡国""亡种"和"亡教")表现出来的最强烈的国家危机意识,一直是与追求"三保"("保国""保种"和"保教")和富强大国的目标不可分的。但是,必须清楚的是,完全相信国际社会是一个优胜劣败和弱肉强食的"角斗场",同时也就失去了批判强权主义和帝国主义的基础。既然国际社会和关系本来就是由力量决定的,自然就没有根据说列强与中国签订的"条约"是"不平等"和不正当的。殖民主义者从来就把其殖民行为看成是天然正当的,他们以他们的征服力来证明其民族、种族的优越性和高贵性。从整体上说,晚清帝国人士相信"万国公法"的正义性和"公理性",坚持建立以"国际正义"为基础的世界秩序,但同时又对"万国公法"保持着"限度性"意识,把物质"力量"作为建立合理世界秩序的辅助性手段,表现出把公理与强权、德与力、理与势等统一起来的倾向。

伴随着"世界秩序观"的变化和"万国公法"的合理化过程,作为主权国家的"中国意识"也在成长。"中国"这一观念具有悠久的来源[①],在与"边缘"(主要是指"蛮夷")相对的意义上,传统的"中国"观念不仅意味着地理上的中心区域,而且更意味着文明和教化的中心。王尔敏指出,在秦汉之前,"中国"一语主要是指"诸夏之领域"(或"列邦"),"诸夏"包含着同一族群和文化统一的双重意义。[②]自秦汉帝国一直到清帝国,中国作为王朝国家一直是以"朝代"作为其国家的

---

① 胡厚宣认为,指称"国家"的"中国"最早源于指称商的"中商"。参见胡厚宣:《甲骨学商史论丛初集》,河北教育出版社 2002 年版。

② 参见王尔敏:《"中国"名称溯源及其近代诠释》,见《中国近代思想史论》,社会科学文献出版社 2003 年版。

名称，朝代的更迭同时就意味着国号的变更和新统（新政权）的建立，但每一朝代在地理和文明中心的意义上都可以称为"中国"。"清朝"作为中国历史上最后的一个朝代国家，在与外部世界的冲突和转化中，激起了新的"中国意识"。

新的"中国意识"主要体现为确立"一国"的中国、"主权"的中国和"统一"的中国。"中国"越来越被人们用来表达相对于西方国家的一个国家的国名。当然，晚清帝国与西方各国及日本签订的条约，都是以"大清"之名出现的，而不是使用"中国"。①但变法开明人士一般都在相对于外部国家的意义上把当时的晚清帝国称为"中国"。在这一方面，"万国公法"观念起到了催化剂的作用。按照清帝国的宗藩世界体系，"中国"是作为天下共主的宗主国，它不可能以"一国"的身份使自己与藩属和朝贡国处在一个水平面上，它的国际平等观是君临天下、一视同仁地对待朝贡国。但国际法（"万国公法"）则以彼此平等的主权国家的存在为前提，罗马帝国和清帝国的宗藩世界体系，都不可能设想这种意义上的国际法。如郑观应认识到，只有各个国家都把自己看成是"万国之一"，国际法才能通行："公法一出，各国皆不敢肆行，实于世道民生，大有裨益。然必自视其国为万国之一，而后公法可行焉。"②"公法者，彼此自视其国为万国之一，可相维系，而不可相统属之道也。"③这不是一个孤立的看法，当时的一些开明人士都程度不同地意识到"中国"是世界"众多"国家之一。"万国公法"的

---

① 外部世界（如罗马帝国、古代印度等）尊称中国为"Cina"（拉丁文）、"Tin"、"China"、"支那"、"震旦"，都是"秦"的音译。北方和西方少数民族，如匈奴，称秦国人、秦朝人为"秦人"，直到晋代还在沿用。20 世纪初，中国一本杂志的名称为《震旦》。英、法、德等国，几乎也都用它或与之相近的音称呼中国。胡适说"中国"作为国名对外使用是在《南京条约》中，根据是里面使用了"China"这一名称。

② 郑观应:《易言》三十六篇本，见夏东元编:《郑观应集》上册，上海人民出版社 1982 年版，第 66～67 页。

③ 郑观应:《易言》二十篇本，见夏东元编:《郑观应集》上册，第 175 页。

"万国"这一术语本身和它被普遍使用,就是一个象征性的例子。"万国"意味着国际社会大家庭是由"众多"国家组成的,每一个国家都只是其中的"一员","中国"当然也不例外。人们将"中国"作为世界"万国"之一加以"限定",目的是要求"中国"能够以"平等"的国际成员身份加入"万国公法"的体系之中。这一立场是另外两种立场的对立者和替代者。对于"严华夷之防"的中国保守主义者来说,"中国"是"上方之国",其他国家不能与其具有平等的地位,它更不能接受起源于"野蛮"世界中的法律规范,这是以中国为中心拒绝加入国际法体系("自外于万国公法之外");但对于西方殖民主义者来说,被征服的"中国"没有资格享受国际法所规定的权利,这是以西方为中心把"中国"排除在国际法之外。事实上,中国曾经"不平等"地对待外来国家,此时越来越变为外来国家"不平等"地对待中国。"治外法权"和片面"最惠国待遇"是近代大量"不平等"条约中损害中国主权最严重的两种条款,中国无法以独立主权国家的身份加入国际法体系。万国公法的拥护者坚持认为,只有接受了万国公法,才能够依此去建立"主权独立"的中国。

这种"主权中国"当然仍是与"清"合而为一的。但后来兴起的以颠覆清和恢复中华为特征的民族主义和革命思想,又将"中国意识"主要定位在"汉民族"摆脱清"异民族"的意识上,这也许主要是为了革命力量的动员,因此,随着革命实践及"中华民国"的建立[①],"中国意识"迅速又成为包括了满族在内、汉民族也只是其一的多民族(加上蒙、回、藏,称为"五族")的国家和政治共同体("五族共和")。只是,这种从内而言的政治"统一体",并未能稳定地生存下来,转而出现了政治统一体的分裂和地方军阀势力的兴起。袁世凯既

---

① 有关这一问题,参见王柯:《构筑"中华民族国家"——西方国民国家理论在近代中国的实践》,见中国社会科学院近代史研究所编:《近代中国与世界——第二届近代中国与世界学术讨论会论文集》第一卷,中国社会科学出版社 2005 年版。

是旧国家秩序和权威的背叛者,也是新国家秩序和权威的敌人。他的短期执政加剧了"国家主权"的危机;他的臭名昭著的帝制活动,又瓦解了脆弱的民国政治统一体。这样,实际上的国家主权的日益丧失和国家统一体的解体就与对外寻求主权独立和对内要求国家统一的"中国意识"形成了巨大的反差,这是"近代中国转变"最为曲折的地方,又是其他许多问题的根源。①

二 "古今""新旧""中西"关系的移位及文化取向

与近代中国空间上内外关系发生的变化相联系的,是时间上过去与现在之间关系的变化以及与这种变化相关的进化历史观的衍生。理解和处理过去与现在关系的"古今模式",在中国传统社会中往往是以对以往积累的经验、惯例、先例、权威的不断保持、延续和复兴为特征的,人们所期望的"黄金时代"被认为是在遥远的过去而不是在现在,更不是在未来,当下公共事务所致力的目标就是抑制历史的衰退,进而再现曾经的理想盛世(或者"黄金时代")。② 以时间为坐标的"古

---

① 从传统社会到近代社会的转变,重新建立能够保证国家统一体的"权威"和"秩序",是保证对外独立和内部动员及发展的前提,这是政治自由主义者往往所忽视的。亨廷顿在谈到现代化过程中重建"权威"的意义时,引用《联邦党人文集》的话并评论说:"麦迪森在《联邦党人文集》第五十一号警告说:'组织起一个由人统治人的政府,极大的困难是:首先你必须使政府能控制被统治者,然后还要迫使它控制其自身。'在许多处于现代化之中的国家里,政府连第一项职能尚不能行使,何谈第二项。首要的问题不是自由,而是建立一个合法的公共秩序。人当然可以有秩序而无自由,但不能有自由而无秩序。必须先存在权威,而后才谈得上限制权威。"(〔美〕亨廷顿:《变化社会中的政治秩序》,第7页)由此,我们也可以理解,亨廷顿何以把"权威的合理化"目为"政治现代化"的重要指标之一。

② 像法家那样的"事异则备变"的古今观,在中国古代的"古今观"中,是比较稀少的。

今关系",用我们现在常用的术语来说就是"传统与现代"的关系。在晚清思维方式的演变中,认识和对待"古今关系"的方式,既是认识和对待"新旧关系"的方式(因为"新旧关系"一般也是以时间上的先后关系为基础的),又是认识和对待"中西关系"的方式(直观上看不出来),三者之间存在着结构上的关联和互动性①,并都指向一种新的文化选择模式,这种模式又受到一种新的历史观——进化历史观的支撑。

需要注意的是,对于具有悠久文明传统的中国来说,"古今""新旧"关系在近代中国移位的契机,反而来自"中西"关系发生的移位。在探讨"后发性"近代中国转变的动力时,相对于"冲击"和"反应"的"外发性"见解,人们提出了关注其自身内在动力的"内发性"看法。"内发性"看法的启示性意义,是它注意到单一"外发性"解释的局限,促使注意内部因素的作用。但就"中西"关系的移位来说,西方外来事物的输入直接促发了"中西"关系的移位。这再次要求我们注意"内外关系"上的"华夷之辨"。正如一般所强调的那样,"华夷之辨"主要是指"文化上"的优劣辨别模式(当然也包括了基于"文化上"的优劣而来的族类和政治上的优劣),这种辨别模式也很理所当然地被一些人运用在近代中国与西方的内外"文化关系"上,它表现为"中国=华夏=文明"与"西方=夷狄=野蛮"的高下优劣结构。在这种结构中,西方世界就像古代中国视四周的偏僻之地为夷狄和野蛮世界那样,被放入夷狄和野蛮的范围之内。显然,这是由于对西方世界的无知而产生的早期错觉,新的世界地理知识使人们认识到,"中国"并非处在世界的中心位置上;同样,人们对西方文明认识的扩大

---

① 当时王仲任有一个说法,叫作"知古不知今,谓之陆沈;知今不知古,谓之聋瞽"。强调中西学调和的张之洞,套用这一句式说:"知外不知中,谓之失心;知中不知外,谓之聋瞽。"(《劝学篇·广译》)但这里所说的"古今"和"中西",仍然是可以相互界定的。

和加深，也使"中国"作为世界文化中心的符号及由此而产生的优越感受到了冲击。人们发现，西方世界并非像过去想象的那样是野蛮的世界，不能再简单地用"夷狄"来看待它，特别是近代早期走向世界的人士像郭嵩焘、严复等，他们目睹了西方世界，发现西方具有高度的甚至是中国文明所不及的另一种文明。郭嵩焘还把"华夷模式"机能化，认为"华夷"关系不是凝固不变的，华夏可以变为夷狄，夷狄也可以成为华夏。肯定西方世界具有不同于中国的另外一种文明和文化，那么"华夷之辨"模式下的"中西关系"，就变成了"一种文明"相对于"另一种文明"的"中西关系"。这种关系在以"筹备洋务"为主的"自强新政"之下，主要表现为"中学"与"西学"的折中性结合关系。"中学"被赋予了"道"、"体"和"本"的意义，"西学"则被放在"器""用"和"末"的层次上来衡量。原本在自身传统中就能够达到和实现的"道器""体用"和"本末"的统一，现在则以两种文明的结合来实现了，这就是大家都熟悉的处理"中西文明"关系的折中性方案——"中体西用"模式。人们不管如何坚持认为西方的"格致之学"和"器艺"来源于古代的中国（"西学中源""古已有之"），但至少是承认西方大大发展了这些学问和技术，它们在它们的发源地反而萎缩了。只是由于"西学"主要被限制在格致和技术上，被限制在实用的意义上，因此它与作为"体"和"道"的"中学"相比，自然仍居于次要和从属的位置上。

"西学"当然不是只具有"格致之学"和技艺之学，它也具有根本性的"道"和"体"，严复正是在这种意义上批评"中体西用"这一折中性方案的。当人们热衷于谈论"格致西学"时，严复则努力寻找造就西学的根源性力量。严复指出："今之称西人者，曰彼善会计而已，又曰彼擅机巧而已。不知吾今兹之所见所闻，如汽机兵械之伦，皆其形下之粗迹，即所谓天算格致之最精，亦其能事之见端，而非命脉之所在。其命脉云何？苟扼要而谈，不外于学术则黜伪而崇真，于刑政则屈私以为公而已。"① 在严复看来,"西学"本身就是"体用"的统一,如果要学习西学的"用",同时就要从根本上把握它的"体"。因为"体用者,即一物而言之也。有牛之体,则有负重之用;有马之体,则有致远之用。未闻以牛为体,以马为用者。中西学之为异也,如其种人之面目然,不可强谓似也。故中学有中学之体用,西学有西学之体用,分之则并立,合之则两亡。议者必欲合之而以为一物。且一体而一用之,斯其文义违舛,固已名之不可言矣,乌望言之而可行乎?"② 这里我们关心的是严复对"西学"内涵的扩大,即以"西学"为"自足性"的学问世界,它本身就是"体用兼备"的。不只是"器",就是"道",也存在于西方的世界中,中国无法再继续垄断"道"和"体"。甚至,在严复看来,一般所说的作为根本的中国之"道",是否真的是"道"也成了问题,结果"中体"之"体"也随之开始动摇。沿着这个方向继续移动,一直推进到五四新文化运动,以"中学"与"西学"为内涵的"中西关系",就发生了更大的逆转。原来限于"格致"和"器物"意义上的"西学",扩展到了整个意义上的"西学",从作为政治思想的个人自由、民主、法治等观念,到更深层的意识、思维、精神、价值和道德等文化领域。这种意义上的"西学"在变法派严复和梁启超那里已被意识到了。面对"西学"的扩展,"中学"的先天优越感却需要通过重新论证来守护了。被称为保守主义者的一些人士坚持为"中学"进行辩护,各种各样的新的文化自我认同立场展现了出来。但"西学"的话语强势一旦形成,时代的光彩就都集中投射了过去。对于新文化运动的旗手来说,"中西"文化的高下、优劣、好坏,已经变成一个不争的事实了。他们的判断没有怀疑和犹豫,他们的立

---

① [清]严复:《论世变之亟》,见《严复集》第1册,第2页。
② [清]严复:《与〈外交报〉主人书》,见《严复集》第3册,第558~559页。照严复所说的"善夫金匮裘可桴孝廉之言曰",这段话的核心部分出自裘可桴。裘可桴(1857—1943),名廷梁,江苏无锡人。

场没有动摇和不确定。如陈独秀在"东西"更广大的范围下,以整齐划一的对比方式列出了两大民族"根本思想"的差异:"西洋民族以战争为本位,东洋民族以安息为本位";"西洋民族以个人为本位,东洋民族以家族为本位";"西洋民族以法治为本位,以实利为本位,东洋民族以感情为本位,以虚文为本位"①。传统主义和保守主义者的声音一直不断,当然还有"中(东)西"文化调和折中的立场,但以《新青年》和《新潮》等为营地的"西化派"甚至是"全盘西化派",不仅强烈拒绝保守主义,也强烈拒绝"调和论"。就是性格温和的胡适,也提出了"百事不如人"的激进性看法,主张拼命地走极端和"取法乎上"。胡适的立场有策略上的考虑,经他对"全盘西化"调整后而提出的"充分世界化",仍然是一种"西方中心观"。从早期的"华夷之辨"的"中西",到后来的"体用"的"中西",再到"边缘对中心"的"中西","中西"的内涵和意义朝着相反的方向逆转了。"中国文化"被边缘化,甚至被"野蛮化"得一无是处;相反,"西方文化"被中心化,甚至成了文明的完美典型。早期的"中国=华夏=文明"与"西方=夷狄=野蛮"的二元模式,转而基本上就成了"中国=夷狄=野蛮"与"西方=华夏=文明"的二元模式。不管这种模式在当时扮演了什么角色,也不管这种模式在现在看来有什么问题,近代以来的

---

① 陈独秀:《东西民族根本思想之差异》,见《陈独秀文章选编》,第 97～100 页。中西文化优劣"二元化"的比较在严复甚至更早的人那里已经开始了。1898 年,在《论世变之亟》中,严复以对偶的句子和论式,比较"中西文明"之差异说:"自由既异,于是群异丛然以生。粗举一二言之,则如中国最重三纲,而西人首明平等;中国亲亲,而西人尚贤;中国以孝治天下,而西人以公治天下;中国尊主,而西人隆民;中国贵一道而同风,而西人喜党居而州处;中国多忌讳,而西人众讥评。其于财用也,中国重节流,而西人重开源;中国追淳朴,而西人求欢虞。其接物也,中国美谦屈,而西人务发舒;中国尚节文,而西人乐简易。其于为学也,中国夸多识,而西人尊新知。其于祸灾也,中国委天数,而西人恃人力。"(严复:《论世变之亟》,见《严复集》第 1 册,第 3 页)尽管严复声称,在中西文明的这一系列差异中,他不敢简单地定夺彼此的"优绌",但实际上他这里的"中西文化"差异观,同时也就是中西文化高下和优劣观。

"中西"关系确实是移位和逆转了。

近代中国空间上"中西"关系（主要体现为"中学"和"西学"的内涵和意义）的变化，也促使抽象的时间上的"古今"关系和性质上的"新旧"关系发生转变。传统的"过去优于当今"的"尚古"意识和思维，逐渐被"当今优于过去"的"贵今"观念所取代，被未来都是美好的历史进步观所取代。这一过程首先是在"中西"两种不同历史观的对比中发生的。一般来说，传统社会以保持过去事物的连续性为主要夙愿，事物和惯例一旦不能延续和连续，人们就失去了归属感，就会有一种急迫要求恢复已往和过去状态的强烈愿望。因此，要求改革和变化不是传统社会的特征，它是工业文明和技术所带来的现代社会的特征。在现代社会中，人们不仅期待变化，而且期待快速变化。人们要求不断地改变事物，抛弃既有的旧事物。对过去的留恋变成了个别人的发思古之幽情，变成了失落者的寄托，而不能再成为一种普遍的历史观和价值观了。亨廷顿把这看成是现代化的心理层面。他指出："从心理的层面讲，现代化涉及价值观念、态度和期望方面的根本性转变。持传统观念的人期待自然和社会的连续性，他们不相信人有改变和控制两者的能力。相反，持现代观念的人则承认变化的可能性，并且相信变化的可取性。用勒纳的话说，持现代观念的人，有一种能适应所处环境变化的'转换性人格'。"① 这种现代性的心理意识和价值观，或者说是"进步历史观"，首先是在现代西方社会中诞生的。1889 年，王佐才在回答李鸿章出的有关中西格致学异同的课题试卷时，认为中西格致学不同的原因在于"中西"两种不同的"古今观"："中西相合者系偶然之迹，中西不合者乃趋向之歧。此其故由于中国每尊古而薄今，视古人为万不可及，往往墨守成法而不知变通；西人喜新而厌故，视学问为后来居上，往往求胜于前人而务求实际。此中西

---

① 〔美〕亨廷顿：《变化社会中的政治秩序》，第 30 页。

格致之所由分也。"① 接受并主张进化和进步的严复,在更广的意义上比较了"中西"的"古今观"。1895 年严复在天津《直报》上发表《论世变之亟》(这是他早期发表的最有影响力的论文的第一篇),其中说:"尝谓中西事理,其最不同而断乎不可合者,莫大于中之人好古而忽今,西之人力今以胜古;中之人以一治一乱、一盛一衰为天行人事之自然,西之人以日进无疆,既盛不可复衰,既治不可复乱,为学术政化之极则。"②1902 年严复发表在《大公报》上的《主客平议》,以折中"新旧关系"为主旨,又谈论中西"古今观"的差异说:"今夫中与西之言治也,有其必不可同者存焉。中之言曰,今不古若,世日退也;西之言曰,古不及今,世日进也。惟中之以世为日退,故事必循故,而常以愆忘为忧。惟西之以世为日进,故必变其已陈,而日以改良为虑。夫以后人之智虑,日夜求有以胜于古人,是非决前古之藩篱无所拘挛,纵人人心力之所极者不能至也,则自由尚焉。"③可以看出,不同于传统的近代中国的"古今观",是通过"中西"两个参照系的比较而得出和认证的。

文化观念具有地域性,但观念本身仍然是抽象的。相对于中国古代的"古今观",当现代西方的"古今观"成为典范时,虽然在空间上它是出自西方的范例,但典范则是"古今观"自身。因此,近代中国的"古今观",一方面是通过"中西"对比和选择的过程来建立的,另一方面又是从理论上来思考和展开的。这两者之间并没有截然分明的界限,历史、地理的时空和理论上的阐述常常是混合在一起的。谭嗣同以"东西"地域论"古今关系"之不同说:"欧、美二洲,以好新而兴;日本效之,至变其衣食嗜好。亚、非、澳三洲,以好古而亡。中

---

① [清]王韬编:《格致书院课艺》第四册,上海图书集成印书局,光绪二十四年(1898 年版)。
② [清]严复:《论世变之亟》,见《严复集》第 1 册,第 1 页。
③ [清]严复:《主客平议》,见《严复集》第 1 册,第 117～118 页。

国动辄援古制，死亡之在眉睫，犹栖心于榛狉未化之世，若于今熟视无睹也者。"① 同时，在谭嗣同看来，"古"本身并没有天然的优越性，他用一个偏激的逻辑批评说，如果像"尚古"论者所认为的，过去和古代既然天然是优越和完美的，为什么我们还要自居为今人："古而可好，又何必为今之人哉？所贵乎读书者，在得其精意以充其所未逮焉耳；苟以其迹而已，则不问理之是非，而但援事之有无，枭獍四凶，何代蔑有，殆将一一则之效之乎？郑玄笺《诗》'言从之迈'，谓当自杀以从古人，则尝笑其愚。今之自矜好古者，奚不自杀以从古人，而漫鼓其辅颊舌以争乎今也？"② 为了证明过去和古代的"非价值性"，谭嗣同接受了文字索隐的方法。有人发现与"古"字结合起来构成的一些汉字，在意义上都是消极的。③ 新文化运动人士程度不同地都是现实主义者和未来主义者，他们坚持把古代和过去封存起来，使之与当今和未来断绝关系。封杀孔子是一个突出的例子。他们不满意一些人试图从孔教那里寻找活力，似乎很公允地认为，孔子之道是传统社会的产物，它适合了传统社会的需要，但无法适合"现代生活"的需要，应该果断地告别它，接受"现代性的事物"。在这一方面，陈独秀和李大钊采取的基本上是类似的立场。他们都是时间上"现代"和"未来"的信奉者，如李大钊颂扬"青春"、歌颂"今"。④1920 年，他发表了《今与古》一文；1922 年，他在北京孔德学校的演讲题目也是《今与

---

① ［清］谭嗣同:《仁学》，见《谭嗣同全集（增订本）》下册，第 319 页。
② 同上。
③ 谭嗣同引用说："□□□曰：于文从古，皆非佳义。従艸则苦，从木则枯，从艸木则楛，从网则罟，从辛则辜，从支则故，从口则固，从歹则殆，从广则痼，从监则鹽，从牛则牯，从疒则痼，从水口则涸。且从人则估，估客非上流也。从水为沽，孔子所不食也。从女为姑，姑息之谓细人。吾不知好古者何去何从也。"（同上书）这是否具有说服力，另当别论。整理者推测"□□□"，是谭嗣同的自语。但笔者认为，应该是引用别人的言论。因为按照《仁学》的论述方式，谭嗣同不习以自己"曰"来发议论。
④ 《青春》《今》也是他两篇论文的题目。

古》,这说明他非常关心"古今关系"这一论题。李大钊虽然没有完全否定"古"的价值,但他否定"怀古主义",以"今"为创造的出发点。

传统"古今观"的转变,根本上是把"现在"合理化,使"现在"不受过去和古时的牵制。由于现在的"今"是由西方代表的,过去的"古"是由中国代表的,所以把"现在"合理化,就是把西方的新事物合理化,就是使之摆脱中国古事物的影响;同样,接受"现在"的事物,就是接受外来的西方的事物,拒绝中国过去的事物。① 这种具体的近代中国"中西""古今"理性,表现在更加抽象的作为性质的"新旧关系"上亦复如是。近代中国"新旧关系"的演变,首先是以相对的"新学"与"旧学"来表现的,并且是作为"西学"与"中学"的同义语加以使用的。如张之洞说:"新旧兼学。四书、五经、中国史事、政书、地图为旧学,西政、西艺、西史为新学。旧学为体,新学为用,不使偏废。"② 很明显,张之洞所说的"新学"是指西方的学问,"旧学"是指中国的学问(也不只是作为"体"的"道")。但在张之洞那里,"旧学"不是消极性和负面性的存在,整体上它还是比"西学"更根本的东西,因此,他坚持维护和捍卫"旧学"("保教"),抵制对"旧学"的消解;与此同时,他又相信,"西学"对中国来说已经变得不可或缺了,因此,"西学"也是需要接受的。他评论当时的这两种立场说:"图救时者言新学,虑害道者守旧学,莫衷于一。旧者因噎而食废,新者歧多而羊亡。旧者不知通,新者不知本。不知通则无应敌制变之术,

---

① 严复常用"今之道"与"今之俗"的论式,来说明中国改革的目标和困难。他所说的"今之道"即西方的新事物,"今之俗"即由传统延续下来的现状,他常常为两者之间的鸿沟而感到无奈。

② [清]张之洞:《劝学篇·设学》,第121页。张之洞在《劝学篇·会通》中,亦明确使用"中学"与"西学"之名,并界定二者的性质说:"中学为内学,西学为外学;中学治身心,西学应世事。"这里的"中学""西学"之称,与"旧学""新学"之名应该是相对应的。

不知本则有非薄名教之心。夫如是，则旧者愈病新，新者愈厌旧，交相为愈，而恢诡倾危乱名改作之流遂杂出其说以荡众心。"①又说："今日新学旧学，互相訾謷。若不通其意，则旧学恶新学，姑以为不得已而用之；新学轻旧学，姑以为猝不能尽废而存之。终古柄凿，所谓疑行无名、疑事无功而已矣。"②全面地看，严复和梁启超也有主张新旧学兼容和互补的观点，如严复的《主客平议》就明确要求克服"新旧学"的对立观而试图站在超然的立场把二者调和起来。只是严复早年更热衷于"新学"，晚年更倾心于"旧学"。梁启超的"新旧学互补"说，更多地倾向于"新学"，但他是多变的，就像他作为变法派对革命曾一度倾心那样。

"新旧学"之争在五四新文化运动时期变得异常激烈。尽管王国维在1911年就对"新旧"和"中西"之争（还有"有用"与"无用"之争）做了严厉的批评，断定学"无新旧""无中西"③，但"新旧学"和抽象的"新旧"之争，则成了五四新文化运动的整体思潮。构成这一思潮的有三大立场：一是被称为"文化保守（守旧）主义"的立场；二是被称为"折中主义"的立场；三是被称为"文化激进主义"的立场。"新旧"折中主义立场，主张"新旧"调和，反对"新旧"的两极性立场。但文化上的极端保守主义者（如辜鸿铭）是稀少的，一般的保守主义者（如梁漱溟）实际上已经向西学让步了。文化上的激进主义立场不仅批评保守主义，而且也抵制"新旧"调和。激进主义者主张彻底开放和接纳西学，毫不吝惜地抛弃旧学。他们相信历史是进化的，旧学代表的是历史的过去，它是落后的东西，是新事物的障碍，当然也是历史进步的障碍。这样一来，近代中国"中西"文化思维模式演变到五四，主导性的模式就成为"中国＝夷狄＝野蛮"与"西方

---

① ［清］张之洞：《劝学篇·序》，第41页。
② ［清］张之洞：《劝学篇·会通》，第159页。
③ ［清］王国维：《〈国学丛刊〉序》，见《王国维文集》第四卷，第365页。

＝华夏＝文明"的关系模式,用"古今关系"和"新旧关系"的框架来表现,就是"西方＝今＝新"与"中国＝古＝旧"的关系模式。换言之,它从最初的"捍卫华夏文化"变成了华夏文明的"自我瓦解"和"丧失",从华夏文明中心、西方文明边缘变成了西方文明的中心化和华夏文明的边缘化。理性地看待"传统与现代"的关系,不仅是五四新文化运动遗留下来的历史问题,也是当下重建中国文化主体的时代课题。

三 知识和规范的"合理化":
从"格致之学"到"公理"和"科学"普遍主义

亦可称为"合理性""合理主义"的"合理化",是为事物赋予正当性、可靠性和可行性根据的各种系统论证。为了强调"现代社会"主要是资本主义社会的合理化方式及其特征,韦伯把传统社会想象成唯有根据"情感"和"传统"而行事的社会,认为现代社会则是脱离了"情感"和"传统"而以理性为基础和根据的社会。[①] 严格而论,"合理化"并非只是"现代社会"的产物,传统社会亦有合理化论证和理性诉求。问题只是赋予合理化的对象、内容和合理化方式的不同,或者合理化程度的高低,而不在于是否有合理化。如中国传统为事物赋予合理性的"合理主义",主要表现为"自然合理主义""历史

[①] 在韦伯看来,理智化和合理化的过程,意味着"只要人们想知道,他任何时候都能够知道;从原则上说,再没有什么神秘莫测、无法计算的力量在起作用,人们可以通过计算掌握一切。而这就意味着为世界除魅。人们不必再像相信这种神秘力量存在的野蛮人那样,为了控制或祈求神灵而求助于魔法。技术和计算在发挥着这样的功效,而这比任何其他事情更明确地意味着理智化"(〔德〕马克斯·韦伯:《学术与政治》,第29页)。有关韦伯的"合理化"理论,另参见韦伯的《经济与社会》(商务印书馆1998年版)和〔德〕哈贝马斯的《交往行动理论》第一卷《行动的合理性和社会合理化》(洪佩郁、蔺青译,重庆出版社1994年版)。

合理主义"和"经典合理主义",在近代以来逐渐走向新的"格致合理主义""公理合理主义"和"科学合理主义"。此外,在世界观上,中国传统的整体主义和有机主义世界观,在近代朝着机械主义和进化论的世界观演变。作为"后发性"的国家,近代中国的合理化趋势仍以"西学"的东渐为契机。近代中国的合理化大体上具有从"格致之学"到"公理"和"科学"依次推移的过程。但三者之间的交叉性使这种划分只能在相对意义上加以理解,特别在"公理"与"科学"之间。从名称上说,早期的"格致之学"就与英文的"科学"相对应,如傅兰雅创办的《格致汇编》,英文名称就是 Chinese Scientific Magazine。20 世纪初年,在"科学"这一术语已有不少使用者时,"格致"和"格致之学"仍然还在通用,"公理"也不例外。

作为儒家"格物致知"观念缩写的"格致"(亦省称"格物")或"格致之学",在晚清有广狭之不同。广义的"格致""格致之学"是指自然科学和技术,狭义的则是指物理、化学等专门学科。19 世纪"自强新政"(或"洋务运动")时期所说的"西学",主要就是指自然科学尤其是技术意义上的"格致之学",这被认为是"西学"的特长,也被认为是"西学"没有产生出高级智慧和学问("天道""性命"之学)的证据。晚清抵制西学人士认为,治国的根本是强化王道和端正人心,而器用都是王道和人心的腐蚀剂;何况要接受的器用格致之学又是夷狄之物,使用它就是用夷变夏,完全违背了圣王所教导的用夏变夷原则。因此,要传播、接受和运用"夷狄"世界的"格致之学",首先就需要提供合理性和正当性的根据。魏源在《海国图志·原叙》中主张,为了制御夷狄先要借用夷狄的"长技"("师夷长技以制夷"),这是近代早期提出的学习西方技术的策略。"自强新政"的战略主要是围绕引进和运用西方格致之学而展开的。主张变法的洋务派官僚和士人,为"格致之学"提出了许多"合理化"的论证。概括起来,一是常说的"中西体用论"(也可以说是"辅助说"或"补充论")。这是将

"西学"合理化的第一种方式。这种论证借用传统所说的"体用""道器"(还有"本末""主辅")统一结构,认为"中学"关注和发展的是以根本性的"体""道"为核心的义理和天道之学①,而西学关注和发展的是以"用""器"为中心的"格致之学"。"体"不能无"用","道"不能无"器",因此,"中学"需要"西学"来辅助,义理之学需要格致之学来补充。作为道和义理之学辅助和补充的"格致之学",在近代中国服务于国家自强和富强的目标,服务于"保国""保种"和"保教"的目标。正如"用"和"器"本来就是以应用、实用和实践为特质那样,"格致的合理性"就在于它的实践性和应用性,正如颜永京相信"格致之学"是"最有用之学"那样。他自问自答说:"何者为最有用之学?其答惟一,曰格致学耳。或保全生命,或绵延寿算,或使身体无病,其最不可少之学,乃格致也。或得谋生之计,其最着重之学,亦是格致。或尽为父母之责,其训导人以尽者,惟格致学。或民察国家,自古迄今光景时势之日异,以尽为民之责,其阐明之者,亦惟格致学。或启迪人创造各项雅艺,或令人见雅艺而鉴赏之,惟此格致学;或启心才,或激天良总总,琢磨人心,其最益之学,仍为格致学。不拘为何用,格致学最为汲汲耳。"②只是,这种实践性和应用性,在西方主要是为了控制和改造自然,在中国则主要是为了对抗列强。

---

① 梁启超回顾和追寻中国"格致学"的变迁过程,也从中西对比的意义上强调了"格致学"整体上是一种形而下学的性质:"吾中国之哲学、政治学、生计学、群学、心理学、伦理学、史学、文学等,自二三百年以前皆无以远逊于欧西,而其所最缺者则格致学也。夫虚理非不可贵,然必借实验而后得其真。我国学术迟滞不进之由,未始不坐是矣。近年以来,新学输入,于是学界颇谈格致,又若舍是即无所谓西学者。然至于格致学之范围,及其与他学之关系,乃至此学进步发达之情状,则瞠乎未有闻者。……学问之种类极繁,要可分为二端:其一,形而上学,即政治学、生计学、群学等是也;其二,形而下学,即质学、化学、天文学、地质学、全体学、动物学、植物学等是也。吾因近人通行各义,举凡属于形而下学者皆谓之格致。"(梁启超:《格致学沿革考略》,见《饮冰室文集》第一辑,云南教育出版社 2001 年版,第 502 页)

② 颜永京:《肄业要览·全书总结》,光绪八年刻本。

问题的复杂性在于,"格物致知"和"格物穷理"本身就是儒家的信条,中国古代学问本身也具有广泛的内涵,这就产生了传统"格致之学"与西方"格致之学"的关系问题。由此出发,把西方"格致之学"合理化的第二种方式,是在中西"格致之学"之间做出区分,在相对于中国传统多重"虚学"而西方推重"实学"的意义上,肯定西方格致新学的特性和意义。郑观应在"本末""精粗"同时又是"虚实"的关系下比较说:"古人名物象数之学,流徙而入于泰西,其工艺之精,遂远非中国所及。盖我务其本,彼逐其末;我晰其精,彼得其粗。我穷事物之理,彼研万物之质。秦、汉以还,中原板荡,文物无存,学人莫窥制作之原,循空文而高谈性理。于是我堕于虚,彼征诸实。"①《格致书院课艺》中有两道试题②,这两道试题都要求学生说明中西"格致之学"的异同。他们的回答反映了当时人们对这一问题的一般思考和认识方式。以钟天纬和王佐才的答卷为例,他们都认为中西"格致之学"是十分不同的。钟天纬辨别说:"格致之学,中西不同。自形而上者言之,则中国先儒阐发已无余蕴;自形而下者言之,则泰西新理方且日出不穷。盖中国重道而轻艺,故其格致专以义理为重;西国重艺而轻道,故其格致偏于物理为多。此中西之所由分也。"③与钟天纬的说法类似,王佐才的答卷说:儒家的格致,"乃义理之格致,而非物理之格致也。中国重道轻艺,凡纲常法度,礼乐教化,无不阐发精微,不留余蕴,虽圣人复起,亦不能有知。惟物理之精粗,诚有相形见绌者"④。照他们所说,中西"格致之学"的不同,就是推重"道"还是"艺"、关注"义理"还是"物理"的差别。这是那个时期的一般的

---

① 郑观应:《盛世危言》,见《郑观应集》上册,第 242～243 页。
② 参见熊月之:《西学东渐与晚清社会》,第 373～375 页。
③ 钟天纬:《刖足集外篇·格致说》,1932 年,第 91 页。他指出,汉以后的注释家们,像郑康成、孔颖达等,都是从"义理""身心"上解释格致。
④ 《格致书院课艺》第四册,上海图书集成印书局铅印本 1894 年版。

见识，也是人们将格致之学"合理化"的共同方式。作为西方"格致之学"的见证者，1874年，林乐知在《记上海创设格致书院》中就对比说："吾西国力学之士，每即物穷理，实事求是。自夫天文、地舆，以迄一草一木之微，皆郑重详审焉而不敢忽。钩深索奥，剖毫析芒，迨于用力之久诚不如朱子所谓一旦豁然者，而后化朽腐为神奇，参天地之化育，其圆通巧妙至于不可思议。……中国不乏鸿儒硕学，然或务词章，或谈性理，或负经师之望，或有渊博之名，其于'格致'二字惟以虚谈了之，及见夫西国之怪怪奇奇，则群相惊咤，谓为鬼工，谓为幻法，而于其所以然之故，曾未能无惑且拘于墟也。"①在这里，林乐知特别强调了西方"格致之学"面向自然进行实证的、专门的和精细研究的特质。他认为，中国"格致之学"是面向性理和辞章，以空虚之谈为务，自然不能把握事物的所以然。这种看法在王佐才的答卷中，也有清楚的表现。王佐才阐述说："泰西各国学问，亦不一其途，举凡天文、地理、机器、历算、医、化、矿、重、光、热、声、电诸学，实试实验，确有把握，已不如空虚之谈。而自格致之学一出，包罗一切，举古人学问之芜杂一扫而空，直足合中外而一贯。盖格致学者，事事求其实际，滴滴归其本源，发造化未泄之苞符，寻圣人不传之坠绪，譬如漆室幽暗而忽燃一灯，天地晦冥而皎然日出。自有此学

---

① 朱维铮编：《万国公报文选》，第441~442页。1890年，古绍衣在《问格致之学泰西与中国有无异同》中说明了中西格致之学的差别："总而论之，中国之格致虚言心性，非深通理。学者不能知。即或知之，要亦不切于世用，而又分其力于训诂辞章，萦其情于功名富贵，则其为学亦若存若亡而已。至西国则不然。设有格物院以育人才，而子弟之入此院者有明师以为指授，有故籍以备稽求，有友朋以为攻错。童而习之，不见异物而迁，故其学易成，而他学亦有所凭借。方今泰西承学之士，上者由格致以阐天道之大原，下者明经络配药品以治人之疾病，而采炼五金制造所以利民而富国者，皆惟格致是赖。此则西人所独擅，在中人必当效法，尚同异之足言者哉？"（同上书，第527~528页）1874年发表的《拟创建格致书院论》载："中国之所谓格致，所以诚正治平也；外国之所谓格致，所以变化制造也。中国之格致，功近于虚，虚则常伪；外国之格致，功征诸实，实则皆真也。"[《申报》1874年3月16日（同治十三年正月二十八）]

而凡兵、农、礼、乐、刑、政、教化,皆以格致为基,是以国无不富而兵无不强,利无不兴而弊无不剔。"①西方"格致之学"的合理性,在于它的"实证性",正是由它的实证性,它还能为其他领域提供可靠的基础。这里已显示"格致主义"(科学主义)的倾向。根据中西格致学关注道还是器、关注性理还是物理上的不同,根据中西格致学方法和思维方式上的不同,人们得出的结论是中国的"格致之学"不如西方的"格致之学",因此应该输入西方的"格致之学"。可以看出,这里所说的"格致之学"也包括了中国的形而上学。

与通过中西"格致之学"的差别来把西方格致学合理化的方式似乎相矛盾,把西方"格致之学"正当化的第三种方式是"西学中源说"(或"古已有之论")。以陈炽的看法为例,他执持中西文化的差异性,认为中国的圣道具有独一无二的根本性,它是西学远不可及的:"形而上者谓之道。修道之谓教,自黄帝、孔子而来,至于今未尝废也。是天人之极至,性命之大原,亘千万世而无容或变者也。"②但问题出在本来与圣道相辅相成的"器用",却在后来特别是残酷的秦政中失落了。为什么会有这种不幸的状况,在陈炽看来,这与中国重视"道"、轻视"器"相关。"道"离开了形而下的"器",就会成为"虚空"之道。从历史过程说,中国学问的"空虚化",从汉黄老学的兴盛和佛教的传入就开始了,从此以后,中国士人都沉溺于"高远"之中,"清净寂灭之说,遂深中于人心"③。宋代理学实际上仍然陷入了佛老的"空寂"之中:"宋人析理虽精,而流弊之所归,亦苦于有体而无用,与二氏无以大远也。大抵束缚智勇,掩塞聪明,锢之于寻行数墨之中,闭之于见性明心之内。"④幸运的是,中国的器用之学从

---

① 《格致书院课艺》第一册,上海图书集成印书局铅印本1894年版。
② [清]陈炽:《庸书》,见赵树贵、曾丽雅编:《陈炽集》,第7~8页。
③ 同上书,第125页。
④ 同上。

西域辗转传到了"泰西",并在那里扎根开花结果,造就了泰西的繁荣富强。陈炽描述说:"中国大乱,抱器者无所容,转徙而至西域。彼罗马列国,《汉书》之所谓大秦者,乃于秦汉之际,崛兴于葱岭之西,得先王之绪余而已足纵横四海矣。"① 又说:"制器尚象利用,本出于前民,《几何》作于冉子,而中国失其书,西人习之,遂精算术。自鸣钟创于僧人,而中国失其法,西人习之遂精。制造火车,本唐一行水激铜轮自转之法,今则火蒸汽运,名曰汽车。炮本虞允文遗制,当时败敌有霹雳之名。凡西人所精者,中国皆先有其说。今愚俗之见少多怪,往往震惊西人之巧,岂真西人之智远出于华人上哉?"② 中国古代技术文明与欧洲近代技术革命之间的关系,作为一个学术问题需要细致讨论。但洋务知识分子并不真正关心中国的格致和器用文明是如何传到欧洲的,也不真正关心欧洲是如何接受中国的格致和器用文明的,"西学中源论"的主张者关心的是中国应该重新获得和掌握格致和器用文明。既然西方"格致之学"源于中国,那么中国再把它接受过来,不过是让它回到久别的发源地。陈炽说:"良法美意,无一非古制之转徙迁流而仅存于西域者。故尊中国而薄外夷可也,尊中国之今人而薄中国之古人不可也。以西法为西法,辞而辟之可也;知西法固中国古法,鄙而弃之不可也。"③ 中西交通的打开,正是"天赐"的良机。转徙到泰西的中国器艺,经过在泰西的精益求精,终于有了再回到它的故乡的时机:"阅二千载,久假焉,而不能不归也。第水陆程途逾数万里,旷绝而无由自通,天乃益资彼以火器、电报、火轮、舟车,长驱以入中国,中国弗能禁也。天祸中国欤? 实富中国也。天厌中国欤? 实爱中

---

① [清]陈炽:《庸书》,见赵树贵、曾丽雅编:《陈炽集》,第7页。
② [清]陈炽:《精技艺以致富说》,见赵树贵、曾丽雅编:《陈炽集》,第336~337页。薛福成的"西学中源论",参见《薛福成选集》,第620页。王韬也有一个说法,与陈炽的说法非常接近。
③ [清]陈炽:《〈盛世危言〉序》,见赵树贵、曾丽雅编:《陈炽集》,第305页。

国也。……物各有主，天实为之，彼欲自私自秘焉而有所不得也，我而终拒之，是逆天也。逆天者，不祥莫大焉。"①照陈炽的说法，接受西方"格致之学"不仅因为它原本就是"自己的"，而且是不可违抗的天命。这既是中西格致统一的良机，也是以技术统一天下的良机："中外之格格然终不能相入者，则中国求之理，泰西求之数；中国形而上，泰西形而下；中国观以文，泰西观以象；中国明其体，泰西明其用；中国泥于精，泰西泥于粗；中国失诸约，泰西失诸博。一本一末，相背而驰，宜数十年来，彼此互相抵制，互相挤排，而永不能融会贯通、合同而化也。虽然，塞之者，人也；限之者，地也；通之者，天也。"②陈炽超前地预测了这样一种趋势，即随着西方社会将其技术文明带到世界各个角落，"全球"就会被统一起来。王韬也预测说，人类将通过"技术"这一桥梁建立起世界人道的统一（大同）："今日欧洲诸国日臻强盛，智慧之士造火轮舟车，以通同洲异洲诸国，东西半球足迹几无不遍，穷岛异民几无不至，合一之机将兆于此。夫民既由分而合，则道亦将由异而同。形而上者曰道，形而下者曰器。道不能即通，则先假器以通之，火轮舟车皆所以载道而行者也。东方有圣人焉，此心同此理同也；西方有圣人焉，此心同此理同也。盖人心之所向，即天理之所示，必有人焉，融会贯通而使之同。故泰西诸国今日挟以凌侮我中国者，皆后世圣人有作，所取以混同万国之法物也。此其理，中庸之圣人早已烛照而券操之。其言曰：天下车同轨，书同文，行同伦。而即继之曰：天之所覆，地之所载，日月所照，霜露所坠，舟车所至，

---

① ［清］陈炽:《庸书》，见赵树贵、曾丽雅编:《陈炽集》，第7～8页。"方今万国通商五十余载，见闻日广，光气大开，顺天者存，逆天者亡，天与不取，反受其咎。……我恶西人，我思古道，礼失求野，择善而从，以渐复我虞夏商周之盛轨。揆情审势，且暮之间耳。故曰：西人之通中国也，天为之也，天与我以复古之机，维新之治，大一统之端倪也。"（［清］陈炽:《〈盛世危言〉序》，见赵树贵、曾丽雅编:《陈炽集》，第305页）

② ［清］陈炽:《续富国策》，见赵树贵、曾丽雅编:《陈炽集》，第147页。

人力所通，凡有血气者莫不尊亲，此之谓大同。"①这是以"技术"为基础实现"全球化"的19世纪的声音。

说到"公理"，它甚至还够不上古代思想史的一个词语，但在近代思想中，它则获得了显赫的地位，扮演了类似于"道理"和"天理"在古代思想中的角色，成了为事物和行动赋予"合理性"和"正当性"的基础。章太炎批评近代思想中的四大"迷惑"，其中之一就是代替了"天理"的"公理"。"公理"亦称"公例"，严复在使用"公理"的同时也多使用"公例"，还有"大例"，相当于英文词 axiom。"公理合理主义"是通过将"公理"合理化并反过来使之成为判断、衡量事物和行为的标准。在晚清人士那里，"公理"类似于我们现在所说的知识、真理和原理，它首先来源于"格致之学"，被认为是其他学术领域和学问的范例。如果说"格致合理主义"主要是从它的功用性和实践性——作为国家富强的工具来获得合理性和正当性的，那么"公理合理主义"凸显的则是原理的普遍有效性和方法的统一性。西方"格致之学"的倡导者们，意识到与传统格致学不同的是，西方格致学是对"事物"和"物理"进行实证的研究。严复强调，"公理"和"公例"是通过严格的"方法"获得的。他所说的方法，主要是指归纳法和演绎法，他称之为"内籀"（或"内导"）和"外籀"（或"外导"）。一般认为，归纳是由个别的事物或现象推出该类事物或现象的普遍性规律的推理，它是由个别、特殊上升到一般、普遍的方法。归纳依赖于对自然现象和事实的可靠观察、求证和实验，"考订既详，乃会通之以求其所以然之理，于是大法公例生焉"②。但获得的"公理"是否确实和可靠，还需要不断"印证"。在这一点上，严复把归纳与演绎结合了起来。演绎是从普遍和一般到特殊、个别的方法。穆勒认为，演绎法包

---

① ［清］王韬：《原道》，见《弢园文录外编》卷一，第36页。
② ［清］严复：《西学门径功用》，见《严复集》第1册，第93页。

括三种活动：首先是直接归纳，然后用归纳出的结论作为前提进行推论，最后是证实。严复接受穆勒的说法，特别强调演绎中印证的作用。谭嗣同区分"公理"与"自理"。他所说的"自理"类似于普遍的不可求证也不知其所以然的"定理"，"公理"来自"自理"，它是可以求证的"原理"，没有"自理"就没有"公理"，但"公理"反过来又能说明"自理"是不是"自理"。① 不同于严复，张鹤龄区分"公理"与"公例"。"公理"是指万物的根本性原理，"公例"是贯穿在事物和现象中的自然律。② 对于公理合理主义者来说，"公理"是通过严格的观察、实验和实证的方法得出的知识、真理和原理，它自然是真实的和普遍有效的。如严复断定说："格致之事，一公例既立，必无往而不融浃消释。"③"夫公例者，无往而不信者也。"④ 谭嗣同也强调说："公理者，放之东海而准，放之西海而准，放之南海而准，放之北海而准。东海有圣人，西海有圣人，此心同，此理同也。"⑤

严复所说的"公理"基于广义的"学"（"学术"和"学问"）这一概念，"学"不仅与"宗教"意义上的"教"不同，也与具体的可应用的"术"（"技术"）有别，它以研究和发现自然、社会等各个领域的原理和普遍知识为目的。严复的学术概念非常类似于韦伯所说的近代学术的理性化。严复说："今夫学之为言，探赜索隐，合异离同，道通为一之事也。是故西人举一端而号之曰'学'者，至不苟之事也。必其部居群分，层累枝叶，确乎可证，涣然大同，无一语游移，无一事违反，藏之于心则成理，施之于事则为术，首尾赅备，因应厘然，夫

---

① 参见［清］谭嗣同：《与唐绂丞书》，见《谭嗣同全集》增订本上册，第264页。
② 参见［清］张鹤龄：《变法经纬公例论》，文海出版社1977年版，第9～11页。
③ ［清］严复：《原富》按语，见《严复集》第4册，第871页。
④ ［清］严复：《〈老子〉评语》，见《严复集》第4册，第1093页。
⑤ ［清］谭嗣同：《与唐绂丞书》，见《谭嗣同全集》增订本上册，第264页。

而后得谓之为'学'。"① 这样,"公理合理主义"就从"自强新政"以"器艺"为中心的"格致之学",转到了以"物理"为中心的"格致之学",并进而扩大到政治、社会、法律和经济等广泛的社会和人文领域。在公理合理主义者看来,不同领域的新的真实可靠的学说,都是"公理",因为它们都得益于统一的严格(如实证)方法。公理合理主义者不仅相信知识和真理具有共同的方法和规范,而且相信知识整体上是统一的体系。② 这样的立场不限于严复(虽然他对近代"学问"的方法论特性有更清晰的自觉)。在日本接触了许多新学问和学说的梁启超,把他所接受和欣赏的学说和观念都信奉为"公理",如"生存竞争""进化""革命""自由"和"平等"等等。"公理"的泛化越来越普遍,以至于可以这样说,那些新派人物都通过"公理"把他们所宣扬的观念合理化和正当化。这就产生了一个问题,即他们所说的那些思想和观念是否都是普遍有效的"公理"。譬如无政府主义者将激进的"无政府"作为最高的"公理",相反国家主义者则以"国家至上"为不可置疑的"公理"。但两者不可能两立,如果说"无政府"是普遍有效的"公理",那么"国家至上"就不可能也是"公理",反之亦然。

但公理合理主义者不管"公理"之间的彼此冲突,他们沉浸在他们所信奉的"公理"之中,并用他们所信奉的"公理"去衡量和规范一切,从而使"公理合理主义"具有了第二层意义,即将"公理"作为事物及行为的标准和规范。公理合理主义者在把一些东西信奉为"公理"的同时,反过来"公理"就成了判断事物和行为是否正当和合理的标准。合乎"公理"的就是正当和合理的,否则就是非正当和非

---

① [清]严复:《救亡决论》,见《严复集》第1册,第52页。
② 在说明了各门学术之间的次序和关联之后,严复惊叹说:"夫唯此数学者明,而后有以事群学。群学治,而后能修齐治平,用以持世保民以日进于郅治馨香之极盛也。呜呼! 美矣! 备矣! 自生民以来,未有若斯之懿也。虽文、周生今,未能舍其道而言治也。"([清]严复译:《原强》,见《严复集》第1册,第7页)

合理的。那些披上了"公理"外衣或获得了"公理"身份的观念和学说，摇身就具有了裁判者和仲裁者的权威，但所谓的"公理"能否真正担任起裁判者和仲裁者的角色，这仍然不是他们的问题。相信"变法"的人，选择了"变法"之路，因为在他们看来，变法是合乎公理的；但信奉"革命"的人，则选择了"革命"之路，因为对他们来说，革命是合乎公理的。从尚古历史观转向进步历史观是近代历史观的一个明显转变，要问为什么要追求历史的进步，人们都会回答说，进步和进化是合乎"公理"的，或者说它们本身就是"公理"。如果行动是理性化的结果，恰当的规范能够指导行动，那么渐进的变法与激进的革命这两种相反的行为，至少不可能同时都是正当和合理的。对"公理"的信奉使"公理"成为一种有别于"格致意识"的又一近代意识形态，这激起了章太炎的不满，他在人们都沉醉于"公理"而不能自拔之时，独醒地为"公理"泼了一盆冷水。

在基本层面上，"公理合理主义"已经为"科学合理主义"铺平了道路。如"科学合理主义"的一些特征在严复那里都已经具备了，这就是为什么我们不赞成说中国的科学主义只是五四时期的产物。① "科学合理主义"成为有别于"公理合理主义"的意识形态，首先依赖于"科学"这一术语的使用和通行。据说，日本明治哲学家西周最初（明治七年，1874年）在"分科之学"的意义上使用了"科学"这一术语。② 大概在19世纪末，这一术语被移植到了中国。③ 康有为可能是较早使用这一术语的人，1898年，他在《日本书目志》的"理学门"中，

---

① 郭颖颐就持这种看法，参见《中国现代思想中的唯科学主义（1900—1950）》，江苏人民出版社1989年版。

② 参见〔日〕铃木修次：《日本汉语和中国》，中央公论社，昭和五十六年（1981年版），第61～69页。

③ 铃木修次认为梁启超在近代最初使用了科举意义上的"科学"（同上书）。但梁启超原载于《时务报》上的《变法通议·论变法不知本原之害》，其"科学"的"学"原作"举"，当是《饮冰室合集》误植"举"为"学"。

著录了《科学入门》和《科学之原理》两书。严复思想早期所理解的"学"和"学问",与"科学"的意义相吻合①,只是他没有直接使用这一术语。比较清楚的是,20世纪初他已经接受和使用这一日译术语。如1901年至1902年他翻译的《穆勒名学》(上半部,后始终未译下半部)中,就有不少"科学"术语的用例。作于光绪二十七年(1901年)的此书序文说:"缘物之论,所持之理,恒非大公,世异情迁,则其言常过,学者守而不化,害亦从之。故缘物之论,为一时之奏札可,为一时之报章可,而以为科学所明之理必不可。科学所明者公例,公例必无时而不诚。"②又说:"独不知科学之事,主于所明之诚妄而已。其合于仁义与否,非所容心也。"③1902年,严复发表在《外交报》上的《与〈外交报〉主人书》也屡次使用"科学"一词:"以科学为艺,则西艺实西政之本。""亦坐不本科学,而与通理公例违行故耳。"④严复还把"科学"与"公例""物理"合起来连用。⑤

20世纪初"科学"术语在中国逐渐通行,与译自日本的有关"科学"著作及其论述不断传入具有直接的关系。在"分科之学"的意义上,后起的"科学"用语在与先行的"格致学"用语重叠使用一个时期后,"科学"开始占据上风并成为现代知识和学科的垄断性用语,

---

① 从上面讨论严复的"公理观"可以看出。另严复在《天演论》按语中说:"学问格致之事,最患人之习于耳目之肤近,而常忘事理之真实。"

② [清]严复:《译斯氏〈计学〉例言》,见《严复集》第1册,第100页。

③ 同上。

④ [清]严复:《与〈外交报〉主人书》,见《严复集》第3册,第559页。严复曾对日译术语提出批评,但在大量日译术语涌入和其本身的优越性之下,严复也妥协了。

⑤ 如严复说:"而三百年来科学公例,所由在在见极,不可复摇者,非必理想之妙过古人也,亦以严于印证之故。"(《〈穆勒名学〉按语》,见《严复集》第4册,第1053页)又说:"自然规则,昧而犯之,必得至严之罚;知而顺之,亦有至优之赏。以之保己,则老寿康强;以之为国,则文明富庶。欲识此自然规则,于以驾驭风雷,箫与水火,舍勤治物理科学,其道又奚由乎?"(《论今日教育应以物理科学为当务之急》,见《严复集》第2册,第283页。此段话文字有误,引用时有校改)

"公理"则成为科学之下每一门学科的普遍知识、学说和原理的统称。相比于"格致合理主义"和"公理合理主义","科学合理主义"更加突出的特征,第一是对"科学"作为普遍有效"方法"和科学精神的进一步自觉。沿着严复的路线,新文化运动的健将们把科学合理化的重要方式之一是把"科学方法"和"科学精神(或态度)"合理化,相信科学方法是所有学问的"方法"典范,科学精神是造就科学的基础,没有科学的方法,就不能产生科学。在陈独秀看来,科学建立在"实证"和"理性"的基础之上,它与主观的想象和空想格格不入。胡适把"新思潮"的精神概括为"评判的态度",声称尼采所说的"重新估定一切价值"就是对他的"评判的态度"的一个最好的注释。把这个"评判的态度"运用在对过去的文化上,消极的态度是拒绝盲从和调和,积极的态度是"用科学的方法来做整理的工夫"。胡适所说的科学方法,主要是杜威注重"实验"和"实用"、赫胥黎注重"证据"("拿证据来")的实证方法,用胡适的说法就是"大胆的假设,小心的求证"。在王星拱看来,"科学"源于有理性的人的一系列的"心理"基础,这些心理包括"惊异""求证""美感""致用""好善"和"求简"等强烈的意识和愿望,而科学的发现和发明不仅是真实的,而且也是美的、有用的、善的和简约的。王星拱的科学理想类型是数学,因为在他看来数学是最确切的,它是真、善、美、有用和简约的高度统一。① 王星拱认为,科学方法既不纯粹是归纳,也不纯粹是演绎,它主要体现为"张本(来源)的确切""善于分析事实""凭直觉对事实进行选择""推理要合法"以及"通过实验加以证实"。② 1922 年 8 月 20 日,梁启超在科学社年会上做了题为《科学精神与东西文化》的报告,他谦虚地坦称他对具体科学是一个门外汉,但他崇敬科学并希望改变

---

① 参见王星拱:《科学的起源和效果》,见《新青年》,中州古籍出版社 1999 年版,第 376～385 页。

② 参见王星拱:《什么是科学方法》,见《新青年》,第 430～434 页。

人们对待科学的不正确态度：这种不正确态度，他认为一是把科学看成"艺成而下"的器和艺，二是只知道具体的科学门类而不知道"科学的性质"或者科学本身。在梁启超看来，要造就"科学的国民"，首先是造就"科学的精神"。他认为科学是"有系统之真知识"，科学的精神则是可以教人获得"有系统"的"真知识"的方法。①

第二是把科学作为"规范"合理化。类似于公理合理主义，科学方法和精神被合理化，反过来就是科学方法和精神也变成了普遍的规范和尺度，只有合乎科学方法和精神的才是正当和合理的。陈独秀形象地用"赛先生"称呼"科学"是大家熟悉的，在他看来，只要拥护这位"先生"，自然就得接受这位先生的标准和裁决。他认为，作为广义科学的"社会科学"，就是运用自然科学的方法来研究一切人事的学问。他坚持说，所有社会领域的一切学问都要接受自然科学的权威和洗礼，这说明他相信科学方法对研究社会一切现象都是有效的。②20世纪20年代科学与人生观的论辩，是"人生观派"对科学方法和规范应用范围的一种限制，但是科学合理主义者坚持认为，科学方法和立场对人生观是普遍有效的。胡适不仅坚持科学方法完全适用于"人生观"，而且还提出了一个"科学的人生观"，他又称之为"自然主义的人生观"和"新十诫"。胡适坚信，"科学"这一真正的万能上帝，是完全能够解决人生问题的，玄学家的怀疑难不倒科学。试图超然于张

---

① 参见《梁启超哲学思想论文选》，第384～391页。
② 可以具体看看他的说法："社会科学是拿研究自然科学的方法，用在一切社会人事的学问上，像社会学、伦理学、历史学、法律学、经济学等，凡用自然科学方法来研究、说明的都算是科学，这乃是科学的最大效用。我们中国人向来不认识自然科学以外的学问，也有科学的威权；向来不认识自然科学以外的学问，也要受科学的洗礼；向来不认识西洋除自然科学外没有别种应该输入我们东洋的文化；向来不认识中国底学问有应受科学洗礼的必要。我们要改去从前的错误，不但应该提倡自然科学，并且研究、说明一切学问（国故也包含在内）都应该严守科学方法，才免得昏天黑地乌烟瘴气的妄想、胡说。"（陈独秀：《新文化运动是什么？》，见《陈独秀文章选编》上，第512页）

君劢和丁文江对立立场之上的梁启超，也承认"人生观"的大部分问题，是"可以——而且必要用科学方法来解决的"，只有"人生观"重要的小部分问题是超科学的。① 据说他接受切肾手术，就是相信作为科学的西方医学。

第三是将"科学"作为"实践理性"合理化。科学通过技术而获得的实践力量和科学知识对社会观念的影响，使人们相信科学具有无限的能力和力量。1905年，严复在"科学"的名目下歌颂它对人类文明产生的巨大作用："伟哉科学！五洲政治之变，基于此矣。盖自古人群之为制，基始莫不法于自然。故《易》曰：'天尊地卑，乾坤定矣。'有其至高者在上以为吾覆，有其至卑者居下以为吾践。此贵贱之所由分，而天泽之所以位也。乃自歌白尼之说确然不诬，民知向所对举而严分者，其于物为无所属也。苍苍然高者，绝远而已，积虚而已，无所谓上下也。无所谓上下，故向之名天者亡。名天者亡，故随地皆可以为极高，高下存乎人心，而彼自然，断断乎无此别也。此贵贱之所以不分，而天泽之所以无取也。三百数十年之间，欧之事变，平等自由之说，所以日张而不可遏者，溯起发端，非由此乎？"② 为科学而自豪的胡适宣扬说，科学为人类增加了无限的信心和能力，人类完全能够通过科学建立起人间的美好生活。人类不再需要求助于神的力量了，也不再需要虚无缥缈的幻境了。在胡适那里，如果说宗教为人类构造的是幻想的美好生活，那么科学为人类构造的则是"真实的美好生

---

① 参见［清］梁启超：《人生观与科学》，见《梁启超哲学思想论文选》，第444～449页。

② ［清］严复：《政治讲义》，见《严复集》第5册，第1241页。受到严复思想影响的张鹤龄的说法也很典型："今泰西政治骤进，考其源流，皆由累代儒士精研格致，推之治平，如奈端以数学明人事，达尔文以生学明治理。若斯之伦，后起迭胜，迨近世通人如伊雅陵、海尔威、葛末勃老、斯宾塞、赫胥黎诸家，推究益精，櫽栝万端，同条共贯。由其穷源返本则谓之公理，由其揣正施行则谓之公例，而人治之道，几朗然揭日月而行矣。"（［明］张鹤龄：《变法经纬公例论》，第10页）

活",胡适甚至把这种以科学为基础的生活和人的解放称为一种"新的宗教"。① 科学在实践方面的巨大成功已由西洋充分证明了,中国的科学合理主义者在很大程度上是用它在西方的成功来证明中国也迫切需要这一实践理性,从最初它被用来作为"制夷"的手段,到后来特别是五四时期,它就成了将人类从自然和宗教的束缚中解放出来的万能的"救世主"。

第四是将"科学"作为"价值理性"合理化。中国的科学合理主义者,没有在科学本来是作为"工具理性"的限度上止步,而是进而让科学扮演起"价值理性"的角色。这不是说科学作为一种"价值"是合理的(就像上述第三点所说),而是说科学成了判断和衡量是不是有价值和道德的根据及标准。人们要求建立的不仅是"道德科学",而且是"科学道德";不仅是"人生观的科学",而且是"科学的人生观"。王星拱强调,科学不仅在物质意义上对人类是善的,在精神意义上对人类同样是善的。科学追求的是"真实",科学的人生观要求人在生活中也追求真实;科学的道德观要求人在理智上能够辨别是非,在行动上能够舍非取是。他引用苏格拉底所说的"知识就是道德",说科学的"真实"就是善。② 不止如此,在科学合理主义者那里,科学一跃成为人类的最高信仰和精神支柱。他们认为宗教信仰在中国更具体地说是孔教信仰已经过时和无用了,取而代之的则是科学信仰。如陈独秀宣称:"人类将来真实之信解行证,必以科学为正轨。一切宗教,皆

---

① 胡适充满着激情说:"这是现代人化的宗教。信任天不如信任人,靠上帝不如靠自己。我们现在不妄想什么天堂天国了,我们要在这个世界上建造'人的乐园'。我们不妄想做不死的神仙了,我们要在这个世界上做个活泼健全的人。我们不妄想什么四禅定六神通了,我们要在这个世界上做个有聪明智慧可以戡天缩地的人。我们也许不轻易信仰上帝的万能了,我们却信仰科学的方法是万能的,人的将来是不可限量的。我们也许不信灵魂的不灭了,我们却信人格是神圣的,人权是神圣的。这是近世宗教的'人化'。"(《胡适文存》第三集,第6~7页)

② 参见王星拱:《科学的起源和效果》,见《新青年》,第383~384页。

在废弃之列；其理由颇繁，姑略言之。盖宇宙间之法则有二：一曰自然法，一曰人为法。自然法者，普遍的，永久的，必然的也，科学属之；人为法者，部分的，一时的，当然的也，宗教、道德、法律皆属之。……人类将来之进化，应随今日方始萌芽之科学，日渐发达，改正一切人为法则，使与自然法则有同等之效力，然后宇宙人生，真正契合。此非吾人最大最终之目的乎？"①陈独秀这里对"科学"的信仰，建立在他对"科学"的无限期待和预测之上。但他把他的期待和预测"必然化"，坚信科学日益进步的结果必将废除一切宗教，并使人类的一切法则都像自然法则那样普遍有效。现在人们不会再轻易说科学是万能的，也不会再轻易说科学能够取代宗教，但当时的科学合理主义者确实真诚地相信（或者至少说是期望）科学是万能的，相信科学是能够取代宗教的。对他们来说，科学除了实用的价值外，它还是普遍的"道"和普遍的价值，怀疑不可怀疑的"科学"，是不可理解和不可想象的。在科学与人生观的那场论战中，科学合理主义者仰仗着科学的旗帜，以"玄学鬼"嘲讽"人生观派"不知天高地厚。第一次世界大战促使欧洲人反思近代科学文明，游历了欧洲的梁启超类似于一位现身说法的观察家，称欧洲人的"科学万能"之梦破产了，但他很快补充说，读者一定不要因此而轻视科学，他自己"绝不承认科学破产"，只是不再承认"科学万能罢了"。②对科学的立场前后反差巨大的是严复，"欧战"深深地刺激了他，他在诗词和书信中以仿佛决断性的口吻发泄了对科学的绝望之情。作为一位道德理想主义者，辜鸿铭自始至终都对科学保持着戒心，但有机主义者和直觉主义者像梁漱溟等，则并不拒斥科学。总体上说，经过一番演变，科学合理主义在五四各种新思潮中，成为一种强势话语，填补了传统意识形态和合理主义而

---

① 陈独秀：《再论孔教问题》，见《陈独秀文章选编》上，第166页。
② 参见［清］梁启超：《欧游心影录·科学万能之梦》，见《梁启超选集》，第721～724页。

一跃成为新的意识形态和合理主义。

四　构建社会政治"新秩序"的方式

对于既存的政治和社会秩序，人们往往会采取或者倾向于维持或者倾向于改变的两种不同立场。倾向于维持和延续已有秩序的保守和与之相反的革新，其本身都有程度上之不同。人们可以根据抵制变化的保守势力，说近代中国社会和政治的变迁非常困难；但另外的事实是，改变旧秩序和制度的两种不同要求及行动，即渐进的改良运动和激进的共和革命，确实发生了，尽管客观结果并不像人们所期待的那样。可以想象，一个拥有悠久政治秩序传统的帝国，一个以守护成法和喜欢援引先例为特征的帝国，对改革自然会是一种不适应的反应。晚清的变法改良运动和共和革命运动，首先面临的课题都是论证自身的合理性和正当性，而且彼此之间也展开了激烈的论辩。它们不仅从传统中找到了有利于各自的根据，也从进化世界观中获得了自己的护身符，这是同一学说可以被不同使用甚至是相反使用的一个有说服力的例证。

以改革"旧秩序"为特征的晚清变法运动，是应对"大变局"而做出的理性选择，由此而形成的"变法"意识形态，整体上包括了前期以"筹备洋务"、引入西方技术文明为中心的"器用"改革，以及后来的以改革社会和政治生活方式为主的"戊戌变法"。①严格而论，社会和政治上的某些改革要求，在1895年之前就已被触及了。由于受1894年甲午之战中国败北的强烈刺激，社会政治改革的愿望和诉求迅

---

① 这一改革运动，当然不限于1898年的"百日维新"。作为一个思潮，时间上大致要从1895年算起到1898年再到1905年前后。经戊戌政变和义和团运动之后，变法思想家仍然在主张变法，并与正在兴起的革命派展开论争。清帝国当局也试图亡羊补牢地进行改革，以挽救日趋恶化的政局。

速被提升起来。社会和政治上的变法为什么是必需的呢？它的合理性和正当性何在呢？在变法派看来，单靠实用性的技术不能实现中国的自强，它解决的只是枝节和表层上的问题，他们称之为"治标"。要实现中国的自强，更需要社会和政治制度上的变法，他们称之为"治本"。在论证"变法"的合理性上，不同的变法派人物都运用了传统的思想资源，尤其是《周易》所说的"穷则变，变则通，通则久"，常被广泛征引。康有为在给光绪的奏书中不仅引用此语，而且还写了《变则通通则久论》。①为了从历史中得到支持改革的权威，康有为把孔子塑造成了一个伟大的改革家形象。他的根据是，在孔子创作的"六经"中，《春秋》阐明的是有关"制度改革"（"改制"）的学说，《周易》阐述的则是有关"变化的道理"，两者合起来构成了完整的治国之道。②康有为多次向光绪提出忠告，说面对空前未有的大变局，不能再沿用传统的老办法了，必须大胆和果断地运用新的治国方略。在几次奏书中，康有为都谈到了他的这一开辟新局面的治国之道："窃以为今之为治，当以开创之势治天下，不当以守成之势治天下；当以列国并立之势治天下，不当以一统垂裳之势治天下。盖开创则更新百度，守成则率由旧章；列国并立则争雄角智，一统垂裳则拱手无为。"③

康有为的"治国之道"也就是"变法之道"，有超出一般称为改良主义的激进性。如在《上清帝第六书》中，他分析变法程度上的利害关系说："以皇上之明，观万国之势，能变则全，不变则亡；全变则强，小变仍亡。"④保守派为变法派罗织的一个严重罪状是，改变"祖宗

---

① 参见《康有为政论集》上，中华书局1981年版。
② 康有为说："昔孔子之作六经，终以《易》《春秋》。《春秋》发明改制，《易》取其变易，天人之道备矣。……法《易》之变通，观《春秋》之改制，百王之变法，日日为新，治道其在是矣。"（同上书，第110～111页）
③ ［清］康有为：《上清帝第二书》，见《康有为政论集》上，第122页。
④ 同上书，第211页。

之法"或"祖制"是大逆不道；但变法派从普遍的立场反驳说，没有永恒不变和完美的"制度"，为了适应变化的情况，要毫不犹豫地改革已有的不适用的"制度"。从他们的根本立场说，"变化"是宇宙的普遍法则，没有什么权威和事物可以逃避变化。梁启超断言："法何以必变？凡在天地之间者，莫不变。……故夫变者，古今之公理也。"① 在变法派那里，"变化"就是"进化"，就是"舍旧求新"，但他们在原则上不要求改变君主制，他们理想的政体是"君主立宪制"，因此变法派要求的"变法"，都是在"君主制"前提之下展开的，围绕这一问题他们与革命派之间展开过激烈的争论。变法派渴望"进化"，因此"变法"的合理性根据之一，就是它合乎"进化"的目标，它是"进化"所要求的。变法派主张"渐进的"进化，他们相信"进化"是按照严格的先后阶段展开的，不能超越中间的阶段和过程而直接追求后来的进化目标。他们认为，社会更高阶段的进化，相应地需要更高的社会条件，但这些社会条件不是一下子都可以具备的，它们需要缓慢的过程来渐次积累。严复考虑的是长久之计，他坚持说，在社会习俗（"今之俗"）变化之前，所采用的新制度（"今之道"）就不可能发挥其应有的效用甚至是完全无效（"中国由今之道，无变今之俗，存亡之数，不待再计可知矣"）。因为社会整体的高级"性情"，依赖于每个国民的"性情"或素质（即"民智""民德"和"民力"）的发展，这绝不是一蹴而就的。这可以解释，革命之后的孙中山何以回过头来热心于"心理建设"。严复一直着眼于社会的基础性建设，他的"社会有机体说"强调的也是社会整体结构依赖于构成社会的各个细胞。"变法"和"进化"只能是阶段性的，照康有为和梁启超的"三世说"，晚清社会正处在从"据乱世"到"升平世"的转变阶段上，不能越过这个阶段而采用"太平世"的制度。按照达尔文的进化论，"生物"是经过漫长的过

---

① ［清］梁启超：《变法通议》，见《梁启超选集》，第3页。

程进化而来的，而不是突然变异的结果。变法派一般都接受了这一学说，相信社会进化是"渐进的"。岂止社会，宇宙中所有事物的变化都要遵循"渐进"的公理，严复有非常典型的说法："其演进也，有迟速之异，而无超跃之时。故公例曰：万化有渐而无顿。"①"宇宙有至大公例，曰：'万化皆渐而无顿。'"②

但是，革命派不接受变法派的逻辑，他们坚持认为，只有通过革命来瓦解整个旧制度才能进化，因为旧制度已不可救药，完全成了进化的阻碍者。对革命派来说，为了进化就必须革命，反过来只有通过革命才能实现进化。变法派不赞成革命的一个论据，是说革命违背了"渐进"进化的法则。但革命派不这么认为，他们申辩说，社会领域的进化与自然事物的进化不同，社会是人参与的。有目的和有意志的人，有能力和智慧创造进化和加速进化。革命派乐观地相信，进化的节奏完全可以由人来控制，它可以超越一些阶段，迅速实现所期待的进化目标。孙中山当时提出"赶超欧美"的计划，就基于人能够以加速度的方式创造进化（"突驾说"）这一信念。这不仅是说历史能够"直线"（不走弯路）进步，而且还是说历史可以"快速"进步。孙中山反诘"渐进变法论"说，如果历史进化只能以渐进的方式展开，"则中国今日为火车萌芽之时代，当用英美数十年前之旧物，然后渐渐更换新物，至最终之结果乃可用今日之新式火车，方合进化之次序也。世上有如是之理乎？人间有如是之愚乎？"③在革命派那里，革命正当性的另一个重要依据是民族主义和文化主义的。他们动员说，满人是没有文化的野蛮民族和异民族，他们的统治与华夏正统水火不容。"革命"不仅是恢复华夏正统（"光复"），而且也是复兴华夏文化。尽管这种

---

① ［清］严复：《政治讲义》，见《严复集》第5册，第1265页。
② 同上书，第1245页。
③ 孙中山：《驳保皇报书》，见《孙中山全集》，第1卷，第236页。

"汉民族主义"狭隘，但它确实激发了一批职业革命家的革命热情，对动员革命起到了推波助澜的作用。

近代中国构建社会政治新秩序选择和采用的"新法"（或"新制"），引人注目的有"民权""民主""自由""平等"和"议院"或"议会"等彼此相连的政治理性，为了将这些源于西方的事物合理化，人们也从传统中寻找它们的类似物，但主要还是作为一种新的政治观念和秩序来看待的。"民主"为中国古语，但原意是"人民的主脑"或"为民做主"，它与作为人民的统治的democracy恰恰相反。"民权"恐是日人新造的词汇，晚清人士接受了这一词语，并在与"民主"比较接近的意义上加以理解，甚至有人把它当成了"民主"的同义语，如孙中山的"三民主义"之中的"民权主义"概念。但"民权"基本上不是对应于democracy的译语。早期的英汉辞典，从"众人的治理""民政"的意义上理解和解释democracy，实际上接近于希腊人对这个词的用法。"民主"从"人民的主脑"一转而成为"人民的统治"，这是中国古语被相反使用的一个例子，后来在中国和日本都被固定为democracy的对应语。"自由"是中国古语，日人用它来翻译liberty，但更早的英汉辞典就将它理解和解释为"自主""自主之理""自由"和"自由得意"，因此日人的翻译也有可能受到了这里的影响。严复为了强调"自由"的权限，将约翰·穆勒的《论自由》译成《群己权界论》，但他所说的"自由"或"自繇"对应的依然是liberty。"平等"是中国古语①，它作为equality的对应译语，情况似乎简单些。"议会"和"议院"都不是古语，但经历了一个过程之后它们成了parliament的译语。总体上说，这些词汇的翻译和理解以及彼此之间的关系，都是复

---

① 如《涅槃经》说："悉皆平等，无有差别。"南朝梁武帝《会三教诗》说："示教惟平等，至理归无生。"

杂的问题。①

就人们对这些新的政治观念和秩序所做的合理化论证而言，第一，相比于技术和器艺，新的政治秩序是把国家引向自强和富强的"根源性"力量。严复说："是故富强者，不外利民之政也，而必自民之能自利始；能自利自能自由始；能自由自能自治始，能自治者，必其能恕，能用絜矩之道者也。"②第二，相比于传统政治秩序来说，新的政治秩序能够"通上下之情"，并能够在上下之间形成一种最大的"合力"和"凝聚力"。如《申报》的一位作者说："西国之所谓自由者，谓君与民近，其势不相悬殊，上与下通，其情不相隔阂，国中有大事，必集官绅而讨论，而庶民亦得参清议焉。"③这样的想法非常普遍，因为传统政治秩序缺乏这样的机制和机能。与第二点相连，更具体地说，第三，新的政治秩序能够激发起人民的活力，能够使国人的聪明才智充分地发挥起来。以上三个方面强调的都是新政治秩序的社会政治功能。继之，第四，新政治秩序的内在逻辑，是为人民赋予"权利"或者是使人民能够享受各种权利，并限制统治者的"权力"。这是人们主张自由、民权、民主和平等的基本理据，也是张之洞激烈反对"民权"使用的说辞。第五，人们虽然将新政治秩序与国家和富强联系在一起，但一般都坚持"人民"在政治中的"主体性"。这不仅意味着传统所说的"民为邦本"或"天下者天下人之天下"，而且更意味着统治者的权力是由人民赋予的，人民也有权利收回。在近代中国新社会政治秩序

---

① 有关这方面的问题，著作方面请参见冯天瑜的《新语探源——中西日文化互动与近代汉字术语生成》（中华书局2004年版）、铃木修次的《日本汉语和中国》等，论文方面请参见方维规的《"议会""民主"与"共和"概念在西方与中国的嬗变》（见《中国观念史》，中州古籍出版社1995年版）、谢放的《戊戌前后国人对"民权""民主"的认识》（同上书）。

② ［清］严复：《原强》，见《严复集》第1册，第14页。

③ 《论西国自由之理相爱之情》，《申报》1887年10月2日。

的构建中，人们还特别强调了"群"和"合群"的观念。作为"社会"意义上的"群"，相对于"个人"和"己"。如果说自由、民权、民主和平等都侧重于"个人"和"己"的方面，那么"合群"强调的则是社会共同体甚至是国家的方面。近代中国"学会"和"报刊"的大量产生，作为"合群"的表现，既是为了扩大公共社会空间，也是为了形成公共舆论。人们热切地要求社会和国家的合力，同时相信这样的合力基于每个人的能力，因此反过来又要求人的解放和人的权利，要求按照新的标准和目标培养一种"新人"。

五 转变的极限：近代中国的"自强意结"

在近代中国思维方式的一系列演变中，是否有一个"主导性"的思维方式演变呢？或者说在从"传统思维方式"到"近代思维方式"的转变中，是否有一个"根本性"的问题贯彻在这种转变之中呢？一般所说的从传统到现代的转变，都显示为一系列事物的转变（从多方面的"传统"到多方面的"现代"），是由可以具体描述的许多指标构成的。与此同时，立足于欧洲转变的历史和经验，人们试图找出这种转变的根本性机制和逻辑并提出了不同的说法。① 这些说法能够帮助我们认识近代中国思维方式演变的特性，但没有一种原本可以用来解释近代中国转变的实际情形。

整体地观察近代中国思维方式的演变，我们时时会为一种强烈的诉求所感染和驱动，这就是由"强""自强"和"富强"等构筑起来的

---

① 如梅因提出的"从身份社会到契约社会"（参见《古代法》），韦伯提出的"从传统到合理化"（参见《经济与社会》），滕尼斯提出的从"共同体"到"社会"、从"本质意志"到"选择意志"（参见《共同体与社会》），弗雷伊尔（H.Freyer）从更大时间跨度提出的"从共同社会到等级社会和阶级社会"（参见《社会学导论》）等说法，都是试图揭示从传统到现代转变的过程。

最强力的"集体意识形态"或者"集体信念"①，它十分之普遍而又十分被信奉持守，使我们有充分的根据将这称为"自强意结"或者"自我强大的信念"。这一巨大意结和信念在近代急剧产生和形成，是相应于所说的中国千古未有之大变局或者说从未遭遇过的西方世界力量（后又有日本）而做出的重大选择和决定。不管是行动人物还是观念人物，也不管行动人物的行动有多大差异，观念人物的观念是多么不同，他们都不约而同地指向一个共同的、最高的目标和理想，那就是通过自身的集中动员实现国家的"自强"和"富强"。在帝国的历史中，来自内部和外部的巨大挑战屡见不鲜，但似乎只有秦国自上而下曾奉行过一种由法家所倡导的富国强兵的意识形态（"力政"），而通常所奉行的主要是儒家的德治（或王道）信念，这使得中国从传统到近代的转变整体上成为从传统的"德治思维"（"尚德"）到近代的"力治思维"（"尚力"）的过程。史华慈用"寻求富强"概括贯穿在严复思想中的主线。实际上，这一主线大大超出了严复单个人的意义，它是盘踞、绵延在近代中国思维轨道上的一条主线。② 严复当然是一个有代表性的个案，他一登上历史和思想的舞台，"富强"和"自强"就成为他的首要关切。他最初发表的奠定了他在时代思潮中显赫地位的几篇论文，其中有三篇（即《原强》《原强修订稿》和《原强续篇》）都是直接讨论中国如何"富强"和"自强"。严复说："夫士生今日，不睹西洋富强之效者，无目者也。谓不讲富强，而中国自可以安；谓不用西洋之

---

① "意结"是受"意底牢结"和"情结"启发而提出的一个用语，但它没有"意底牢结"一语过多的消极意义。

② 事实上，王尔敏已意识到了这一问题在近代中国的关键性。他说："而近代思潮之自具特色独成风气者，尚亦具有统一宗旨与共同趋势；抑且尚能综括全貌，可以一言以蔽之，则所谓足以纲纪一代思潮而构成一代主流之核心者，实为富强思想。"（王尔敏：《中国近代之自强与求富》，见《中国近代思想史论集》，第180页）又说："中国近代之富强思想，尚不止于图强求富之单纯观念，实构成中国近代一切思潮之创生动力。自为一代思想主流，全局核心。"（同上书，第216页）

术，而富强自可致；谓用西洋之术，无俟于通达时务之真人才，皆非狂易失心之人不为此。"① 放眼严复的整个思想世界，寻求"自强"和"富强"的主题可以说一直伴随着他。同样，放眼整个近代中国的思想世界，追求"自强"和"富强"也是人们最强烈和最顽强的信念。

当然我们能够举出一些文化保守主义者的例子，像王先谦、辜鸿铭等，说他们仍然坚持着儒家的王道和德治思维，这确实是事实。如辜鸿铭以全然不同的方式考虑问题，按照他的道德主义，任何强权都是不允许的。如果有一种你认为是非正义的强权，那么你就不能同样用强权去反对它，否则你也就陷入了强权之中，你只能选择用道德的力量去对付强权，或者是采取非暴力性的不抵抗主义。此外，在他看来，即使撇开道德，根据中国十分虚弱的情况，走强权的道路也行不通，它很难通过效法西方十分强大起来。这一争辩并非没有道理。我们还可以说人们在如何追求富强上观点差异很大，甚至他们所说的富强本身也不尽相同，这也是事实。如严复追求富强的方式显然与洋务人物的非常不同，严复意识中的富强又超出了一般所说的"物质力量"的意义。如果说洋务人物只看到了直观上可见的西方技术和机器的能量，那么严复则致力于寻找造就这些能量的潜力和活力。史华慈一再强调，严复在西方技术、机器和经济繁荣背后发现的是一种具有无限能力的"浮士德精神"："西方人头脑中所具有的关键性的价值词语是：力本论、有目的的行动、能力、绝对自信和发掘所有的潜力。……严复与他的老师斯宾塞一样，与一些浪漫主义者不同，在近代西方文明这一日趋复杂的复合体中，他看到的是西方浮士德式的能力得到充分体现，而不是这种能力受到阻碍。西方文化的浮士德性格，已经导致了对外部自然界的普罗米修斯式的征服，以及人类社会内部社会政治力量的极大增长。很显然，这种西方文化的浮士德－普罗米修斯性格，

---

① ［清］严复：《论世变之亟》，见《严复集》第1册，第4页。

导致了西方的空前富强。"① 史华慈甚至认为,在严复那里,自由、个人主义之所以具有价值,就在于它们能够极大地促进国家整体的能力,是达到富强的最有效的途径。他说:"假如说穆勒常以个人自由作为目的本身,那么,在严复则把个人自由变成一个促进'民智民德'以及达到国家目的的手段。"② 这一看法没有完全错,因为"富强"实在是太迫切了。问题是,严复的"富强"不限于物质力量,它还有道德和正义的力量。如他从整体的力量取决于部分的力量这一点出发强调说:"夫如是,则一种之所以强,一群之所以立,本斯而谈,断可识矣。盖生民之大要三,而强弱存亡莫不视此:一曰血气体力之强,二曰聪明智虑之强,三曰德行仁义之强。是以西洋观化言治之家,莫不以民力、民智、民德三者断民种之高下,未有三者备而民生不优,亦未有三者备而国威不奋者也。"③

完整地看,近代中国的"自强"和"富强"意结,渴求的是国家的全面进步和繁荣,但其中技术的发达、经济的富足和军事的扩充无疑是"强大"的首要指标,因为这些指标能够"直观"上"直接"显示出一个国家的力量和威力有多大、有多强。外观上能够看到的西方近代文明,那是技术的世界、工业的世界、商业和经济繁荣的世界等,这都是中国所缺乏的,洋务运动和早期变法人物首先看到这些也是自然的。为了"自主""自立""自奋""自发""富强",中国就必须建立起这些世界。说起来,张之洞的富强模式仍是以道德价值为基础而发展物质力量:"今日时局,惟以激发忠爱、讲求富强、尊朝廷、卫社稷为第一义。"④ 在张之洞那里,"富强"就是指武力,它又服务于"保国""保种"和"保教"的目的。他说:"保国、保教、保种,合

---

① 〔美〕史华慈:《寻求富强:严复与西方》,第 227~228 页。
② 同上书,第 128 页。
③ 〔清〕严复:《原强修订稿》,见《严复集》第 1 册,第 18 页。
④ 〔清〕张之洞:《劝学篇·同心》。

为一心，是谓同心。保种必先保教，保教必先保国。种何以存？有智则存。智者，教之谓也。教何以行？有力则行。力者，兵之谓也。故国不威则教不循，国不盛则种不尊。"① 但是，从如何实现"富强"的意义上说，"富强"本身就是目的。恭亲王和文祥较早在"本"（与"标"相对）和"源"的意义上主张"自强"："窃臣等酌议大局章程六条，其要在于审敌防边，以弭后患。然治其标而未探其源也。探源之策，在于自强。自强之术，必先练兵。"② 何启和胡礼垣为了破除只在"末"和"用"的意义上看待"富强"的做法，在说明"体用"和"本末"是就"一事"之"终始"、"一身"之"全体"而言的意义上，提出"富强"首先是体和本，正是有了本和体做基础，然后才有其用和末："是故富强非末也，借曰末矣，亦必其先有是本然后乃有是末也。富强非用也，借曰用矣，亦必其先有是体然后乃有是用也。无富强之本，则纵使其学极高，亦不能为富强。无富强之体，纵使其才极美，亦不能得富强也。"③ 原则而论，"自强"和"富强"确实是近代中国追求的目标。

人们的争辩，根本上不在于要不要"富强"和"自强"，而是如何去实现"自强"和"富强"。正是在这一方面，近代中国思维方式的演变显现出了一幕幕复杂、曲折的剧情。从早期的"自强新政"，经过戊戌变法和共和革命，再到五四新文化运动，人们提出和尝试的方案多种多样。一般来说，在整体倾向上，洋务运动主要是通过直接接受西方的器艺文明实现富强，戊戌变法和共和革命主要是通过制度革新来追求富强，五四新文化运动主要是通过文化和精神的自觉寻找富强之道。但实际上，所有这些都是实现国家富强的途径，都是完整的社会

---

① ［清］张之洞：《劝学篇·同心》。
② ［清］贾桢等辑：《筹办夷务始末（咸丰朝）》卷72，第2700页。
③ 何启、胡礼垣：《新政真诠：何启、胡礼垣集》，辽宁人民出版社1994年版，第301页。

革新的各个方面。只是，在近代中国思维方式推移的前后不同阶段上，人们都把自己所意识和认识到的富强之道看成是最有效的。人们常说"标本兼治"，但在什么是本、什么是标上人们就有很大分歧。把"原"和"强"结合起来的"原强"，意思就是要寻求富强的根本和根源，严复一直以"开民智""鼓民力"和"新民德"作为"治理的根本"，也就是富强之基。对于渐进变法的人物来说，要富强首先要实行渐进的制度改革；对于革命派来说，首要的是进行激进的革命，推翻整个旧制度；对于五四新文化运动人物来说，首先是在与"旧文化"决裂的同时建立"新文化"。他们之间彼此争辩，并且都对洋务运动的做法表示不满，但"洋务运动"的自强路线并非一无是处。[①] "自强""富强"这是一个共同的神话，但如何实现富强的梦想，它比我们想象的要复杂和繁难得多。正如"现代性"是一个整体的"结构性"事态那样，它不可能通过"单一"（哪怕非常重要）的方面而化成，自然"富强"绝不会是"孤立性"的事业。

人们都太急切了，但我们能抱怨他们的苦心吗？国家和民族危在旦夕，"亡国""亡种""亡教"和"瓜分"的危险信号时时在警示着人们。《马关条约》《辛丑条约》和"二十一条"使中国人遭受到的屈辱无以复加，但这些条约仍只是近代中国被迫接受的无数不平等条约的一部分。人们意识到中国所遇到的"变局"是千古未有的，因为他们发现了另一种"文明"，这种文明至少在一些方面是优越的，并且正被用来挑战其他古老的文明。严复比较说，在过去的历史中，中国遇到的是"无法"的"鸷悍长大之强"，它能够以它的"有法"的"德慧术智"加以应对，但现在面临的"西洋"却完全不同了："然而至于至今之西洋，则与是断断乎不可同日而语矣。彼西洋者，无法与

---

① 与众多批评洋务运动的做法不同，冯友兰为洋务运动做了少有的辩护。参见冯友兰：《新事论》，见《三松堂全集》第四卷，第208～216页。

法并用而皆有以胜我者也。……往者中国之法与无法遇，故中国常有以自胜；今也彼亦以其法与吾法遇，而吾法乃颓堕蠹朽膛［瞠］乎其后也，则彼法日胜而吾法日消矣。"① 并非人人都有这样的意识，但危机、忧患则是那个时代士人的普遍焦虑。几乎所有的冲突演变到最后都是在武力和战争中见分晓的，几乎所有重大不平等条约都是战争之后的产物。确实难以想象，一个巨大的、有着古老文明的帝国为什么总是被少量的西方远征军所征服，中国实在太贫弱、太脆弱了。在深刻危机和巨大挑战之下，甚至在自我保护和生存的意义上，人们都自然会想到，除了"自强"和"富强"，国家没有别的前途；除了"自强"和"富强"，国家无以自存、自保。这是受残酷的国家危亡现实和难以承受的屈辱感而被驱动起来的追求"自强"和"富强"的强烈意结和情怀。

近代中国强烈的"自强"和"富强"意结，还受着一个残酷法则的驱动，这就是"弱肉强食"和"优胜劣败"的"社会达尔文主义"。这一主义在中国登场并被广泛接受在很大程度上来自严复的《天演论》。作为赫胥黎 Evolution and Ethics 的中文译名《天演论》，这部书的观点与严复更倾心的斯宾塞的社会达尔文主义恰恰是不一致的，赫胥黎的 Evolution and Ethics 反而是抵制将达尔文的"生物进化论"往社会领域和人类事务中延伸，因为这部书认为自然和宇宙的进化过程不同于社会和人类的进化过程。这样的立场不太合乎严复的口味，因此就产生了"按语"意义上的《天演论》。"按语"使严复自己也使他替斯宾塞找到了传播社会达尔文主义的机会。当然，严复没有使用社会达尔文主义的词语，而且他也不"完全"排斥赫胥黎，如他肯定社会和人类领域中的道德和正义原则，不把"适者"只看成是物质和军事力量上的强大。但严复将达尔文"物竞"和"天择"的生物进化论与斯宾塞

---

① ［清］严复：《原强》，见《严复集》第 1 册，第 11～12 页。

的"普遍进化论"融为一体,相信贯通天地人各个世界都要受进化原理和法则的支配,这就为"弱肉强食"和"优胜劣败"的法则推广到社会领域铺平了道路。① "强权"和霸道的观念不是新发明,"势力原则"在古代的国家间关系和事物的关系中早就被意识到了②,但近代系统化和理论化的社会达尔文主义和强权主义却空前被人们所热衷。不必在国家间竞争的现实和国家间竞争的理论武器之间划分出一条清晰的分界线。中国已经被纳入世界范围的竞争之中了,它正在遭受着列强的掠夺和攻击,并面临着"灭亡"的可怕命运,这正在证明着"弱肉强食"和"优胜劣败"的法则。同时,对于中国的达尔文主义者来说,这一法则在根本上又帮助我们解释了自己的国家和民族为什么会有这样的处境,并使他们懂得为了改变这种处境应该如何去行动。既然是"力量"和"势力"决定着我们的命运,我们就必须"自强"和"富强"。冯友兰解释那个时代人们的这一普遍想法说:"在清末,达尔文、赫胥黎的'天演论',初传到中国来,一般人都以为这是一个'公例',所谓'天演公例'。所谓'天演竞争,优胜劣败','弱肉强食',成为一般人的口头禅,一般人的标语。他们对于所谓天演论,虽不见得有很深底了解,但凭这些标语,他们知道,一个国如果想在世界站得住,非有力不可。他们知道,中国在经济方面,必须要富;在军备方面,必须要强。富强都是力,有力方不为'弱肉',有力方不为强所食。他们并不说强侵弱,众暴寡,是不道德底行为,他们知道这是所

---

① 严复对达尔文的一篇作品(他称之为《争自存》)解释说:"所谓争自存者,谓民物之于世也,樊然并生,同享天地自然之利。与接为构,民民物物,各争有以自存。其始也,种与种争,及其成群成国,则群与群争,国与国争。而弱者当为强肉,愚者当为智役焉。"([清]严复:《原强》,见《严复集》第1册,第5页)

② 如《左传·僖公三十一年》称引说:"《周书》数文王之德曰:'大国畏其力,小国怀其德'。"《列子·说符》说:"类无贵贱,徒以小大智力而相制,迭相食,非相为而生之。"《论衡·物势》说:"夫物之相胜,或以筋力,或以气势,或以巧便。"

谓天演。在所谓天演中,'有强权,无公理'。"① 梁启超和杨度把严复富强观点中的道德和正义因素完全抛弃了,他们代表了以实力和势力为中心的"强权主义"。尤其是梁启超,相信强权就是正义,自由就是强权,"弱肉强食"和"优胜劣败"是普遍的"公理"。为了"保教""保国"和"保种",为了避免在竞争中被无情淘汰的历史命运,就必须"自强"和"富强",这是合乎进化法则的必然选择。这样,我们就十分清楚了,近代中国的转变基本上是朝着远离儒家"德治"而可以称为"力治"的"富强"目标迈进。实现这一目标,它根本上不是从"自然世界"中解放出来,而是从帝国主义列强的征服中解放出来,或者说以它自己拥有的强权与其他一切强权展开激烈的竞争。

---

① 冯友兰:《新事论》,见《三松堂全集》第四卷,第212页。但也确有人持完全不同的想法。如辜鸿铭抱怨严复宣扬"物竞天择",使国人只知道有生存竞争而不知道有"公理"。他也不满意张之洞的折中主义路线,虽然他是张之洞的幕僚。辜鸿铭直言不讳地称张之洞的调和方式是奇特而又荒唐的。按照辜鸿铭信奉的原则,"你不能既侍奉上帝,又供奉财神"。在越来越世俗的社会情势之下,上帝已经变成了财神,或者说上帝的作用就是帮助我们发财。对于辜鸿铭来说,这既不能想象,也绝对不能容忍。辜鸿铭的道德原则是,只能供奉上帝,不能追求物质利益和财富,因为这些东西都是人类心灵的腐蚀剂。

主要参考文献

（按出版年排序）

王铁崖编:《中外旧约章汇编》第一册，生活·读书·新知三联书店1957年版。

〔英〕斯当东:《英使谒见乾隆纪实》，叶笃义译，商务印书馆1963年版。

〔英〕格林堡:《鸦片战争前中英通商史》，康成译，商务印书馆1964年。

〔英〕马嘎尔尼:《乾隆英使觐见记》，刘复译，台湾学生书局，1973年。

〔奥〕阿·菲德罗斯等:《国际法》上册，李浩培译，商务印书馆1981年版。

李国祈等:《近代中国思想人物论——民族主义》，台湾时报出版公司1982年版。

〔日〕小野川秀美:《晚清政治思想史论》，时报文化出版事业有限公司1982年版。

广东省文史研究馆译:《鸦片战争史料选译》，中华书局1983年版。

〔英〕季南:《英国对华外交（1880—1885年）》，许步曾译，商务印书馆1984年版。

瞿同祖:《中国法律与中国社会》，中华书局1986年版。

〔美〕勒文森:《梁启超与中国近代思想》，刘伟、刘丽译，四川人民出版社1986年版。

〔英〕波普尔:《历史决定论的贫困》,杜汝楫、邱仁宗译,华夏出版社
　　1987年版。

李亦园总审订:《观念史大辞典》,幼狮文化事业股份公司1987年版。

〔英〕欧内斯特·巴克:《英国政治思想:从赫伯特·斯宾塞到现代》,
　　黄维新、胡待岗等译,商务印书馆1988年版。

林毓生:《中国意识的危机——"五四"时期激烈的反传统主义》,贵州
　　人民出版社1988年版。

〔日〕近藤邦康:《救亡与传统——五四思想形成之内在逻辑》,丁晓强
　　等译,山西人民出版社1988年版。

〔美〕莫里斯·斯迈纳:《李大钊与中国马克思主义的起源》,中共北京
　　市委党史研究室编译组译,中共党史出版社1989年版。

王跃等编:《五四:文化的阐释与评价——西方学者论五四》,山西人
　　民出版社1989年版。

〔美〕爱·麦·伯恩斯:《当代世界政治理论》,曾炳钧译,商务印书馆
　　1990年版。

阎广耀、方生选译:《美国对华政策文件选编》,人民出版社1990
　　年版。

〔美〕马士:《东印度公司对华贸易编年史》第二卷,区宗华译,中山
　　大学出版社1991年版。

〔美〕卡尔·多伊奇:《国际关系分析》,周启朋等译,世界知识出版社
　　1992年版。

〔美〕亨特:《旧中国杂记》,沈正邦译,广东人民出版社1992年版。

〔德〕马克斯·韦伯:《儒教与道教》,洪天富译,江苏人民出版社1993
　　年版。

〔美〕费正清主编:《剑桥中国晚清史》,中国社会科学出版社1993
　　年版。

〔法〕裴化行:《利玛窦评传》上册,管震湖译,商务印书馆1993

年版。

〔法〕安田朴等：《明清间入华耶稣会士和中西文化交流》，耿升译，巴蜀书社1993年版。

〔美〕汉斯·J.摩根索：《国家间政治——为权力与和平斗争》，杨岐鸣等译，商务印书馆1993年版。

金观涛、刘青峰：《开放中的变迁——再论中国社会的超稳定结构》，香港中文大学出版社1993年版。

高道蕴等编：《美国学者论中国法律传统》，中国政法大学出版社1994年版。

柯文：《在传统与现代之间——王韬与晚清改革》，江苏人民出版社1994年版。

〔美〕史华慈：《寻求富强：严复与西方》，叶凤美译，江苏人民出版社1996年版。

张灏：《梁启超与中国思想的过渡（1890—1907）》，江苏人民出版社1995年版。

〔英〕丹皮尔：《科学史及其与哲学和宗教的关系》，李珩译，商务印书馆1975年版。

丁伟志：《中西体用之间》，中国社会科学出版社1995年版。

〔英〕濮兰德等：《乾隆英使觐见记》，李广生整理，珠海出版社1995年版。

茅海建：《天朝的崩溃》，生活·读书·新知三联书店1995年版。

高瑞泉主编：《中国近代社会思潮》，华东师范大学出版社1996年版。

张芝联、成崇德主编：《中英通使二百周年学术讨论会论文集》，中国社会科学出版社1996年版。

陈蓉霞：《进化的阶梯》，中国社会科学出版社1996年版。

〔德〕康德：《历史理性批判文集》，何兆武译，商务印书馆1996年版。

佐藤慎一（1996）『近代中国の知識人と文明』．東京：東京大学出版会.

萧公权:《近代中国与新世界:康有为变法与大同思想研究》,江苏人民出版社1997年版。

〔日〕丸山真男:《日本近代思想家福泽谕吉》,区建英译,世界知识出版社1997年版。

陈万雄:《五四新文化的源流》,生活·读书·新知三联书店1997年版。

〔美〕马汉:《海权论》,萧伟中、梅然译,中国言实出版社1997年版。

〔英〕达尔文编:《达尔文生平》,叶笃庄、叶晓译,辽宁教育出版社1998年版。

王铁崖:《国际法引论》,北京大学出版社1998年版。

〔美〕斯蒂芬·杰·古尔德:《自达尔文以来:自然史沉思录》,田洺译,生活·读书·新知三联书店1998年版。

黎虎:《汉唐外交制度史》,兰州大学出版社1998年版。

孙玉荣:《古代中国国际法研究》,中国政法大学出版社1999年版。

〔英〕鲍勒:《进化思想史》,田洺译,江西教育出版社1999年版。

冯客:《近代中国之种族观念》,江苏人民出版社1999年版。

金观涛、刘青峰:《中国现代思想的起源——超稳定结构与中国政治文化的演变》第一卷,香港中文大学出版社2000年版。

〔美〕马士:《中华帝国对外关系史》第一卷,张汇文等译,上海书店出版社2000年版。

万明:《中国融入世界的步履——明与清前期海外政策比较研究》,社会科学文献出版社2000年版。

葛兆光:《中国思想史》第二卷,复旦大学出版社2000年版。

王健:《沟通两个世界的法律意义——晚清西方法的输入与法律新词初探》,中国政法大学出版社2001年版。

田涛:《国际法输入与晚清中国》,济南出版社2001年版。

〔美〕塞缪尔·亨廷顿:《文明的冲突与世界秩序的重建》,周琪、刘绯、张立平、张圆译,新华出版社2002年版。

〔美〕何伟亚:《怀柔远人:马嘎尔尼使华的中英礼仪冲突》,邓常春译,社会科学文献出版社2002年版。

王尔敏:《中国近代思想史论》,社会科学文献出版社2003年版。

汪晖:《现代中国思想的兴起》,生活·读书·新知三联书店2004年版。

彭建英:《中国古代羁縻政策的演变》,中国社会科学出版社2004年版。

王尔敏:《中国近代思想史论续集》,社会科学文献出版社2005年版。

〔荷〕格劳秀斯:《战争与和平法》,何勤华译,上海人民出版社2005年版。

王中江著作系列

第1卷　简帛时代与早期中国思想世界（上）
第2卷　简帛时代与早期中国思想世界（下）
第3卷　根源、制度和秩序：从老子到黄老学
第4卷　道家形而上学及其展开
第5卷　儒家精神之道和社会角色
第6卷　近代中国思维方式的演变
第7卷　进化主义在中国的兴起
第8卷　自然和人：近代中国两个观念的谱系
第9卷　世界巨变：严复的角色
第10卷　严复与福泽谕吉启蒙思想比较
第11卷　理性与浪漫——金岳霖的生活和哲学
第12卷　从古典到现代：观念和人物